SOCIÉTÉ CENTRALE D'AGRICULTURE DE M[illegible]

CONGRÈS AGRICOLE

ET

CONCOURS RÉGIONAL

DE

NANCY

COMPTE RENDU

PUBLIÉ AU NOM DU BUREAU

PAR

H. TISSERANT

MÉDECIN-VÉTÉRINAIRE,
SECRÉTAIRE GÉNÉRAL DE LA SOCIÉTÉ,
SECRÉTAIRE DU CONSEIL CENTRAL D'HYGIÈNE ET DE SALUBRITÉ,
ETC., ETC.

JUIN 1894

NANCY
IMPRIMERIE DE HINZELIN
Rue Saint-Dizier, 71
1895

CONGRÈS AGRICOLE

ET

CONCOURS RÉGIONAL

SOCIÉTÉ CENTRALE D'AGRICULTURE DE MEURTHE-ET-MOSELLE

CONGRÈS AGRICOLE

ET

CONCOURS RÉGIONAL

DE

NANCY

COMPTE RENDU

PUBLIÉ AU NOM DU BUREAU

PAR

H. TISSERANT

MÉDECIN-VÉTÉRINAIRE,
SECRÉTAIRE GÉNÉRAL DE LA SOCIÉTÉ,
SECRÉTAIRE DU CONSEIL CENTRAL D'HYGIÈNE ET DE SALUBRITÉ,
ETC., ETC.

JUIN 1894

NANCY
IMPRIMERIE CENTRALE
Rue Saint-Dizier, 71
1895

VILLE DE NANCY

CONCOURS RÉGIONAL

AGRICOLE ET HIPPIQUE

DE 1894

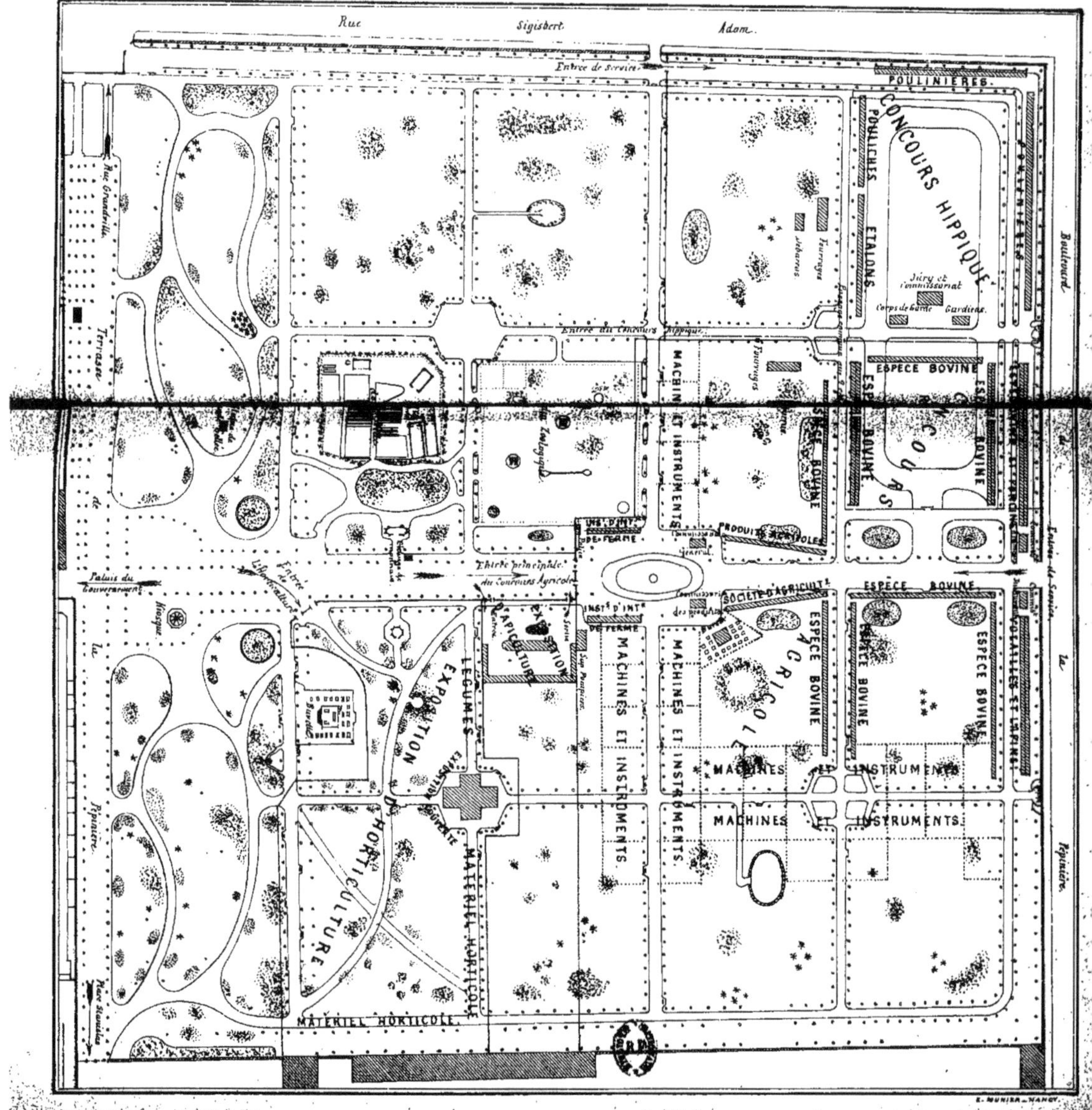

AVANT-PROPOS

Les Sociétés d'agriculture, quel que soit leur centre, quelle que soit l'étendue de leur influence, sont toujours limitées dans leurs œuvres, parce que les questions locales les sollicitent à chaque heure sous des formes diverses, parce que ceux qui les créent, les soutiennent ou les font vivre, sont toujours les mêmes hommes, les mêmes intelligences, ayant le sentiment des mêmes nécessités.

Ces Sociétés ont cependant besoin d'expansion, elles sentent en elles le besoin de sortir du terre à terre et c'est avec intérêt, pour ne pas dire avec passion, qu'elles s'attachent parfois aux grandes questions économiques qui intéressent la vie d'un peuple tout entier.

Un Concours régional est une des occasions favorables pour satisfaire ce besoin ; il est une manifestation agricole de la plus haute importance, qui amène dans la ville où il se tient un nombre considérable d'exposants de la région et de bien loin au-delà, et un nombre bien plus considérable encore de visiteurs qui s'y donnent rendez-vous, soit pour s'instruire, soit pour jouir des fêtes qui leur sont préparées.

Nancy, la vieille capitale de la Lorraine, Nancy, dont la réputation est générale et ne se dément pas, devait attirer, plus que toute autre ville, une affluence énorme; son Concours s'annonçait sous les meilleurs auspices; ses fêtes, fort bien distribuées, ce dont je veux féliciter ici l'Autorité municipale, pouvaient avoir tout leur éclat sans nuire à l'intérêt de l'exposition et sans porter obstacle aux études sérieuses.

L'occasion était, en un mot, absolument favorable pour réunir le plus grand nombre possible d'agriculteurs et d'amis de l'agriculture, pour les convoquer à un congrès où les grandes questions pourraient être traitées avec ampleur, où les spécialistes pourraient se faire entendre et se faire acclamer, eux et leurs travaux.

La Société avait l'espoir, sinon comme à la veille de 1870, où la paix entre les peuples avait permis d'appeler les savants de par de là les frontières, à un congrès international et de les voir venir en grand nombre, du moins, de rassembler autour de son Bureau et de ses amis des Comices voisins, les pionniers de l'agriculture de toute la région. Elle devait espérer réussir aussi bien qu'en 1877, époque à laquelle une foule compacte acclamait l'honorable inspecteur général de l'agriculture, M. Heuzé, et le regretté M. Noël, de Sommerviller, président du Comice de Lunéville, alors que l'un, d'une voix émue, retraçait l'admirable vie d'un ancien maître, de l'éminent agronome Mathieu de Dombasle, et que l'autre, de sa main tremblante, sous le coup d'une vive émotion et de l'âge, déposait une brillante couronne d'or sur le front de sa statue.

Cet espoir ne devait pas être trompé : la Société avait obtenu l'adhésion de douze conférenciers et de plus de cinq cents congressistes ; un grand banquet de frères en agriculture, présidé par M. Méline, l'illustre champion de nos revendications de tarifs devant les pouvoirs publics, avait déjà reçu nombre d'inscriptions, quand, à la veille de ces assises, la France, la Ville, le Congrès même, étaient atteints au cœur par le glaive dont un criminel avait frappé le chef de l'Etat.

Le Congrès s'est tenu néanmoins, il devait se tenir ; mais ses séances n'ont pas eu leur retentissement naturel, ni l'affluence prévue. Les orateurs ont tenu presque tous leur promesse, mais il leur a manqué le nombre d'auditeurs auxquels ils avaient droit. Leurs paroles ne seront point perdues.

Cette année, comme à l'occasion des Congrès précédents, nous allons réunir dans un volume les conférences entières dont les auteurs ont bien voulu nous donner le texte ; nous donnerons aussi les discussions et les vœux qui ont suivi, en utilisant les procès-verbaux des secrétaires des séances ; enfin, nous joindrons à ces travaux le rapport des prix culturaux distribués à la fin du Concours régional, une courte étude sur celui-ci, le rapport du concours de l'enseignement agricole, enfin les prix des lauréats du département.

Qu'il me soit permis de remercier vivement ici, au nom de la Société et au mien, les personnes qui ont apporté leur part à ce travail.

Ce volume sera, je l'espère, le bienvenu.

La Société est heureuse de l'offrir à tous les congressistes et à toutes les Sociétés adhérentes comme un témoignage de sa reconnaissance et un souvenir vivant des grandes manifestations agricoles de Nancy en 1894.

H. T.

CONGRES AGRICOLE RÉGIONAL

C'est en 1893, au milieu d'une année terrible pour nos régions, au moment où une sécheresse désolante avait tout brulé sur le sol, vidé les étables et dépeuplé les écuries, que la Société centrale d'agriculture de Meurthe-et-Moselle décidait qu'il y avait lieu de témoigner de son existence par une exposition collective au Concours régional de Nancy et de sa sollicitude pour les intérêts agricoles par l'organisation d'un congrès.

L'Assemblée du 1er juillet, la dernière avant les vacances, confia donc à son Bureau le soin d'étudier les mesures à prendre pour mener à bien l'œuvre convenue. Celui-ci n'hésita pas, il s'assura par des demandes les matériaux d'une exposition collective et ne tarda par à jeter les grandes lignes d'un Congrès.

Il lui a semblé, pour ce dernier, que dans un centre comme Nancy, important par sa population, important surtout par sa situation agricole au milieu d'un vaste pays de production, l'ancienne Lorraine, dont elle parait être encore la capitale, important enfin par les foyers littéraires et scientifiques qu'entretiennent ses Facultés, les questions agricoles ne pourraient pas être jetées aux hasards d'une discussion décousue, hâtive et souvent stérile. De là est venu le projet d'appeler des spécialistes, plus à même que d'autres d'exposer nettement et sûrement les grandes questions qui préoccupent le monde agricole dans ces temps si difficiles, et de leur demander de véritables conférences où le pour et le contre soient discutés, où les conclusions soient entourées de toutes les garanties désirables.

Inutile de dire que les Comices du département, consultés, que ceux de la région du Concours régional, pressentis, ont presque tous répondu de la façon la plus élogieuse au projet de la Société de tenir un grand Congrès, et que plusieurs d'entre eux ont envoyé leurs desiderata ou mieux, les questions qu'ils désiraient voir étudier ou résoudre.

Le choix des sujets ne paraissait point, du reste, difficile, car, d'une part, depuis une longue série d'années, le cultivateur ne sort d'une épreuve que pour entrer dans une autre ; à un fléau succède un autre fléau ; à une crise économique fait suite une crise nouvelle. La sécheresse de 1893 avait, comme les gelées d'hiver ou de printemps, mais plus qu'elles, ruiné les malheureux qui n'avaient pas d'avances, changé complètement la situation économique du pays, découragé les pionniers de certaines améliorations agricoles et culturales

D'autre part et depuis, les secours cherchés dans la protection douanière, secours accordés, il est vrai, avec lenteur et parcimonie, n'ont aidé à rien ; le prix du blé, tout à fait ruineux pour le producteur, ne se relève pas ; les vins de nombreux vignerons restent invendus ; l'agriculture n'a pas encore sa représentation naturelle ; le crédit agricole n'est pas fondé ; les syndicats n'ont pas produit tout leur effet utile, etc., etc.

Un programme est ainsi né de la situation ; il a été étudié, modifié et transformé bien des fois dans de nombreuses réunions. M. le Président de la Société a dû multiplier et ses lettres et ses démarches ; enfin, tout était prévu pour le grand Congrès : les adhésions étaient nombreuses ; des conférenciers habiles devaient traverser la France pour apporter leurs connaissances et entraîner le grand nombre dans leurs idées ; un banquet enfin, présidé par celui de nos députés, l'honorable M. Méline, qui est considéré comme un des plus vaillants défenseurs des intérêts agricoles, devait réunir plusieurs centaines d'agriculteurs, quand un misérable, armé par des sectaires, en frappant à mort le chef de l'Etat à la veille de nos assises, a troublé ses travaux, éloigné bien des auditeurs.

Voici, du reste, le programme tel qu'il a été adopté en dernier lieu avec l'ordre des séances :

Jeudi 28 juin, à neuf heures du matin (Salle de l'Agriculture.)

Ouverture du Congrès.

Extension à donner aux cultures fourragères en vue d'abaisser le prix de revient du blé et de favoriser les spéculations animales : M. G. Heuzé, membre de la Société nationale d'agriculture de France, inspecteur général honoraire de l'agriculture, à Versailles.

Apiculture : utilité des abeilles pour l'agriculture ; utilisation de leurs produits par les agriculteurs : M. l'abbé Voirnot, curé à Villers-sous-Prény.

Moyens pratiques de relever l'agriculture et la propriété foncière : M. Du Roselle, agriculteur, à Malzéville.

Jeudi 28 juin, à deux heures du soir (Salle de l'Agriculture.)

Cadastre, chemins, remembrements et abornements : M. Gorce, géomètre à Nancy.

Champs d'expériences en Meurthe-et-Moselle ; résultats : M. Bourgeois, professeur départemental d'agriculture à Nancy.

Race bovine de l'Est, valeur et

aptitudes ; utilisation des produits: lait, beurre, fromage Géromé : M. Michel, président du Comice agricole de Saint-Dié, à Raon-l'Etape.

Maladies contagieuses des animaux domestiques ; indemnités dans les cas d'abatage ou d'enfouissement : M. Tisserant, vétérinaire à Nancy, secrétaire général de la Société centrale d'agriculture.

Relèvement des droits sur les céréales ;

Etablissement de droits protecteurs sur les laines ;

Réduction des tarifs de transport sur les engrais chimiques ;

Autorisations, compatibles avec l'intérêt général, données par le Gouvernement pour faciliter l'arrosage des prairies par les rivières et les canaux de l'Etat ;

Moyens à prendre pour éviter la fraude résultant du mélange des farines dissimulées dans les sons ;

Vœux proposés par la Société d'encouragement a l'agriculture *de Bar-sur-Aube.*

Vendredi 29 juin, à neuf heures du matin (Salle de l'Agriculture.)

Bouilleurs de cru : M. Bram, viticulteur-propriétaire à Pont-à-Mousson.

Représentation légale de l'agriculture ; création de Chambres d'agriculture jouissant des mêmes attributions que les Chambres de commerce : M. V. Burtin, agriculteur à Nancy.

Influence du change des monnaies sur la crise agricole : M. Lejeune, ancien député, à la Brosse, par Buzançais (Indre).

Utilisation des brindilles pour l'alimentation du bétail : M. Mer, membre de la Société nationale d'agriculture de France, inspecteur-adjoint, propriétaire-agriculteur.

Malterie et distillerie du blé et du seigle.

Vendredi 29 juin, à deux heures du soir.

Cette séance aura lieu exceptionnellement dans le Grand Amphithéâtre de l'ÉCOLE FORESTIÈRE, rue Girardet.

Plantation, aménagement et amélioration des forêts : M. Huffel, inspecteur-adjoint des forêts, chargé de cours à l'Ecole nationale forestière, à Nancy.

Arboriculture forestière : M. Ch. Baltet, membre correspondant de la Société nationale d'agriculture de France, président de la Société horticole, vigneronne et forestière de l'Aube, à Troyes (Aube).

Réforme du code forestier : M. Ch. Guyot, sous-directeur de l'Ecole forestière de Nancy.

Reconstitution des vignobles détruits par le phylloxéra : M. Vimont, vice-président du Comice agricole et viticole d'Epernay, au Mesnil-sur-Oger (Marne).

Mesures tendant à mettre aussi largement que possible les forêts à la disposition des cultivateurs pour le ramassage des feuilles mortes et le pâturage des bestiaux : *Vœu proposé par la* Société d'encouragement a l agriculture *de Bar sur-Aube.*

Visite des collections de l'Ecole forestière.

Samedi 30 juin, à huit heures et demie du matin (Salle de l'Agriculture.)

Les Syndicats agricoles, leur influence sur le perfectionnement de l'agriculture : M. Henry Sagnier, membre de la Société nationale d'agriculture de France, rédacteur en chef du *Journal de l'Agriculture*, à Paris.

Action et Union des Syndicats ; crédit agricole ; sociétés coopératives : M. Antonin Guinand, vice-président de l'Union du Sud-Est des Syndicats agricoles, au château de Bramafan, par Sainte-Foy-les-Lyon (Rhône.)

Douanes : importation et admission des blés ; droit gradué : M. Le Breton, sénateur, président du Comice de Laval, au château de Sainte-Melaine, par Laval (Mayenne.)

Suppression de l'impôt foncier sur les propriétés rurales non bâties ; réduction des droits de mutation entre vifs sur les immeubles et les valeurs ; égalité absolue pour tous les contribuables : M. Kergall, président du Syndicat économique, 30, rue de Provence, à Paris.

Voici la liste des Sociétés qui ont participé au Congrès :

Comice agricole de Lunéville.

Comice agricole de Toul.

Comice agricole de Briey.

Comice agricole de Rambervillers (Vosges).

Ecole de laiterie de Saulxures-s.-Moselotte (Vosges).

Société d'agriculture de Commercy (Meuse).

Comice agricole de Neufchâteau (Vosges).

Société académique de l'Aube.

Comice agricole de Sainte-Ménehould (Marne).

Société horticole, vigneronne et forestière de l'Aube.

Comice agricole de Rethel (Ardennes).

Société d'agriculture de l'arrondissement de Wassy (Hte-Marne).

Comice agricole du canton de St-Dizier (Hte-Marne).

Société d'encouragement à l'agriculture de l'arrondissement de Bar-sur-Aube.

Société d'agriculture de l'arrondissement de Chaumont (Hte-Marne).

Comice agricole de Nogent (Hte-Marne).

Comice agricole de l'arrondissement de Reims (Marne).

Comice agricole de l'arrondissement de St-Dié.

Société d'apiculture de l'Est, à Nancy.

Société d'agriculture de Bar-le-Duc (Meuse).

Société d'agriculture de Châlons-sur-Marne (Marne).

Société d'agriculture, sciences et arts de la Marne.

Comice agricole et viticole d'Épernay (Marne).

Société d'agriculture de l'arrondissement de Verdun (Meuse).

Société d'agriculture de l'arrondissement de Montmédy (Meuse).

Le 28 juin a lieu la première séance.

La salle de la Société centrale d'agriculture est décorée pour la circonstance de trophées de drapeaux aux couleurs nationales et lorraines, cravatés de crêpe, et de cartouches aux armes des principales villes de la région.

Séance du 28 Juin

Matin.

Présidence de M. Ch. DE MEIXMORON DE DOMBASLE.

Siègent au Bureau : MM. Ch. de Meixmoron de Dombasle, président de la Société centrale d'agriculture de Meurthe-et-Moselle ; Heuzé, membre de la Société nationale d'agriculture de France, inspecteur général honoraire de l'agriculture ; Paul Genay, vice-président de la Société centrale d'agriculture, président du Comice de Lunéville ; Vimont, vice-président du Comice agricole et viticole d'Epernay (Marne) ; de Benoist, délégué du Comice de Verdun (Meuse) ; Aubry, président du Comice de Toul ; Fernand Simonin, archiviste-trésorier de la Société centrale d'agriculture ; H. Tisserant, secrétaire général.

Sont présents : MM. Suisse, vice-président du Comice de Lunéville, à Moncel-lès-Lunéville ; l'abbé Michel, directeur de l'Orphelinat de Han-sur-Seille ;

Victor Burtin, agriculteur à Nancy; Poirson et Guillaume, professeurs à l'Ecole d'agriculture Mathieu de Dombasle, à Tomblaine; Bécus, ancien notaire à Nancy; Guyot, sous-directeur de l'Ecole forestière à Nancy; Malnory, à Coyviller (Meurthe-et-Moselle); Du Roselle, agriculteur à Malzéville (Meurthe-et-Moselle); Paulus, à Beauregard, près Nancy; l'abbé Voirnot, curé de Villers-sous-Prény (Meurthe-et-Moselle) : Picoré, arboriculteur à Nancy; Edouard Breton, délégué de la Société d'encouragement de l'Aube; E. Mer, inspecteur adjoint des forêts, agriculteur à Longemer-Gérardmer (Vosges); Trompette, à Mance (Meurthe-et-Moselle); l'abbé Klein, curé de Serres; E. Collet, agriculteur à Serres, près Lunéville; Saulnier de Fabert, propriétaire à Nancy; Gorce, géomètre du cadastre à Nancy; Chardin et Conrard, à Villers-sous-Prény (Meurthe-et-Moselle); Laurent, au Pont-d'Essey, près Nancy; Matte, agriculteur à Sébastopol, près de Toul; Jolain, à Rosières-aux-Salines (Meurthe-et-Moselle); Victor Mathieu, vice-président de la Société d'apiculture à St-Mard-en-Otte (Aube); Antoine, professeur au Lycée à Nancy; Gaston Malet, à Paris; Brice, gérant du Syndicat agricole à Epinal; le comte de Martimprey de Romécourt, propriétaire-agriculteur à Nancy; H. de Bouvier, propriétaire à Nancy; Perrin, à Villers-sous-Prény; Bergé, cultivateur aux Mossus-Lunéville; Knecht, agent de la Société centrale d'agriculture; Collenot, propriétaire à Nancy; Musquar, agriculteur à Lenoncourt; Viriot, président de la Société d'apiculture de l'arrondissement de Commercy (Meuse); Floze, à Void (Meuse); P. Didion, propriétaire à Nancy; Lhotelain, président du Comice de Reims (Marne) : de Montrol, président du Comice agricole de Chaumont, membre du Conseil général de la Haute-Marne, et un groupe d'élèves de l'Ecole d'agriculture Mathieu de Dombasle.

S'est fait excuser de ne pouvoir assister au Congrès, M. Baltet, président de la Société horticole, vigneronne et forestière de l'Aube, à Troyes.

M. le Président ouvre la séance à neuf heures et quart et prononce l'allocution suivante :

« Messieurs,

» Nos séances de travail commencent dans de douloureuses circonstances. Nous nous étions promis, dans cette ville hospitalière, de fêter dignement nos hôtes et nos amis. Pourquoi faut-il qu'une catastrophe aussi cruelle qu'imprévue ait changé cette semaine en jours de tristesse ! Vous voudrez avec moi que les premières paroles prononcées dans cette enceinte témoignent de toute la part que nous prenons au deuil du pays.

» Je me proposais, à la fin du banquet qui devait nous réunir samedi, d'exprimer à la municipalité de Nancy nos meilleurs remerciements pour la générosité avec laquelle elle a favorisé l'organisation de notre Congrès. Vous me permettrez d'acquitter ici envers elle cette dette de reconnaissance pour la preuve nouvelle et libérale de la sympathie qu'elle porte à nos travaux.

» J'adresse aussi l'expression de toute notre gratitude au Conseil général de Meurthe-et-Moselle, qui a bien voulu accorder à notre œuvre une subvention importante.

» C'est pour la seconde fois que l'honneur m'est dévolu d'ouvrir à Nancy ces grandes assises agricoles régionales.

» Je souhaite une affectueuse bienvenue à nos conférenciers, à ces hommes de science et de cœur accourus à notre appel, de points souvent fort éloignés, pour exposer devant vous quelques côtés de cette vaste question agricole, devenue pour notre pays d'un intérêt vital. Ils peuvent être assurés que vous apprécierez leur dévouement autant que leur profonde connaissance des points spéciaux qu'ils vont traiter, et qu'un auditoire attentif leur réserve l'accueil le plus empressé et le plus bienveillant.

» En faisant un retour vers le passé, j'ai la satisfaction de constater que les vœux que nous émettions, il y neuf ans, ont reçu un commencement d'exécution.

» Un régime douanier plus équitable a placé l'agriculture sur le pied des autres industries. Si nos tarifs sont encore, sur bien des points, inférieurs à ceux que nous appliquaient depuis nombre d'années la plupart des nations voisines, on a fait du moins disparaître le manque absolu de réciprocité qui établissait une inégalité si choquante entre les diverses industries françaises. L'agriculture faisait presque seule les frais de cette générosité naïve. Une si longue habitude avait consacré cette grande injustice que, pour en revenir, il a fallu des années de lutte et des efforts dont vous n'avez pas perdu le souvenir.

» Grâce à Dieu, ces efforts n'ont pas été stériles;

des hommes d'une haute intelligence et d'une persévérance au-dessus de tout éloge ont pris en main notre cause et ont été assez heureux pour la faire triompher. Loin de s'endormir sur ces premiers succès, au milieu d'adversaires toujours en éveil, ils continuent à nous défendre.

» Voici que, tout récemment, ils viennent de déposer un projet de loi créant des Chambres d'agriculture d'arrondissement, depuis si longtemps réclamées. Composées de deux membres élus par canton, ces Chambres consultatives se réuniront tous les trois mois et nommeront un délégué par région pour composer le Conseil supérieur de l'agri culture. Celles d'un même département pourront se réunir en *congrès* au chef-lieu. Vous le voyez, Messieurs, ces assemblées légales seront la continuation naturelle de nos réunions libres : elles auront la même origine et la même connaissance de nos besoins, mais leurs résolutions auront plus d'autorité.

» Honneur donc aux hommes d'initiative qui ont compris depuis longtemps l'importance et la nécessité de la représentation légale des intérêts agricoles!

» La situation critique de l'agriculture, c'est à dire de vingt-deux millions de Français, n'est plus contestée que par quelques doctrinaires endurcis, aveugles volontaires tournant obstinément le dos à la lumière, plutôt que de se rendre à l'évidence. Appuyés sur quelques idées spéculatives qu'ils regardent comme des principes immuables, ils refusent de reconnaître la réalité des faits.

» Mais voici venir de nouveaux adversaires. Aux mauvais arguments de l'école sont venus se substituer des intérêts inavouables. Ils n'osent, en effet, se montrer au grand jour, parce qu'ils favorisent quelques petits groupes au détriment du bien général. Quand je les qualifie d'adversaires nouveaux, est-ce bien ainsi qu'il faut dire? Ne sont-ce pas toujours les mêmes qui ont jeté le masque, et qui, ne pouvant plus s'abriter derrière des sophismes percés à jour, cherchent une autre tactique?

» La spéculation, autrefois limitée aux valeurs pécuniaires, s'étend aujourd'hui à toutes les marchandises.

» C'est elle qui en fausse les cours et les fait varier à son caprice, au détriment des producteurs et des travailleurs, sans profit pour les consommateurs.

» C'est la spéculation, œuvre néfaste et démoralisatrice, qu'il faut enrayer partout où elle se présente. C'est elle qui régit tout, et il serait bien difficile de la combattre, si elle n'était aussi fragile qu'elle est parfois puissante. La condition essentielle de son succès étant d'agir dans l'ombre, il suffira bien souvent de dévoiler à temps ses manœuvres pour les empêcher d'aboutir.

» La spéculation atteint tout. Vous verrez que plusieurs des questions traitées par nos honorables conférenciers n'en sont que des faces diverses : la question monétaire, celles du change, des variations de valeur des blés et des céréales, des douanes, sont soumises à sa mauvaise influence. Ce qui lui donne un caractère encore plus odieux, c'est qu'elle est toujours prête à opposer l'intérêt étranger à l'intérêt national, à sacrifier nos travailleurs, accablés de si lourdes charges, à des inconnus qui n'en subissent aucune. Enfin elle s'exerce le plus souvent par des cosmopolites qui n'ont rien de français, ni une goutte de sang dans les veines, ni un sentiment dans le cœur, pas même leur nom !

» D'autres orateurs, et non des moins dignes d'être écoutés, étudieront devant vous les moyens d'accroître les produits de la culture en diminuant les frais d'exploitation, de rendre les fermes plus prospères et de tirer parti de tous les éléments de succès vers lesquels les circonstances amènent les exploitants du sol à porter leur sollicitude.

» A l'œuvre donc, Messieurs. Ne perdons pas courage. La cause agricole que nous défendons est à la fois celle de la justice et celle de la patrie.

» Au nom du Comité d'organisation, je déclare le Congrès agricole de Nancy ouvert et je donne la parole à M. Gustave Heuzé, membre de la Société nationale d'agriculture de France et inspecteur général honoraire de l'agriculture.

» C'est avec une véritable joie, mon cher maître, que je vous remercie d'être venu au milieu de nous et de vouloir bien nous apporter le concours de votre haute compétence. C'est un honneur précieux que vous nous faites et dont je vous exprime toute la reconnaissance de l'agriculture lorraine, qui entoure votre nom de la plus respectueuse estime. En même temps que vous nous apportez vos sages avis sur une question pratique de la plus incontestable actualité, vous voulez bien nous entretenir d'une grande figure agricole à laquelle le pays tient à cœur de rendre bientôt un solennel hommage. Si je lui suis uni par les liens les plus étroits, qui arrêtent les paroles sur mes lèvres, vous vous rattachez à elle par une affection inébranlable qui vous a inspiré déjà des éloges dont la famille de Mathieu de Dombasle garde le souvenir avec la plus légitime fierté. Merci du plus profond du cœur de venir de nouveau nous parler de l'illustre agronome lorrain. C'est le demi-centenaire de sa mort que vous célébrerez, puisqu'il y a cinquante ans que la France agricole a eu la douleur de le perdre, et c'est à vous qu'il appartenait, entre tous et à tous les titres possibles, d'honorer aujourd'hui sa mémoire. »

L'orateur est plusieurs fois interrompu par de vifs applaudissements et des bravos unanimes répondent à son discours.

M. Heuzé parle d'abord du projet d'érection d'un monument à Mathieu de Dombasle, à Roville, et s'exprime ainsi :

« Messieurs,

» En 1877, au centenaire de Mathieu de Dombasle, j'eus l'insigne honneur de lire son éloge, d'esquisser sa vie aux pieds mêmes de sa statue. La Commission qui a présidé à l'organisation du Congrès actuel m'a prié de vouloir bien dire encore quelques mots en l'honneur du plus grand agronome du XIXe siècle. Ayant depuis cinquante ans une profonde vénération pour le fondateur de l'Ecole de Roville, je n'ai pu refuser de remplir la mission qui m'était offerte si gracieusement, bien qu'elle fût difficile. Toutefois, j'ai pensé que pour cette seconde lecture, je devais principalement rappeler ses travaux agricoles, l'Ecole d'agriculture qu'il a créée et les importants services qu'il a rendus à l'agriculture française. Plaise à Dieu que cette courte relation vous présente un peu d'intérêt! Vous me pardonnerez, j'ose l'espérer, si ma plume a dépassé les limites qui lui ont été fixées pour ne pas abuser de votre attention bienveillante.

» La France agricole, pendant près de deux siècles, n'a eu pour s'instruire que le *Théâtre d'agriculture* d'Olivier de Serres, seigneur du Pradel, livre immortel dans lequel il a démontré qu'un pays n'est prospère que lorsque le sol y est bien cultivé, et les *Eléments d'agriculture* écrits par Duhamel du Monceau, publiés vers 1740.

» Ce fut l'abbé Rozier qui, à la fin du siècle dernier, rappela à l'agriculture européenne le mérite d'Olivier de Serres comme agronome ; mais c'est Arthur Young, célèbre voyageur agricole anglais, qui a fait connaître, en 1790, que le Pradel existait encore, et que la France se devait à elle-même, pour honorer la mémoire de l'auteur du *Mesnage des champs*, d'exempter pour toujours ce domaine de tout impôt.

» Ces témoignages d'admiration eurent pour conséquence le réveil de la reconnaissance agricole. Broussonnet et Chaptal, dans leurs discours sur l'agriculture, signalèrent les services incontestables qu'Olivier de Serres a rendus à l'agriculture méridionale sous le règne de Henri IV. Deux ans plus tard, Chasseriaux proposait à la Convention de décréter que Palissy et Olivier de Serres avaient bien mérité de leur siècle et de la France, et que leurs bustes devaient être placés dans la salle de ses séances. Enfin, le 5 thermidor an IV. le ministre Bénézech recommandait la publication d'une nouvelle édition du *Théâtre d'agriculture* et la nécessité de faire connaître à la France agricole la vie et les travaux de son auteur.

» Ce fut François de Neufchâteau qui prononça, en 1803, l'éloge du patriarche de l'agriculture française, dans lequel on lit les lignes suivantes : « Quel beau jour pour l'agriculture que celui où les citoyens d'une grande ville se rassemblent pour entendre l'éloge d'un simple laboureur ! »

» La rénovation agricole qui prit naissance après l'introduction en France de la race ovine mérinos et qui a doté l'agriculture de plantes fourragères nouvelles, a eu d'heureuses conséquences ; mais à cette époque, pour certains esprits, il ne suffisait pas de propager le *trèfle incarnat*, la *betterave disette* ou *champêtre*, la *pomme de terre*, plantes qui étaient nouvellement introduites dans la culture ; il était utile aussi de s'occuper du perfectionnement des instruments aratoires dont la massiveté et la mauvaise construction rendaient les labours difficiles et coûteux. C'est pour répondre à ce vœu qu'on ouvrit un concours pour la meilleure charrue. Chaptal, ministre de l'intérieur, mit à cet effet 6,000 fr. à la disposition de la Société nationale d'agriculture de France.

» Ce concours fut un événement pour beaucoup de cultivateurs, parce qu'ils crurent que l'agriculture allait posséder une charrue très perfectionnée et supérieure à celles qui étaient en usage en France depuis les Gaulois. La Société d'agriculture, en 1807, décerna à M. Guillaume une médaille d'or et

3,000 fr. pour une charrue reconnue comme exigeant moins de force de traction que la charrue de Brie, mais elle jugea utile de proroger le concours. En 1810, vingt charrues différentes se présentèrent pour disputer le prix de 6,000 fr., mais après des essais exécutés à Paris et à Viroflay, près de Versailles, elle ne décerna que des médailles et ajourna de nouveau le concours sans date déterminée,

» Mathieu de Dombasle ayant été à même, sur le petit domaine qu'il cultivait à Vandœuvre, près de Nancy, et dans les voyages qu'il fit en Allemagne et en Angleterre, de constater la supériorité des *araires* sur les *charrues à roues*, ne pouvait laisser proclamer que les charrues ayant un avant-train étaient, malgré leurs perfectionnements, des instruments qu'on devait recommander aux cultivateurs. Aussi adressa-t-il, en 1819, à la Société nationale d'agriculture de France, un long et très remarquable *mémoire sur la Théorie de la charrue*, dans lequel il compare avec une grande autorité la charrue simple à la charrue avec avant-train.

» Pour le savant agronome nancéïen, la charrue simple exige un peu plus de soin, d'attention et d'intelligence de la part du laboureur, mais elle demande un attelage beaucoup plus faible que la charrue à roues. Profondément convaincu de la supériorité des instruments perfectionnés qu'il faisait alors fabriquer à Nancy sans aucune difficulté par des ouvriers ordinaires, et dont il se servait depuis six années sur le domaine de Montplaisir qu'il possédait à Vandœuvre, il n'hésitait pas à dire dans ce mémoire qu'il abandonnerait entièrement l'agriculture s'il était forcé de se priver de son emploi.

» La charrue simple adressée par Mathieu de Dombasle à la Société d'agriculture de France avait été essayée à Nancy avec un grand succès devant une Commission nommée par le baron Séguier, préfet du département ; elle fut aussi expérimentée la même année sur la ferme de Trappes (Seine-et-Oise), en présence de MM. Molard, Yvart et le vicomte Héricart de Thury. Sur le rapport de ce dernier, la Société décerna à Mathieu de Dombasle, en 1820, une grande médaille d'or et un exemplaire du *Théâtre d'agriculture*, qu'elle venait de réimprimer, avec de nombreuses notes, en deux volumes in-4°, et elle décida que 500 exemplaires de son mémoire, accompagné du rapport de la Commission, seraient adressés à toutes les Sociétés d'agriculture appartenant à la France.

» Ce mémoire, résultat de laborieuses études et de longues méditations, et dans lequel il prouva qu'il était excellent observateur et qu'il possédait de profondes connaissances en mécanique, le révéla à la France agricole et attira sur lui l'attention publique. Jusqu'alors, Mathieu de Dombasle n'était connu que comme industriel.

» L'*araire de Roville* ou l'*araire de Dombasle* est arrivé aujourd'hui à son dernier point de perfection. Il a triomphé dans presque tous les Concours auxquels il a pris part, quand il était conduit par un laboureur habitué à tenir les mancherons d'une charrue simple.

» Mathieu de Dombasle se fit manufacturier avant d'être agriculteur, mais la fabrique de sucre de betteraves et la distillerie de mélasse qu'il créa, en 1810, à Vandœuvre, succombèrent en 1814, comme beaucoup d'autres. Ce revers le ruina complètement. Se trouvant privé de toute fortune par des circonstances qu'il n'était pas au pouvoir de l'homme de prévoir, accoutumé qu'il était à l'aisance, au bien-être que favorise le luxe, cette non-réussite lui fut très pénible, mais il supporta dans le silence la plus amère des douleurs que cause l'adversité imméritée. Se rappelant les belles paroles prononcées un jour par l'illustre Parmentier : *Il ne faut pas être riche pour être utile à son pays*, il eut la noble pensée de se consacrer à l'agriculture, vocation pour laquelle il avait un goût bien marqué, en lui demandant une position modeste n'enchaînant pas sa liberté. Il avait 45 ans quand il se fit fermier d'un domaine situé à Roville, avec l'espérance d'y fonder une *école d'agriculture*.

» A la fin du siècle dernier, il est vrai, on avait eu la pensée de créer en France l'*enseignement agricole*. Ainsi, l'abbé Rozier avait demandé qu'une école nationale et gratuite d'agriculture fût établie dans le château de Chambord ; Talleyrand avait insisté pour qu'il fût établi des chaires d'agriculture ; l'abbé Grégoire demanda la création de fermes expérimentales, enfin François de Neufchâteau termina le rapport qu'il fut chargé de faire sur l'*instruction agricole*, en disant que l'enseignement de l'agriculture dont la France avait si grand besoin serait un bienfait universel, et qu'il répondrait au vœu de Fénelon qui a demandé qu'on enseignât aux hommes, pour perfectionner leur esprit, la culture de la terre et celle des arts utiles à la vie.

» Mathieu de Dombasle avait visité et comparé entre elles les écoles d'agriculture créées en Allemagne. Etant bien pénétré de leur utilité, il résolut de tenter l'organisation d'une école du même genre. Une institution de cette nature n'était pas, à cette époque, d'une facile réalisation ; mais, passionné pour la gloire et la prospérité de sa patrie, doué de connaissances profondes et variées, désirant payer son tribut au progrès de l'agriculture française, il persista dans son idée avec l'espérance de réussir.

» Le savant agronome lorrain n'ignorait pas que les jeunes gens appartenant à des familles aisées ou riches continuaient de déserter les champs et la plus indépendante des carrières ; mais il avait foi dans l'avenir, et il était convaincu que l'esprit de routine disparaîtrait avec le temps. Il était persuadé, en outre, que bien des jeunes gens s'affranchiraient des vieux préjugés, et qu'ils ne tarderaient pas à comprendre qu'ils devaient s'occuper de l'amélioration des biens de famille. A ce moment, les jeunes filles élevées dans les couvents ou dans les pensionnats avaient un grand dédain pour les occupations de la vie rurale, et presque toutes craignaient d'altérer leurs cothurnes sur les terres arrosées par les sueurs des agriculteurs.

» L'établissement de Roville, fondé le 1er mars 1822, eut de suite un grand retentissement dans le monde agricole en France et à l'étranger, parce que la position de Mathieu de Dombasle était, comme il le dit lui-même, celle d'un fermier qui emprunte le capital d'exploitation dont il a besoin et qui doit annuellement en payer les intérêts. Le capital s'élevait au début à 45,000 fr. ; mais, en 1825, Mathieu de Dombasle le porta à 60,000 fr., par suite d'un emprunt de 15,000 fr. qu'il contracta lorsqu'il prit à bail 38 hectares appartenant au fils de son propriétaire.

» Le capital, en 1820, fut promptement formé au moyen d'une souscription à laquelle prirent part les ducs de Choiseul, Decazes, de Raguse, les vicomtes Morel de Vindé, Perrault de Jotemps, Villeneuve de Bargemont, le comte Drouot, lieutenant-général, le marquis de Pange, etc.

» Par suite de deux années de fermage payées à l'avance et des capitaux engagés par la fabrique d'instruments aratoires et la distillerie de pommes de terre, le capital disponible se trouva bien faible au début de l'entreprise pour faire face aisément à toutes les dépenses culturales. Il était loin d'être égal à huit fois la rente du sol.

» Le bail concédé à Mathieu de Dombasle comprenait 49 articles et il occupait 50 pages d'impression in-8°. Ce contrat, d'une rédaction très prolixe, était peu libéral envers le preneur ; il prouve bien que ce dernier était alors peu versé dans la pratique agricole. Les charges qu'il lui imposait étaient très onéreuses et limitaient sans utilité sa liberté culturale. Non seulement il l'obligeait à faire des plantations d'arbres pour enclore diverses pièces de terre et la création, avant la fin du bail, d'une houblonnière de 120 ares, mais il réservait au bailleur les droits de chasse, de pêche et celui d'extraire des pierres à bâtir, du plâtre, de la marne, etc.

» La redevance annuelle exigée par le bail était très élevée, eu égard à la manière d'être et à la fécondité de 152 hectares de terres labourables, dont 22 en prairies naturelles. Elle consistait en 240 hectolitres de froment, 350 hectolitres d'avoine, 1,000 fr. pour les contributions et une rente de 1,950 fr. représentant l'intérêt de 15,000 fr. auxquels avait été estimée la valeur de 300 brebis laissées à titre de cheptel, soit 13 0/0. Le preneur devait, en outre : 1° livrer chaque année au bailleur 10 voitures de fumier chaud ; 2° conduire à son vendangeoir les raisins provenant de 12 hectares de vigne situés sur les territoires de Roville, Neuviller et Laneuveville; 3° transporter pendant la morte saison, dans lesdites vignes, 100 voitures de fumier ou de terre.

» Le prix du bail était payable en argent et par tiers : le 1er février, le 1er juillet et le 1er décembre, suivant la cote moyenne du froment et de l'avoine sur le marché d'Epinal (Vosges). Dans le cas où les prix élevés des graines auraient porté la totalité du fermage des 152 hectares appartenant au bailleur à plus de 6,000 fr., la redevance devait être réduite à cette somme, fixée comme maximum.

» Mathieu de Dombasle était fermier dans toute l'acception du mot; il cultivait l'exploitation de Roville pour son propre compte et à ses risques et périls. Les propriétaires qui avaient souscrit des actions étaient de *simples prêteurs*, touchant le 1er juillet de chaque année un intérêt de 5 0/0.

» Toutes les terres exploitées à Roville par Mathieu de Dombasle n'étaient pas d'une culture facile, par suite de leur nature et parce qu'elles avaient toujours été labourées superficiellement. Leur degré de fécondité avait été si peu élevé en 1823, qu'on pouvait les classer au nombre des sols d'une fertilité médiocre. Ces terres, d'après les observations et les expériences du grand agronome, demandaient des engrais appliqués souvent et en petite quantité. Malheureusement, au moment de son entrée en jouissance, elles avaient une grande aptitude pour la production des mauvaises herbes, comme le *chiendent*, le *chardon*, la *ravenelle*, le *pas d'âne*, *le mélampyre*, etc.

» Ces défauts expliquent très bien pourquoi les céréales n'ont pas donné de bonnes récoltes dans la première période décennale de Mathieu de Dombasle. Les terres de Roville, disait le général Drouot dans son rapport aux actionnaires en 1824, se distinguaient lorsque le bail fut commencé par un état de saleté qu'il est utile de constater. C'est pourquoi le blé semé en 1822 et récolté en 1823 fut très médiocre.

» Les cultures de l'année suivante furent belles, vigoureuses et propres, parce qu'elles avaient été binées par 30 à 40 enfants ayant entre les mains une *petite serfouette*. Mathieu de Dombasle attachait une grande importance à cette opération. D'après son expérience, elle contribue à faire taller le froment et à le rendre plus productif et de meilleure qualité. Ce binage lui revenait à 6 fr. 75 par hectare.

» La production annuelle du fumier a varié de 600,000 à 700,000 kilogrammes par an, quantité bien faible pour 170 hectares de terres labourables ; mais l'exiguïté des bâtiments ne permit pas à Mathieu de Dombasle d'augmenter son bétail et par conséquent d'en produire davantage. Nonobstant, le froment, qui, en 1823, produisit seulement 10 hectolitres par hectare, s'est élevé de 1835 à 1842 jusqu'à 18,20 et même 25 hectolitres par hectare.

» Lorsque Roville fut fondé, la charrue dont la Lorraine faisait usage était très défectueuse et elle obligeait à posséder sur le domaine 35 chevaux de trait ou un cheval pour environ 5 hectares. L'emploi de l'araire a permis à Mathieu de Dombasle de n'avoir que 14 à 16 chevaux, soit un cheval pour 11 à 12 hectares. Ce fait très remarquable atteste une fois de plus la supériorité de la charrue simple sur la charrue avec avant-train.

» Quand l'illustre agronome se fit fermier de Roville, la culture triennale était très répandue en Lorraine ; elle comprenait une sole en jachère qu'on regardait comme nécessaire à la réussite du froment ou du seigle. La jachère, quoi qu'on dise, a encore sa raison d'être dans les contrées pauvres ou peu avancées dans la civilisation et peu peuplées ; Mathieu de Dombasle, dès son entrée en ferme, renonça aux avantages qu'elle présentait sur des terres envahies par les mauvaises herbes, et il adopta un assolement alterne avec l'espérance d'en obtenir un produit net plus élevé ; mais les faits qu'il a constatés lui ont prouvé qu'il s'était trompé. Avec la franchise qui le caractérisait, il reconnut qu'il aurait dû conserver la jachère, qui est véritablement nettoyante quand on cultive avec un faible capital des terres qui produisent beaucoup de mauvaises herbes. Aussi, dans le cours de son bail, substitua-t-il sur les coteaux un assolement de cinq ans avec jachères à l'assolement quadriennal qu'il avait adopté en 1822. Les terres de la plaine restèrent soumises à un assolement de 6 ans.

» Les conseils que Mathieu de Dombasle a donnés aux cultivateurs ont eu pour base les faits qu'il a observés dans sa culture et ses expériences. Plus que tous autres, il était en droit de dire que tout agriculteur qui prend en main la direction d'une exploitation doit étudier dans tous ses détails la culture de la contrée dans laquelle il a l'intention de se fixer, les circonstances économiques qui l'environnent, le terrain qu'il se propose de cultiver et les hommes qu'il devra commander. Ce n'est pas sans motif qu'il a rappelé avoir puisé un peu tard dans une expérience chèrement acquise l'esprit d'ordre et d'administration qui lui ont été si utiles à Roville.

» Cet historique très sommaire de l'exploitation dirigée par Mathieu de Dombasle serait très incomplet si j'oubliais de dire que c'est le fondateur de Roville qui, le premier, a fait ressortir la nécessité pour tout cultivateur d'avoir une comptabilité simple, mais pouvant révéler chaque jour ou chaque mois la situation financière de l'entreprise ou le compte d'une culture ou d'une spéculation animale. C'est à ses conseils que beaucoup de cultivateurs ont dû les succès qu'ils ont été heureux d'obtenir. Un grand nombre de lauréats de la prime d'honneur ont eu et ont encore des comptabilités qu'on peut considérer comme de véritables *miroirs* de leurs opérations financières. C'est donc avec raison qu'on peut dire que Mathieu de Dombasle a popularisé la comptabilité dans les fermes en recommandant de la réduire à la plus grande simplicité possible, sans cependant nuire à la clarté et à l'exactitude, qui sont toujours les qualités les plus nécessaires à toute comptabilité.

» Mathieu de Dombasle n'a pas été favorisé au point de vue de son capital d'exploitation. A diverses reprises, il n'a pas hésité à reconnaître qu'il était trop faible pour qu'il eût pu au début marcher rapidement dans la voie du progrès. C'est pourquoi il n'a cessé de dire : « Il est indispensable que l'agriculteur ait un capital suffisant, afin qu'il ne soit pas forcé de vendre une partie ou la totalité de ses produits immédiatement après la récolte et qu'il puisse attendre le moment de s'en dessaisir avec le plus d'avantage. »

» Les élèves de Roville ayant des capitaux ont été très utiles aux progrès de la culture, parce qu'ils ont jugé nécessaire d'organiser dans les habitations qu'ils occupaient sur leurs exploitations et dans les jardins qui y étaient annexés, ce confortable sans luxe qui fait aimer la résidence aux champs, qui cause un bien-être qu'on ne peut définir et qui répond à l'éducation que reçoivent de nos jours les filles des agriculteurs progressifs. Il y a un siècle, on était loin de penser qu'un jour viendrait où le piano se ferait entendre dans les salons des fermes pendant les jours pluvieux, les longues soirées d'hiver ou les réunions de famille. Les distractions simples, mais pleines de vraies félicités qu'on trouve aujourd'hui dans les fermes où la vie est calme quoiqu'elle soit sans cesse animée et variée, où les fleurs sont abondantes en hiver comme pendant la belle saison, ont largement contribué à rendre la vie rurale aussi agréable, aussi heureuse, mais plus salutaire que la vie urbaine.

« Mathieu de Dombasle n'était pas né dans la culture ; c'est à Roville qu'il fit son apprentissage agricole. Il est très vrai qu'il s'était occupé d'agriculture depuis l'âge de vingt-cinq ans, mais c'était principalement dans les livres qu'il avait puisé les connaissances qu'il possédait et qui lui ont été plus nuisibles qu'utiles pendant les premières années de sa culture. L'art de choisir, d'organiser, de diriger le personnel de l'exploitation lui était plus nécessaire qu'à beaucoup d'autres, à cause de la position qu'il occupait et qui l'obligeait à partager son temps entre des travaux très divers, parce qu'il n'avait jamais dirigé une exploitation étendue. L'impartialité avec laquelle il a décrit *ses revers et ses succès agricoles* ont puissamment contribué à le grandir dans l'esprit des propriétaires et des fermiers et à le faire aimer et respecter.

» L'école de Roville fut ouverte le 1er septembre 1824 ; elle ne recevait que des élèves externes. La durée des études était de deux années.

» L'instruction y était plus pratique que théorique. Mathieu de Dombasle s'efforçait de faire acquérir à ses élèves la connaissance des motifs qui déterminent chaque opération culturale. En d'autres termes, les élèves étaient astreints à une véritable *clinique agricole.*

» Chaque matin, tous les élèves accompagnaient Mathieu de Dombasle dans la tournée qu'il faisait sur les terres de l'exploitation, dans le but d'inspecter les travaux et d'observer les circonstances qui pouvaient le déterminer à faire exécuter telle ou telle opération. Chaque soir, ils assistaient à l'*ordre*, où l'on inscrivait toutes les opérations de la journée. Des élèves désignés par le maître étaient chargés de surveiller ou de diriger, d'après ses instructions, certaines branches particulières de l'exploitation, comme la houblonnière, là bergerie, l'étable d'engraissement, etc.

» Mathieu de Dombasle était d'une stature élevée. Il marchait toujours la tête inclinée en avant, parce que sa vue était mauvaise ; ses yeux noirs avaient peu d'éclat ; mais sa physionomie grave, pensive, indiquait qu'il se complaisait dans les travaux intellectuels. Sa mémoire était prodigieuse, et il dictait sans aucune rature avec une pureté et une lucidité admirables. Peu communicatif, il était heureux dans sa vie simple, silencieuse et d'étude.

» L'illustre agronome de Roville avait un esprit juste et droit ; malheureusement, sa fortune lui refusait ce que dictait son cœur. Il n'était pas orateur et avait besoin d'être provoqué pour parler. Dans ses conférences avec les élèves, ceux-ci lui posaient des questions ; il était bref dans ses réponses, mais celles-ci étaient toujours justes et instructives. Parfois, cependant, dans des occasions rares et déterminées, sa parole grave était animée, pénétrante, mais d'une parfaite modération. Quelquefois aussi, par suite des souffrances qu'il éprouvait, c'était avec difficulté qu'il exprimait sa pensée. Ses connaissances variées, ses qualités morales, son patriotisme et sa grandeur d'âme dans l'adversité lui valurent de nombreux admirateurs.

» Ses élèves le vénéraient et l'écoutaient très religieusement ; ils avaient pour lui la déférence la plus touchante et ils l'appelaient *le père*. Après leur sortie de Roville, ils l'entretenaient de leurs affaires, de leurs succès et souvent aussi des difficultés qu'ils avaient à surmonter. Le plus ordinairement,

Mathieu de Dombasle trouvait le calme dont il avait besoin dans son cabinet de travail, et il oubliait dans ses relations avec les élèves les déceptions de l'homme industriel.

» Mathieu de Dombasle était d'une grande sensibilité, et il avait une affection sincère pour les élèves qui se vouaient à l'étude. Un jour, Fawtier, l'un de ses meilleurs élèves, lui fit une demande à laquelle il ne pouvait ou ne voulait pas répondre. L'élève, qui était très tenace, insista vivement et joignit l'emportement à des paroles très vives. Mathieu de Dombasle resta impassible devant la colère de son élève, qui comprit de suite qu'il devait se retirer et qu'il ne pouvait plus espérer voir le maître désormais. Fawtier, après un quart d'heure de réflexion, se repentit et écrivit à la hâte *au père* pour le prier de lui pardonner. A peine Mathieu de Dombasle eut-il entendu la lecture de sa lettre qu'il s'écria en s'adressant à celui qui la lui avait apportée : Où est-il ? amenez-le sur l'heure ! Le coupable entra plein de trouble et s'élança dans les bras de son maître, ouverts pour le recevoir ; tous deux s'embrassèrent dans le silence et versèrent d'abondantes larmes : larmes amères pour Fawtier, car c'étaient celles du repentir, et bien douces pour Mathieu de Dombasle, car c'étaient celles du pardon !

» Jamais un sentiment d'envie n'effleura l'âme de Mathieu de Dombasle. A toutes les époques de sa vie, il n'a cherché ni les places, ni les honneurs, et c'est tardivement, en 1833, qu'il a été nommé officier de la Légion d'honneur. C'est pourquoi Nancy peut se glorifier de le compter au nombre de ses enfants. Le gouvernement de Juillet, après la visite que Louis-Philippe fit à Roville, voulut l'élever au Conseil d'Etat ou à la Pairie, mais il refusa toutes les propositions qu'on lui fit, à cause de la difficulté qu'il éprouvait de parler en public. Dans sa longue carrière, il a toujours vécu sans luxe pour et par l'agriculture. Thaër, le célèbre fondateur de Moëglin, près Berlin, a été plus favorisé ; il a été comblé d'honneurs et de pensions pendant qu'il vivait.

» Le nom de Mathieu de Dombasle est connu aujourd'hui dans tous les villages où sa *charrue* est en usage, où son *Calendrier* est lu avec un vif intérêt, parce que l'une et l'autre portent le nom de *Dombasle*. Ce nom, très populaire dans les campagnes et béni par la reconnaissance publique, est désormais impérissable, tous les élèves des écoles d'agriculture et des écoles primaires dans lesquelles l'agriculture est enseignée n'ignorent pas que ce célèbre agronome a été le fondateur et le directeur de la première école d'agriculture établie en France.

» L'influence exercée par Mathieu de Dombasle sur l'esprit des agriculteurs est considérable ; elle s'est fait sentir dans toute la France et au delà de notre patrie. C'est par sa correspondance d'une grande simplicité et ne s'éloignant jamais d'une pratique sage et raisonnée, c'est par ses 400 élèves qui avaient pour lui une affection presque filiale, c'est par les très nombreux instruments et machines agricoles livrés par la fabrique qu'il a créée, c'est enfin par ses ouvrages si instructifs, qu'il a fait naître partout le mouvement qui ne s'est pas ralenti un seul instant depuis 1820 et qu'il a conquis des droits à la reconnaissance de l'agriculture.

» La statue qui lui a été érigée dans sa ville natale et pour laquelle la Société d'agriculture de Moscou envoya 1,125 fr., est un témoignage de sympathie nationale, de reconnaissance publique ; elle perpétuera l'image d'un penseur, d'un homme qui médite ce qu'il va dicter ou la résolution qu'il doit prendre ; elle rappellera que Mathieu de Dombasle consacra d'abord sa fortune entière, puis sa vie à des travaux destinés à améliorer l'existence de la population rurale. Pourquoi faut-il que ce monument, dû au génie de David d'Angers et élevé à la mémoire du plus grand agronome du XIXe siècle, attende encore, après 40 années, une grille, de la verdure et des fleurs pour que sa base n'offre plus cette sévérité qui attriste ceux qui honorent le grand agriculteur lorrain à l'âme noble et à l'esprit élevé?

» La commune que Mathieu de Dombasle a rendue célèbre dans l'histoire de l'agriculture par ses travaux et l'école qu'il y avait fondée n'a jamais été séparée de son nom. Partout, en France et en Europe, le mot *Roville* a toujours été associé au nom de *Dombasle*. Aussi est-ce avec raison que les habitants de ce modeste village ont pensé qu'ils se devaient à eux-mêmes, dans le but de payer leur tribut de reconnaissance, de lui élever un monument surmonté de son buste. Cette décision mérite d'être vivement acclamée, et elle aura cet avantage qu'on ne dira pas que les grands services s'oublient en France en un jour.

» Tous ceux qui aiment la carrière des champs et lui dévouent leur activité et leur intelligence, qui reconnaissent que la prospérité de l'agriculture assure le bien-être et l'aisance dans les campagnes les moins favorisées par la nature, tiendront certainement à honneur de venir en aide aux habitants de Roville.

» Il est permis d'espérer que les sociétés, les comices et les syndicats agricoles voudront aussi que leurs noms soient inscrits sur les registres de la municipalité de cette commune en adressant leur obole au maire-président de la commission chargée de centraliser les souscriptions. Le monument projeté par les habitants de Roville, qui ont toujours eu une admiration sincère pour Mathieu de Dombasle, sera un nouvel hommage rendu à la gloire de son nom un demi-siècle après sa mort. Son inauguration donnera lieu très certainement à une véritable fête de reconnaissance pour les services qu'il a rendus à la Lorraine.

» Si la culture de Roville a eu le grand mérite de montrer les difficultés que présente un bail peu libéral, un mauvais sol, des bâtiments ruraux trop exigus et un très faible capital d'exploitation, elle a été utile aux nombreux jeunes hommes qui sont venus s'instruire en écoutant la parole du maître vénéré et en s'initiant aux difficultés que présentait l'exploitation.

» Toutefois, on se tromperait étrangement si en lisant la dernière livraison des *Annales de Roville* parues en 1837, on concluait que Mathieu de Dombasle a dû éprouver de grandes difficultés pour rembourser le capital que les prêteurs lui avaient confié. Heureusement ce doute ne peut un seul instant préoccuper les agriculteurs amis des progrès.

» Il est très vrai que l'établissement avait éprouvé une perte importante en 1831, lorsque la cachexie se déclara dans le troupeau ; mais si ce revers fit naître alors de vives critiques de la part de certains détracteurs de Roville, il ne découragea pas Mathieu de Dombasle. Malgré une perte de 16,516 fr., l'exercice se solda néanmoins en bénéfice. Ce résultat financier fit prévoir un avenir plein de sécurité, la cachexie s'étant arrêtée avec la sécheresse de 1832.

» Les recettes de l'exploitation pendant les six dernières années ayant dépassé de beaucoup les dépenses, par suite des améliorations foncières qui avaient toujours été progressives depuis 1822 et de la prospérité de la fabrique d'instruments, le remboursement des sommes dues aux prêteurs s'est fait sans difficulté aucune. Toutes les dépenses soldées, Mathieu de Dombasle se trouva en possession de 110,000 fr. Les admirateurs du grand agronome lorrain furent très heureux de ce résultat, auquel on ne saurait donner trop de publicité.

» Mathieu de Dombasle quitta Roville en 1842 et vint de nouveau se fixer à Nancy. Tout lui promettait une douce et tranquille vieillesse. Bien que sa santé délicate dans sa jeunesse ne se fût pas raffermie avec l'âge, ses amis avaient néanmoins espéré que l'air de sa ville natale lui rendrait les forces qui lui faisaient défaut. Hélas ! l'affection du cœur dont il souffrait depuis longtemps était d'une guérison impossible ; elle mit fin à son existence le 27 décembre 1843 : il avait 67 ans.

» C'est avec une émotion profonde que ses amis et ses élèves apprirent cet événement, qui fut pour la France agricole un véritable deuil de famille, parce qu'elle perdait un de ses plus illustres défenseurs.

» Mathieu de Dombasle n'a jamais regretté la décision qu'il prit en 1821, et les 20 années qu'il a passées à Roville pendant lesquelles il a fait preuve d'une ardeur peu commune et qui ne s'est jamais ralentie. Si, pendant son existence, il a éprouvé des mécomptes, des anxiétés, de pénibles émotions, il a eu l'extrême satisfaction d'avoir répondu à la confiance qu'on avait placée en lui et d'avoir concouru, dans une large mesure, à la prospérité de son pays en hâtant les progrès du premier, du plus noble et du plus utile des arts ! »

Cet éloquent discours de l'éminent inspecteur général reçoit les plus chaleureux applaudissements.

M. le Président félicite l'orateur en ces termes :

« Les applaudissements chaleureux de l'assemblée vous prouvent, mon cher Maître, combien est vivace dans les cœurs lorrains la mémoire du grand agronome dont vous venez de retracer si éloquemment la vie. Le Comité du monument qui doit être élevé l'année prochaine à Roville en son honneur devra à votre magnifique éloge le succès définitif de son entreprise. Je vous en remercie de tout cœur, en son nom, au nom de votre auditoire, au nom de l'agriculture lorraine, et, vous me permettrez de l'ajouter, au nom de la famille de Mathieu de Dombasle. »

M. le Président invite ensuite M. l'abbé Voirnot à prendre la parole : « Je n'ai pas, Messieurs, dit-il à l'assemblée, à vous présenter notre honorable conférencier : son nom, les travaux agricoles auxquels il consacre ses loisirs avec tant de succès, l'accréditent suffisamment auprès de vous. L'apiculture moderne, avec tous ses progrès, n'a pas de propagateur plus compétent et plus dévoué que lui. Il a bien voulu venir nous apporter les résultats de son expérience : c'est une bonne fortune pour nous. »

M. l'abbé Voirnot remercie M. le Président des paroles qu'il vient de prononcer et s'exprime ainsi :

« Messieurs,

» Parce qu'une abeille est un peu moins grosse qu'un cheval ou même qu'une génisse, ce n'est pas une raison pour que cet intéressant insecte n'ait pas droit, dans une Exposition agricole, à une attention toute spéciale. J'ai vu quelquefois des Sociétés d'Agriculture reléguer l'apiculture à l'arrière-plan. C'était un tort, car l'apiculture est un puissant auxiliaire de l'agriculture, ainsi que j'espère vous le démontrer. C'est un tort que n'a pas la Société d'agriculture de Nancy, puisqu'elle a réservé une place honorable à l'apiculture, et je la remercie de l'honneur qu'elle m'a fait, en me demandant, par l'entremise de son dévoué et estimé Président, de venir vous faire une causerie sur les abeilles.

» Je ne vous ferai pas l'injure, Messieurs, de vous définir l'apiculture, car je ne suppose pas qu'il y ait dans l'assemblée une seule personne susceptible de se rendre coupable du quiproquo commis par une dame qui, entendant parler d'api...culture et ne voulant pas passer pour ignorante, s'exclama en disant : « Oh ! que ce doit être beau, un jardin planté en apis, surtout quand les pommes sont belles et rouges du côté du soleil ! » Non, l'apiculture n'est point la culture des pommes d'api, mais la culture de l'abeille, désignée en latin sous le nom d'apis, d'où le mot apiculture.

» L'apiculture est une étude et une application, dont l'importance est plus grande qu'on ne le pense généralement. La plupart du temps, ce mot apiculture rappelle simplement deux idées, celle d'une abeille qui pique et celle d'un miel qu'on prend ou qu'on laisse à volonté, lorsqu'on est malade.

» L'apiculture, Messieurs, est une science, une science très étendue, à laquelle dans tous les siècles des observateurs ont consacré des heures, des jours, des années, des existences entières. Cette science est tellement vaste que, après tous ces travaux, on est étonné de constater que ce qu'on sait n'est rien, en comparaison de ce qui reste à savoir. L'abeille est un insecte tellement admirable, qu'un vieillard, qui dans le monde avait oublié Dieu, s'étant donné à l'apiculture sur ses vieux jours, fut ramené à la religion par l'admiration des merveilles que le Créateur a réunies dans une si petite créature.

» Je ne voudrais cependant pas vous laisser croire que pour s'occuper d'apiculture, il faille absolument savoir tout ce qu'on a pu dire ou écrire sur l'abeille. Et n'attendez pas non plus de moi que j'entre dans des détails circonstanciés sur l'abeille et sa culture. Parlant à des agriculteurs, je me bornerai à insister sur deux points : 1° Utilité de l'abeille au point de vue de l'agriculture ; 2° utilisation du miel par les agriculteurs.

Mon triple but dans la propagande agricole.

» Ne vous étonnez pas, Messieurs, qu'un prêtre fasse du zèle pour ces questions qui paraissent en dehors de son ministère. J'ai la conviction de rester dans mon ministère, en faisant de la publicité apicole, par mes livres, par mes conférences, en France et à l'étranger; car, dans cette propagande, je poursuis un triple but: moralisateur, sanitaire et charitable.

» 1° Un but *charitable*.—Le prêtre souffre souvent de ne pouvoir donner plus largement pour les bonnes œuvres. Or, s'il est vrai, comme on l'a dit, que celui qui fait pousser un brin d'herbe là où rien ne poussait auparavant, a rendu plus de service à son pays que le conquérant qui se flatte que l'herbe ne repousse pas là où son cheval a mis le pied, j'estime avoir fait une bonne œuvre, quand j'ai pu, par mes conseils, soit apprendre à un ouvrier à grossir la bourse de famille de quelques pièces de monnaie, d'argent ou d'or, en recueillant par ses abeilles un miel qui serait perdu sans elles, soit aider un instituteur, un prêtre, une communauté, à augmenter leur modeste budget, par les produits des abeilles.

» 2° Un but *sanitaire*. — Je suis convaincu aussi de rendre un grand service sous le rapport des santés, qui vont s'affaiblissant de plus en plus, en excitant les populations à revenir à l'usage du miel, ainsi que le faisaient, avant l'invention du sucre, nos ancêtres, pour qui le miel était d'un emploi journalier comme aliment, comme boisson et comme remède. C'est ce que je montrerai d'une façon au moins sommaire dans la deuxième partie de cette conférence.

» 3° Un but *moralisateur.* — Tout homme a besoin de se passionner pour quelque chose ; l'important, c'est que l'objet de cette passion soit bon. Or, quand on a commencé à s'occuper d'abeilles, on est pris, on ne peut pas s'empêcher de se passionner pour elles, et cette passion en vaut bien d'autres. Le cultivateur et l'ouvrier, qui vont passer quelques heures le dimanche auprès de leurs chères abeilles, emploient plus utilement leur temps que ceux qui vont le passer ailleurs, aux dépens de la bourse, de la santé et de la bonne harmonie en famille.

» Le bon La Fontaine dans ses fables nous apprend, à l'école des animaux, une masse de leçons admirables. De même l'apiculteur s'instruit en contemplant ses abeilles, en admirant leur activité parfois fébrile, leur habitude de l'ordre le plus parfait, leur instinct étonnant, on dirait presque leur intelligence dans la construction si géométrique de leurs rayons, leur sollicitude maternelle dans l'élevage de leurs larves, leur prévoyance dans l'emmagasinage du miel pour l'hiver, leur courage jusqu'à la mort pour défendre leur habitation et ses approches, etc.

1re PARTIE. — UTILITÉ DE L'ABEILLE POUR L'AGRICULTURE.

L'abeille et la famille de l'agriculteur.

» Vous voyez, Messieurs, que je suis déjà dans mon sujet : l'utilité de l'apiculture pour l'agriculteur lui-même. Celui qui voudra s'occuper d'abeilles, je lui promets les plus douces jouissances, et de plus son exemple apprendra à ses enfants à rechercher les satisfactions saines et simples à la fois. Bien souvent je reçois des lettres me disant : « Je suis apiculteur. parce que mon père l'était ; ses abeilles pour moi font comme partie de la famille ; c'est un héritage sacré ! »

» Qu'on ne dise pas qu'un cultivateur a bien d'autres choses à faire. Hier je rencontrais à l'Exposition un agriculteur de l'Aube, que j'ai visité chez lui l'an dernier. Les cafetiers ne doivent pas être contents de lui, mais en revanche il sait trouver du temps pour s'occuper de sa famille, composée de onze personnes, y compris ses parents et ses enfants; il sait trouver du temps pour diriger sa culture avec un talent qui lui a valu quantité de médailles aux Expositions, et ces médailles vont le chercher plutôt qu'il ne les cherche ; il sait trouver encore des heures de loisir pour soigner ses abeilles et fabriquer lui-même ses ruches en hiver (1).

» Donc lors même que les abeilles ne devraient rien rapporter, ce serait déjà pour le cultivateur un grand profit de les aimer, de s'y attacher, de se passionner pour elles, d'y trouver du plaisir, de la poésie même. Eh ! oui, de la poésie ! Il en faut un brin dans la vie, car l'argent, le pain matériel ne suffisent pas à satisfaire toutes les aspirations de l'âme humaine. Elle est souvent si prosaïque, la vie

---

(1) M. Mathieu, vice-président de la Société l'Abeille de l'Aube, présent à la séance, se lève, fier du témoignage rendu à son compatriote, et il cite le nom de M. Collin, de Vallant-Saint-Georges, trésorier de la même Société, et il ajoute que son collègue a trouvé aussi du temps pour aller à l'Exposition de Chicago, délégué par le gouvernement français, comme représentant de l'agriculture et de l'apiculture.

du cultivateur, qu'un peu de poésie n'y est pas déplacée ; or, quoi de plus poétique, de plus vivant, dans un jardin, que le bourdonnement des abeilles, surtout s'il a l'accompagnement du murmure des eaux ! Ceux qui ont lu Virgile et qui possèdent des abeilles comprendront cette dernière pensée.

» Et si le cultivateur n'a pas tout le temps voulu pour s'occuper du rucher, pourquoi la maîtresse de la maison n'y veillerait-elle pas ? Je reçois souvent des lettres pour demandes de renseignements, de la part de dames et même de demoiselles apicultrices. Je connais en Belgique un comte et une comtesse de haute lignée, qui ont chacun leur rucher et qui rivalisent d'amour-propre, et il est intéressant d'entendre le mari et la femme discourir parfois longtemps sur des questions apicoles. La femme apporte en apiculture, comme en horticulture et du reste en toutes choses, un savoir-faire, un tact tout particulier, et la maîtresse de maison est fière d'offrir du miel de son crû à ses enfants et à ses invités !

» Puisque nous parlons des dames, n'oublions pas les vieilles filles, dont le voisinage est une cause de prospérité pour un rucher !... Ce n'est pas moi. c'est Darwin qui le dit, et voici son raisonnement : Un des ennemis les plus destructeurs d'abeilles, c'est le mulot, le chat est l'ennemi des mulots, et les vieilles filles sont les amies des chats, et Darwin en conclut... qu'il est avantageux de semer du trêfle auprès des localités où il y a beaucoup de vieilles filles, qui auront beaucoup de chats, lesquels mangeront beaucoup de mulots, et ceux-ci ne pourront plus manger les abeilles, qui féconderont en paix le trêfle, et l'heureux apiculteur aura une abondante récolte de graines, c. q. f. d. Je ne dis pas que le raisonnement soit absolument irrépréhensible devant les règles du syllogisme ; du moins il est original.

L'abeille et la fécondation des fleurs.

» Mais ce qui est certain et tout à fait hors de doute, c'est que les abeilles sont très utiles et même indispensables pour la fécondation des arbres à fruits et des plantes à graines. Vous savez que la fleur destinée à donner un fruit ou des graines doit être fécondée. Je vous fais grâce des termes de botanique, et je me contente de vous dire que ce qui féconde les fleurs, c'est le pollen, cette espèce de poussière jaune qui reste au bout du nez quand on met le nez dans la fleur d'un lys. Vous avez vu sans nul doute des abeilles revenir chargées, à chacune des deux pattes de derrière, d'une pelote de couleur variée selon le genre des fleurs, mais le plus généralement jaune. Quelques personnes prennent ces pelotes pour du miel, c'est une erreur ; ce que les abeilles rapportent ainsi, est du pollen qu'elles vont chercher de fleur en fleur. Avec une dextérité étonnante et une rapidité que l'œil a peine à suivre, elles détachent délicatement les grains de pollen au moyen de leurs pattes de la paire antérieure ; celles de la deuxième paire les reçoivent et les emmagasinent par tapotements vivement répétés dans deux poches placées dans les pattes de derrière. Le pollen est mis en réserve dans les alvéoles, pour servir, au fur et à mesure du besoin, à composer, avec de l'eau et du miel, la bouillie nécessaire à nourrir les larves au berceau.

» La fécondation de la fleur a lieu quand le pollen tombe sur les organes destinés à donner le fruit ou la graine. C'est pourquoi la fécondation se fait bien lorsque le temps est beau et qu'un léger zéphir vient balancer les fleurs pour détacher le pollen. C'est pour la même raison que les producteurs de pommes de Normandie, lorsque le temps reste désespément au calme plat, font monter leurs domestiques dans les arbres pour les secouer vigoureusement.

» Or, l'abeille produit cet effet, en voltigeant de fleur en fleur, soit pour y ramasser du pollen, soit pour y puiser du miel. De plus, il y a des fécondations qui ne se font bien que par l'abeille ; les détails que je vais vous donner à ce sujet, et quelques autres antérieurs, sont empruntés à une brochure extraite de l'*Auxiliaire de l'apiculteur, de l'agriculteur, de l'horticulteur*, etc., publié à Amiens. Cette brochure est la reproduction d'une conférence faite par M. Brandicourt, sur l'utilité des abeilles en horticulture. Je résume ses considérants à trois :

» 1° Certaines plantes ont des fleurs mâles et des fleurs femelles distinctes, soit sur un seul et même plant, comme le melon, par exemple, soit sur des plants différents, comme dans l'aucuba. Il faut donc que le pollen soit transporté d'une fleur à l'autre ; c'est ce que fait l'abeille ;

» 2° Lorsque les organes mâles et les organes femelles sont réunis sur la même fleur, il arrive que les organes fournissant le pollen se développent après les organes qui le reçoivent, et, comme les fleurs ne s'épanouissent pas toutes simultanément, l'abeille, en visitant des fleurs plus âgées, transporte leur pollen sur d'autres moins avancées, qui reçoivent ainsi à temps le pollen mûr de leurs voisines, et qui fourniront à leur tour du pollen pour d'autres fleurs ;

» 3° Lors même que les organes qui produisent le pollen et ceux qui le reçoivent se développent simultanément dans la même fleur, il est très utile que les fleurs soient fécondées par le pollen d'autres fleurs ; c'est ce qu'on appelle le croisement, qui est une condition de robusticité dans le règne végétal comme dans le règne animal. Il n'y a pas de cultivateur qui ne connaisse cette loi du croisement, facile à expliquer et à comprendre : les enfants héritent des tempéraments du père et de la mère ; or, s'il y a quelque vice du sang dans telle famille, ce vice ne fera que s'accroître par l'alliance de tempéraments homogènes, c'est à dire d'origine semblable, tandis qu'il se corrigera par l'union entre tempéraments hétérogènes ou d'origine différente. La même règle s'applique au régime végétal ; donc l'abeille rend service en contribuant à la vigueur des plantes par le croisement entre plantes de la même espèce ; car, remarque importante et bien constatée, c'est que l'abeille, dans une même excursion à la campagne, ne visite que les fleurs d'une seule espèce de plante. C'est chez elle l'effet d'un instinct providentiel, car le pollen du sainfoin par exemple ne peut servir à féconder le sarrasin, et, si l'abeille allait sans distinction d'une fleur à une autre d'un genre différent, elle ne remplirait pas son rôle d'auxiliaire de la fécondation.

» Des expériences absolument concluantes ont été faites, particulièrement par Darwin, sur l'utilité et la nécessité des abeilles pour la fécondation des plantes. Vingt têtes de trèfle blanc, visitées en toute liberté par les abeilles, lui donnèrent 2,290 graines, tandis que sur vingt autres têtes rendues inaccessibles aux abeilles au moyen d'une gaze, plus des deux tiers demeurèrent stériles.

» Quand on introduisit pour la première fois en Australie le trèfle rouge, on obtint une magnifique floraison, mais les fleurs ne donnèrent pas de graines. Il fallut importer d'Europe des bourdons des champs dont la langue plus grande que celle de l'abeille, est plus apte à plonger dans les calices plus allongés de cette sorte de trèfle.

» En Californie, où l'on a fait d'immenses plantations d'arbres fruitiers, on a installé des ruches de distance en distance, pour assurer la fécondation des fleurs.

» Je ne sais plus dans quelle Revue j'ai lu l'expérience suivante faite sur un cerisier. On a enveloppé la moitié de l'arbre d'une gaze légère au moment de la floraison ; or, cette moitié n'a presque pas donné de fruits, tandis que l'autre en était toute couverte.

» Jugez par là, Messieurs, de la science d'un maire qui porta un ukase obligeant à enfermer les abeilles au moment de la floraison des arbres, parce que... il avait constaté que les abeilles mangeaient toutes les fleurs de son jardin ! !

» Du moins, dira-t-on, si les abeilles font venir les fruits, elles les mangent. Des expériences parfaitement constatées ont réduit cette affirmation à sa juste valeur. Ce qui est certain, c'est que les mandibules de l'abeille ne sont point organisées pour pouvoir entamer les fruits ; tout son méfait, c'est de sucer les fruits sucrés, lorsqu'ils sont ouverts par les guêpes ou les oiseaux ou crevassés par les pluies ; tandis qu'elle mourra de faim auprès de fruits sains et entiers. J'ai dans mon jardin quelques pieds de vigne en treille, dont deux sont toujours préservés : l'un, qui garnit le devant du rucher, est garanti des guêpes par les abeilles ; l'autre, placé près de la fenêtre du grenier, est préservé des moineaux par les chats, qui ont leur passage à cet endroit. Donc les abeilles ne prennent quelque chose que sur les fruits sans grande valeur, et ce serait bien exorbitant que, elles qui font venir les fruits, ne pussent seulement en recueillir les restes ! Est-ce qu'on empêche un chien de ramasser les miettes qui tombent de la table ? Est-ce qu'on fait difficulté de donner au cheval ou au bœuf le foin et la paille qu'ils ont contribué à faire venir ?

» Je crois, Messieurs, vous en avoir assez dit pour vous montrer l'utilité des abeilles par rapport à l'agriculture et aussi à l'horticulture.

» Donc il faut des abeilles. Mais quelle race d'abeilles faut-il prendre ? Car il y en a de diverses sortes : il y a l'abeille du pays, l'abeille italienne, la carniolienne, etc. De plus, quel genre de ruche faut-il adopter ? Comment loger les abeilles dans ces ruches ? Comment les y soigner ? Ce n'est pas dans une journée tout entière que je pourrais développer toutes ces questions, que l'on trouve d'ailleurs dans les traités d'apiculture. — Je passe donc outre.

2e PARTIE. — UTILISATION DES PRODUITS DES ABEILLES.

» Les deux principaux produits des abeilles sont, comme vous le savez, Messieurs, le miel et la cire. Nous laisserons de côté la cire. Avant d'aborder la question du miel, je voudrais vous dire un mot du venin de l'abeille... et de son utilisation ! Voilà qui vous étonne ! Eh bien ! oui, l'utilisation du venin des abeilles ! Et, ce qui est plus étonnant encore, son utilisation au point de vue patriotique !

Utilisation du venin des abeilles.

» En 1887, à l'Exposition de la Société d'horticulture, j'amenai des abeilles dans des ruches vitrées. A Pont-à-Mousson, les employés de la gare étaient dans l'admiration et me demandèrent combien une de ces grandes ruches peut contenir d'abeilles. — Quarante, soixante, quatre-vingts mille abeilles, répondis-je ; en ce moment, j'ai dans tout mon rucher plus de deux millions d'abeilles. — Diantre ! dit l'un des employés, quelle armée ! — Oui, repris-je, une armée ; le mot est peut-être plus juste que vous ne le pensez. On raconte que les habitants de Prény étant assiégés, laissèrent approcher leurs ennemis et du haut des remparts leur jetèrent sur la tête des ruches pleines d'abeilles ; les assiégeants déguerpirent bien vite. C'est que, s'il est possible de parer un coup de sabre ou même de passer entre les balles, qui vont en ligne droite, il est moins facile d'échapper aux blessures d'une abeille, qui d'un vol rapide et intelligent sait atteindre son ennemi juste à la bonne place. Si en cas de guerre tous les apiculteurs de France mettaient en ligne à la frontière tous leurs millions et milliards d'abeilles, les Prussiens ne passeraient pas. — Diantre ! diantre! s'écrie l'employé, il faut écrire cela à le Boulanger (sic).

» Ce genre de guerre, Messieurs, serait moins sanglant et moins meurtrier que l'autre, mais il pourrait avoir à l'occasion son efficacité. Je livre l'idée pour ce qu'elle vaut aux vaillants chefs de notre armée, qui sont chargés de la protection de nos frontières.

» Il n'est plus à prouver aujourd'hui que les piqûres d'abeilles sont utiles pour guérir des rhumatismes. Les Bulletins apicoles rapportent maints faits divers que je puis confirmer par ma propre expérience. Un médecin de Vienne, en Autriche, a même inauguré un système de traitement aux piqûres d'abeilles, et il cite le chiffre des guérisons obtenues. Et pourquoi pas ? Est-ce que MM. les docteurs n'emploient pas les injections de morphine ? Du reste, on connaît en médecine les propriétés de l'acide formique que contient le venin des abeilles.

» Je ne veux pas dire pour cela qu'il faille aborder sans prudence les abeilles et faire comme bon nombre d'entre nous, sans doute, ont eu la tentation de faire dans leur enfance, c'est à dire d'aller introduire une baguette dans le trou de vol pour provoquer la colère des abeilles. J'approuve encore moins la vantarderie d'un conférencier qui après la leçon théorique voulut donner une leçon de choses, se vantant de montrer comment on manœuvre les abeilles sans fumée et sans voile. Il ne réussit qu'à faire piquer et fuir tous les spectateurs, et ce sont les abeilles qui se chargèrent de lui donner une leçon, en interrompant la sienne et en le forçant à battre lui-même en retraite.

» Il ne faut pas tomber non plus dans l'excès contraire d'une crainte exagérée des abeilles. J'ai dans ma cour deux ruches placées à quelques mètres de l'endroit où chaque dimanche vingt-cinq tapageurs prennent leurs ébats ; il est très rare qu'aucun soit piqué. L'abeille ne pique pas pour le plaisir de faire mal, mais pour se défendre, elle et sa demeure, quand elle est attaquée ou qu'elle se croit menacée. En pleine campagne, essayez de chasser une abeille occupée à butiner sur une fleur, elle s'envolera en faisant entendre un bourdonnement de mécontentement, mais elle ne piquera pas : elle sent qu'elle n'est pas chez elle.

» Nous n'avons pas été peu surpris, il y a quelques années, de voir édicter certaines mesures restrictives ou prohibitives, de nature à mettre nos abeilles hors la loi. Quel crime nouveau avaient donc commis nos petites ouvrières, pour être l'objet de ces mesures d'exception ? Nous n'avons cessé et nous ne cesserons, nous apiculteurs, de réclamer le droit commun, c'est à dire la responsabilité des méfaits de nos abeilles, comme on est responsable des morsures de son chien ou des ruades de son cheval, ce qui n'est pas une raison pour interdire la voie publique aux chiens et aux chevaux. En France, nous poussons parfois à l'excès le zèle de la réglementation ; des règlements, il en faut, mais des règlements qui aident le progrès, au lieu de l'entraver. Ah ! Messieurs, nous avons à nous garer de dangers plus grands que la piqûre d'une abeille ! Nous avons à nous garer de la plume empoisonnée des écrivains malfaisants ! Nous avons à nous mettre en garde contre la langue envenimée des orateurs révolutionnaires ! Nous avons à nous protéger contre le poignard meurtrier des assassins !

Propriétés du miel et son usage quotidien comme aliment.

» Parlons maintenant d'un produit bien plus doux des abeilles : le miel.

» J'ai beaucoup étudié cette question, et j'ai fait une brochure de 112 pages in-8o sur le miel et son usage. Plus j'étudie ce sujet, encore aujourd'hui, plus j'admire les propriétés étonnantes et méconnues du miel.

» On s'étonne moins cependant, si on réfléchit que le miel est recueilli sur toutes sortes de fleurs, au moment où la plante se prépare à se reproduire, et où par conséquent elle est dans toute la puissance, dans la plénitude de sa vie. Le miel est le suc des fleurs, la quintescence des plantes, et il participe éminemment à leurs qualités ; c'est un extrait concentré de tout le règne végétal. Or, c'est au règne végétal que nous empruntons la plupart de nos aliments et de nos remèdes. Nous avons donc dans le miel, sous un petit volume, une nourriture toute prête à être assimilée et une sorte de médication universelle.

» Généralement, pour engager quelqu'un à s'occuper d'abeilles, on fait valoir les bénéfices que peut procurer l'apiculture. Aujourd'hui on n'apprécie guère la valeur d'une chose que par l'argent. J'ai dit en commençant les motifs qui devraient nous attacher à l'intéressante abeille, en dehors de la question de bénéfice. Un attachement platonique n'étant pas une raison assez déterminante pour le plus grand nombre, je dirai : Cultivez l'abeille pour ses produits ; cherchez à faire du miel, très bien ! mais moins pour en vendre que pour en consommer, vous et votre famille. Ne serait-ce pas illogique de vouloir persuader les autres de l'efficacité du miel et de la nécessité d'en acheter, si l'on ne donne soi-même par l'exemple des preuves de sa conviction personnelle. Quand les apiculteurs se plaignent que le miel ne se vend pas, je leur réponds : En mangez-vous ? En faites-vous un usage quotidien ? Car c'est l'usage habituel qui est efficace.

» Ce que j'appelle usage quotidien, c'est en prendre le matin avec du lait ou du café au lait : c'est en avoir sur sa table toujours et après chaque repas en étendre sur quelques bouchées de croûte de pain ; c'est en faire des tartines aux enfants ; c'est ne jamais se coucher sans en mettre une cuillerée dans sa bouche. Celui qui suivrait ce régime, je lui promettrais santé et longue vie ; et ce n'est point, Messieurs, de l'exagération ; les exemples abondent dans l'antiquité comme dans les temps actuels, pour prouver que l'USAGE DU MIEL EST UN BREVET DE LONGUE VIE.

» Donc, toutes les fois que c'est possible, remplaçons le sucre par le miel. Le sucre n'est jamais que du jus de betterave, tandis que le miel de nos abeilles est un extrait de toutes les plantes alimentaires et médicinales. Le miel, c'est du sucre, mais le sucre n'est pas du miel. Sans demander la suppression du sucre, réclamons pour le miel la place que lui a prise le sucre. Nos ancêtres ne connaissaient guère d'autre sucre que le miel et ils ne s'en portaient que mieux.

» Il faut avouer que l'industrie sucrière a fait des progrès et des frais pour présenter le jus de betterave sous des formes agréables au goût et commodes pour l'usage. Le sucre est entré dans les habitudes, le miel en est sorti, il faut l'y faire rentrer.

» M. Collin, dont je vous parlais tout à l'heure, nous disait hier : « Dans une maison comme la
» mienne, il faut chaque année pour une certaine
» somme de sucre ; mais le miel est tellement entré
» dans les usages de la famille, que l'an dernier un
» de mes fils, voyant que je n'en avais pas récolté à
» cause de la sécheresse, est allé chez un de mes
» collègues, M. Mathieu. Il lui demande à emprun-
» ter 40 kilos de miel, qu'il rapporte ; en rentrant,
» pour prévenir toute objection, il se hâte de dire :
» Papa, tu ne seras pas obligé de payer le miel ; tu
» le rendras quand tu en auras. » (1)

» L'usage du miel est surtout efficace quand on le consomme en nature, parce qu'alors il a toutes ses propriétés ; on peut cependant varier l'usage du miel comme aliment, en le prenant sous forme de gâteaux au miel, de confitures au miel, dont les recettes variées se trouvent dans ma brochure sur *le Miel des Abeilles*. Une mention spéciale doit être réservée au pain d'épice, qui, en France, est trop considéré comme article de foire ou de circonstance,

---

(1) M. Mathieu, présent, confirme ce récit de la voix et du geste.

et devrait être d'un usage sinon journalier, du moins plus fréquent.

Le miel comme boisson : l'Hydromel.

» Dans les temps anciens, le vin et l'hydromel se partageaient les faveurs des gourmets. Dans les temps modernes, la bière a presque remplacé l'hydromel, excepté en Pologne et en Russie, où il est encore en usage et en honneur. Un prêtre de Nancy, étant allé dans ces pays, fut surpris de se voir servir des vins exquis et variés, là où la vigne n'est point cultivée ; et il fut non moins étonné d'apprendre que ces vins, qu'il comparaît à nos meilleurs crûs de France, étaient des hydromels différents suivant leur âge et leur degré en alcool.

» Dans nos pays vignobles, où l'usage du vin est aujourd'hui général, ce serait prêcher dans le désert que de vouloir le remplacer par l'hydromel. Il n'est pas question non plus de supprimer la bière. Mais de même que tout à l'heure, au lieu de demander la suppression du sucre, je réclamais la réhabilitation du miel en présence de son rival, de même l'intérêt des santés réclame la réhabilitation de l'hydromel en face de ses deux concurrents, le vin et la bière.

» Dans les contrées où ne pousse pas la vigne, l'hydromel a la partie belle ; il lui est facile de supplanter les vins de commerce. En France, je conseillerais de préférence les hydromels liquoreux, qui, après quelques années d'âge, peuvent être servis pour du madère ou du malaga. En outre, dans nos vignobles, qui touchent presque à la limite septentrionale de la culture de la vigne, le raisin n'arrive pas toujours à un degré satisfaisant de maturité. L'addition de miel au moût de vin lui donne de la qualité et de la force. Enfin, je conseille instamment à ceux qui font du vin de deuxième cuvée ou des vins de raisins secs, d'employer le miel au lieu de sucre. On a trop fabriqué de ces sortes de vins et l'on commence à en reconnaître l'abus pour les santés; en définitive, ce n'est que du jus de betterave transformé en alcool et rougi par les marcs de raisins; tandis que si l'on fait ses vins avec du miel, on a un véritable hydromel, avec toutes les propriétés qu'il emprunte au miel.

» Il faudrait une conférence tout entière pour développer toutes les questions relatives à l'hydromel et à sa fabrication. Je me contenterai de deux renseignements :

» 1° Quantité de miel à employer : En chiffres ronds, il faut autant de fois 25 grammes de miel par litre qu'on veut donner de degrés à l'hydromel ou au vin. Donc, pour faire de l'hydromel à 10 degrés, on doit employer 250 grammes ou une demi-livre par litre d'eau, soit 25 kilos par hectolitre. Pour forcer de deux degrés un vin faible, on ajoutera avant fermentation 50 grammes de miel par litre de moût. Si l'on veut de l'hydromel liquoreux, on peut aller jusqu'à 500 grammes ou une livre par litre ; une partie du miel ne se transforme pas en alcool, et l'hydromel reste sucré ;

» 2° Ferments à employer: Tout liquide sucré, laissé à lui-même, fermente à la longue : le miel étendu d'eau met plusieurs mois pour transformer son sucre en alcool. Il est donc nécessaire d'aider à la fermentation, pour l'obtenir plus rapide. Sous ce rapport, rien ne vaut le moût de raisin.

» Si l'on n'en a pas à sa disposition, on peut prendre soit des raisins secs, ou des fruits quelconques, tels que cerises, prunes, fraîches ou sèches, soit du pollen qu'on retire des rayons, soit des levures de vin. — Voilà plusieurs années que je broie ensemble cerises, groseilles, cassis, framboises et que j'en fais fermenter le jus avec du miel ; le produit est excellent.

» Ces indications sommaires nous montrent que chacun peut se faire chez lui, sans passer par la régie ni l'octroi, une certaine quantité d'hydromel, dans un fût, une bonbonne ou même une grande cruche. Pour essayer, il n'est pas nécessaire d'être apiculteur ; il suffit d'avoir du miel.

» On fait aussi avec le miel, de la bière, de la limonade, du vinaigre, de l'eau-de-vie et toutes sortes de boissons rafraîchissantes.

» Les liqueurs, quelles qu'elles soient, crêmes, ratafias, etc., sont plus onctueuses, quand elles sont faites au sirop de miel, au lieu de sirop de sucre. Un apiculteur devrait toujours avoir une provision de ce sirop de miel, pour s'en servir au besoin. On l'obtient en faisant cuire le miel et en écumant ; on le conserve au frais.

Le miel comme remède.

» On cite des cas de guérisons incroyables, obtenues par le miel, Mais sous le rapport médicinal, comme au point de vue alimentaire, on s'étonne moins, si l'on se rappelle que le miel est recueilli sur toutes sortes de fleurs, dont il emprunte les propriétés, au moment où la plante est dans toute la vigueur de sa sève. Pour juger des effets obtenus par le miel, il faudrait pouvoir se rendre compte des propriétés de toutes les plantes sur lesquelles a été recueilli le miel employé pour tel ou tel remède. En tout cas, un fait bien constaté n'en est pas moins constaté, lors même que la science ne saurait l'expliquer.

» Un de mes amis, instituteur et apiculteur, continue à faire pour sa famille ce qu'il a vu chez son père, c'est à dire que les enfants ont sur la table le miel à discrétion. « Or, m'a-t-il dit, quand il y a une épidémie sur les enfants, ce qui n'est pas rare dans une cité ouvrière de plusieurs milliers d'âmes, le foyer de l'épidémie devrait être l'école, et cependant mes enfants sont les plus préservés. »

» Je ne suis pas médecin et n'ai pu contrôler par moi-même toutes les recettes que je cite dans mon livre, pour l'usage interne et l'usage externe. J'ai déjà cependant constaté la vérité d'un certain nombre de ces recettes, soit par des faits qui se sont passés sous mes yeux, soit par des témoignages d'hommes dignes de créance. De plus, j'ai soumis mon livre à une douzaine de pharmaciens ou de médecins, et je suis prêt à me ranger à leurs observations.

» Je me permettrai de faire aux médecins français une question, qui est un demi-reproche implicite. D'où vient que la France est le pays où le miel soit le moins recommandé comme remède ? — Messieurs les docteurs recommandent aujourd'hui à l'unisson, le lait, qui était bien laissé de côté précédemment. Est-ce que le lait aurait acquis des propriétés nouvelles, ou ces propriétés n'étaient-elles pas assez connues auparavant ? Espérons que les médecins feront à nos abeilles la justice de recommander le miel avec le lait. Ce sera alors la Terre-Promise, où coulaient des ruisseaux de lait et de miel.

» Messieurs les vétérinaires ont toujours mieux apprécié le miel et ses bienfaits. Serait-ce pour cela, par délicatesse, que les médecins hésiteraient à le recommander à leur clientèle ? — Je me rappelle un cas de conversion au miel, opéré par un remède de cheval. Un curé, voisin d'un château, était souvent obligé d'aller chercher dans le parc ses essaims fugitifs. Il se fit un devoir de politesse d'offrir à la châtelaine un pot de son plus beau miel. On accepta avec force remerciements, mais on mit religieusement le pot de côté. Plus tard, un cheval du château devient malade; le vétérinaire prescrit du miel ; on se souvient alors du cadeau du curé. Pendant que le miel était sur la table, la châtelaine y enfonce délicatement l'extrémité d'une cuiller ; elle le trouve excellent, y revient et fut désormais une des clientes du curé. — Ce qui est bon pour un cheval, l'est aussi pour son maître,.... du moins dans le cas présent.

» Je m'arrête, Messieurs, et vous remercie de votre bienveillante et sympathique attention. Ce n'est pas au milieu de vous qu'on retrouve certain esprit qui nous a fait beaucoup de mal en France, et qui consistait à écarter systématiquement tout bien venant par l'entremise de tout homme revêtu d'un habit ou d'un caractère religieux. Ce mauvais esprit tend du reste heureusement à disparaître ; pour mon compte, je ne l'ai rencontré qu'une seule fois dans mes pérégrinations apicoles en France et à l'étranger. Avant la conférence, on me signala un individu qui s'était flatté d'interrompre. Je le regardai plusieurs fois dans le blanc des yeux ; il se tut et même il applaudit, quand tout le monde applaudissait. — Messieurs, quand il s'agit d'un intérêt général, nous devons accepter le concours de tous, quel que soit l'habit qu'ils portent, la soutane du prêtre ou la tunique du soldat, la redingote du patron ou la blouse de l'ouvrier. »

Ce discours se termine au milieu des plus vifs applaudissements.

M. le Président félicite M. le curé de Villers-sous-Prény. Il vient, dit-il à l'assemblée, de nous faire ressortir avec autant de finesse que de savoir, avec autant d'humour que de raison, les avantages offerts à l'agriculture par l'apiculture. Il ne doute pas que cette conférence ne contribue largement à la propagation de l'élevage des abeilles dans les exploitations rurales. Il prie M. l'abbé Voirnot de vouloir bien lui remettre sa communication, il sera heureux de la faire publier et de contribuer ainsi à la réalisation de ses bons conseils.

M. Heuzé prend de nouveau la parole pour traiter de la culture fourragère comme amélioration agricole.

L'éminent agronome a tracé sur le tableau quelques chiffres qui doivent lui servir à faire toucher du doigt la valeur de ses raisonnements et l'importance de ses démonstrations, puis il résume assez brièvement le travail qui suit :

« Messieurs,

» Les exploitations situées dans le rayon d'approvisionnement des grandes villes existent dans des conditions particulières. Pouvant se procurer aisément le fumier et les engrais dont elles ont besoin, elles possèdent généralement peu d'animaux de rente parce qu'elles ont intérêt à vendre une très grande partie des foins et des pailles qu'elles récoltent.

» Les fermes voisines de sucreries, de féculeries, de brasseries existent aussi dans des situations exceptionnelles. Non seulement elles peuvent livrer à ces usines des betteraves, des pommes de terre, mais elles trouvent à y acheter des pulpes qui les dispensent de donner une grande extension à la culture des plantes fourragères. Ces résidus servent à l'alimentation des animaux de travail et de rente.

» Les exploitations éloignées des centres populeux ou des usines agricoles sont presque toujours obligées de fabriquer elles-mêmes le fumier qui leur est nécessaire, c'est à dire de posséder à la fois et des animaux de trait et des animaux de rente.

» Il est très vrai qu'on ne cesse de dire de temps à autre que le fumier n'est plus indispensable, qu'on peut cultiver sans bétail de rente et qu'il est possible de remplacer le fumier par des *engrais chimiques*. Malheureusement, jusqu'à ce jour, la pratique n'a pas encore constaté que l'emploi seul de ces engrais commerciaux produisait sur le même terrain de belles récoltes consécutives de blé sans amoindrir la fécondité initiale de la couche arable. On cite, il est vrai, quelques fermes françaises, entre autres celles de M. Rémond, à Minpincien, et de M. Nicolas, à Arcy (Seine-et-Marne), sur lesquelles divers champs produisent chaque année de très belles récoltes de céréales sans qu'on ait pu constater que l'emploi répété des engrais chimiques ait diminué la fertilité du sol; mais ces exemples très remarquables sont exceptionnels, et il faut attribuer les faits favorables qu'on constate à une richesse de matières organiques accumulées dans le sol par suite de fumures très fortes qu'on y a appliquées pendant une longue période.

» Quoi qu'on dise, le fumier bien fabriqué sera pendant longtemps encore l'engrais par excellence pour toutes les plantes agricoles et maraîchères cultivées par la petite et la moyenne culture. Aussi est-ce avec raison que l'illustre Chevreul proclamait que les engrais chimiques étaient seulement des *engrais complémentaires des fumiers*.

» Le cultivateur qui ne peut vendre des pailles ni acheter du fumier doit donc combiner sa culture de manière à produire la litière et les fourrages dont il a besoin pour fabriquer le fumier qui lui est nécessaire.

» Dans les contrées où l'agriculture a fait peu de progrès, où les capitaux agricoles sont peu nombreux, on suit encore *l'assolement triennal.* Cette succession de culture produit beaucoup de paille, mais elle fournit peu de fourrage. C'est pourquoi elle oblige à posséder une étendue déterminée en *prairie naturelle* ou en *prairie artificielle* hors de rotation. Il est très vrai que la jachère qui occupe la première sole n'est pas toujours entièrement nue, mais la surface occupée annuellement par les plantes fourragères est si faible qu'on peut la considérer comme presque improductive.

» L'assolement triennal appartenant à la culture granifère comprend les soles suivantes :

1re année : Jachère.
2e année : Céréales d'automne.
3e année : Céréales de printemps.

» Puis, une *sole fourragère hors de rotation*.

» Appliqué sur 100 hectares de terres labourables, on a chaque année :

Céréales : 50 hectares.
Fourrages : 25 hectares.

» Mais, il est juste de le constater, la sole hors de rotation n'a pas toujours une surface égale à la superficie occupée chaque année par la jachère, c'est à dire 25 hectares. Alors, sur diverses exploitations, on sème dans une partie de l'avoine ou de l'orge qui termine la rotation de la *lupuline* ou *minette*, ou après la moisson quelques hectares en *trèfle incarnat* ou en *vesce d'hiver*.

» En résumé, l'assolement triennal précité appartient bien à la *culture stationnaire*. C'est pourquoi on doit lui substituer un des assolements de la *culture alterne*, celui qui s'harmonise le mieux avec la nature et la fécondité du sol qu'on cultive, les spéculations animales qu'on peut entreprendre avec profit et le capital qu'on possède.

» Le type des successions de culture qui appartient véritablement à la *culture améliorante*, est l'*assolement quadriennal* combiné comme suit :

1re année : Plantes sarclées.
2e année : Céréales de printemps.
3e année : Trèfle violet ou sainfoin.
4e année : Céréales d'automne.

» Puis, une *sole fourragère hors de rotation.*

» Appliqué sur 100 hectares de terres labourables, on a chaque année :

Céréales : 40 hectares.
Fourrages : 60 hectares.

» Cet assolement, malgré ses deux soles occupées par des plantes fourragères, ne se suffit pas à lui-même et il faut aussi le soutenir par une troisième sole consacrée à la production du foin, pour qu'il n'effrite pas la couche arable et qu'on puisse lui demander des récoltes productives en céréales.

» Constatons tout d'abord les produits que les deux successions de culture précitées peuvent donner, quand les cultures sont bien dirigées :

A. — ASSOLEMENT TRIENNAL.

1. — *Grains.*

25 hectares de blé × 16 hectolitres = 400 hectol.
25 hectares d'avoine × 30 — = 750 hectol.

2. — *Paille.*

25 hectares de blé × 4.000 k. = 100.000 k. }
25 hectares d'avoine × 3.000 k. = 75.000 k. } 175.000 k.

3. — *Foin.*

5 hect. dans la jachère × 5.000 k. = 25.000 k. }
25 h. de pré ou luzerne × 4.000 k. = 100.000 k. } 125.000 k.

B. — ASSOLEMENT QUADRIENNAL.

1. — *Grains.*

20 hectares de blé × 25 hectolitres = 500 hectolitres.
20 hect. d'avoine × 40 hectolitres = 800 hectolitres.

2. — *Paille*,

20 hectares de blé × 6.000 k. = 120.000 k. } 210.000 k.
20 hect. d'avoine × 4.500 k. = 90,000 k. }

3. — *Foin et racines fourragères.*

20 hectares racines × 10.000 k. = 200.000 k. }
20 hectares trèfle × 5.000 k. = 100.000 k. } 420.000 k.
20 hectares luzerne × 6.000 k. = 120.000 k. }

Les racines fourragères ont été converties en foin

» Il y a donc en faveur de l'assolement quadriennal ou de la culture alterne :

Blé :	100 hectolitres.
Avoine :	50 hectolitres.
Paille :	35,000 kilos.
Fourrage sec :	295.000 kilos.

» Avant de justifier ces excédants, déterminons la fumure qu'il faut appliquer et la quantité de fumier qu'on peut fabriquer annuellement :

1. — FUMIER NÉCESSAIRE.

A. — *Assolement triennal.*

Blé, 16 hectolitres × 500 kilos = 8.000 kilos.
Avoine, 30 hectol. × 400 kilos = 12.000 kilos.
par hectare **20.000** kilos.

pour 25 hectares *500.000* kilos.

B. — *Assolement quadriennal.*

Betterave, 400 quintaux × 65 kilos = 26.000 kilos.
Avoine, 40 hectolitres × 300 kilos. = 12.000 kilos.
Blé, 25 hectolitres × 500 kilos = 12.500 kilos.
par hectare **50.500** kilos.

pour 20 hectares *1.010.000* kilos

2. — FUMIER PRODUIT.

A. — *Assolement triennal.*

Paille de blé, 4.000 kilos × 1,60 = 6 400 kilos.
Paille d'avoine, 3.000 kilos × 1,60 = 4 800 kilos.
Total :..... 11.200 kilos.

Soit un déficit de **8.000** kilos environ.

» Il est donc nécessaire de posséder, en dehors de la rotation par chaque hectare occupé par le blé, un hectare de pré ou de luzerne pouvant produire au minimum 5.000 kilog. de foin qui × 1,60= 8.000 kilogr.

» Je passe sous silence le fourrage que fournit la jachère.

B. — *Assolement quadriennal.*

Paille de blé, 6.000 kilos × 1,60 = 9.600 kilos.
Paille d'avoine, 4.500 k. × 1,60 = 7.200 kilos.
Betterave, 4.000 quint. × 36 k. = 14.400 kilos.
Trèfle, 5.000 kilos × 1,60 = 8.000 kilos.

Total :..... 39.200 kilos.

Soit un déficit de **10.000** kilos,

» Il est donc indispensable de posséder en dehors de la rotation par chaque hectare de blé une luzernière d'un hectare pouvant donner 6.000 kilos de foin × 1,60 = *9.600* kilos.

» Toutes les substances sèches utilisées pour produire du fumier avec l'*assolement triennal* s'élèvent à 300.000 kilos qui × 1,60 = *480.000* kilos de fumier.

» Celles produites par l'*assolement quadriennal* atteignent 630.000 kilos qui × par 1,60 = *1.000.000* kilos de fumier environ.

» J'ai adopté comme *multiplicateur de la paille et du foin* le chiffre 1,60. Ce nombre paraîtra faible en face des multiplicateurs 2, 2,50 et même 3 admis par divers écrivains agricoles, mais celui que j'ai toujours regardé comme véritablement pratique représente la quantité de fumier sur laquelle on est en droit de compter quand cet engrais a séjourné trois à cinq mois dans une fosse ou sur une plate-forme, temps pendant lequel il perd de son volume et de son poids.

» J'ai dit que la culture alterne exigeait un plus fort capital que l'assolement triennal. Il n'est pas inutile de comparer ces deux cultures *au point de vue financier*.

1. — *Assolement triennal*

Valeur locative du sol par hectare, 35 fr.
Capital nécessaire, 250 à 350 fr. par hectare.

Soit pour 100 hectares, en moyenne, 30.000 fr. qui se divisent comme suit :

Culture de 100 hectares × 120 fr. =	12.000 fr.
Bétail	10.000 fr.
Mobilier...	4.000 fr.
Capital libre ou caisse...........	4.000 fr.
Total :..........	30 000 fr.

2. — *Assolement quadriennal.*

Valeur locative du sol, 70 fr. par hectare.
Capital nécessaire de 500 à 700 fr.

Soit pour 100 hectares, en moyenne, 60.000 fr. qui se divisent comme suit :

Culture de 100 hectares à 200 fr. =	20 000 fr.
Bétail...........	25.000 fr.
Mobilier..........	7.000 fr.
Capital libre ou caisse............	8.000 fr.
Total :......	60.000 fr.

» Les 200 fr. par hectare représentent la valeur des semences, les gages et la nourriture des agents de l'exploitation, la valeur de la main-d'œuvre, la dépense de l'exploitant et de sa famille, les frais généraux, le loyer de la terre, qui s'élève à 70 fr. par hectare, impôt compris, etc.

» Le capital libre n'est pas non plus exagéré. Au besoin on pourrait le réduire à 5,000 fr. sans nuire à la marche de l'entreprise. Ce capital peut ne pas rester improductif ; il est destiné à faire face à des accidents, à des imprévus.

» Voyons maintenant quels sont les animaux qui seront nécessaires et ceux qu'on pourra nourrir :

1. — ASSOLEMENT TRIENNAL.

1. — *Nombre*

1 cheval par 16 hectares, pour 100 hectares =			6
1 vache par 8 hectares,	—	—	12
2 bêtes à laine par hectare,	—	—	200

2. — *Valeur.*

6 chevaux à 500 fr. = 3.000 fr
12 vaches à 300 fr. = 3.600 fr.
200 bêtes à laine à 20 fr. = 4.000 fr.
Total :...... 10.600 fr.

3. — *Poids vif ou brut.*

6 chevaux × 400 kilos = 2.400 kilos.
12 vaches × 360 kilos = 4.300 kilos.
200 bêtes à laine × 25 kilos = 5.000 kilos.
Total :..... 11.700 kilos.

Soit par hectare 117 kilos de poids brut.

4. — *Alimentation.*

Foin par tête et par jour 10 kil., par an,3.600 kil.
pour 35 têtes, 126.000 kil.
Paille par tête et par jour 14 kil., par an 5.040 kil.
pour 35 têtes 176.400 kil.

Soit 3 kilos de foin par 100 kilos poids brut.

2. — ASSOLEMENT QUADRIENNAL.

1. — *Nombre.*

1 cheval par 11 hectares, pour 100 h.		=	9
1 vache par 4 hectares,	—	=	25
2 bêtes à laine par hectare	—	=	200

2. — *Valeur.*

9 chevaux à 750 fr.	=	6.750 fr.
25 vaches à 450 fr.	=	11.250 fr.
200 bêtes à laine à 35 fr.	=	7.000 fr.
Total :		25.000 fr.

3. — *Poids vif ou brut.*

9 chevaux × 600 kil.	=	5.400 kil.
25 vaches × 450 kil.	=	11.250 kil.
200 bêtes à laine × 40 kil.	=	8.000 kil.
Total :......		24.650 kil.

Soit par hectare 246 kilos de poids brut.

4. — *Alimentation.*

Foin par jour et par tête 20 kil., par an 7.200 kil.
pour 55 têtes = 396.000 kil.
Paille par jour et par tête 10 kil , par an 3.600 kil.
pour 55 têtes = 198 000 kil.

Soit 4 kil. 2 environ par 100 kilos de poids brut.

» La statistique du département de Meurthe-et-Moselle porte le poids brut des bêtes chevalines à 438 kilog., celui des bètes bovines à 316 kilog. et celui des bètes ovines à 39 kilog.

» On compte dans le département 16,000 kilog. de poids vivant par 100 hectares de terre labourable.

» En résumé :

» Si l'assolement triennal est peu compliqué et d'une facile application, il a le défaut d'être peu productif et de ne pas rendre lucratives les spéculations sur le bétail.

» Quant à l'assolement quadriennal, il produit beaucoup de grains et de fourrage, mais il exige de fortes fumures et engage un capital deux fois plus fort que l'assolement triennal.

» Le chiffre de 600 fr. que j'ai pris pour base n'est pas exagéré. Il me serait facile de citer nombre de fermes dans lesquelles le capital d'exploitation s'élève par hectare à 700, 800 et même 900 fr., quand la ferme possède une industrie agricole : distillerie, féculerie, fromagerie, etc.

» J'ai dit que la culture triennale donnait de faibles récoltes de céréales. Elle a aussi le défaut de produire le blé à un prix qui ne permet pas, dans les circonstances actuelles, de considérer la culture de cette céréale comme lucrative, parce qu'elle doit solder deux années de loyer et de frais généraux. Ainsi, sur les exploitations où le froment d'hiver ne produit, en moyenne, que 12 à 14 hectolitres par hectare sur des terres ayant une valeur locative de 35 fr. par hectare, alors que les frais généraux s'élèvent à la même somme, chaque hectolitre de grains doit solder de 10 à 12 fr. Si à ces sommes on ajoute les dépenses occasionnées par les labours que reçoit la jachère, la valeur de la semence, les frais de récolte et de battage, on constate que le blé coûte plus à produire que le prix auquel on le livre en ce moment à la consommation. Je ne mentionne pas la valeur de la paille produite, parce qu'elle balance la valeur du fumier.

» Loin de moi la pensée de dire qu'on doit partout et toujours renoncer à la jachère, car il est des circonstances où il est utile de la conserver temporairement, surtout lorsque les terres sont envahies par des plantes nuisibles ; mais c'est commettre une faute quand on la conserve alors que son utilité n'est pas justifiée.

» La culture alterne n'a pas les inconvénients

que je viens de signaler. Le blé, dans les successions de culture qui lui appartiennent, suit toujours ou une plante sarclée nettoyante par les binages qu'elle exige, ou une culture fourragère annuelle, ou un trèfle de 18 mois. Dans ces diverses positions, la terre, avant la semaille du blé, ne reçoit qu'un seul labour. Cette céréale est toujours bien placée après une culture de betteraves, de pommes de terre, de vesces d'été, etc., quand la terre a été convenablement labourée et lorsque la semaille a été faite en temps opportum.

» Le trèfle violet est une plante bien utile sur les terrains où il est pleinement fauchable. C'est l'italien Tarello qui l'a retiré des prairies naturelles pour le faire servir à la création de prairies artificielles, et c'est Schubard qui l'a préconisé en Allemagne. De nos jours, cette légumineuse est très cultivée et appréciée à sa juste valeur en Angleterre et aux Etats-Unis. Non seulement elle fournit un fourrage vert ou sec, excellent et abondant, mais elle laisse dans le sol quand on la détruit une masse de racines et de débris qui élèvent la fécondité initiale de la couche arable et accroissent sensiblement la production du blé. Aussi est-ce avec raison que Mathieu de Dombasle regardait le trèfle comme une plante fourragère très utile. On sait qu'il en fit semer 20 hectares lorsqu'il prit possession de la ferme de Roville.

» C'est lui qui a imaginé le premier la *sidération*, qui est en ce moment à l'ordre du jour. Ainsi, en parlant de l'enfouissement de la seconde pousse du trèfle, il fait connaître, page 49, dans la septième livraison des *Annales de Roville*, qu'il lui est arrivé de sacrifier la récolte entière du trèfle, en faisant faucher et étendre la première couche pour l'enterrer avec la seconde qui repousse avec beaucoup d'activité sous cette couverture. Les terrains ainsi traités lui ont paru avoir acquis autant de fertilité qu'il aurait pu leur en donner par une fumure.

» Pour user de ce puissant moyen d'accroître la fécondité du sol, il faut, ajoute-t-il, pouvoir se passer du fourrage produit par le trèfle.

» J'ai dit que le blé est toujours productif quand il suit une culture fourragère estivale. Il n'en est pas toujours de même quand il vient après un trèfle ou un sainfoin ayant 18 mois de végétation. Cette non réussite tient presque toujours à ce que le labour de défrichement a été exécuté trop tardivement, c'est à dire quelques jours seulement avant le moment d'opérer la semaille du blé.

» En Angleterre comme en France, le sol qui porte un trèfle et qu'on a défriché depuis un mois a suffisamment *d'assiette* au moment de la semaille pour que le blé y donne une très bonne récolte.

» Le trèfle violet ne végète pas vigoureusement dans tous les terrains. Dans les terres où il ne donne pas de fortes récoltes, on peut lui associer ou la fléole ou timothy, ou le ray-grass.

» Le seul labour que reçoit le sol qu'on destine au froment d'hiver ou au froment de printemps constitue une *culture très économique qui produit le blé au prix le plus bas possible*, surtout lorsqu'on cultive des variétés à la fois rustiques et productives sur des terres qui ont été convenablement fumées.

» Ainsi c'est en le rapprochant le plus possible de la sole qui a été enrichie de matières organiques par la fumure et le trèfle, et qui n'exige qu'un seul labour pour être ensemencée, qu'on parvient à diminuer d'une manière sensible le prix de revient du blé.

» Le prix auquel on vend aujourd'hui le froment impose l'obligation d'adopter la culture alterne. Cette culture est celle qui a le plus contribué au progrès de l'agriculture anglaise en favorisant la multiplication du bétail par l'abondance des fourrages qu'elle produit.

» Les prix du bétail maigre sont suffisamment élevés en France pour qu'on trouve un grand avantage à en élever.

» Malheureusement, on ne peut substituer instantanément la culture alterne à la culture triennale sans avoir le capital que cette culture engage et qui est double de celui que nécessite l'assolement de trois ans, que nous avons comparé à l'assolement quadriennal.

» C'est en donnant chaque année un peu plus d'extension à la culture des betteraves, carottes, choux pommés et en occupant une partie de la jachère avec une prairie temporaire semée dans l'avoine qui suit le blé, qu'on pourra sensiblement accroître la production fourragère et qu'il sera possible à la deuxième ou troisième rotation d'adopter un assolement de quatre ou cinq ans appartenant à la culture alterne.

» La prairie temporaire se composera de trèfle violet, de ray-grass, de fléole ou timothy, de lupuline, suivant les circonstances. Après avoir été fauchée ou pâturée en juillet ou août, elle sera fumée et labourée en août ou commencement de septembre et ensemencée en octobre. Le froment qui lui succèdera n'aura alors à solder qu'une année de loyer, une année de frais généraux et un seul labour. Les détritus laissés dans le sol par la prairie temporaire accroîtront très certainement la production du froment.

» En produisant davantage de fourrage on justifie une fois de plus l'ancien adage, qui dit : « *Qui a du foin a du pain*, ou *Si tu veux du blé*, *fais des prés*. »

» C'est en donnant un plus grand essor à l'élevage ou à l'engraissement du bétail quand on possède d'importantes ressources fourragères, qu'on fabrique beaucoup de fumier et qu'on peut appliquer de fortes fumures et espérer obtenir des récoltes productives.

» Aujourd'hui plus que jamais, les spéculations animales bien comprises et bien dirigées sont les vraies sources de la prospérité de l'agriculture.

» Cet exposé terminé, indiquons comment on peut utiliser la jachère de l'assolement triennal sans engager de grands capitaux.

» Nous avons dit que cette jachère occupait 25 hectares quand l'exploitation comprenait 75 hectares de terres labourables et 25 hectares en prairies naturelles ou artificielles situées hors de rotation. Voici les cultures fourragères (1) qu'on peut entreprendre sans changer l'ordre de succession du blé et de l'avoine :

---

(1) Il est sous-entendu que les plantes s'harmoniseront, quant à leur exigence, avec la nature des terres labourables sur lesquelles elles seront cultivées.

Cultures hivernales.

Au *mois d'avril*, on sèmera dans l'avoine:

Lupuline........ 2 hectares.
Trèfle et fléole... 4 —

Au *mois d'août*, on sèmera sur chaume d'avoine :

Trèfle incarnat ordinaire. 1 hectare.
— — tardif.... 1 —

Au *mois de septembre*, on sèmera après l'avoine :

Navette d'hiver..... 1 hectare.
Vesce d'hiver....... 1 —

TOTAL DES CULTURES HIVERNALES : 10 HECTARES.

Cultures estivales.

Au *mois d'avril*, on sèmera dans la jachère après fumure :

Betterave...... 2 hectares.

Au *mois de mars ou avril*, on sèmera dans la jachère :

Carotte à collet vert..... 0 h. 50
Chou pommé quintal... 0 h. 50
Vesce de printemps..... 2 h. »

Aux *mois de mai et juin*, on sèmera dans la jachère après fumure :

Maïs.......... 1 hectare.

TOTAL DES CULTURES ESTIVALES : 6 HECTARES.

La jachère occupera encore de 7 à 8 hectares.

» Les plantes précitées fourniront des fourrages aux époques suivantes :

Navette d'hiver........ mars et avril.
Trèfle incarnat...... .. mai et juin.
Lupuline.............. mai et juin.
Trèfle et fléole......... juin et août.
Vesce d'hiver..... .... juin et juillet.
— d'été............. juillet et août.
Maïs................. août et septembre.
Chou pommé....... .. septembre.
Betterave...... ...... octobre à mai.
Carotte............... octobre à février.

» La production totale des cultures hivernales peut être évaluée de 20,000 à 24,000 kilog. de foin et celle des cultures estivales de 26,000 à 32,000 kilogr. de foin.

» Toutes ces cultures fourragères occasionneront pour les semences une dépense de 500 à 550 fr.

» Ces cultures, il faut le constater, diminueront un peu l'action fertilisante de la fumure qu'on appliquera sur la jachère. Aussi se trouvera-t-on dans la nécessité de faire précéder la semaille du froment par l'application de 150 à 200 kilogr. de superphosphate de chaux par hectare, engrais qui occasionnera une dépense totale de 500 à 600 fr.

» Ainsi, avec une dépense de 1,000 à 1,200 fr. en conservant l'assolement triennal, mais en demandant à la jachère une production fourragère équivalente à 50,000 kilog. de foin, on pourra nourrir aisément environ 5,000 kilogr. de poids brut en sus des 11,700 kilogr. qu'on peut alimenter annuellement.

» Ce résultat mérite d'être médité par les cultivateurs qui suivent encore l'assolement triennal tel qu'il a pris naissance au temps de Charlemagne et qui veulent produire du blé à bon marché et spéculer avec profit sur le bétail de rente. »

M. le Président attend la fin des applaudissements prolongés de la réunion pour ajouter :

« Les excellents conseils dont M. Heuzé vient de nous donner seulement le résumé à cause de l'heure, seront publiés *in extenso* dans notre compte rendu du Congrès. Ils seront, pour nos annales agricoles, des documents particulièrement précieux et utiles, pour lesquels nous exprimons par avance à notre savant conférencier toute notre gratitude. »

La parole est ensuite donnée à M. DU ROSELLE, l'agronome bien connu, qui désire exposer les moyens pratiques de relever l'agriculture et la propriété foncière.

L'honorable orateur doit, lui aussi, se résumer à cause de l'heure et analyser son œuvre, qui est ainsi conçue :

« Messieurs,

» Je viens à vous avec la conviction que vous avez aussi bien que moi un ardent désir de venir en aide à ceux qui souffrent et que nos cœurs battent à l'unisson pour défendre la sainte cause de l'agriculture.

» Car, si la France a réalisé de grands progrès dans la première des industries, il ne saurait échapper à personne que dans les campagnes il existe des souffrances trop réelles ; que rien, jusqu'à présent, n'a pu opposer une digue au courant qui entraîne les populations rurales vers les villes, et qu'il importe de calmer les inquiétudes de ceux qui se désolent de voir leurs efforts rester stériles.

» A la suite de l'abandon des villages par toutes les forces de la nation, intelligences, bras et capitaux, qui sont entraînés vers les grandes cités, vers la Bourse, le service militaire, les carrières libérales et l'industrie, les fermes situées à 12 kilomètres des villes et au-delà, et où la vente du lait n'est plus possible, se trouvent dans une situation défavorable d'où il est nécessaire de les faire sortir par des moyens nouveaux et sûrs; et les cultivateurs qui les exploitent ne pouvant guère y produire que du grain se trouvent enserrés entre les deux branches d'un étau qui sont : d'un côté, la concurrence étrangère, dont la conséquence est la baisse du prix des produits, et de l'autre, la cherté de la main-d'œuvre, qui nécessite une augmentation de dépenses au moment où les profits décroissent.

» Toutes ces causes réunies font que les agriculteurs se retirent, que les fermes qui ne sont pas parfaitement situées sont négligées, parfois même abandonnées, que les propriétaires voient leurs biens baisser de valeur, et que la dépréciation du sol retombe en fin de compte sur le pays.

» La terre de France a perdu ainsi bien des milliards, et l'on voit les capitaux détournés d'une valeur réelle comme est le sol pour aller s'engouffrer à la Bourse et se perdre dans les plus folles spéculations, se porter vers les placements étrangers, qui rapportent d'autant plus qu'ils sont moins sûrs, ou tomber dans les mains coupables de ceux qui savent le mieux tenter la crédulité publique par d'insidieuses réclames.

» Le travail agricole n'est plus soutenu par le capital, et il devient absolument nécessaire de ramener à l'agriculture la jeunesse qui s'envole au loin et sur laquelle repose l'avenir du pays.

» Mais, lorsqu'il s'agit d'agriculture, et surtout d'une agriculture souffrante, il importe de bien comprendre qu'on ne veut pas parler d'une chose, mais de personnes, et que c'est de ses représentants que l'on s'occupe, que c'est à eux que l'on s'intéresse.

» Or, ces représentants sont au nombre de trois : les ouvriers ruraux, les fermiers ou colons et les propriétaires.

» Pour retenir les premiers dans les campagnes, il faut y introduire les institutions de bienfaisance qui peuvent les aider à surmonter les difficultés provenant de la maladie, du chômage et des rigueurs de la mauvaise saison ; reboiser, remplacer par des occupations diverses les petites industries perdues à la suite du perfectionnement des machines. Il faut lutter contre les conséquences fâcheuses sous certains rapports de la civilisation et du progrès pour en faire un bien et non un mal ; contre l'excès de la richesse des villes si resplendissantes de lumière, dont les sollicitations sont toutes puissantes. Il faut enfin un puissant effort pour accomplir la contre-révolution pacifique et bienfaisante que réclament les intérêts sacrés du pays.

» Pour les cultivateurs, il faut les droits de douane appliqués à toutes les matières premières sans exception, aux graines oléagineuses, aux grains de qualité inférieure que l'on est obligé de récolter dans les sols pauvres, car si l'on ne s'occupe pas des pays déshérités, une partie de la France sera abandonnée, tandis que c'est un devoir sacré que de penser à ceux qui souffrent sans se plaindre dans les montagnes, sur les plateaux arides et les rochers.

» On n'a guère pensé qu'aux terres à blé ; mais elles sont moins mal situées que celles où l'on ne peut obtenir que du seigle ou du sarrasin ; et si la France veut la justice comme l'égalité, elle ne saurait abandonner ses fils qui ne récoltent que du seigle à 11 et

12 fr. le quintal ou des produits aussi peu rémunérateurs. Dans les Vosges, le Cantal, la Bretagne, la Champagne, les Landes, il y a de rudes travailleurs auxquels il faut penser d'abord, puisque ce sont les moins heureux.

» Quant au crédit agricole, qui doit venir en aide à la production nationale et pour l'institution duquel je lutte depuis vingt ans contre une opposition qui ne pourra en empêcher la réalisation, on ne saurait y objecter que des arguments peu sérieux :

» 1° Le privilège du propriétaire, qui tombera quand celui-ci comprendra que tout emprunt du fermier pour améliorer la terre qu'il exploite est un don fait à lui-même ; 2° puis la difficulté de prêter à celui qui perd et qui se voit ainsi dans l'impossibilité de rembourser.

» Pour cela, on peut s'en rapporter au banquier qui, libre de prêter à qui bon lui semble et de demander des garanties, saura bien s'entourer des renseignements dont il aura besoin pour juger l'emprunteur.

» Ce qui est certain, c'est que les capitalistes trouveront un emploi plus avantageux de leur argent dans les campagnes qu'à la Bourse et qu'ils seront meilleurs patriotes en prêtant plutôt au cultivateur français qu'aux agioteurs étrangers.

» On a dit avec raison qu'il faut s'appuyer sur la science pour surmonter les difficultés nouvelles que présente l'exploitation du sol. Mais la science ne suffit pas. Il faut le nerf de la guerre. Il faut, de plus, l'expérience, dont les droits ont été trop méconnus. En réunissant ces deux forces, on peut seulement obtenir de bons résultats. Car on ne saurait nier que les agriculteurs expérimentés sont habituellement ceux qui réussissent le mieux, que l'expérience s'appuie sur une réflexion intelligente et constante et qu'elle est la base la plus solide de la science, puisque de tous côtés on comprend la nécessité de multiplier les essais pour y trouver un point d'appui.

» Les épreuves que subissent les praticiens sont dignes de respect ; et, tandis que trop souvent autrefois on parlait avec dédain du paysan, de l'homme du pays, on comprend aujourd'hui qu'il est l'homme de la terre nationale, qu'il faut encourager à rester à son poste d'honneur.

» Quant à la propriété foncière, si, par suite de la concurrence étrangère et de la désertion des campagnes, elle a perdu dans certaines régions une grande partie de sa valeur première, il faut absolument la relever par des moyens pratiques et sûrs.

» Dans maintes publications, j'ai dit qu'il est nécessaire de donner à l'agriculture l'honneur et le profit. Mais, dans les circonstances actuelles, c'est le profit surtout qu'il importe de lui faire obtenir, si l'on veut mettre fin au découragement de ceux qui la représentent.

» Certes, ils méritent bien qu'on les estime aussi, les propriétaires fonciers, ces fidèles de la terre nationale qui ont eu foi dans le sol de la patrie et qui ont consacré le fruit de leur travail, de longues années d'économie et de privations à acheter ce que l'on appelle du bien, par euphémisme, sans doute, et qui, au lieu d'en être récompensés, en sont punis en le voyant chaque jour baisser de prix.

» Les autres représentants de l'agriculture se retirent à un moment donné s'ils ne sont pas satisfaits de leur sort ; tandis qu'eux, comme Prométhée, sont attachés au sol qui, de jour en jour, leur donne des intérêts plus faibles jusqu'à ce qu'il ne leur fournisse plus les moyens de vivre.

II.

DES MISSIONS AGRICOLES.

» Après l'application des droits de douane sur les produits du sol étranger et l'institution du crédit agricole, après la diffusion de la science et l'estime vouée aux représentants de l'agriculture, le fait continu de la dépréciation du sol et de la désertion des campagnes donnant la preuve que ces moyens sont insuffisants, il faut arriver à l'institution des missions agricoles, basées sur la science supérieure de l'administration rurale que depuis longtemps je me suis appliqué à fonder et qui réunit toutes les données acquises jusqu'aujourd'hui.

» Ces missions devront relever les fermes les plus mal situées sous tous les rapports en y faisant obtenir des résultats largement rémunérateurs. Et ces résultats donnant pleine satisfaction dans les plus mauvais sols, il est clair que l'on n'aura plus à s'occuper des meilleurs et qu'il en résultera le relèvement complet de la propriété foncière.

» Pourquoi citer comme exemples les fermes situées auprès des grandes villes, où une vache rapporte 700 fr. par an, par suite de la vente du lait, tandis qu'à une distance de 20 kilomètres, elle ne donne plus que le tiers de cette somme? Un basset à jambes torses, bien plus utile que le levrier, ne saurait lutter avec lui pour la vitesse, ni le meilleur cheval de culture avec un pur sang qui ne sait que courir.

» La meilleure démonstration viendra de la plus pauvre ferme amenée de 0 à 100, et c'est elle qui servira de base pour relever l'agriculture.

» La connaissance de l'administration rurale doit s'appuyer sur trois grandes forces, qui sont : la science et l'expérience, dont il a été question précédemment, puis la bienfaisance, qui est la loi suprême de la civilisation et que l'on doit opposer aux découragements, aux inquiétudes et aux souffrances.

» Or, dans la question présente, ce qu'il faut bien comprendre, c'est qu'il n'y a pas en France deux fermes qui puissent être dirigées de la même manière, tandis que si l'on en prend une au hasard il est facile de reconnaître que chaque année y apporte des modifications qui réclament des moyens nouveaux d'en tirer le meilleur parti possible, et surtout de l'améliorer sans cesse et sans frais.

» Dans la manière d'exploiter une propriété mal placée, il y a des différences considérables variant de 0 à 100, et c'est de ce dernier chiffre qu'il s'agit de se rapprocher le plus possible

» Pour cela, il faut d'abord étudier et comprendre la situation de la ferme, cette situation renfermant des éléments nombreux et variés qu'il serait trop long d'énumérer.

» La situation bien comprise, on devra préparer le plan qui en est la conséquence naturelle.

» Puis, le plan étant conçu, il s'agira de l'appliquer.

» Mais, comme on vise à une amélioration constante, à mesure que cette amélioration se réalisera on devra modifier le plan de manière à profiter des changements favorables qui se seront opérés.

» Si c'est le propriétaire qui exploite lui-même à distance, il aura soin de se munir de mon tableau hebdomadaire qui lui permettra de se tenir au courant de tout ce qui se passe chez lui et de surveiller de loin sans avoir à redouter trop d'abus. Mais comme le papier se laisse écrire, sa grande préoccupation devra être de se procurer un bon personnel.

» Il devra aussi préparer le livre historique de la ferme suivant la méthode que j'ai recommandée et qui consiste à établir d'abord l'état général de la propriété, bâtiments, terres, prés, abreuvoirs, chemins d'exploitation, puis à donner un numéro à chaque article, à chaque pièce de terre, en notant tous les ans ce qui s'est produit dans toutes séparément, fumures, récoltes, bénéfices, mécomptes, avec le résultat partiel et général au 31 décembre.

» Ce livre historique doublera la valeur de la propriété, parce qu'il fournira des renseignements précieux en faisant éviter les fautes et en indiquant les sources les plus sûres du bénéfice.

» Il permettra de trouver des fermiers qui seront renseignés d'avance et qui s'épargneront ainsi les insuccès inévitables au début de l'exploitation, lorsqu'on n'est pas au courant du passé et qu'il faut payer cher les tâtonnements et les mécomptes.

» Le propriétaire qui aura dans les mains de pareils documents pourra dire qu'il possède un véritable joyau, car il est certain qu'une ferme n'ayant de valeur que par ce qu'elle donne après les frais payés, elle en acquiert aussitôt qu'on peut donner la démonstration du bénéfice, et que le livre historique fournira à la fois des preuves et des leçons dont l'utilité est indéniable.

» C'est lui qui fera connaître l'amélioration ou l'épuisement du sol, qui mettra en garde contre toutes les erreurs et qui assurera le succès.

» J'ai indiqué dans l'ouvrage que j'ai publié sur le rôle de l'atmosphère comment on peut sans frais développer la fertilité du sol et assurer en même temps le profit immédiat. Trois francs par hectare et par an font obtenir ces résultats dans les plus mauvaises terres, et c'est sans contredit un des plus sûrs éléments de la réussite.

» La science agricole a fait de grands progrès, mais tous ses éléments sont épars. Il faut les réunir dans une vaste synthèse qui sera la science supérieure et complète de l'administration rurale.

» Cette science ne pourra encore produire tout son effet si elle ne court pas au-devant de toutes les souffrances individuelles par la création des missions agricoles, où l'expérience et le dévouement joueront un rôle considérable.

» Au milieu des contradictions apparentes qui règnent encore au sein de l'industrie de l'agriculture, si difficile à connaître, elle permettra de discerner immédiatement les combinaisons qui répondent à chaque situation, et chaque fois qu'une difficulté se présentera elle apprendra à la surmonter.

» Après la diffusion des connaissances acquises, il faut arriver à l'application.

» L'application ne peut être faite sûrement que par les missions, qui répareront toutes les fautes, calmeront toutes les peines et relèveront la propriété foncière, au grand avantage du pays. Car si la terre nationale a perdu 50 milliards de valeur elles les rendront à la France ; puis, en continuant leur œuvre d'amélioration et le développement de la rente du sol, elles pourront lui en donner au-delà autant et plus encore.

» Procurant à l'agriculture des bénéfices supérieurs à ceux des autres industries, elles y feront refluer les capitaux et y ramèneront les bras comme les intelligences, qui trouveront à s'y employer plus noblement que nulle part ailleurs.

» Et la grande armée de la paix, qui assure au pays des conquêtes bien plus belles que celles que l'on obtient par les armes, puisque sans augmenter les surfaces elles doubleront la puissance productive du sol et la richesse du pays, aura droit à la reconnaissance de la nation entière.

» Enfin, si, basées sur la bienfaisance, qui est l'œuvre même de notre généreuse patrie, elles vont au-devant de toutes les inquiétudes, elles ouvriront, à l'abri des ailes du sublime génie de la France, une ère nouvelle qui fera bénir sa main par les populations urbaines et rurales.

» Mais, pour cela, il faut l'union, il faut une sainte alliance de tous les représentants de l'agriculture, souvent trop disposés à s'éloigner les uns des autres et à se préoccuper avant tout de leur intérêt personnel.

» C'est là une erreur, c'est une faute, car lorsqu'il s'agit du bien public l'accord devient nécessaire. Dans les circonstances difficiles, l'union seule peut conduire au triomphe.

» Et maintenant que les missions agricoles, basées

sur la science supérieure de l'administration rurale, n'attendent plus qu'une application définitive, disons qu'elles seront le dernier mot des efforts accomplis pour le relèvement de l'agriculture, en mettant fin à toutes les souflrances.

» Honneur et gloire éternelle à la grande nation qui vit surtout par les nobles aspirations de son cœur, et dont la pensée constante est d'accomplir le bien. »

M. le Président remercie vivement l'orateur attentivement écouté, malgré l'heure avancée, et applaudi par tous. Il lui demande de remettre au bureau un travail complet qui sera porté au compte rendu et aussi bien accueilli des lecteurs que son résumé vient de l'être des auditeurs, à cause de l'importance du sujet et des bons conseils qu'il contient. Il lève ensuite la séance à onze heures et demie.

Séance du 28 Juin

Soir.

Présidence de M. HEUZÉ, membre de la Société nationale d'agriculture, inspecteur général honoraire ds l'agriculture.

Siègent au Bureau : MM. Heuzé, président; Aubry, président du Comice de Toul ; Ch. de Meixmoron de Dombasle, président de la Société centrale ; P. Genay, président du Comice de Lunéville, vice-président de la Société centrale ; Fernand Simonin, archiviste-trésorier ; Tisserant, secrétaire général ; Gorce, Bourgeois et Michel, conférenciers.

Sont présents : MM. Chrétiennot, à Villers-les-Moivrons ; Lung, à Blainville ; Matte, à Sébastopol ; Huffel, inspecteur-adjoint des forêts ; Guyot, sous-directeur de l'Ecole forestière de Nancy ; Neige, à Moncel-sur-Seille ; Welche, à Paris : P. Muller, à Eguisheim (Alsace-Lorraine); Brunet, à Tomblaine ; Lhôtelain, à Reims ; Vimont, au Mesnil-sur-Oger (Marne) ; Marchal et Lhuillier, à Einvillle ; Dapp, à Nancy ; Lacroix, à Nancy ; Vauvray, à Remiremont; Voirin, à Saulxures-sur-Moselotte ; Poussier, à Saulxures-sur-Moselotte ; Musquar, à Lenoncourt ; Villaume, à Damvillers (Meuse) ; Didier, à Dun-sur-Meuse ; Bernard, à Mirecourt (Vosges) ; A. Hennequin, à Pixerécourt ; Jacques, à Heillecourt ; abbé Klein, curé à Serres ; de Montrol, à Chaumont ; Denaiffe, à Carignan ; E. Deliard, â Naives ; Doutet, professeur départemental d'agriculture de la Marne ; P. Bram, à Pont-à-Mousson ; Dieudonné, à Einville; Breton, délégué de la Société d'agriculture de Bar-sur-Aube, à Outre-Aube, par Clairvaux ; A. Blaise, à Gigney (Vosges) ; Albert, à Gigney ; Gabriel, à Thaon (Vosges); Thierry, à Villacourt ; Darbot, sénateur de la Haute-Marne, à Chaumont ; Knecht, agent de la Société centrale, à Nancy, et d'autres dont on n'a pu prendre les noms.

M. le Secrétaire général donne lecture du procès-verbal de la séance du matin. Le procès-verbal est adopté.

M. le Président donne la parole à M. Gorce, géomètre du cadastre, à Nancy. Celui-ci s'exprime en ces termes :

« Messieurs,

» Depuis de longues années, la situation de l'agriculture en France préoccupe à juste titre nombre d'esprits sérieux.

» En effet, notre pays, l'un des plus riches du monde par l'excellence de son sol, propre à tous les produits culturaux, en est arrivé à ce point que non seulement la terre a perdu plus de moitié de sa valeur telle qu'elle était cotée il y a vingt ans, mais encore que le propriétaire qui ne fait pas valoir lui-même ne trouve plus, ou au moins très difficilement, de fermiers sérieux.

» Cet état tient à des causes diverses sans doute, mais celle qui pourrait être signalée comme l'une des principales, résulte des inconvénients de l'extrême division de la propriété dans notre région (30 départements pour le moins, au Nord, à l'Est et au centre) où la moyenne du morcellement dépasse 5 parcelles à l'hectare, dépourvues ou à peu près de chemins d'exploitation.

» Dans de telles conditions, le sol est forcément soumis au régime de l'assolement triennal (blé, avoine, jachère), la culture des prairies artificielles ou des plantes sarclées ne se pratiquant commodément que dans les terrains desservis directement par des chemins.

» Et c'est précisément cette culture qui, en présence de l'avilissement des prix du blé, deviendrait rémunératrice pour le cultivateur, en ce qu'elle lui permettrait d'augmenter sa production en bétail et en engrais, et, par suite, d'atteindre les gros rendements en céréales, tout en diminuant la surface à ensemencer.

» Aussi, depuis plusieurs années, que se passe-t-il en Meurthe-et-Moselle, Meuse, Vosges ?

» Les propriétaires et cultivateurs s'associent en syndicats libres ; font exécuter le bornage de leurs propriétés ; très souvent la réunion de leurs parcelles qui leur facilite l'emploi des instruments perfectionnés, et leur procure une grande économie de temps et d'argent ; et, par dessus tout, se dessaisissent d'une fraction importante de leur sol pour la création de chemins ruraux reconnus aujourd'hui indispensables.

» On peut citer des communes en Meurthe-et-Moselle : Tantonville et Brin, réglées tout récemment, où, pour une masse d'environ 700 hectares faisant 3.000 parcelles abornées dans chacune, il a été ouvert, dans la première 17 kilom. 1[2 de chemins ruraux de 4 à 5m de largeur, représentant 8 hectares de sol, et dans la seconde 11 kilom. représentant 5 hectares de sol, le tout fourni par les propriétaires au prorata de leurs surfaces. Ces chemins désenclavent les 9[10e du parcellaire.

» Ils sont établis de préférence dans les champs de pointe, ou sur les limites entre aboutissants, de façon à desservir le plus grand nombre de parcelles possible. Ils se raccordent toujours aux voies déjà existantes.

» En outre, dans ces deux communes, les réunions de propriétés ont porté sur plus de 500 parcelles, rassemblant au moins 150 hectares.

» La dépense de bornage atteint ordinairement de 18 à 20 fr. l'hectare, dont moitié représente les frais matériels de bornes, piquets, mise en état de chemins, et l'autre moitié revient au géomètre pour honoraires.

» Tout cela peut paraître cher, quatre fois moins en tous cas que le moindre règlement par justice ; mais le cultivateur, si pauvre qu'il soit, paie facilement, sachant que c'est pour lui un placement à gros intérêts.

» A côté de cette dépense utile, supportée par les propriétaires, il en est une autre non moins indispensable qui incombe à la commune, et que l'Etat devrait certainement supporter.

» C'est le complément du bornage par la revision du cadastre, opération qui constitue en quelque sorte un nouvel état civil de la propriété foncière.

» Ce second travail, fait sur des limites fixes, et des contenances certaines, procure une répartition équitable et vraiment proportionnelle de l'impôt, en même temps qu'il fournit le titre nécessaire à la loyauté des ventes, ou de toute autre mutation de la propriété. — Il coûte 2 francs par hectare, et 1 franc par parcelle, qui sont à ajouter au prix du bornage.

» Jusqu'aujourd'hui, toute cette dépense, particulière et administrative, a été supportée sans trop de murmures par les communes et les propriétaires du sol, mais il ne serait que juste, quant au cadastre, du ressort purement administratif, que l'Etat en fît tous les frais.

» Quoi qu'il en soit, on ne saurait trop encourager ces deux opérations simultanées, qui se complètent l'une par l'autre : — Les pouvoirs publics, depuis quelques années déjà, sont entrés dans cette voie au moyen de subventions pouvant s'élever jusqu'au cinquième de la dépense totale, et par là rendent un très grand service à l'agriculture de notre région.

» Auparavant, on n'avait guère remédié à ses souffrances que par des enquêtes, souvent coûteuses, et qui n'aboutissaient jamais.

» Voici maintenant la marche des opérations pour une commune prise au début, en distinguant les travaux du bornage proprement dit, dirigés par la commission syndicale, et ceux du cadastre, surveillés par l'Administration des contributions directes.

Cet article est extrait d'un remarquable travail dû à M. Beaudesson, directeur des contributions directes à Nancy, et membre de la Commission extra-parlementaire du cadastre, imprimé par le Ministère des Finances en 1891.

CADASTRE.	BORNAGE.
	1. — Le Maire convoque tous les propriétaires pour la signature de l'acte d'association.
	2. — L'acte étant revêtu de la signature des intéressés représentant au moins les 4/5 de la superficie du territoire à aborner, on procède à l'élection d'une Commission de 12 membres, dont 9 habitant la commune et 3 au dehors, ayant tous des intérêts dans l'opération.

CADASTRE.	BORNAGE.
3.— Le Maire et le Conseil municipal sollicitent l'autorisation de faire renouveler, aux frais de la commune, l'arpentage et toutes les opérations cadastrales, en indiquant les moyens de couvrir la dépense.	
4. — Autorisation du Conseil général et de l'administration des contributions directes.	
5. — Versement, dans la caisse du trésorier-payeur, d'une somme de garantie représentant au moins la moitié de la dépense totale présumée.	
6. — Nomination du géomètre par le Préfet.	
	7. — Le Géomètre se rend dans la commune, examine l'acte d'association concernant le bornage, et traite avec la Commission pour l'exécution des travaux prévus par cet acte.
8. — Révision de la délimitation primitive, et remplacement des bornes territoriales qui auraient disparu.	8. — Délimitation et bornage du périmètre, contradictoirement avec les Maires et propriétaires intéressés des territoires voisins.

CADASTRE.	BORNAGE.
9. — Triangulation, formation du registre et du canevas trigonométrique, et vérification par le géomètre en chef.	
	10. — Délimitation provisoire, en présence de la Commission syndicale de tous les cantons et lieux-dits, par la plantation de forts piquets en bois.
11. — Levé de la masse par cantons ou lieux-dits.	
12.— Rapport des plans et calcul des masses.	
	13. — Rédaction, par la Commission et le géomètre, d'un tableau indiquant par sections, cantons ou lieux-dits : les noms des propriétaires et la contenance d'après les titres.
	14. — Etude et tracé provisoire des chemins reconnus nécessaires.
	15. — Adoption, puis bornage de ces chemins par de fortes bornes en pierre dure.
16. — Déduction, sur la contenance des masses, de celle des chemins ruraux d'exploitation.	

CADASTRE.	BORNAGE.
	17. — Comparaison des excédents ou déficits existant entre la contenance nette à diviser et celle qui est constatée par les titres. Répartition proportionnelle. Réunion et redressement des parcelles.
18. — Bornage définitif des cantons ou lieux-dits, au moyen de grosses bornes semblables à celles des chemins.	
19. — Calcul des parcelles suivant la répartition arrêtée en Commission.	
20. — Application du parcellaire sur le terrain, par de forts piquets en bois, ou bornes de dimensions moindres que celles des chemins et cantons.	
	21. — Délai de 8 ou 15 jours accordé aux propriétaires pour la reconnaissance de leurs nouvelles limites et la vérification de leurs contenances.
22. — Dessin des plans-minutes, comportant indication de tous les signes de bornage et des cotes de longueurs et de largeurs.	

CADASTRE.	BORNAGE.
23. — Rédaction des états de sections et de la liste alphabétique des propriétaires.	
24. — Remise de tous les documents précités au géomètre en chef.	
25. — Vérification du plan par le géomètre en chef.	
	26. — Transcription des largeurs et longueurs de parcelles sur la copie du bulletin individuel à remettre aux propriétaires.
27.— Etablissement des bulletins individuels en double.	
28. — Communication des bulletins aux propriétaires.	
29. — Confection des calques du plan pour servir à l'expertise ou évaluation cadastrale.	
30. — Expertise cadastrale.	
31. — Confection de la matrice des rôles.	

CADASTRE.	BORNAGE
	32. — Rédaction d'un rôle général pour le recouvrement de tous les frais. qui, occasionnés par le bornage doivent être payés par les propriétaires en raison de la contenance et du nombre de leurs parcelles.
33. — Remise aux archives de la commune de toutes les pièces cadastrales (plans, états de sections et matrices), dont les minutes sont déposées à la Direction.	
	34. — Recouvrement du rôle par les soins de la Commission, et dissolution de celle-ci, après le règlement de tous les comptes.

» Voilà enfin l'opération terminée : les résultats de cette double combinaison du cadastre avec bornage des parcelles et création de chemins ruraux sont faciles à saisir.

» Le cadastre devient l'unique titre de délimitation, et supprime tous les procès en trouble.

» Les chemins établis désenclavent les parcelles privées de moyens de sortie et en augmentent considérablement la valeur vénale, jamais moins d'un cinquième et souvent de moitié d'après l'estimation des cultivateurs les plus modérés.

» Mais le résumé qui précède rend seulement compte de la marche normale d'une opération supposée sans entraves d'aucune sorte, avec l'adhésion de tous les intéressés, ce qui se rencontre bien rarement.

» Il faut donc compter avec les dissidents, et c'est ici qu'on doit regretter que la loi des majorités, appliquée partout et pour ainsi dire à tout dans notre pays, ne soit pas admise en ce cas.

» Quels sont les dissidents ?

» En première catégorie, les « retourneurs, » c'est à dire ceux qui reculent à chaque culture les limites de leur héritage, et ne se soucient point de rendre l'excédent qu'ils détiennent.

» Ceux-là se trouvent toujours bien, n'ont pas même besoin de chemins, car le sentiment qui les guide à chaque culture pour s'annexer quelques centimètres du bien d'autrui se retrouve aussi pour rentrer la récolte en passant sans gêne à travers toutes les voisines.

» En second lieu, quelques grands propriétaires, qui, n'exploitant pas eux-mêmes, ne voient, dans le consentement qu'on leur demande, qu'une charge nouvelle, profitable seulement au fermier, et venant encore amoindrir un revenu déjà bien réduit.

» C'est avec ces deux genres d'adversaires que le géomètre doit compter ; c'est à eux surtout qu'il doit inspirer confiance : ils ont déjà résisté à la Commission syndicale; s'il ne réussit pas à les convaincre et les ramener, il faut alors avoir recours aux tribunaux, et c'est la ruine.

» Les modifications récentes apportées à la loi de 1865 sur les Associations syndicales ne paraissent pas s'étendre à cette intéressante question des abornements généraux.

» On doit le regretter, par la raison qu'un seul propriétaire obstiné, pour peu qu'il possède un certain nombre de parcelles, pourrait, sinon empêcher (on finit toujours bien par le réduire), mais faire perdre beaucoup de temps et d'argent pour arriver à la réalisation d'un travail vraiment utile, réclamé par le plus grand nombre, et profitable à tous.

Résumé.

» Voici la liste des communes de Meurthe-et-Moselle dont le bornage a été exécuté simultanément avec le cadastre depuis l'année 1860 :

1. Altroff.
2. Léning.
3. Omelmont.
4. Bermering.
5. Clérey.
6. Tonnoy.
7. Saint-Firmin.
8. Benney.
9. Praye.
10. Burthecourt-aux-Chênes.
11. Azelot.
12. Réméréville.
13. Sommerviller.
14. Xirocourt.
15. Affracourt.

16. Tantonville.
17. Buissoncourt.
18. Virecourt.
19. Brin-sur-Seille.
20. Haucourt.
21. Boismont.
22. Courcelles.
23. Velaine-sous-Amance.
24. Jevoncourt.
25. Lemainville.
26. Vaudeville.
27. Haussonville.

» L'ensemble de ces communes représente 20,516 hectares divisés en 86,892 parcelles, appartenant à 5,833 propriétaires.

» On y a établi 360 kil. 4 de chemins ruraux qui ont nécessité l'abandon par les propriétaires de 144 hectares de sol.

» Les 19 premières ont été réglées par moi, les 4 suivantes par M. Jeannot et les 4 dernières par M. Maillot, lequel avait aussi été mon collaborateur dans 7 communes depuis Saint-Firmin.

» L'opération cadastrale a coûté...	110.545 fr.
» Le bornage, qui ne comprend ordinairement pas les bois, vignes, terrains bâtis et clos, ne porte guère que sur les 2/3 de la surface totale, soit 13,677 hectares à 18 fr.............	246.186 fr.
» Total des frais de la double opération...........................	356.731 fr.

» Dans ce chiffre, les honoraires du géomètre en

trent pour moitié, les frais matériels de bornes, piquets et ceux d'administration pour le cadastre absorbent l'autre moitié.

» Si l'on considère maintenant que la grande préoccupation du propriétaire est d'être le maître chez lui; d'entrer et de sortir quand il lui plaît sans gêner ses voisins, ni être gêné par eux; de mettre dans ses champs ce qui lui convient au mieux de ses intérêts; il n'est pas du tout téméraire d'affirmer que la plus-value résultant du bornage et surtout des chemins est d'au moins 300 francs par hectare. Ce chiffre représente le minimum des nombreuses appréciations prises sur des résultats obtenus :

» Soit pour 13,677 hectares...... 4.103.100 fr.

» Ensuite on ne plaide plus dans ces communes, ni pour troubles, ni pour passages ; les fermes s'y louent toujours relativement bien, l'exploitant n'ayant plus à redouter les ennuis de la sortie de bail, où un mesurage était toujours exigé.

» J'ai fini ; je prie mes honorables auditeurs de me pardonner ces détails trop longs, et je m'estimerai heureux si j'ai pu faire partager à quelques-uns ma conviction, que la question étudiée n'est point une quantité négligeable dans l'ensemble des améliorations agricoles que nous recherchons tous.»

De vifs applaudissements témoignent de l'adhésion du Congrès aux idées du conférencier.

M. le Président remercie M. Gorce et le félicite de sa conférence à la fois si claire, si intéressante et si instructive, qui fait nettement ressortir toute l'importance des opérations qu'il a faites, lui et ses successeurs ; il invite l'assemblée à procéder au vote du vœu implicitement exprimé sous forme de regrets.

Auparavant, plusieurs membres demandent la parole.

M. Welche appuie le conférencier et dit qu'on pourrait appliquer au cas particulier la loi sur les syndicats d'irrigation et de dessèchement des marais.

M. Genay propose de s'en tenir au vœu exprimé plusieurs fois par la Société centrale d'agriculture de Meurthe-et-Moselle, demandant, comme M. Gorce, pour les bornages, les créations de chemins, les réunions de parcelles et les remembrements, l'application de la loi du 21 juin 1865 sur les syndicats autorisés et les syndicats libres, permettant, dans les communes, à une majorité des 2/3 en nombre ou des 2/3 en superficie, de contraindre la minorité, car il s'agit d'un intérêt général et collectif.

M. Guyot, sous-directeur de l'Ecole forestière, pense que la loi de 1888 sur les chemins devrait suffire.

D'autres estiment que cette loi n'est pas applicable au cas particulier, ni aucune autre, et les propositions de MM. Welche et Guyot ne sont pas soutenues.

M. le Président met alors aux voix le vœu de M. Gorce, appuyé par M. Genay.

Le vœu est adopté.

M. le Président donne la parole à M. Bourgeois, professeur d'agriculture du département, sur les résultats obtenus des champs d'expériences qu'il a institués.

M. Bourgeois s'exprime ainsi :

« Messieurs,

» Les champs d'expériences et de démonstration existent dans le département de Meurthe-et-Moselle depuis 1886. Ils ont été successivement dirigés par l'honorable M. Thiry, directeur de l'Ecole pratique d'agriculture Mathieu de Dombasle, par M. Doyen, mon prédécesseur, puis par M. Thiry, et enfin par le conférencier depuis 1890.

» Nous n'avons pas eu dès le début de programme de recherche et de vulgarisation assez nettement déterminé.

» C'est une lacune que nous essayons de combler en nous basant sur les résultats obtenus et sur l'expérience acquise.

» M. le Préfet de Meurthe-et-Moselle a bien voulu, sur ma demande, prendre un arrêté relatif à cette organisation.

» D'après cet arrêté, il doit y avoir au minimum un champ d'expériences par canton.

» Ces champs doivent être placés sur une route ou sur un chemin fréquenté et pourvus d'écriteaux.

» Les champs de démonstration ou de vulgarisation sont changés de commune tous les trois ans.

» Chaque expérimentateur est tenu de fournir à la fin de l'année un rapport sur les résultats obtenus. Ces rapports sont imprimés et envoyés ensuite aux expérimentateurs et dans toutes les mairies du département.

» Il existe actuellement en Meurthe-et-Moselle 57 expérimentateurs et plus de cent champs d'essais ou de vulgarisation.

» Ces champs d'essais peuvent se classer ainsi :

1° *Essai de variétés et d'espèces nouvelles.*

» Les variétés ou espèces nouvelles signalées par les journaux agricoles, par les principaux marchands grainiers ou de toute autre manière comme étant supérieures à ce qui existe, sont mises à l'essai et comparées à notre type, c'est-à-dire à la variété que nous considérons jusqu'à preuve du contraire comme étant la meilleure pour une situation et un but déterminés.

» Vingt ou trente expérimentateurs sont chargés en même temps de l'essai de telle ou telle nouveauté signalée. Ainsi nous sommes rapidement fixés sur ses qualités, ses défauts et sur les conditions de culture qui lui sont le plus favorables.

2° *Vulgarisation des variétés reconnues les meilleures.*

» Il s'agit de les faire connaître et de les répandre dans le pays. Pour cela, nous les faisons comparer aux variétés communément cultivées, afin de prouver qu'elles leur sont supérieures. Ces champs ont une étendue suffisante pour que les cultivateurs du pays soient rapidement à même de se procurer la variété signalée sans la payer un prix exagéré.

3° *Fermes à sélection.*

» Les fermes à sélection ont pour but de maintenir pures et sans dégénérescence les variétés importées et d'améliorer les races de pays lorsqu'elles ont leurs raisons d'être maintenues.

» Dans la culture morcelée, telle qu'elle existe en Meurthe-et-Moselle, il est presque impossible de conserver pures de bonnes semences. Sur les bords des champs, elles se mélangent avec celles des voisins ; souvent aussi, il y a mélange à la gerbière ou au grenier. Le cultivateur exploitant une ferme morcelée devrait changer souvent ses semences, car il ne lui est guère possible d'en produire de pures. C'est pourquoi nous chargeons certains fermiers ou propriétaires, exploitant des domaines réunis au moins en grandes pièces, ayant un sol convenable, faisant usage du semoir, du trieur et employant les engrais chimiques complémentaires, de la production de semences pures et sélectionnées.

» Ainsi l'acheteur pourra visiter les cultures destinées à la production de ces semences et connaître le sol qui les a produites, ce que ne disent pas les marchands, mais qu'il est important de savoir. En outre, il paiera moins cher.

4° Destruction des parasites.

» Ces essais portent en ce moment sur la destruction des parasites de l'osier, de la maladie de la pomme de terre et de la cochylis de la vigne.

5° Champs d'essais d'engrais chimiques.

» Nous avons commencé et nous allons continuer à rechercher dans quelles couches géologiques du département les engrais potassiques produisent un effet marqué et un résultat économique avantageux.

6° Champs de démonstration d'engrais chimiques.

» Ils ont pour objet de démontrer l'avantage qu'il y a pour le cultivateur à employer les engrais chimiques en complément de la fumure ou fumier de ferme. Leur organisation est très simple.

7° Vignes américaines.

» Il existe à Malzéville une pépinière de vignes américaines provenant de semis sélectionnés. Elle a pour objet de préparer la défense antiphylloxérique, car nos beaux vignobles de la vallée du Rupt-de-Mad et de la Moselle sont actuellement menacés par les taches phylloxériques d'Ancy-sur-Moselle (Lorraine annexée).

Etude des Variétés. — Résultats obtenus,

FROMENTS D'AUTOMNE.

» En 1890-91, 1891-92, la plupart des blés étrangers ont été gelés dans le département de Meurthe-et-Moselle.

» Le 21 janvier 1891, après les plus fortes gelées de ce terrible hiver, j'ai écrit à tous nos expérimentateurs pour savoir ce qu'étaient devenus nos blés d'expériences.

» Voici quelles réponses j'ai obtenues à ce moment :

» Les blés de Seille sont intacts presque partout. Il reste deux Hallett's sur seize, l'un semé en novembre et non levé en hiver, l'autre à Audun-le-Roman, où il avait été plus préservé par la neige. Les blés d'Australie ont tous été gelés, sauf un qui n'était pas levé le 25 novembre, quand les gelées ont commencé.

» Pour les autres variétés, il restait :

Blé de Bordeaux, 5 sur 17.
Rouge d'Ecosse, 3 sur 10.
Shiriff's, 1 sur 9.
Dattel, Lamed, Victoria, 0.

» Les mêmes faits se sont presque répétés en 1891-92.

» Le 21 janvier 1891, tous nos champs d'essais de blé de Seille, il y en avait 26, étaient encore intacts.

» En mars, après les gels et dégels si fâcheux, surtout lorsque le sous-sol est encore glacé, il ne nous en restait plus que seize, qui ont donné à la moisson un rendement moyen de 13 quintaux à l'hectare.

» Après ces fâcheuses expériences, nous préférons généralement les blés de la région, qui ont fait leurs preuves comme rusticité.

» Lorsque nous les aurons bien sélectionnés, ils donneront peut-être des rendements aussi élevés que les blés anglais.

BLÉS DE PAYS.

» *Blé lorrain.* — Ce blé est actuellement formé par un mélange d'épis blancs et d'épis rouges. Le grain est rouge.

(Des échantillons ont été montrés pendant la conférence.)

» *Blé lorrain à épis rouges.* — C'est surtout ce type que l'on désigne communément dans le pays sous le nom de blé de Seille.

» Autrefois on venait de fort loin : Meuse, Ardennes, Moselle, chercher des semences dans le pays arrosé par la Seille.

» Parmi ces blés, ceux de la côte de Delme (Alsace-Lorraine), provenant des calcaires du Lias, avaient une grande réputation.

» Depuis un certain nombre d'années et probablement parce que ce blé n'est plus pur, on en exporte beaucoup moins comme semence.

» C'est pourquoi nous avons pensé qu'il était utile, pour rétablir l'ancienne renommée des semences de la Seille, d'améliorer le blé roux par la sélection et d'en faire un type bien caractérisé.

» M. HENNEQUIN, *à Sivry*, canton de Nomeny, en possède actuellement VINGT HECTARES provenant des sélections commencées en 1890 et renouvelées chaque année.

» MM. NEIGE, *instituteur*, et GÉNY, *cultivateur à Moncel-sur-Seille*, sélectionnent également ces blés depuis 1892. Leur champ de sélection occupe une surface de 24 ares.

» Voici, du reste, ce que dit M. Neige dans son rapport :

« Le blé de pays n'est plus de race uniforme et
» pure ; il est facile de remarquer, à la veille de la
» moisson, le mélange d'épis rouges et d'épis blancs.
» Certains cultivateurs prétendent que c'est la mê-
» me variété. J'ai la certitude qu'ils se trompent. Le
» rouge est le type du blé roux de Seille. D'après
» plusieurs expériences, l'épi rouge, à égalité de di-
» mensions, contient plus de grains que l'épi blanc;
» le blé est plus lourd, la maturité plus avancée.

» En 1892, nous fîmes, avec les élèves de l'école de
» Moncel, 12 litres de semence de chaque façon,
» blanc et rouge. Ce blé fut semé en rayons espacés
» de 20 centimètres sur 14 ares, divisés en deux par-
» celles égales, l'une pour le blé rouge, l'autre pour
» le blé blanc.

» Le rude hiver de 1891-92 n'exerça aucune in-
» fluence sur le blé rouge et fut désastreux pour le
» blanc. La gelée en détruisit un tiers.

» Quatre binages furent donnés par les soins des
» élèves, et, à la veille de la moisson, notre blé, dé-

» pouillé de toute mauvaise herbe, se distinguait » d'une façon absolument nette. Les deux variétés » étaient distinctes et le champ de blé rouge était » magnifique.

» Quelques épis blancs, 1/60 environ, s'y trouvaient » encore ; quelques épis rouges étaient aussi mêlés » au blé blanc dans la même proportion. »

» Il est certain que chez M. Neige, de même que chez M. Hennequin, après quelques années de sélection, le blé rouge sera absolument pur.

» Ce blé donne une paille haute, malheureusement faible et sujette à la verse.

» Nous essayons de la rendre plus solide en semant très clair, et en appliquant d'assez fortes doses de scories de déphosphoration.

» M. Thiry, *directeur de l'Ecole pratique d'agriculture Mathieu de Dombasle*, a également fait des sélections de blé lorrain. Nous donnerons plus loin les résultats que nous avons obtenus avec cette sélection.

» Enfin, M. Comon, *Président du Comice de Briey*, à Longuyon, possède également une très belle sélection du blé lorrain.

BLÉ ROUX D'ALSACE OU BLÉ D'ALTKIRCH.

» Ce blé est à épis rouges, effilés, dressés à grain rouge ; quelques épis sont souvent barbus, surtout quand on prend sa semence directement aux environs d'Altkirch. Il diffère surtout du blé lorrain par sa paille plus courte, plus forte et partant plus résistante à la verse. Il est aussi rustique que le blé rouge lorrain et plus précoce.

» M. Paul Genay sélectionne cette variété depuis

longtemps déjà et il obtient actuellement des rendements plus élevés sans avoir de verse.

» M. CURICQUE, à *Villers-la-Montagne*, une des parties les plus froides du département, sélectionne aussi ce blé sur une assez grande étendue.

» Grâce à ces champs de sélection, j'espère qu'en peu d'années ces semences sélectionnées seront répandues dans tout le département. Alors il ne s'agira plus que de les maintenir pures et même de les améliorer par une sélection continue.

Résultats des essais effectués en 1893 avec divers blés de pays.

EXPÉRIMENTATEURS.	Sélection de Tomblaine.		Blé d'Altkirch non sélectionné.		Blé de pays non sélectionné.	
	Grain Qx.	Paille Qx.	Grain Qx.	Paille Qx.	Grain Qx.	Paille Qx.
MM.						
Ferry, à Bertrichamps	16	35	16	33	»	»
Henriquel, à Valleroy	16	24	13	18	»	»
Alphonse Humbert, à Valleroy	14.8	13.27	14	9.6	14.7	22.13
Nicolas, à Hénaménil	15	16.25	14.16	14.58	15	16.20
Marin, à Houdreville	16.5	26.25	12.35	21.80	14.75	25
Musquar, à Lenoncourt	23.33	26.6	18.33	22.66	»	»
Simonin, à Virecourt	14	30	13	25	14	31
Robert, à Loisy-sur-Moselle	13.75	12.75	12.5	11.87	10.75	11.75
Davouze, à Allain	11.20	18	11.06	18	11.04	18.7
Bontemps, à Gondreville	8	13	7.6	12	»	»
Chrétiennot, à Villers-les-Moivrons	12	30	13.3	26.6	»	»
Georges Alexandre, à Rouves	12.5	32.40	6	30	»	»
Noël, à Conflans	10	18.66	8	14	9.66	18
Pethe, au Grand-Failly	21.6	25	15	17.5	10.50	20
Vester, au Grand-Failly	19.7	23	19	19.5	»	»
Viard, à Laneuveville-aux-Bois	19.5	33	19	31	»	»
Louviot, à Blénod-les-Toul	14	20	12	16	13	20

Moyenne de 17 essais.

Blé de Tomblaine, grain 15 q. 17, paille 23 q. 55.
Blé d'Alsace, grain 13 q. 20, paille 20 q. 06.

Différence en faveur du blé sélectionné à Tomblaine, grain 1 q. 97, paille 3 q. 49.

Moyenne de 9 essais.

Blé de Tomblaine, grain 14 q. 53, paille 20 q. 02.
Blé d'Alsace, grain 12 q. 15, paille 16 q. 26.
Blé de pays, grain 12 q. 60, paille 20 q. 30.

Différence en faveur du blé sélectionné à Tomblaine sur le blé d'Alsace, à l'hectare : grain + 2 q. 38, paille + 3 q. 76.

Différence en faveur du blé sélectionné à Tomblaine sur le blé de pays, à l'hectare : grain + 1 q. 93, paille + 0 q. 28.

Comparaison entre le blé de pays et le blé d'Alsace non sélectionné :

Différence en faveur du blé de pays : grain — 0 q. 45, paille + 4 q. 04.

» D'où il résulte :

» 1° *Que le blé sélectionné a donné environ 2 quintaux de grain de plus à l'hectare que celui qui ne l'a pas été ;*

» 2° *Que le blé d'Alsace, pendant l'année sèche de 1893, a donné 3 à 4 quintaux à l'hectare de paille en moins que le blé lorrain sélectionné ou non.*

» En sol riche et en année humide, le blé d'Alsace, qui résiste mieux à la verse, donnerait très probablement plus de grain que le blé lorrain et, malgré les résultats de 1893, je crois qu'il doit être préféré si on craint la verse.

» Il est enfin probable que le blé d'Alsace sélectionné pourra donner des rendements aussi élevés que la sélection de Tomblaine. C'est ce que nous saurons l'année prochaine.

BLÉS DE PRINTEMPS.

» Les blés de printemps essayés sont : le chiddam, le blé de mars rouge sans barbe, le blé bleu et le blé de Saumur.

Rendements moyens à l'hectare (année 1891.)

	grain quintaux.	paille quintaux.
Chiddam blanc de mars......	18.90	34.92
Saumur de mars............	18.30	36.28
Blé bleu de Noë............	17.65	35.92
Blé de mars rouge sans barbe.	14.94	29.87

» Observations faites par les expérimentateurs sur la qualité du grain et de la paille :

» M. CHARTON, *à Cirey* : « Le blé chiddam a été » supérieur au blé de Saumur, non seulement com» me rendement, mais encore au point de vue de la » qualité du grain et de la paille. »

» M. CAREAU, *à Rouves* : « Le blé rouge de mars » et le chiddam ont donné un beau grain et une » belle paille sans rouille. Le blé de Noé est légère» ment glacé, paille dure et rouillée. Le blé d'O» dessa a une paille faible et un grain un peu mai» gre par suite de la verse. »

» M. LOUVIOT, *à Blénod-les-Toul* : « Le chiddam » a un grain petit, mais lisse et lourd, paille jaune » indemne de rouille. C'est une bonne variété qui » convient à notre climat. J'en ai semé fin avril et » il a parfaitement mûri. Le blé de Noé produit da» vantage et le grain est plus gros, mais la paille » rouille beaucoup plus facilement. »

» Etc.

» Il résulte de ces citations et de mes observations personnelles que le chiddam et le blé de mars rouge sans barbe ont donné un très beau grain et une paille nette indemne de rouille. Viendraient ensuite le blé de Saumur, puis le blé de Noé, très sujet à la rouille.

» Nous n'avons pas assez d'essais pour pouvoir nous prononcer sur les blés d'Odessa et de Bordeaux. Cependant je puis dire *de visu* qu'ils sont aussi très sujets à la rouille dans notre région.

» Au point de vue de la maturation, nous placerons en tête le blé de mars rouge, puis le chiddam. En Lorraine, la maturation des autres variétés est incertaine en année froide et humide et le grain peut être très médiocre, surtout si l'on ne sème pas assez tôt.

» Le blé de Bordeaux est néanmoins très en vogue aux environs de Nancy.

ORGES DE PRINTEMPS.

» Les variétés essayées sont l'orge chevalier anglaise, choix de M. Richardson, l'orge chevalier française, et enfin l'orge de Champagne.

Rendements moyens à l'hectare (année 1892.)

	grain quintaux.	paille quintaux.
Orge chevalier...... ..	38.95	34.08
Orge de pays........	25.17	32.05

Soit une différence de 378 kil. de grain et 203 kil. de paille en faveur de l'orge chevalier.

» L'orge chevalier anglaise donne des rendements plus élevés que l'orge chevalier française.

» Chez M. Viard, à Laneuveville-aux-Bois, le rendement en paille est le même ; mais l'orge chevalier anglaise a produit deux quintaux et demi de grains de plus à l'hectare que l'orge chevalier française (provenance Vilmorin).

» Les orges dites de Champagne réussissent très bien dans notre région, au moins dans la vallée de la Moselle et l'année de leur importation. Dans les terres fertiles de Loisy-sur-Moselle, M. Robert a obtenu 33 quintaux 50 de grain avec l'orge de Champagne et 28 quintaux 60 seulement avec l'orge de pays. Différence : 4 quintaux 90.

» Cette céréale se cultive peu en Lorraine, car nos principaux brasseurs n'achètent pas d'orge sur place. Ils reprochent aux orges de pays d'être de maturité inégale, ce qui entraîne une germination inégale pendant la fabrication du malt et enfin d'être souvent tachées, car elles sont fréquemment moissonnées par le mauvais temps. Cette culture a donc peu d'avenir pour notre région.

AVOINES.

» Nous les divisons actuellement en quatre catégories :

» 1° Avoines tardives pour sols fertiles et défrichements ;

» 2° Avoines tardives pour terrains de fertilité moyenne ;

» 3° Avoines précoces ;

» 4° Avoines de pays.

Avoines tardives pour sols fertiles et défrichements.

» Les trois types de ces avoines sont : Hongrie blanche, prolifique de Californie noire et Jaune géante à grappes.

» Les deux premières ont l'inconvénient de donner un grain maigre et léger. Celui de l'avoine Jaune géante est le plus lourd. Toutes sont à peu près résistantes à la verse, mais donnent une paille forte et grossière. Enfin la prolifique de Californie s'égrène plus facilement à la moisson que l'avoine de Hongrie blanche et surtout que la jaune géante à grappes.

Moyennne des essais de 1890-1893 inclus.

Rendements à l'hectare.

	grain quintaux.	paille quintaux.
Hongrie blanche....	23.93	38.73
Prolifique de Californie noire	21.73	35.27
Jaune géante à grappes.......	19.38	31.15

» En sol médiocre, ces avoines dégénèrent très vite.

» Pour les conserver dans la culture ordinaire de Meurthe-et-Moselle, il faudrait renouveler ses semences tous les deux ou trois ans et les prendre dans les meilleures exploitations, où il n'y a lieu de craindre ni mélange, ni dégénérescence.

AVOINES TARDIVES POUR TERRAINS DE FERTILITÉ MOYENNE.

» Les meilleures parmi toutes celles que nous avons essayées sont : Noire de Coulommiers, Jaune de Flandre ou des Salines et Abondance.

Rendements moyens à l'hectare.

	grain quintaux.	paille quintaux
Jaune géante à grappes.........	20.48	27.
Jaune de Flandre ou des Salines	19.25	22.
Coulommiers noire..	18.15	23.79
Abondance................ ...	18.42	22 32

» En 1893, les résultats obtenus ont été différents. L'avoine noire de Coulommiers s'est montrée beaucoup plus résistante à la sécheresse que toutes les variétés d'importation étrangère.

Moyenne de quatre essais :

	grain quintaux.	paille quintaux
Avoine noire de Coulommiers	12 32	25.62
Avoine jaune de Flandre.......	8.90	20.05

» L'année 1893 a été trop anormale pour que l'on puisse tirer de ces derniers essais aucune conclusion, quant aux rendements.

» L'avoine noire de Coulommiers paraît la meilleure et la plus recherchée comme qualité du grain, mais elle a l'inconvénient de s'égrener facilement, si on ne la coupe pas un peu sur le vert.

AVOINES PRÉCOCES.

» Parmi ces avoines, nous avons essayé l'avoine hâtive de Sibérie, l'avoine de Géorgie et l'avoine de Pologne.

» L'avoine de Sibérie a toujours tenu le premier rang.

» En 1890, l'avoine de Géorgie s'est montrée bien inférieure et nous y avons renoncé.

» L'avoine de Pologne a produit en moyenne à l'hectare 247 kilogrammes de grain et 393 kilogrammes de paille à l'hectare de moins que l'avoine hâtive de Sibérie.

AVOINES DE PAYS.

» Il en existe trois types principaux : *la grise*, (Grise de la Haye) ; *la blanche* et *la noire* (Noire des Vosges).

» De même que les blés de pays, ces avoines sont mélangées et plus ou moins dégénérées.

» Il est rare et difficile de les trouver à peu près

pures. Ce sont des avoines généralement tardives, à grain assez léger, mais très rustiques.

» En 1893, ce sont elles qui ont le mieux résisté à la sécheresse, et, en terrain médiocre, elles donnent des rendements souvent aussi élevés que les variétés d'élite que nous avons étudiées précédemment.

» Sélectionnées pendant un certain nombre d'années, elles arriveraient très probablement à valoir, pour notre pays et dans la culture ordinaire, les races étrangères.

» C'est pourquoi nous avons prié plusieurs agriculteurs éminents de commencer cette sélection. M. Boulier, à Fiquelmont, sélectionne l'avoine blanche ; M. Lamy, à la Ferme des Francs, près de Nomeny, et M. Comon, président du Comice de Briey, sélectionnent l'avoine grise.

POMMES DE TERRE.

» Pour les essais de pommes de terre, nous distinguerons :

» 1° Les semis de graines, croisées ou non, ayant pour but la création de nouvelles variétés ;

» 2° Les collections d'étude où les nouveautés sont d'abord étudiées sur une très petite surface ;

» 3° Les essais de grande culture ;

» 4° Les champs de démonstration ou de vulgarisation ;

» 5° Les champs de sélection avec changements de sols.

» Nous divisons les variétés de pommes de terre en cinq grandes catégories.

» *a*) Les variétés industrielles ou fourragères tardives ;

» *b*) Les variétés fourragères non tardives ;

» *c*) Les variétés culinaires ordinaires de grande culture ;

» *d*) Les variétés culinaires fines de grande culture ;

» *e*) Les variétés précoces de grande culture.

» Dans chaque catégorie, nous avons un type que nous considérons comme le plus parfait, jusqu'à preuve du contraire. Dans les essais de grande culture, les nouveautés intéressantes connues sont comparées au type provisoirement adopté, non seulement au point de vue du rendement en poids, mais encore au point de vue de la qualité, de la précocité, de la bonne conservation des tubercules, etc.

» Lorsqu'une variété a fait ses preuves pendant plusieurs années, elle passe dans les champs de démonstration, où alors elle est comparée à la variété communément cultivée pour faire la preuve de sa supériorité et pour permettre aux cultivateurs de s'ensemencer.

Résultats obtenus avec diverses variétés de pommes de terre dans les champs d'essais de Meurthe-et-Moselle.

VARIÉTÉS INDUSTRIELLES OU FOURRAGÈRES TARDIVES.

» Type actuel : Richter imperator. Cette variété est sélectionnée chez M. Charles Louis, *à Tomblaine*.

» Nous la maintenons au premier rang jusqu'à ce que d'autres aient prouvé leur supériorité pendant trois ans au moins. Nous avons à reprocher à Ritchter d'être trop tardive pour notre région, où le blé succède généralement à la pomme de terre, et d'être de conservation incertaine. Il faut absolument éviter de couper les tubercules pour les planter. Elle dose de 15 à 17 p. 0[0 de fécule ; mais, à ce point de vue, elle paraît dépassée par de nouvelles variétés.

Comparaison entre Richter et Canada blanche.

Années.	Nombre d'essais comparatifs.	Rendements à l'hectare en quintx. Richter.	Canada.
1890	10	220	228
1891	8	235	220
1892	9	263	262
1893	11	150	185
(1) Moyenne générale.........		212	222

» L'infériorité de Richter en 1893 est due aux vides qui se sont produits dans les plantations, par suite de la sécheresse. Canada a beaucoup mieux résisté.

Moyennne générale, déduction faite de l'année 1893 : Richter, 239 quintaux ; Canada, 237 qx.

RICHESSE EN FÉCULE.

» Elle varie avec la variété, la nature du sol, l'année, la maturité de la plante et du tubercule prélevé, l'époque de l'analyse, les accidents ; gelée, grêle, pourriture, etc.

» Si on compare les analyses faites, nous trouvons que Richter dose de 15 à 17 p. 0/0 de fécule, tandis que Canada blanche n'en contiendrait que 13 à 17, soit environ 2 0/0 en moins.

» Au point de vue industriel, Canada blanche est donc nettement inférieure à Richter.

» Comme pomme de terre fourragère, il n'en est

(1) Les moyennes générales ont été calculées en totalisant les rendements à l'hectare de tous les essais effectués et en divisant ce total par leur nombre. Ce ne sont pas des moyennes de moyennes.

plus de même, car elle a sur Richter l'avantage de la précocité, ce qui est précieux pour notre pays, d'une conservation facile et enfin elle est probablement plus riche en matières protéiques que Richter. Deux analyses comparatives faites à la station agronomique de Nancy tendent à le prouver.

	Richesse en azote p 0/0.	
	Richter	Canada
1892	0,209	0,234
1893	0,095	0,134

Comparaison entre Richter et Junon.

Années.	Nombre d'essais comparatifs.	Rendements à l'hectare en quintx.	
		Richter.	Junon.
1891	4	183	189
1892	5	247	234
1893	2	238	218
Moyenne générale............		239	223

» D'après les analyses faites, Junon serait au moins aussi riche en fécule que Richter ; mais pour notre région elle a l'inconvénient d'être très tardive. La progression décroissante des rendements de 1891 à 1893 montre que cette variété dégénère rapidement.

Comparaison entre Richter et Géant bleu.

1893 : 9 essais comparatifs.

Rendement moyen à l'hectare :

Richter : 198 quintaux.
Géant bleu : 196. —

» Richesse en fécule supérieure à celle de Richter d'après les uns, inférieure d'après les autres.

» Géant bleu présente les mêmes inconvénients que Richter. Elle est très tardive, de conservation douteuse en hiver et ne supporte pas le fractionnement des semences. Il convient de la butter fortement, car les tubercules tendent à sortir de terre.

» Essai à continuer.

Comparaison entre Richter, Aspasia et Athènes.

1892 et 1893 : 5 essais comparatifs.

Rendement moyen à l'hectare :

Richter : 271 quintaux.
Aspasia : 286 —
Athènes : 274 —

Comparaison entre Aspasia et Athènes.

1892 et 1893 : 7 essais comparatifs.
Aspasia a produit 276 quintaux à l'hectare.
Athènes — 263 — —

» Ces deux variétés présentent le même inconvénient que les précédentes : elles sont très tardives.

» Aspasia est une des variétés les plus riches en fécule : 18 à 20 p. 0/0. A ce point de vue, elle dépasse Richter.

» Essai à continuer, au moins pour Aspasia.

Comparaison entre Richter et Géante sans pareille.

1893 : 3 essais.
Richter a produit 197 quintaux 1/2 à l'hectare.
Géante sans pareille 265 —

» D'après M. Vilmorin, Géante sans pareille serait plus riche en fécule que Richter. C'est à confirmer.

» Géante sans pareille produit des fanes extraordinairement grandes, et les touffes doivent être très espacées, surtout en terrain fertile. Elle donne des tubercules irréguliers dont la conservation est à vérifier. Variété tardive.

» Essai à continuer.

» D'après ces résultats, nous conserverons dans

nos essais de grande culture comme pommes de terre industrielles ou fourragères tardives ne pouvant être suivies par une céréale d'automne :

» 1° Richter imperator, type ;
» 2° Aspasia ;
» 3° Géant bleu ;
» 4° Géante sans pareille.

NOUVEAUTÉS A L'ESSAI.

» Czarine.
» Chancelier de l'Empire.
» Géante de Reading.
» Général Négrier.

VARIÉTÉS FOURRAGÈRES NON TARDIVES.

Type Canada blanche.

» Nous avons choisi cette variété à cause de ses rendements élevés, de sa précocité et de la bonne conservation de ses tubercules.

Comparaison avec Institut de Beauvais.

Années.	Nombre d'essais comparatifs.	Rendements moyens à l'hect. en qx	
		Canada.	Institut.
1890	3	256	203
1891	4	333	323
1892	6	264	205
1893	2	153	84
Moyenne générale.............		265	220

Comparaison avec Eléphant blanc.

Années.	Nombre d'essais comparatifs.	Rendements moyens à l'hect. en qx	
		Canada.	Eléphant blanc.
1890	2	255	223
1892	4	192	166
1893	5	217	205
Moyenne générale...........		214	194

» Canada blanche s'étant montrée pendant quatre ans nettement supérieure comme rendement à Institut de Beauvais et Eléphant blanc, nous ne conserverons plus ces dernières dans nos champs d'essais.

» Pour le moment, je ne vois pas de variétés nouvelles à lui opposer dans cette catégorie.

VARIÉTÉS CULINAIRES DE GRANDE CULTURE.

Type Magnum Bonum.

» C'est la variété la plus recherchée comme pomme de terre culinaire ordinaire. Elle se vend toujours plus cher que les variétés communes et donne des rendements très élevés. Elle est malheureusement trop tardive. C'est une variété rustique qui a bien résisté à la sécheresse de 1893. Elle se conserve très bien en hiver.

Comparaison avec Richter.

Années.	Nombre d'essais comparatifs.	Rendements moyens à l'hect. en qx Richter.	Magnum.
1890	3	274	221
1891	3	327	300
1892	8	289	242
1893	2	170	252
Moyenne générale...........		282	250

Produit brut en argent.

282 quintaux de Richter à 4 fr. donnent 1,128 fr.
250 — de Magnum à 5 fr. donneraient 1,250 fr.

Comparaison avec Canada blanche.

Années.	Nombre d'essais comparatifs.	Rendements moyens à l'hect. en qx Canada.	Magnum.
1890	1	323	263
1891	4	328	315
1892	4	295	210
1893	2	201	267
Moyenne générale............		291	263

Produit brut en argent.

Canada,	291 quintaux	à 3 fr. 50	= 1,018 fr. 50
Magnum,	263 —	à 5 fr. »»	= 1,315 fr. »»

» La Magnum-bonum est une variété très avantageuse à cultiver *lorsque l'on peut en trouver la vente comme pomme de terre culinaire.*

» Le prix de 5 fr. le quintal de Magnum est loin d'être exagéré.

» Nous la comparons actuellement à la pomme de terre de Hollande grosse (Vilmorin); à la Géante de Reading, qui lui ressemble un peu, et à la Reine des Polders.

» En 1893, Hollande grosse et Reine des Polders nous ont donné, dans deux essais, des rendements aussi élevés que Magnum.

VARIÉTÉ CULINAIRE FINE DE GRANDE CULTURE.

Type Rognon rose.

» Cette variété est la plus recherchée dans le département et particulièrement à Nancy comme pomme de terre culinaire fine.

» Elle se vend couramment deux fois aussi cher que la pomme de terre ordinaire. La Hollande et la Saucisse sont moins estimées. C'est une question d'habitude commerciale dont il faut tenir le plus grand compte.

» En 1892, nous l'avons comparée à la Magnum dans cinq champs d'essais. Voici la moyenne des résultats obtenus :

Magnum,	239	quintaux à l'hectare.
Rognon-rose,	154	— —

Produit brut en argent.

239 quintaux de Magnum, à 5 fr. = 1,195 fr.
154 — de Rognon-rose, à 9 fr. = 1,386 fr.

» Il est seulement regrettable que cette vente soit très limitée.

» Certains villages (Saizerais, aux environs de Nancy, etc.), en possèdent le monopole, grâce à la nature de leurs terrains, où la pomme de terre acquiert la qualité demandée par le consommateur.

VARIÉTÉS PRÉCOCES DE GRANDE CULTURE.

Type Early rose.

» Cette variété est cultivée dans presque toutes les fermes sur une petite surface. Mûre, fin juillet, commencement d'août, elle doit satisfaire aux premiers besoins du personnel et du bétail, et permettre d'attendre la maturité des variétés plus tardives.

Comparaison avec Richter.

Années.	Nombre d'essais comparatifs.	Rendements moyens à l'hect. en qx. Richter.	Early-rose.
1891	2	248	204
1892	5	300	229
1893	3	128	126
Moyenne générale..		238	193

» Il est à remarquer qu'en 1893 Early a presque égalé Richter comme rendement.

» Nous verrons l'an prochain si nous trouvons des variétés nouvelles à grands rendements et aussi précoces qu'Early pour les mettre en comparaison.

VARIÉTÉS DE PAYS.

» La variété Chardon, bouquet blanc, est encore très répandue en Meurthe-et-Moselle. De 1890 à

1892, elle a toujours été inférieure comme rendement à Richter et Canada.

» Mais, en 1893, elle a dépassé Richter et égalé Canada. C'est donc une variété très rustique et résistant bien à la sécheresse.

Comparaison entre Chardon, Canada et Richter.

EXPÉRIMENTATEURS.	Rendements moyens à l'hectare en qx.		
	Richter.	Canada.	Chardon.
Noël, à Conflans........	87.50	112.50	106.25
Davrainville, à Millery..	142	169	180
Beuvelot, à Millery.....	125	145	150
Louviot, à Blénod-l-Toul	195	200	180
Pethe, à Grand-Failly ..	71	190	194
Moyenne générale......	124	163	162

» Il nous reste maintenant à compléter nos essais par l'étude de l'adaptation des variétés aux divers sols et les changements de terrains des semences, soit pour augmenter les rendements, soit pour accroître la richesse en fécule.

» Quoi qu'il en soit des résultats acquis ou de ceux qui restent à acquérir, je crois pouvoir conclure de l'intérêt qui s'attache à ces champs d'expériences disséminés dans le département et des avantages considérables que les cultivateurs doivent en retirer dans l'avenir, qu'il serait fort utile d'augmenter dans des proportions importantes les crédits qui leur sont destinés.

» Je n'ai pas besoin d'insister sur ce point, le temps qui m'est accordé par le programme du Congrès étant écoulé, je ne veux pas abuser plus longtemps de vos instants.

» Je termine donc, Messieurs, en vous remerciant de la bienveillante attention que vous avez bien voulu m'accorder. »

Après les vifs applaudissements que recueille le conférencier, M. P. Genay demande à ajouter quelques réflexions, fruit de son expérience ; il le fait en ces termes :

« Messieurs,

» Je voudrais confirmer et compléter la très intéressante conférence que vient de nous faire notre professeur départemental d'agriculture.

» L'ancien blé lorrain, celui qui est généralement cultivé au Nord et à l'Ouest de la chaîne des Vosges, est composé *toujours* de deux variétés, dont l'une est à épi rouge et l'autre à épi blanc. Les grains sont identiques. J'ai séparé ces deux variétés depuis 1875, et pendant une quinzaine d'années je les ai, sur des carrés d'essais, semés isolément. Les épis ont toujours conservé leur couleur originelle, sans variation. Les épis blancs m'ont paru avoir la paille plus sensible à la verse et être généralement d'un moins bon rendement que les épis rouges.

» Je suis étonné des résultats comparatifs accusés pour le blé rouge d'Alsace par M. le professeur. Je possède un grand nombre de résultats donnés par cette variété comparativement à d'autres ; ils sont plus avantageux pour l'Alsacien. Cela tient peut-être à la source où M. le professeur a pris ses semences. Les miennes proviennent d'une sélection faite depuis 1876 sur des échantillons que je tenais de M. Cordier, ancien directeur de l'Ecole d'agriculture de Saint-Remy. J'ai eu l'occasion de constater que les blés venus des environs d'Altkirch étaient moins purs que les miens. Ce blé, originaire de l'ancien Sundgau, entre Colmar-Mulhouse et Belfort, est excessivement rustique à nos hivers, d'une grande précocité, court sur paille et d'une productivité plus grande que son apparence. Sa paille résiste à la verse et lui permet de bien profiter du nitrate de soude. Son rendement, chez moi, oscille entre 25 et 30 quintaux de grain à l'hectare, soit 32 à 40 hectolitres.

» Pour les pommes de terre, je veux ajouter un mot à ce qu'a dit M. le professeur. La nature de sols doit être prise en grande considération, quand il s'agit de choisir une variété de pommes de terre.

» Ainsi on a remarqué que Magnum Bonum ne se plaisait pas dans les sols siliceux secs, que, au contraire Redskinned et Early rose réclamaient ce sol, que Canada venait partout. Les cultivateurs de la plaine de Lunéville vont jusqu'à classer leurs sols d'après les variétés de pommes de terre qui leur conviennent. Quand on choisit une variété de pomme de terre, il faut encore tenir compte du débouché, certaines variétés étant systématiquement repoussées par les féculiers, par exemple ; il faut encore tenir compte de l'époque de la maturité, qui a lieu pour les variétés de grande culture du 15 août au 1er novembre, les variétés précoces ou demi-précoces étant à préférer quand on doit faire suivre leur récolte par un ensemencement de blé qui demande à ne pas être confié trop tardivement à la terre. »

Applaudissements.

M. le Président remercie M. Bourgeois de sa conférence et le félicite des soins qu'il apporte dans l'établissement de ses champs d'expériences et dans les conclusions utiles qu'il en retire. Il remercie aussi M. Genay des judicieuses réflexions qu'il vient d'exprimer au Congrès.

M. le Président propose ensuite à l'assemblée de donner son avis sur un vœu, implicitement contenu dans le travail de M. le conférencier, vœu qu'il formule ainsi :

« Après avoir entendu l'exposé de M. Bourgeois,
» professeur départemental d'agriculture, sur les
» résultats obtenus par les champs d'expériences et
» de démonstration, le Congrès émet le vœu que les
» crédits accordés par la bienveillance du Conseil
» général du département de Meurthe-et-Moselle,
» destinés à ces champs spéciaux, soient augmentés
» dans la mesure du possible. »

Ce vœu, mis aux voix, est adopté.

M. Michel, de Raon-l'Etape, Président du Comice de Saint-Dié, reçoit la parole et s'exprime ainsi :

« Messieurs,

» *Je m'adresse surtout aux petits cultivateurs et fermiers de notre région.*

» L'agriculture a un double but : produire des plantes et multiplier les animaux utiles à l'homme.

» Au nombre des animaux d'une utilité évidente, il faut placer en première ligne les bêtes bovines.

» Le bétail forme la partie importante de la richesse du cultivateur, et vous savez tous, Messieurs, ce que serait une ferme sans bétail : ce serait un corps sans âme. A un point de vue plus élevé, au point de vue économique, le bétail constitue une partie de la richesse nationale. Comment se produit et se répartit cette part de notre richesse? Question complexe, digne de la sagacité des économistes, et non moins digne de l'intérêt du producteur et du consommateur, en un mot, de chacun de nous.

» Depuis bien des années, la question du bétail prend des proportions considérables: chacun voudrait voir dans ses étables un bétail de choix, produisant beaucoup de lait, d'un grand rendement de viande, et d'un engraissement facile.

» C'est donc aux cultivateurs de tous ordres, surtout, d'agir en conséquence pour élever notre production bovine à la hauteur de nos besoins, et de nous affranchir, dans cette partie de leur industrie, de la contribution énorme que nous payons à l'étranger.

» Chaque producteur devrait donc savoir reconnaître la race de bétail qui convient à son exploitation, au climat, à la contrée qu'il habite; puis, lorsqu'il est fixé par l'expérience sur la valeur du choix qu'il a fait, qu'il mette tous ses soins à le protéger contre les croisements qui dénatureraient et abâtardiraient ses animaux, et qui, en bouleversant l'économie de la nature, troubleraient l'harmonie qui doit exister entre toutes les parties de son exploitation. Il faut en outre que, par une alimentation plus rationnelle, plus abondante, subordonnée à l'augmentation et à l'amélioration de ses prairies naturelles et artificielles, il élève constamment la qualité et la quantité de son bétail. C'est à ce prix qu'il verra prospérer son industrie, et que, dans la sphère de son action, il fournira à la production nationale une part de ce que les progrès de notre agriculture pourraient nous dispenser de demander à nos voisins.

» Je viens de dire que le choix de la race est le point de départ.

» Mais qu'est-ce qu'une race ?

» Il y a des choses que tout le monde ignore parce que tout le monde croit les savoir.

» La notion de race et beaucoup d'autres pourraient bien être de ce nombre. Il importe donc de caractériser la race en général par une définition qui pénètre dans son objet, le distingue par la nature intime des objets analogues, et établisse une sorte de délimitation essentielle ; il importe, en un mot, de donner une définition scientifique qui convienne.

» La race est une collection ou suite d'individus issus les uns des autres, distincte par des caractères devenus constants. Telle est la race en histoire naturelle, telle elle est aussi en agriculture. Donc, les animaux qui peuplent la terre ne sont pas les résultats du caprice ou du hasard : ils sont une émanation du sol et des circonstances qui les environnent.

» Les animaux sont la résultante des conditions diététiques ou hygiéniques sous l'influence desquelles ils se développent ; ils tiennent au sol dont ils sont les produits et dont ils résument les forces concentrées.

» Ainsi il existe une géographie zoologique comme il existe une géographie botanique. Chaque région, chaque sol, a ses animaux propres, comme il a ses plantes particulières.

» Dans la région de l'Est, nous avions différentes races bovines que l'on appelait races de pays ; dans les Ardennes, la race ardennaise ; dans la Meuse, la race meusienne ; en Meurthe-et-Moselle, la race lorraine ; dans le Jura, le Doubs, la Haute-Saône, la race fémeline, la race comtoise, etc. Dans les Vosges, vous aviez et vous avez encore la race vosgienne.

» Mais que sont devenues ces belles races meusienne, ardennaise, lorraine, fémeline, comtoise, vosgienne, etc. ?

» On pouvait les améliorer par une sélection raisonnée, par une alimentation plus large et plus riche, on les eût ainsi montées au maximum de développement et de produit. Mais on ne s'est pas avisé d'un procédé aussi simple : jaloux des grosses races dont la gourmandise est une qualité, on a voulu avoir le bénéfice de leur ampleur, sans avoir de quoi fournir à leur voracité. On a gâté, altéré les deux natures en voulant les fondre ; on n'a fait que les contraindre : il n'en est rien sorti de bon. Il en est résulté une population très mêlée, grandie sans doute, mais peu résistante certainement, si on la mettait en lutte avec une autorité héréditaire bien établie.

» J'ai visité à plusieurs reprises les divers villages et fermes d'élevage de notre région. Je croyais encore trouver de beaux types de nos différentes races. Ma déception a été complète. Très peu d'animaux de race pure : Schwitz, Bernois, Fribourgeois, Lorrain, Fémelin, Vosgien, etc. ; il y avait du tout dans tout.

» Dans presque tous nos villages et nos fermes, nos paysans n'ont aucun souci de leurs reproducteurs mâles. On ne s'occupe ni de leur origine ni de leurs aptitudes ; ils ont à peine neuf à douze mois qu'on les livre à la saillie. Ils sont en général mal nourris, mal logés, mal soignés, et la plupart du temps on abuse de leurs forces. Quels rejetons peuvent donner de semblables reproducteurs ?

» Ne serait-il pas temps que le gouvernement intervînt par une loi qui ne lui coûterait absolument rien, pour règlementer la saillie des taureaux banaux comme celle des étalons.

» Le 9 avril 1878 était promulguée, en Alsace-Lorraine, une loi dont je me contenterai de citer l'article premier : « A partir du 1er octobre 1878,
» aucun taureau communal ne pourra être employé
» à la saillie, s'il n'a été examiné et reconnu propre
» à la reproduction par une commission d'inspection
» nommée à cet effet. »

» Là, en effet, est le salut pour nos campagnes, et une simple loi, qui n'appauvrirait en rien la caisse de l'Etat, ferait autant pour le bien-être de nos cultivateurs que toutes les lois fiscales que l'on se propose de voter.

» Je crois que ce serait faire bonne guerre aux Allemands que de nous emparer de leurs innovations heureuses en leur en laissant les défauts.

» Le Comice agricole de Saint-Dié l'a fort bien compris ; il a fait tous les sacrifices possibles pour combattre la routine et l'incurie de nos cultivateurs, les forcer, je puis presque dire les contraindre, à conserver dans leurs étables les plus beaux spécimens de notre race de bétail.

» Les Vosges, en raison de leur climat, de la nature et de la configuration de leur sol, ont certainement une race bovine distincte que nous appelons race vosgienne. Dans certains points des arrondissements de Saint-Dié, d'Epinal et de Remiremont, elle est bien mieux caractérisée : les animaux qui la représentent sont de moyenne taille et n'ont rien de séduisant.

» En voici les différentes qualités :

» *Mâles.* — Le taureau vosgien est sobre, énergique, agile, nerveux, intelligent ; aussi est-ce un agent fort utile en agriculture, pour tous les travaux et principalement pour l'exploitation des forêts qui couvrent nos montagnes. Il est d'un engraissement très précoce et facile donnant, à l'âge de six ans, après avoir été employé pendant trois ou quatre ans comme reproducteur, et les deux dernières années, à l'exception de trois mois qui terminent l'engraissement, aux travaux les plus pénibles, un bœuf de 400 à 450 kilogrammes de viande nets environ.

» La chair est fine, succulente, le tissu en est serré, et, par suite, la viande lourde ; aussi la préfère-t-on de beaucoup à celle des races suisses, et peut-on la comparer aux meilleures espèces françaises, qui sont nourries avec bien plus de soin, et par suite d'une manière plus onéreuse.

» Le bœuf ne consomme que 15 kilogrammes de foin par jour.

» *Femelles.* — Les génisses et les vaches sont comme les taureaux, très sobres, se contentant d'une nourriture fort peu choisie ; elles sont douces et dociles. Les vaches donnent un excellent lait, et, ne recevant que 10 kilogrammes de foin par jour, produisent annuellement 2,200 litres de lait environ, plus un veau.

» L'engraissement des génisses est tellement facile, que souvent il est trop rapide et ne permet pas de les conserver pour la reproduction ; celui des vaches s'obtient aussi avec une grande facilité, en transformant une partie de la nourriture foin en racines cuites.

» La chair, comme celle des bœufs, est très estimée, à cause de sa densité, due à la finesse de son tissu, qui est très serré ; les os sont petits et la viande succulente.

» Une vache ne pèse en général que 220 à 250 kilogrammes, et, malgré ce poids relativement faible, elle donne, comme nous l'avons dit, 2,200 litres de lait qu'on peut transformer en 150 kilogrammes de beurre ou en 240 kilogrammes de fromage.

» Le bœuf vosgien résiste mieux au travail ; il est plus vif, plus fort que le suisse, malgré la grande différence de taille et de poids. A l'abatage, la chair de l'animal de race vosgienne pèsera à volume égal 10 0/0 de plus que celle du bœuf suisse. Cette chair est plus serrée, plus foncée en couleur, plus fine; par contre, on trouve chez le bœuf suisse 20 0/0 d'os en volume, 10 0/0 en poids de plus que chez le bœuf vosgien.

» Si l'on considère les deux races au point de vue des qualités laitières, on constate que l'espèce vosgienne donne, toute proportion de nourriture gardée, un lait plus gras, et que la vache vosgienne sèvre moins longtemps que la vache suisse.

» Messieurs, maintenant il me reste à vous parler de la fabrication du beurre et du fromage dans notre région.

» Il y a deux méthodes pour fabriquer le beurre :

» La première consiste à battre la crème préalablement séparée du lait :

» La deuxième consiste à battre le lait doux.

» Je ne vous parlerai pas de l'écrémage du lait par les appareils contrifugcs ; ces appareils, trop coûteux pour les petites fermes, ne sont en usage que dans les grandes exploitations.

» 1° Il faut environ 3 à 4 litres de crème pour faire un kilo de beurre, de même qu'il faut environ 20 à 25 litres de lait pur, quelquefois plus, pour obtenir un kilo de beurre. J'ai vu quelquefois avec 15 ou 18 litres faire un kilo de beurre, mais ce cas est exceptionnel.

» La température de la laiterie dans laquelle on laisse monter la crème doit être de 10 à 12 degrés ; pendant l'hiver, il est nécessaire de chauffer ; pendant l'été, on place les pots dans un réservoir où l'on fait circuler de l'eau fraîche. A défaut de réservoir, on arrose le sol de la laiterie deux ou trois fois par jour. Plus la crème est fraîche, plus le beurre est délicat, par conséquent d'une valeur plus grande.

» Dans les pays renommés pour le beurre, on écrème toutes les 24 heures en été et 48 heures en hiver. On baratte de suite, ou encore deux ou trois fois par semaine. Dans les fermes importantes, on baratte tous les jours. La température pour baratter la crème avec avantage doit être de 12 à 14 degrés.

» Quand le barattage est terminé, après avoir vidé le lait de beurre, on procède au délaitage, qui se fait de deux manières, savoir : 1° à sec, en pétrissant le beurre jusqu'à ce qu'il ne rende plus de petit lait ; 2° à l'eau, dans la baratte même, en lavant le beurre avec de l'eau bien fraîche jusqu'à ce que le liquide sorte clair. Il faut toujours éviter de toucher le beurre avec les doigts, surtout si on veut le conserver longtemps ; il est préférable de se servir de petites spatules en bois blanc.

» 2° Le beurre fait avec du lait doux.

» La méthode consiste à baratter le lait immédiatement après la traite. Elle a ses avantages et ses inconvénients.

» Les inconvénients sont : qu'il faut une grande force si l'on n'a pas de force motrice à sa disposition, parce que l'on opère sur de grandes quantités ; et la quantité de beurre qui reste dans le lait est d'autant plus grande que le barattage suit de près le moment de la traite.

» Les avantages sont les suivants : économie du temps nécessaire au montage de la crème et à l'écrémage ; beurre plus fin, le lait n'ayant pas subi d'altération en se séparant du beurre ; le liquide qui reste a presque les propriétés du lait doux : il peut être consommé par les hommes et les animaux.

» La température pour baratter le lait doux doit être de 18 à 20 degrés.

» La plus grande propreté doit régner dans les barattes : il faut les laver à l'eau chaude, les rincer ensuite à l'eau froide et faire sécher le plus rapidement possible.

» On peut encore fabriquer le beurre par refroidissement : c'est la méthode Swatz, du nom d'un Suédois qui en est l'inventeur. Cette méthode consiste à soumettre le lait au refroidissement aussitôt après la traite et à le maintenir constamment à une température proche de zéro. Il y aurait là certainement avantage, car le volume de crème est plus grand, donc le rendement en beurre plus considérable ; le lait écrémé est doux : on pourrait en faire un fromage maigre qui serait encore de bonne qualité. Mais tout cela est obtenu au détriment de la qualité du beurre. La méthode ne conviendrait donc pas pour la fabrication du beurre fin. D'ailleurs, elle nécessite l'emploi de glace ou de réfrigérants que le petit cultivateur ne saurait se procurer.

» Les qualités d'un bon beurre sont les suivantes : sa fermeté, son arôme, sa saveur, sa propreté, qualités qui résultent des soins apportés à la fabrication et au délaitage.

» Un bon beurre ne doit être ni mou ni cassant ; il doit avoir une odeur légèrement aromatique et une saveur analogue à celle de la noisette fraîche. Le beurre mal délaité ne tarde pas à rancir. On conserve le beurre frais dans les ménages en le comprimant dans de petits vases que l'on retourne sur une assiette contenant de l'eau salée renouvelée journellement.

» Je n'abuserai pas plus longtemps de votre bienveillante attention ; je termine, Messieurs, en vous disant quelques mots de la fabrication du Géromé, façon Munster.

» Ce fromage de Gérardmer avait presque disparu de nos tables ; fabriqué de façon mauvaise, tout le monde le refusait.

» Mais, grâce à l'initiative de M. Claude, ancien sénateur des Vosges, une école de laiterie et de fromagerie fut établie à Saulxures. Dans cette école, où les jeunes gens font deux ans d'études, et où les fils de marcaires de 18 à 20 ans reçoivent pendant deux mois de l'année une instruction gratuite, on a repris les anciens procédés de fabrication des fromages et les différents soins à donner au bétail.

» La première chose indispensable à la bonne fabrication du fromage, c'est d'avoir une bonne présure : c'est une opération préliminaire très importante. On la fabrique avec la caillette ou estomac d'un jeune veau. Nous ne conseillerons pas l'usage de cette présure, qui souvent sent très mauvais et peut communiquer au fromage des propriétés nuisibles. Quand cette présure est bonne, il suffit d'une cuillerée à bouche pour faire cailler 20 à 30 litres de lait. Nous ne saurions trop recommander la présure de commerce, mieux soignée, inodore, qui ne contient que le principe actif de la caillette de veau.

» Dans nos montagnes, on fabrique trois sortes de fromage : le fromage gras, le fromage demi-gras et le fromage maigre. Le fromage est gras quand la mise en présure a lieu avec le lait fraîchement trait et non écrémé. Le fromage demi-gras se fait quand on a enlevé la moitié ou une partie de la crème. Le fromage maigre se fait quand toute la crème est enlevée. Je ne parlerai pas de ces deux derniers, car c'est en les fabriquant qu'on a perdu la réputation du vrai fromage de Gérardmer.

» *Fromage gras.* — Le lait fraîchement trait est versé encore tiède dans la grande chaudière d'airain, et l'on procède de suite à son emprésurage. Il faut tâcher d'obtenir l'alliance intime de la crème et du caséum, condition indispensable pour obtenir cette adhérence et ce moëlleux qui constituent les qualités principales du bon fromage. Avec une sorte de cuiller en cuivre ou même en bois très aminci, on coupe une fois seulement le caillé lorsqu'il est pris, en tranches horizontales le plus minces possible, pour les rejeter à la partie postérieure de la chaudière, ce qui permet au petit lait de bien s'égoutter.

» L'égouttage du petit lait est, en effet, la partie la plus essentielle ; il doit se faire très rapidement. S'il en restait, le fromage aigrirait, ce qui nuirait à sa qualité.

» La manière de couper le caillé en tranches horizontales est aussi pour beaucoup dans la valeur des fromages. Quand le caillé est assez homogène, c'est à dire après deux heures et demie environ, selon la température, il est mis dans la forme ; pour éviter le fromage œillé, il est bon de le soumettre à une faible pression ; pour achever l'égouttage, on le dépose sur une planche légèrement inclinée.

» Le lendemain, le fromage est assez dur ; on le coule dans une autre forme plus basse et on renouvelle cette opération toutes les 24 heures. On a soin de passer les nouvelles formes à l'eau chaude et de laver le fromage à l'eau tiède.

» Après quatre ou cinq jours d'égouttage, le fromage est devenu très ferme ; on le sale d'un bout ; deux jours après, en le sortant de la forme, on le retourne et on le sale de l'autre bout. Puis on le roule dans du sel bien fin broyé préalablement, sur un grand plateau de bois employé exclusivement à cet usage. Il faut environ 40 grammes de sel pour un kilo de fromage. On met ensuite le fromage pendant cinq ou six jours dans un cellier bien aéré, à l'abri des mouches et de la lumière. Il s'agit maintenant de le laisser arriver à une maturation complète dans une cave affectée à cet effet. Il faut de trois à six mois, selon la saison et la température, avant d'avoir un fromage parfaitement fait et de le livrer au commerce.

» Ne croyez pas que le fromage ne demande plus de soins d'entretien quand il est à la cave. Au contraire, il est nécessaire de le laver et de le retourner tous les huit jours, afin d'éviter le mauvais goût, la moisissure, les vers ou les mouches. Le fromage demande beaucoup de soins et une grande propreté dans les caves d'affinage, c'est à dire où il achève sa fermentation. Ces caves doivent être obscures avec une température de 10 à 12 degrés.

» Donc, pour me résumer : la fabrication du fromage demande beaucoup plus de soins et de surveillance que celle du beurre ; mais tous les deux demandent beaucoup de propreté, et c'est là la partie essentielle d'une bonne fabrication.

» Donc, bon bétail et bon fourrage, voilà la base de la meilleure production du lait. »

M. Michel reçoit les applaudissements de l'assemblée.

M. le Président le félicite et demande si le vœu qu'il vient d'émettre, concernant la réglementation du service des taureaux, est appuyé par les membres présents.

Plusieurs font observer successivement qu'une loi de cette nature ne paraît pas applicable dans la pratique, parce que les règles qu'elle imposerait seraient fort difficiles à établir et, qu'en outre, les mesures qu'elle comporterait seraient attentatoires à la liberté.

M. Michel constate le peu de faveur que rencontre

sa proposition, et il retire son vœu, qui n'est pas mis aux voix.

M. Tisserant, médecin-vétérinaire à Nancy, secrétaire général de la Société centrale d'agriculture, est invité à faire sa conférence sur les maladies contagieuses des animaux et sur les indemnités qu'il serait bon d'accorder dans certains cas d'abatage et d'enfouissement.

Voici cette conférence, dont, vu l'heure avancée, M. Tisserant n'a pu donner en séance que les grandes lignes et les conclusions :

« Messieurs,

» Je vous demande pardon si, pour vous parler du sujet que j'ai accepté de traiter devant vous, je remonte dans l'histoire des siècles jusqu'aux temps les plus reculés, jusqu'à la création ; vous verrez que la question le comporte.

» Aujourd'hui que les études scientifiques ont poussé leurs investigations fort loin, que, munis d'instruments toujours plus perfectionnés, les savants ont pu fouiller la nature dans ses secrets séculaires, il est impossible, en parlant d'affections contagieuses, de ne pas reconnaître à la base de leur examen deux idées fondamentales : celle des anciens et celle des modernes.

» Les anciens disaient, en parlant de tout ce qui avait vie : *corruptio unius, generatio alterius*, la corruption d'une chose en produit une autre. Ils avaient constaté, ce qui était facile à voir sans investigation comme sans recherche de principe, que, si un animal ou une plante se putréfiait, on voyait surgir des débris eux-mêmes d'autres êtres, d'autres végétations.

» Aujourd'hui, et depuis cinquante ans surtout, certains disent, car, chose singulière, tous les esprits ne se sont pas encore rangés à cette manière de voir : *Omne vivum ex ovo*, toute matière vivante vient d'un germe. Sans doute, la chose n'est pas difficile à admettre quand il s'agit des plantes ou des animaux portant des organes bien distincts, facilement reconnaissables : là, tout le monde est d'accord ; il n'en est pas de même quand on rencontre les infiniment petits ou bien encore certains êtres, même assez développés, végétal ou animal, qui subissent des métamorphoses pendant lesquelles leurs changements de formes, d'allures, de régime et leurs migrations sont très difficiles à suivre.

» Aussi les savants qui ont donné naissance aux idées modernes, et, à leur tête, je placerai le plus connu, M. Pasteur, ont-ils posé en quelque sorte le principe philosophique de la génération, avant d'en démontrer les faits à l'aide d'expériences à tout jamais remarquables. Ils ont cru aux termes de la Génèse inspirée à Moïse : à un moment, Dieu a créé les mondes, la terre et tout ce qu'elle renferme ; puis, après, il s'est reposé.

» Si Dieu s'est reposé, rien n'est plus créé depuis l'apparition de l'homme et tout être doit venir d'un germe, suivant une loi et des règles immuables. C'est ce qu'il fallait prouver.

» Dans le règne minéral, les roches se trouvent formées toujours semblables à elles-mêmes et dans leur constitution et dans leurs dispositions successives. Cela est si vrai que les géologues de tout pays classent identiquement les roches d'après leur nature ou leur position relative, qui sont les mêmes dans toute l'étendue du globe. Sans doute, les chimistes unissent et désunissent les parties intégrantes des corps, mais ces parties, quels que soient les mélanges ou combinaisons qu'on leur fait subir, ne se joignent que sous certaines conditions, variables évidemment comme les corps eux-mêmes, mais invariables pour chacun d'eux. Les chimistes ne peuvent créer.

» Dans le règne végétal, la chose est encore plus évidente, au moins quand il s'agit d'arbres, d'arbrisseaux et de plantes faciles à examiner. On voit se produire la semence par le rapprochement des organes sexuels, qu'ils soient unis dans une même fleur, portés sur les fleurs différentes d'une même plante ou nés sur des sujets spéciaux; mais, quand on arrive aux dernières classes du règne végétal ou dans les infiniment petits, la semence proprement dite peut manquer et de simples spores, des granulations, etc., sont l'origine de nouveaux sujets. Eh bien! alors, quoi qu'en aient pensé les anciens, rien de nouveau ne se crée; à l'aide de recherches minutieuses et sous les verres grossissants d'un fort microscope, le savant voit se reproduire toujours les mêmes espèces dans les mêmes milieux et il ne voit rien apparaître dans ceux qui sont à l'abri de la semence.

» Dans le règne animal, les choses se passent absolument de même: les études microscopiques ont permis de suivre les organismes inférieurs qui inondent, si je puis ainsi parler, tous les milieux, air et eau, de les voir se reproduire suivant un mode particulier à chacun et toujours le même; elles n'ont révélé aucune création. M. Pasteur et d'autres à sa suite sont arrivés à modifier la vitalité d'un certain nombre d'infiniment petits, de même que le jardinier obtient des variétés d'une seule plante et le producteur des races animales d'une même espèce. Personne n'a créé et la nature, c'est à dire Dieu lui-même, ne crée plus rien. Cela est si vrai que les variétés de M. Pasteur, tout comme celles des jardiniers et les races des zoothecniciens, se perdent bien vite, pour laisser place aux types anciens dont ils dérivent, dès que la main de l'homme a cessé d'agir; personne non plus, quelque longue qu'ait été son existence, n'a vu surgir du néant un animal quelconque.

» La conclusion de ces faits révélés par les études minutieuses du microscope devrait être admise par tous ; les idées anciennes, supposant je ne sais quels rapprochements d'éléments dits atomiques d'une nature inexplicable et inexpliquée, ne devraient plus trouver de partisans ; le Darwinisme, qui prend la création divine pour un travail incessant où le hasard et des lois naturelles d'une origine douteuse ont tout produit à l'aide de transformations successives et à des heures indéterminables, ne devraient pas avoir d'adhérents. Le Créateur s'est plu à procéder graduellement du simple au composé, de la molécule inerte aux masses immenses qui parcourent l'espace; de la cellule vivante, constituant des microbes, aux plantes herbacées et aux grands arbres dans le règne végétal, aux animaux de toutes formes depuis les bactéries, les mollusques, les insectes, les poissons, les oiseaux, jusqu'aux quadrupèdes et à l'homme, sa dernière œuvre dans le règne animal :

est-ce une raison pour croire que la matière a pu se joindre d'elle-même à la matière pour la transformer, et donner, par exemple, un jour, à un couple au moins de singes, la forme et surtout les facultés qui constituent l'homme, son pouvoir de penser, de parler, de combiner, etc. ? je ne le crois pas. Autrement, je ne m'expliquerais pas pourquoi le singe de nos jours, celui qui n'a pas eu la chance de se changer en homme, ne peut apprendre à parler, tandis que le perroquet y arrive; pourquoi nous ne voyons pas les espèces se mêler entre elles par reproduction et faire de la série des êtres un chaos, où les naturalistes ne trouveraient plus ni ordre, ni classement possible. Non, le Darwinisme est condamné par les faits, le Créateur a tout formé, a tout ordonné en donnant à chaque chose la loi de son existence : l'étude des maladies contagieuses va nous en fournir une nouvelle preuve.

» Ces maladies se comportent en effet comme les êtres vivants, et c'est pourquoi il m'a paru nécessaire d'entrer dans les détails qui précèdent. C'est l'ignorance de ce fait ou l'incrédulité à l'égard de la création qui expliquent comment les maladies contagieuses n'ont pas été combattues autrefois avec plus de succès.

» A notre époque encore, les médecins et les vétérinaires se divisent en deux camps bien tranchés : le premier, de beaucoup le plus nombreux, et il augmente chaque jour, suit l'école de M. Pasteur : tout germe a une existence propre, sa manière de vivre et de se reproduire, et il ne change jamais de nature ni d'espèce ; le second, de moins en moins nombreux, ou ne croit pas aux germes vivants, ou les croit dus aux circonstances extérieures qui les font naître, ou encore il les croit nés de ces circonstances avec la faculté de se reproduire.

» Ceux qui appartiennent à ce dernier groupe font reculer la science, en même temps qu'ils entravent la lutte contre les maladies contagieuses, par la nécessité où ils se trouvent de chercher toujours un inconnu introuvable et de marcher dans les ténèbres ; ils sont dangereux parce que, ne pouvant lutter avec succès contre certaines influences extérieures, ils restent les bras croisés devant le mal.

» Les autres, et j'ai toujours été de ce nombre, ne marchent point en aveugles ; ils sont contagionistes et rien que contagionistes ; ils connaissent leur ennemi ou sinon le soupçonnent et ils vont droit à lui; ils sont avec M. Pasteur et ne croient point aux générations spontanées ; ils reconnaissent avec lui dans chaque affection un élément vivant spécial, toujours semblable à lui-même, pouvant être isolé, reproduit et partant combattu.

» L'idée de ces derniers a prévalu. De là est née la loi du 21 juillet 1881 sur la police sanitaire, comprenant la nomenclature des maladies contagieuses des animaux et les mesures sanitaires qui leur sont applicables. Cette loi a été suivie, le 22 juin 1882, d'un décret portant règlement d'administration publique pour son exécution, décidant l'établissement d'un service vétérinaire sanitaire et créant un comité consultatif des épizooties près du Ministère de l'agriculture. De plus, le 22 juillet 1888, un nouveau décret ajoutait quatre maladies à la première nomenclature.

» Ces maladies inscrites dans la loi et le décret,

toutes réputées contagieuses, sont caractérisées par des lésions spéciales où l'on trouve des germes appelés virus; elles ont la faculté de se transmettre d'un animal à un autre, à l'aide de germes ou de virus, soit par des contacts naturels, soit par la volonté de l'homme, qui peut les inoculer ; elles causent toujours de grandes pertes à ceux dont les animaux sont atteints, soit que ces derniers périssent, soit qu'ils restent longtemps en convalescence ou longtemps isolés; elles troublent enfin par l'isolement nécessaire des malades et des contaminés les relations commerciales.

» On comprend, d'après cela, tout l'intérêt qu'ont les particuliers, les communes et l'Etat lui-même, à combattre ces affections dès leur apparition et jusque dans leur origine, par des mesures sévères, et à les prévenir, s'il y a lieu, par des inoculations de virus ou de vaccins. (Par vaccins j'entends ces virus atténués par la méthode Pasteur, utilisés en prévision du mal, comme dans les affections charbonneuses, pour l'arrêter à sa naissance comme dans la rage ou pour donner un coup de fouet à une maladie douteuse, comme dans la tuberculose et dans la morve).

» Les mesures sévères applicables à toutes ces affections sont : 1° L'isolement des malades pouvant aller jusqu'à leur suppression par l'abatage ; 2° l'isolement des contaminés, c'est à dire de ceux qui ont vécu avec les malades, et à cet isolement on peut joindre les inoculations préventives ou déterminantes ; 3° enfin, la désinfection minutieuse des locaux et des objets contaminés, afin de détruire tout germe dangereux pour l'avenir. Voyons de quelle manière ces mesures sont appliquées suivant la maladie à combattre, à quelles conséquences elles mènent dans certains cas et pourquoi il serait nécessaire et avantageux pour l'administration de venir parfois au secours des malheureux chez qui une maladie contagieuse s'est introduite, en leur accordant des indemnités suffisantes.

» Il va de soi que, pour arrêter la propagation d'une maladie contagieuse il est nécessaire d'en faire connaître l'existence dès qu'elle apparaît, et même dès qu'elle est soupçonnée ; d'en rechercher à tout prix l'origine, puisque n'étant point créée de toute pièce, pas plus qu'un être quelconque, elle vient toujours d'un centre infecté. De là cette obligation imposée par la loi sous les peines les plus sévères, à tout possesseur, détenteur, conducteur et vétérinaire d'un animal soupçonné atteint, d'en faire immédiatement la déclaration à l'autorité locale et préfectorale.

» Mais le mode d'emploi des mesures précédentes ne doit pas être exactement le même pour chaque affection, si l'on veut arriver à des résultats certains et aussi rapides que possible ; aussi je demande la permission au Congrès de diviser sous ce rapport les affections contagieuses, officiellement reconnues, en trois classes distinctes :

» 1° Celles qui n'ont pas, à proprement parler, de virus ; telles sont les affections carbonculaires, sang de rate, charbon symptomatique et fièvre charbonneuse, auxquelles j'ajouterai le rouget du porc et la gale. Leur élément de propagation est avant tout un animal qui pénètre dans le système circulatoire pour les premières, sous l'épiderme pour la dernière et produisant la mort, les premières, par encombrement du système circulatoire, la dernière, par l'épuisement ;

» 2° Celles dont la matière virulente se retrouve partout : telles sont la peste bovine, la pneumo-entérite du porc. Dans celles-ci, tous les organes semblent imprégnés du virus sans qu'il y ait une excrétion tangible et bien localisée, limitée à un organe ou à un organisme ;

» 3° Enfin celles dont le virus se localise ; telles sont : la péripneumonie, la clavelée, la fièvre aphteuse, la morve et le farcin, la tuberculose, la rage et la dourine. Dans ces affections, on trouve une excrétion tangible, de nature spéciale, isolée dans un organe ou un système organique. qui est évacuée soit avec les liquides naturels qui les reçoivent, soit à l'aide des liquides anormaux qu'ils produisent.

» *1re classe. — La fièvre charbonneuse* et *le sang de rate* sont le produit de l'introduction dans le sang par les voies naturelles et par des plaies de bactéries qui s'y reproduisent et s'y multiplient avec une facilité et une rapidité extraordinaires. Ces microbes, en remplissant le système circulatoire, empêchent la révification du sang et vont jusqu'à en arrêter la circulation. La santé reste bonne en apparence pendant cet envahissement, car aucun organe n'est atteint dans ses fonctions et la mort arrive presque subitement quand la mesure est trop pleine. Ici, le mal s'introduit rarement dans les troupeaux par l'arrivée d'un contaminé, car de l'incubation à la mort la période paraît trop courte. Il y arrive par l'absorption des germes qu'un des sujets ou plusieurs ont trouvés dans les eaux qu'il ont bues ou dans les fourrages qu'ils ont absorbés, parce qu'ils avaient des plaies dans les voies digestives, ou dans les litières si des plaies existaient à la surface du corps. Les mouches qui ont sucé du sang de malades peuvent aussi déposer des microbes dans une plaie ou une piqûre.

» Le mal ne se propage donc pas à proprement parler, si ce n'est par les gouttes de sang perdues dans une même étable ou dans un même troupeau ; mais le sang des animaux morts, à quelque profondeur du sol on l'enfouisse avec les cadavres, laisse subsister les granulations, germes des bactéries, germes que le temps et le sol paraissent incapables de détruire et qui reviennent à la surface de ce dernier, soit par le travail des vers de terre, soit par des infiltrations d'eaux.

» Il résulte de ces faits que l'origine du mal ne doit être cherchée que sur le terrain de la ferme, à proximité des points où d'autres cadavres ont reçu leur sépulture, soit dans les produits du sol, soit dans les ruisseaux ou les mares. Il faut fuir ces endroits, si on les trouve ou les connaît et les désinfecter à tout prix.

» *Le rouget* et *le charbon symptomatique* sont des affections qui ont une origine semblable et se comportent presque de même. Elles ont cependant cette différence, que leurs bactéries ont une tendance à vivre en famille et à s'amasser dans certains points à l'intérieur du corps ou sous la peau. Elles peuvent guérir pour ce motif, si on peut obtenir ou la destruction ou l'évacuation de ces familles.

» Pour toutes ces affections, il ne peut être question, ni d'abatage prématuré, ni par conséquent d'indemnité à obtenir.

» Quand, n'ayant pas de malade, on craint d'en avoir parce qu'on sait le sol infecté de germes, il faut éviter à tout jamais les points connus dangereux (de là est née la transhumance des anciens, cherchant le salut de leurs troupeaux dans la fuite), ou les désinfecter si l'on peut, ou enfin si ni l'un ni l'autre n'est possible, vacciner tous les sujets en acceptant la perte relativement minime que peut donner cette inoculation préventive.

» Quand on a déjà des malades, cette inoculation aux animaux sains est urgente, surtout si l'on ignore le point dangereux à isoler. Il faut, d'autre part, enfouir les morts profondément sous une forte couche de chaux vive et détruire avec le plus grand soin les moindres gouttes de sang échappées du malade.

» 2e *classe. — Le typhus des bêtes à cornes* fait des malades de vrais pestiférés; ceux-ci portent leur virus dans tout leur être ; les lésions se montrent surtout dans l'intestin et dans la caillette; mais toutes les matières excrémentitielles, fientes, urines, larmes, bave, mucus nasal, en contiennent; le sang, les organes internes, la chair même, tout est dangereux.

» Le virus passe ainsi avec la plus grande facilité d'un sujet dans un autre, et il séjourne assez longtemps chez les individus pendant la période d'incubation pour que ceux-ci puissent être transportés au loin et reçus dans les étables sans éveiller de craintes.

» On comprend de suite les mesures qu'il faut

prendre contre un tel fléau : On doit éviter d'introduire chez soi tout animal que l'on sait contaminé pour avoir habité une étable ou un pays malade ; il faut pousser l'isolement jusqu'à l'abatage dès que le mal apparaît et signaler à l'administration le foyer d'où il vient. Si l'on prend des demi-mesures, si les déclarations ne sont pas faites à temps, les pertes à enregistrer peuvent être énormes, car les quelques cas de guérison qui se produisent ne peuvent racheter les pertes.

» L'abatage, pour avoir tout son effet utile, doit s'étendre à tous les sujets de l'étable ou du troupeau où le mal a fait irruption, et la loi pour l'obtenir et sauvegarder la richesse publique, accorde une indemnité des trois quarts de la valeur pour tout animal dont on se trouve dépossédé par un abatage prématuré.

» Comme complément, la désinfection à employer doit être aussi rigoureuse que possible et s'appliquer aux étables occupées, aux fumiers, aux chemins, aux objets et à l'homme qui ont touché ou fréquenté les malades.

» La *pneumo-entérite du porc*, que l'on appellerait plus justement, il me semble, l'entéropneumonie, parce que les lésions pulmonaires paraissent postérieures aux autres et leur conséquence, se comporte à peu près comme la précédente : elle apparaît comme elle par la diarrhée et elle devient mortelle par épuisement ; les lésions pulmonaires qu'on trouve à la mort sont comme le produit d'une stase sanguine qui arrive lentement par atonie du système circulatoire. Comme pour elle aussi l'isolement devrait aller jusqu'à l'abatage des malades et des contaminés, mais l'Etat n'indemnise pas et l'on est assez heureux quand on arrive à diminuer les pertes par la vente des plus forts sujets à la boucherie et à guérir quelques animaux par l'arrêt de la diarrhée. L'isolement en tous cas doit être très sévère, et s'étendre comme la désinfection à tout ce qui a pu être maculé.

» *3e classe.* — J'ai dit que dans cette classe les virus se localisaient, qu'ils étaient saisissables, et pouvaient être cueillis pour ainsi dire à volonté par les opérateurs. Voyons en quelques mots les mesures qui sont plus spécialement applicables à chacune d'elles.

» La *fièvre aphteuse*, trop connue à cause de la fréquence de ses apparitions, donne naissance à une sécrétion abondante qui se produit sous forme de pustules dans trois points spéciaux : sur la muqueuse buccale à la gencive du bord dentaire supérieur, sous la langue ou à la face interne des lèvres et des joues ; sur la peau fine et presque dénudée des trayons ou des mamelles ; enfin sur la peau de l'espace interdigité des pieds ou de la naissance des ongles. Ce n'est que très exceptionnellement que les lésions s'étendent à la muqueuse intestinale ou ailleurs. Qu'un seul ou plusieurs de ces points d'élection soient atteints, la sécrétion virulente est abondante; elle se sème partout et, très facilement absorbable, elle passe rapidement d'un animal à un autre.

» L'isolement des malades, ou mieux des étables atteintes, doit être immédiat et complet ; les sécrétions s'attachent à tout, autour des sujets, y compris les vêtements de l'homme, et ce dernier, s'il n'y prend garde, est facilement l'instrument de la propagation. La désinfection ne doit rien laisser à désirer.

» Les pertes que cette maladie fait subir, quoiqu'elle n'amène le plus souvent la mort que de quelques jeunes veaux, sont toujours considérables; mais il ne semble pas que l'Etat puisse intervenir par des indemnités, parce que l'estimation et le contrôle des sommes perdues sont à peu près irréalisables.

» La *clavelée* montre son virus sur la face, autour des lèvres et des narines de l'animal atteint, à l'intérieur des pustules plus ou moins nombreuses, Ces pustules deviennent parfois confluentes et amènent la mort ; le liquide qu'elles produisent et surtout les croûtes de desquamation sont les éléments de la contagion. Cette action des croûtes plutôt pernicieuses que le liquide sécrété, ne coulant pas des pustules, expliquerait peut-être pourquoi le mal introduit dans un troupeau s'y développe par bouffées successives assez distantes l'une de l'autre ; la desquamation est en effet lente à se produire et peut-être est-ce seulement l'absorption des croûtes avec la nourriture qui est cause du mal.

» Les mesures à prendre sont, pour le troupeau, d'isoler complètement les premiers malades dès qu'on aperçoit leurs pustules et de maintenir cet isolement jusqu'à ce que la peau se soit débarrassée de ses productions virulentes ; le troupeau contaminé doit subir aussi le plus complet isolement par rapport aux autres. Enfin l'Etat autorise le plus souvent l'emploi de la clavelisation, c'est à dire de l'inoculation du virus dans des piqûres faites à la queue des animaux sains. Cette opération donne la maladie en même temps à tout le troupeau ; elle diminue beaucoup la durée de l'isolement et elle est peu dangereuse, moins dangereuse surtout que l'affection née naturellement.

» Ici encore, il ne semble pas qu'on puisse demander des indemnités à l'Etat, puisqu'il n'y a pas à combattre la contagion par un abatage prématuré et que l'estimation, de même que le contrôle des sommes perdues par l'amaigrissement des sujets atteints, est difficile à faire exactement.

» La *rage* du chien et des autres animaux a un virus qui s'accumulerait dans la sérosité sécrétée dans les ventricules cérébraux et dans le liquide des glandes salivaires ; elle ne se produit pas plus d'elle-même que les autres affections contagieuses et aucun pays n'en est à l'abri si un malade l'a parcouru en faisant des morsures ; le déplacement aujourd'hui rapide par chemin de fer en fournit la preuve : la rage a gagné des pays indemnes jusque-là.

» L'isolement contre la rage doit aller jusqu'à l'abatage, pour les malades comme pour les contaminés, parce que l'incubation peut être très longue et qu'une heure d'oubli dans un isolement aussi long peut suffire pour laisser échapper un chien dangereux.

» On pourrait peut-être inoculer avec succès les chiens mordus ; c'est à désirer, si cette inoculation est suffisamment préservatrice, mais jusqu'alors ce traitement par le virus atténué n'est appliqué qu'aux personnes.

» La valeur d'un chien est ordinairement plus morale que réelle ; il ne semble pas possible de la payer par une indemnité.

» La *dourine*, dont je ne parle que pour mémoire tant elle est rare, est une maladie des organes génitaux de l'espèce chevaline, caractérisée par un chancre sécrétant le virus. On comprend que les seules mesures à prendre contre elle sont l'isolement absolu en tant que fonctions de reproduction. Il y a là aussi une perte qu'on pourrait évaluer et pour laquelle on pourrait demander des indemnités, mais ici encore les évaluations pourraient être toute fantaisistes.

» La *péripneumonie contagieuse du gros bétail* est une affection bien autrement à craindre. Sa matière virulente s'accumule dans les interstices des dernières ramifications pulmonaires et sous la plèvre ; elle forme une sérosité abondante avec dépôts solides fibrineux qui s'épaississent et prolifèrent sans cesse, en détruisant et remplaçant toute espèce de tissu par compression. Cette matière virulente liquide, portée par la main de l'homme dans un point quelconque du corps, y prolifère comme dans les poumons en détruisant tout par substitution, sans trop altérer les grandes fonctions animales. A l'état naturel, la sérosité des poumons pénètre peu à peu dans les bronches et s'échappe au dehors par un léger jetage. C'est ce jetage qu'il faut craindre et éviter.

» Les mesures à prendre sont avant tout l'isolement des malades et la désinfection de leur place, afin qu'aucun animal ne puisse absorber le liquide séreux qu'ils perdent ou qu'ils ont perdu ; mais souvent cet isolement doit aller jusqu'à l'abatage pour qu'il soit plus sûr et plus complet. Cela se comprend.

» Le mal, en effet, se propage sourdement ; il se développe fort lentement chez certains sujets sans provoquer de trouble saisissable ; parfois même il cesse de progresser pendant des mois entiers, laissant à l'animal qui en est atteint l'apparence absolue de la santé (j'ai vu une fort bonne laitière rester ainsi pendant onze mois après une crise de quelques jours) ; or, pendant ce temps, la maladie peut rester ignorée, quoique néanmoins toujours dangereuse, et l'animal qui la porte peut être l'objet de transactions commerciales.

» Devant un mal de cette nature souvent difficile à reconnaître chez les malades, l'Etat devait intervenir pour l'arrêter, si possible, à sa source, en faisant détruire sans pitié les foyers suspects. Il encourage d'une part les inoculations préventives dont l'efficacité est depuis longtemps reconnue. (Cette opération consiste, comme pour la clavelée, à porter le virus sous la peau de la queue vers son extrémité) (1). D'autre part il indemnise de tout abatage prématuré des malades et de toute perte résultant des inoculations ; il favorise même le sacrifice des animaux simplement contaminés par cohabitation. Voici la règle pour les indemnités :

» L'Etat paie la moitié de la valeur de tout animal malade abattu, soit 400 fr. au maximum.

» Il donne les trois quarts de la valeur des sujets seulement contaminés, soit 600 fr. au maximum.

---

(1) Depuis cette conférence le Pneumobacillus liquefaciens de M. Arloing, isolé, cultivé et atténué, a pu être essayé comme vaccin préventif.

» Il paie enfin tout à fait l'animal mort des suites de l'inoculation, soit 800 fr. au maximum.

» Il va sans dire que, pour les sujets livrables à la boucherie, l'Etat ne paie que la différence entre le prix de vente et celui de l'estimation.

» L'indemnité, inscrite dans la loi, n'a pas tardé à produire son effet utile sur les détenteurs d'animaux ; ils ont moins hésité à déclarer les invasions de la maladie et ils ont plus volontiers renoncé à guérir les malades.

» Le petit tableau suivant en donne une preuve évidente, quoiqu'il y aurait lieu de tenir compte pour le quantum des indemnités à la valeur des animaux variant chaque année :

Années.	Animaux abattus.	Indemnités payées.	
1882	3.571	668.481 fr.	83
1883	2.890	540.701	42
1884	2.052	396.140	29
1885	2.262	458.842	90
1886	1.853	429.688	27
1887	1 454	323.903	76
1888	1.159	182.645	07

» En 1893, on n'a abattu que 810 sujets et l'espèce bovine se vendait à vil prix.

» La *tuberculose* est une autre maladie de l'espèce bovine qui est plus répandue et peut-être plus nuisible que la péripneumonie ; elle a du moins ce grave privilège d'être transmissible à l'homme. Plus encore que cette dernière, elle naît sournoisement et se développe lentement sans altérer la santé des malades d'une façon apparente. Aussi la trouve-t-on en mille endroits divers et peu d'animaux passés aux étables d'engraissement en sont absolument indemnes.

» Sa matière virulente se localise dans tout le système lymphatique, surtout dans les ganglions, qu'il encombre d'abord, puis grossit en formant des dépôts crétacés susceptibles de se dessécher ou de s'abcéder ; la cavité abdominale, les poumons et la plèvre, parties les plus riches en ganglions, sont aussi les plus souvent encombrés de tubercules ; un jetage imperceptible et la bave recevant les faibles déjections des organes pulmonaires sont les instruments de propagation.

» Ici, l'Etat n'intervient pas et il devrait intervenir : cette affection naît, en effet, comme la précédente, par contact avec un animal dont on ne soupçonne même pas l'état maladif ; elle se développe aussi fort lentement, sans qu'on s'en aperçoive, jusqu'à la dernière période ; elle ne se guérit pas, et les foyers qu'elle forme sont de ce fait à peu près indestructibles. Le mal n'est le plus souvent reconnu qu'à l'abattoir. On ne connaît pas jusqu'alors d'inoculation préventive. La *Tuberculine*, obtenue depuis trop peu de temps pour qu'on en connaisse bien les effets, n'est considérée jusqu'alors que comme un moyen de diagnostic, et ce moyen n'est pas encore absolument certain. Un abatage prématuré des malades et des contaminés devrait être mis en œuvre, d'autant plus que depuis le Congrès de 1888 un arrêté ministériel prescrit d'exclure de la consommation tout animal, quel que soit son embonpoint : 1° si ses lésions se sont généralisées et ont envahi les tissus en dehors du système lymphatique ; 2° si la majeure partie des poumons et des parois de la poitrine ou de la cavité abdominale est envahie. Mais une telle perte est fort onéreuse et la loi ne devrait pas imposer de tels sacrifices sans offrir une indemnité proportionnelle, comme pour la péripneumonie.

» La *morve* et le *farcin* des chevaux sont les deux formes d'une même affection. Elles donnent naissance à un virus qui a aussi son point d'élection dans le système lymphatique. Les tubercules que le virus forme dans le poumon sont petits, légèrement suppurants ; ceux qui se développent dans l'épaisseur de la muqueuse nasale font éclater celle-ci en donnant naissance à une plaie ou chancre dont le liquide excrété semble en irriter et en ronger les bords. Ceux qui naissent sous la peau agissent à peu près de même, c'est le farcin ; ceux enfin qui se forment dans les gros ganglions se développent, se durcissent comme pour retenir le petit foyer purulent qui naît à leur centre.

» Toutes ces lésions donnent la maladie par inoculation, mais la propagation naturelle se fait par le liquide pulmonaire ou nasal qui s'échappe des narines et la suppuration des boutons farcineux.

» Si, par l'inoculation artificielle, on obtient une maladie violente qui se manifeste et se développe en quelques jours, au contraire, par inoculation naturelle, le mal naît presque toujours lentement avec une période d'incubation difficile à vérifier ; il n'attaque parfois que les poumons et peut subsister pendant longtemps sans qu'il y ait de manifestation extérieure ; d'autres fois, il produit aussi des glandes ou ganglions dans l'auge et même un jetage, mais ces symptômes ne peuvent qu'éveiller des soupçons si la muqueuse nasale qu'on peut explorer demeure indemne. En un mot, dans la morve encore, le danger peut être caché aux yeux; les malades, qui conservent pendant des années toutes les apparences d'une santé parfaite, peuvent être l'objet de plusieurs transactions, traverser bien des écuries, et porter le mal au loin sans qu'il soit toujours facile de retrouver le coupable.

» On comprend qu'ici encore l'Etat devrait intervenir pour détruire le mal dans ses foyers. S'il indemnisait, les détenteurs de morveux n'hésiteraient pas à déclarer leurs soupçons ; ils ne chercheraient pas à éviter les pertes par la vente de leurs chevaux, et le vétérinaire lui-même ne craindrait pas de couper court à ses doutes par un abatage prématuré des suspects et des contaminés ; ceux de ces derniers qui seraient reconnus sains pourraient, du reste, être utilisés pour la consommation et diminuer ainsi la dépense de l'Etat.

» Depuis un certain temps, il est vrai, un virus atténué est reconnu capable de dévoiler la vérité dans les cas douteux ; mais les inoculations faites avec la *malléine* n'auraient aucune action préservatrice et elles ne donnent pas toujours des résultats d'une excessive véracité ; l'Etat peut les conseiller, sans doute, mais il ne peut les ordonner sans assurer une indemnité à ceux qui les acceptent et qui se rangent à leurs conclusions affirmatives.

» Dans toutes les maladies contagieuses, la loi interdit les transactions de sujets contaminés en dehors du service de la boucherie ; aussi tout détenteur d'animaux qui reconnaît avoir reçu une des affections des deux dernières classes, par l'importation de suspects, ce qui est à peu près toujours le cas, peut introduire à côté des poursuites correctionnelles ordonnées par la loi une action contre son vendeur. Cette faculté est à la fois une grande ressource pour le lésé et un obstacle à la propagation. Mais, avec la morve et la tuberculose, qui souvent ne se manifestent pas à l'extérieur comme avec la péripneumonie, il n'est pas toujours facile de trouver le coupable, et il est toujours cependant nécessaire de détruire chaque foyer du mal dès qu'il est découvert ; c'est un nouveau motif pour demander à l'Etat d'intervenir ici par des indemnités.

» Tel est, Messieurs, exposé aussi brièvement que possible, le sujet considérable que j'avais à traiter devant vous; je vais en tirer les conclusions. Mais auparavant je tiens à vous remercier de votre bienveillante attention et de l'indulgence que vous m'avez témoignée.

» Les pertes que peuvent occasionner la tuberculose et la morve ; les difficultés que les vétérinaires éprouvent fréquemment à confirmer leur existence ; les longues périodes qu'il faut parfois attendre pour arriver à cette confirmation, périodes pendant lesquelles les sujets atteints peuvent propager le mal chez leurs voisins ou même au loin s'ils entrent dans le commerce ; l'avantage immense qu'il y aurait par conséquent à supprimer prématurément les suspects par symptômes insuffisants ou mal caractérisés et les suspects par simple contamination, si l'on veut détruire dans leurs germes les foyers de l'avenir, tout milite en faveur de l'intervention de l'Etat par des indemnités. C'est ce que je demande en formulant les vœux suivants que j'ai l'honneur de soumettre à votre approbation :

» Que l'Etat accorde des indemnités comme pour

la péripneumonie contagieuse du gros bétail, aux propriétaires dont les animaux sont abattus pour cause de tuberculose ou pour cause de simple contamination par des sujets reconnus atteints ;

» Que l'Etat accorde de même des indemnités aux propriétaires dont les chevaux, déclarés en temps utile, seront abattus comme suspects de morve à cause des symptômes qu'ils présentent ou pour avoir été contaminés. » (Applaudissements.)

M. Brunet, agriculteur à Tomblaine, près Nancy, le promoteur de la conférence, demande la parole, non, dit-il, pour réfuter l'orateur, dont il approuve les vœux, mais pour donner à ceux-ci plus d'extension.

Quand il a fait sa proposition devant la Société centrale d'agriculture, il venait de subir des pertes considérables par le fait de la fièvre aptheuse et ce n'était pas la première fois qu'il voyait son étable atteinte. Non-seulement les animaux frappés perdent de leur valeur pendant la maladie, mais leur possesseur est gravement lésé par la loi sanitaire qui est une véritable loi d'expropriation.

Tout le temps que dure l'arrêté d'infection il ne peut ni vendre un animal de son étable, ni introduire de nouveaux sujets. C'est un sacrifice énorme pour ceux qui font le lait et la graisse. Il lui semble que l'Etat pourrait dans ces circonstances indemniser de la moitié, du tiers ou du quart des pertes ; on craindrait moins les mesures sévères imposées, on s'y soumettrait plus exactement et ce serait l'intérêt de tous.

Sans doute on peut avoir recours aux tribunaux

contre les vendeurs d'animaux contaminés ou malades et le tribunal de Nancy lui a donné raison dans une action de ce genre; mais cette marche, outre qu'elle est toujours désagréable et onéreuse, ne peut pas toujours être suivie.

M. Brunet voudrait aussi que l'Etat fit une obligation aux détenteurs de bêtes bovines d'inoculer la *tuberculine* à tous leurs animaux, pour éviter la tuberculose, de même que la vaccine est imposée dans beaucoup de cas contre la petite vérole de l'homme.

Plusieurs vétérinaires, notamment MM. Vauvray, de Remiremont (Vosges), et Dieudonné, d'Einville (Meurthe-et-Moselle), font observer que la tuberculine n'a pas été reconnue jusqu'alors capable de prévenir la tuberculose ; on la considère seulement comme susceptible de dévoiler la maladie chez ceux qui en sont atteints et M. Vauvray cite à ce sujet une importante série d'opérations qu'il a faites. Il a inoculé 30 animaux d'une même étable et il a trouvé ainsi la tuberculose entr'autres chez un magnifique bœuf parfaitement indemne en apparence et du poids de 850 kil. ; d'autre part, il a trouvé à l'autopsie de jeunes animaux de cette étable de petits tubercules en formation et il s'est demandé si la tuberculine elle-même n'était pas l'auteur de ces récentes formations. Il croit en tout cas devoir conseiller d'être prudent avec les jeunes animaux.

MM. Vauvray et Dieudonné demandent en tout cas l'épreuve du temps pour juger exactement la tuberculine. Ils ne croient pas applicable non plus dans la pratique la mesure demandée par M. Brunet, concernant des indemnités pour cause de fièvre aphteuse. Si l'isolement est bien fait, dit M. Dieudonné, et si la déclaration n'a pas été trop tardive, la contagion d'une étable ne passe pas à une autre étable.

Quant à la malléïne, ajoutent-ils, elle a, comme la tuberculine, donné des résultats évidents, mais il est nécessaire d'attendre encore quelques mois ou quelques années pour être exactement fixé sur tout le parti qu'on peut en tirer.

M. Brunet n'insiste pas sur sa proposition : il cède aux observations qui viennent d'être faites et se rallie complétement aux vœux exprimés par le conférencier.

M. le Président met ces vœux aux voix ; ils sont adoptés à l'unanimité.

Avant de lever la séance, M. le Président donne encore la parole à M. Edouard Breton, délégué de la Société d'Encouragement à l'agriculture de Bar-sur-Aube. Celui-ci s'exprime ainsi :

« Monsieur le Président, Messieurs,

» La Société d'Encouragement à l'agriculture de l'arrondissement de Bar-sur-Aube, croit devoir proposer au Congrès de Nancy les vœux suivants :

1° *Relèvement des droits sur les céréales.*

» Vous savez tous que le droit de 7 francs, récemment voté par le Parlement, a produit la baisse sur le prix du blé, par suite de la spéculation qui a été faite.

» Mais il n'en ressort pas moins clairement qu'avec les moyens de transport actuels, et étant donné le prix de revient du blé à l'étranger, il est de toute nécessité, si l'on veut que la culture vive, si l'on veut qu'elle fasse ses frais, de demander que les droits de douane soient encore relevés dans le plus bref délai ; alors seulement les cultivateurs, qui sont le nombre, pourront vivre du fruit de leur travail et ils feront vivre l'ouvrier des villes aussi bien que celui des campagnes par les dépenses qu'il pourra faire.

» On a essayé de séparer la cause des uns de celle des autres, mais elles ne font qu'une seule et même cause et aujourd'hui, grâce à l'instruction plus répandue, grâce au niveau intellectuel plus élevé, tout le monde s'accorde à le reconnaître.

2° *Etablissement de droits protecteurs sur les laines.*

» Chaque année, le prix de la laine diminue et, par suite, le bénéfice que le cultivateur est en droit d'attendre ; aussi l'élevage du mouton est-il à peu près délaissé dans certaines contrées, et diminué de beaucoup dans d'autres.

» Cependant le mouton vit là où la vache meurt de faim et, en le négligeant, on a moins de têtes de bétail à l'hectare, par suite, moins de fumier et des récoltes moins abondantes.

» Si l'ou veut le relèvement de la culture, cette branche principale de l'industrie nationale, il serait juste de ramener à un prix plus rémunérateur le prix de la laine, en établissant des droits protecteurs.

3° *Réduction des tarifs de transport sur les engrais chimiques.*

» Le fumier de ferme n'est plus suffisant, personne ne le conteste, pour donner en France des rendements rémunérateurs.

» La lutte, avec quelque avantage contre la concurrence étrangère, ne peut être tentée qu'en adjoignant aux engrais naturels les engrais artificiels.

» Mais ces engrais artificiels coûtent fort cher, leur prix va chaque jour en augmentant, tandis que les produits de la culture, suivant une voie inverse, vont toujours en diminuant.

» Un moyen tout naturel s'offre à nous pour en diminuer le prix : c'est la réduction des tarifs de transport.

» Vous m'objecterez peut-être que cette réduction est contraire aux droits de l'Etat, mais je vous ferai observer que l'emploi des engrais chimiques a augmenté dans des proportions considérables, et que, moins ils coûteront cher, plus on en emploiera, et que ce surcroît de transit comblera non-seulement le déficit, mais sera encore une source de richesse pour les Compagnies de chemins de fer et pour l'Etat.

4° *Autorisations compatibles avec l'intérêt général, données par le gouvernement pour faciliter l'arrosage des prairies par les rivières et les canaux de l'Etat.*

» M. Heuzé, votre honorable et distingué conférencier, disait ce matin avec beaucoup de justesse qu'il était indispensable dans toute culture bien ordonnée.

» Il faisait l'éloge de la culture quadriennale qui, par ses ensemensements plus variés, donne une quantité de foin plus considérable. Mais il existe encore un moyen d'augmenter les rendements en fourrage, c'est l'arrosage des prairies et, par suite de l'arrosage, la création de nouvelles prairies.

» Demandons donc aux Pouvoirs publics de donner des instructions très larges pour en faciliter les moyens et demandons-leur aussi d'en prendre l'initiative dans les fermes-écoles et dans les propriétés de l'Etat, partout où cela serait possible.

» Ce sera rendre service au monde agricole et à la France entière.

5° *Moyens à prendre pour éviter la fraude résultant du mélange des farines dissimulées dans les sons.*

» La culture et la meunerie ont un ennemi bien dangereux et bien redoutable dans le mélange des farines dissimulées dans les sons.

» On ne peut, en effet, évaluer exactement les contenances de ces produits ; seul, un blutage pourrait le faire. Aussi en résulte-t-il une fraude effrénée qu'il est bien difficile d'empêcher.

» Emettons le vœu que le gouvernement ne tolère pas ces mélanges ou, s'il préfère une mesure plus radicale, qu'il fasse étudier à nouveau ce problème difficile.

» Demandons que des peines extrêmement sévères soient édictées pour punir les coupables lorsqu'ils seront reconnus, en attendant une solution définitive et plus équitable.

» Demandons-lui également de donner à ses agents

des instructions très précises et très rigoureuses dans ce sens.

» En admettant, Messieurs, l'ensemble de ces propositions, vous aurez bien mérité de la culture qui souffre depuis trop longtemps et qui attend avec résignation, mais avec le plus légitime désir, la fin de ses souffrances. » (Applaudissements.)

Personne ne demande la parole. M. le Président met successivement aux voix les vœux de la Société de Bar-sur-Aube.

Ces vœux sont adoptés.

La séance est levée à 4 heures 1/2.

Séance du 29 Juin

Matin.

Présidence de M. AUBRY, Président du Comice de Toul.

Siègent au Bureau : MM. Aubry, président ; Heuzé, membre de la Société nationale d'agriculture, inspecteur général honoraire de l'agriculture ; Ch. de Meixmoron de Dombasle, président ; P. Genay, vice-président ; H. Tisserant, secrétaire général ; Hennequin, secrétaire ; Fernand Simonin, archiviste- trésorier.

Sont présents : MM. Etienne, horticulteur à Epinal (Vosges) ; Viard, délégué de la Société d'agriculture et d'horticulture de Langres ; Saletes, délégué de la Société d'horticulture de Bourg ; Guyot, sous-directeur de l'Ecole forestière ; Lochot, délégué de la Société d'agriculture de la Côte-d'Or ; Royer, à Châlons-sur-Marne ; de Benoist, à Verdun ; Gury, à

Montigny-sur-Vesoul ; de Rouveray, à Rumigny (Ardennes) ; Guignard, à Port-sur-Saône ; Dazy, à Louppy (Meuse) ; Laurent, à Chauvency (Meuse) ; Adrien Burtin, à Nancy ; A. Muller, à Boudonville ; Belly, à Toul ; Bergé, à Gondreville ; J.-P. Hennequin, à Malzéville ; Bécus, à Nancy ; E. Mer, à Nancy ; Lejeune, ancien député à La Brosse (Indre) ; Dauté, professeur départemental de la Marne ; Laurent, à Nancy ; Vuillaume, à Damvillers ; Didier, à Dun-sur-Meuse ; P. Muller, à Egisheim (Alsace-Lorraine) ; Munier, à Epinal (Vosges) ; François, à Rouves ; Chevalier, à Braux (Marne) ; Noël, à Ste-Menehould (Marne) ; Darbot, sénateur de la Haute-Marne ; E. Breton, à Outre-Aube (Aube) ; E. Henry, inspecteur des forêts à Nancy ; Macquart, agriculteur à Spincourt (Meuse) ; Collard, à Spincourt (Meuse) ; J. Lejeune, à Nancy ; de Montrol, à Chaumont (Hte-Marne); Fabvier et Huot, à Nancy ; Maubeuge, à Verdun (Meuse) ; Vimont, au Mesnil-sur-Oger ; Ch. Joly, vice-président de la Société nationale d'horticulture à Paris ; Mouginot, sous-inspecteur des forêts à Nancy ; Antoine, professeur au Lycée à Nancy ; Maucolin, propriétaire à Agincourt ; Knecht, agent de la Société centrale d'agriculture de Nancy.

M. Tisserant, secrétaire général, donne lecture du procès-verbal de la séance du 28 juin, soir.

Celui-ci, mis aux voix, est adopté sans observation.

M. le Président donne la parole à M. Bram, propriétaire-viticulteur à Pont-à-Mousson, inscrit à l'ordre du jour pour traiter la question des bouilleurs de cru.

M. Bram s'exprime ainsi :

« Messieurs,

» Le privilège des bouilleurs de cru, existe en France depuis fort longtemps.

» Dans un récent voyage, j'ai pu me rendre compte des désirs de propriétaires qui ne demandent que la continuation de l'état de choses actuel, surtout dans l'Ouest, le Centre et l'Est.

» Beaucoup de viticulteurs ne comprennent pas la nécessité primordiale de soins à donner à la vaisselle vinaire ; toutes les futailles sont insuffisamment nettoyées. Des ferments nuisibles se mêlent aux ferments utiles, et le vin en souffre.

» On doit autant que possible, et surtout par une température élevée, à la cueillette du raisin, emplir la cuve dans la même journée, car il faut que la vinification se fasse avec méthode, la durée de la cuvaison devant varier selon la nature des cépages, au maximum quinze jours. Ces recommandations, Messieurs, sont à faire.

» Voyez ce qui s'est passé dans le Midi lors de la dernière récolte. On est tombé de surprises en surprises, et ensuite, lorsque la mévente des vins a été générale dans ces vignobles, il a fallu prendre des mesures pour ne pas être en perte sèche avec des produits défectueux ; de là, la distillation à titre de producteur.

» En la circonstance, bon nombre de propriétaires ont dû reconnaître que le droit de convertir ses produits avait son bon côté ; d'autres, préférant vendre les vins détériorés, ont dû accepter les prix dérisoires de 0 fr. 40 cent. le degré pour les petits vins de sept degrés, soit 2 fr. 80 cent. l'hectolitre.

» Quand le Midi demande la suppression des bouilleurs de cru, dans l'Est, nous ne voyons pas la nécessité de la suppression, les petits propriétaires-viticulteurs de nos contrées, et ils sont nombreux, étant dignes d'intérêt.

» Aussi, nos représentants à la Chambre des députés ont, à chaque occasion, et dans les réunions de commissions, présenté leur défense.

» Il y a un mois, je lisais avec plaisir, au sujet de la réforme de l'impôt sur les boissons : que des dégrèvements seraient appliqués aux vins, cidres, etc... et que pour les bouilleurs de cru, la plus-value à attendre des mesures prises contre les fraudes en matière d'alcool, et en particulier les fraudes commises sous le couvert des bouilleurs (déduction faite du montant des primes), était estimée à 7 millions de francs ; ce chiffre s'appliquait dans le projet du futur budget ; puis, quelques jours plus tard, nous apprenions aussi que :

» A part l'exercice de régie, supprimé chez les débitants, pour la première fois, le gouvernement propose une série de dispositions qui donnent satisfaction aux vœux de l'agriculture, en inaugurant un régime particulier, applicable aux distilleries agricoles, qui bénéficieront de larges réductions d'impôts, sous la forme d'allocations de primes ; ce même régime étant applicable aux bouilleurs de cru.

» Toutefois, Messieurs, je vous proposerais d'adopter le vœu suivant, qui n'est que la répétition de la pétition formulée par la Société centrale d'agriculture de Nancy à notre séance du 17 février dernier. (Page 68, n° 8 du *Bon Cultivateur*) :

« Attendu que le droit de distiller les marcs,

» fruits, etc., provenant de leurs récoltes, est con» testé aux vignerons et propriétaires, et se trouve » menacé par les propositions soumises en ce mo» ment aux délibérations de la Chambre ;

» Attendu que les produits dont il s'agit ne sont » pas dans le commerce, et que la quantité en est » forcément limitée ;

» Attendu que ces produits pour la plupart ne » sont pas susceptibles d'une autre destination ;

» Attendu que les vignerons ont été particulière» ment éprouvés par une série ininterrompue de » fléaux et de mauvaises récoltes et que la mévente » les atteint dès qu'une récolte plus abondante leur » arrive ;

» Qu'il paraît dans ces conditions réellement abu» sif de les priver d'un droit qui n'est qu'une faible » compensation aux difficultés qui les assiègent,

» L'assemblée demande aux pouvoirs publics le » maintien d'un droit qui appartient pour ainsi dire » à tout le monde, puisqu'il suffit de posséder un » arbre, une treille, soit à titre de propriétaire, soit » comme locataire pour en être investi. »

L'assemblée a adopté.

Ce sujet, très important pour le pays, a été suivi avec la plus grande attention et M. Bram est chaleureusement applaudi.

M. le Président le félicite et ouvre la discussion avant le vote.

M. Belly, avocat, propriétaire-viticulteur à Toul, accepte le vœu proposé ; de plus, il demande que les droits inscrits dans la loi sur les distilleries agricoles soient diminués.

M. Burtin, ancien juge de paix, agriculteur à Nancy, entre dans quelques considérations sur la loi soumise aux délibérations de la Chambre ; cette loi reconnaît deux catégories distinctes de distilleries : celles dites agricoles et celles dites industrielles.

Les premières sont classées d'après les quantités de matériaux traités et leurs résidus doivent être consommés à la ferme. Il voudrait que la loi fût votée au plus vite.

Suivant M. Muller, cette loi devrait autoriser chacun à bouillir tous ses produits sans lui demander de droit.

M. Bram répète que le Midi se sert comme l'Est en ce moment du droit des bouilleurs de cru et se trouve néanmoins très opposé à ce droit, parce qu'il le considère comme lui portant préjudice.

M. le Président met successivement aux voix le vœu proposé par M. Bram à l'adoption du Congrès et celui de M. Burtin, appuyé par M. Belly, sur les distilleries agricoles, vœu ainsi conçu :

« Que les Chambres votent au plus vite le projet de
» loi en préparation qui doit dégrever les distille-
» ries agricoles. »

Ces vœux sont adoptés.

M. le Président donne ensuite la parole à M. V. Burtin, qui traite de la représentation légale de l'agriculture, de la création de Chambres spéciales d'agriculture jouissant des mêmes attributions que les Chambres de commerce.

M. le Conférencier s'exprime en ces termes :

I.

« Messieurs,

» Il ne viendra à la pensée de personne d'atténuer l'importance tous les jours croissante de l'amélioration des procédés de culture, de perfectionnement de l'outillage, de l'adaptation aux situations diverses des races d'animaux, des cultures spéciales, de tout ce qui constitue l'art même de l'agriculture, la technique de cette profession si noble, et, pourquoi ne pas le reconnaître ? moins en honneur qu'il serait à désirer.

» Dans cet ordre d'idées, le progrès est assurément d'une extrême importance, et ceux-là qui dans le passé ou dans le présent ont vulgarisé les connaissances si variées, si complexes, nécessaires pour soutenir, développer, perfectionner la production agricole, ont bien mérité non seulement de l'agriculture, mais de la patrie entière.

» Et cependant, à cause des transformations si profondes que le monde entier a subies, lentement d'abord, puis avec une rapidité toujours accrue, le perfectionnement des méthodes culturales, la diminution des prix de revient, corollaire pas toujours certain de l'augmentation des rendements, en un mot les progrès réalisés ou à poursuivre dans la pratique, paraissent peser bien peu devant cet ensemble déconcertant de questions économiques dont la gravité n'échappe plus à personne, mais dont la solution apparaît de jour en jour plus complexe, plus difficile.

» Chacun sait bien qu'il y a une question de politique douanière, et chacun des deux camps entre lesquels les opinions se partagent, reconnaît du moins que pour l'agriculture, comme pour la nation entière, cette question a une importance capitale.

» Il y a une question des impôts, de leur assiette, de leurs inégalités ; il y a des projets de réforme, de révolution même, dans cette lourde et dévorante machine qui prend chaque année quatre milliards au pays, et pas une année ne se passe sans que beaucoup de mains se glissent au milieu de tous ces rouages dans le but, je veux le croire, d'en mieux régler la marche.

» Ce qui est certain, c'est que l'agriculture, la grande contribuable, a un intérêt capital dans ces questions d'impôts.

» Il y a des problèmes sans nombre, dont chacun peut avoir, suivant la solution, les conséquences les plus graves pour la prospérité ou la ruine de cette industrie qui, en France, absorbe encore les facultés et les forces de plus de la moitié de la population.

» Je me borne, ne pouvant les énumérer tous, à en indiquer deux encore : la question monétaire, parvenue aujourd'hui à un point tel qu'il semble à la fois qu'il y faille une solution presque immédiate, et qu'il serait téméraire de déduire cette solution des études poursuivies jusqu'ici, tant le problème est complexe ; celle des tarifs de chemins de fer, dont l'importance s'est si largement accrue pour l'agriculture depuis un petit nombre d'années.

» Est-ce trop m'avancer d'affirmer que, sur toutes ces questions qui surgissent à chaque heure, l'agriculture a d'autres droits que celui de se taire, et que le jour où les vrais intéressés pourraient avec autorité faire entendre leurs doléances et leurs desiderata, apporter le concours d'une expérience parfois si chèrement acquise, tournir les solutions que la lutte quotidienne avec les difficultés réelles rendra vraisemblablement plus pratiques que les rêveries des utopistes ou les appétits des démolisseurs, — ce jour là l'agriculture aura quelque raison d'espérer.

» Certes, elle ne sera pas dispensée de lutter et contre le sol trop avare, et contre le soleil trop ardent, les pluies intempestives ou prolongées, — l'hiver trop rigoureux,— la grêle qui dévaste,— l'épizootie... et l'innombrable légion d'ennemis qu'elle a toujours en face d'elle.

» Du moins, elle pourrait penser que tous ses efforts pour tenir tête ne sont pas d'avance rendus vains parce qu'aux lois naturelles, si rigoureuses déjà, l'homme en aura ajouté de plus dures, sans même qu'elle ait été appelée et entendue.

» Que l'agriculture soit appelée et entendue toutes les fois qu'il s'agira de régler son sort, de toucher aux conditions de son existence, toutes les fois que le flot montant de l'universelle concurrence réclamera la construction d'une digue nouvelle, la consolidation ou l'exhaussement d'une digue ancienne, l'abaissement ou la suppression d'obstacles intérieurs, — qu'en un mot l'agriculture soit représentée, qu'elle soit présente toujours, telle est, au point de vue qui nous occupe, la question des questions de l'heure actuelle.

» Elle a ce précieux avantage qu'on n'en saurait parler différemment, ou moins librement, dans un temps ou dans un autre, sous un régime politique ou sous tel régime différent. Par aucun côté elle ne touche à ce que, dans une langue à la vérité inexacte, on est dans l'usage d'appeler la politique.

» Aujourd'hui, demain, la représentation de l'agriculture doit avoir la faveur des pouvoirs publics. Ceux-là se tromperaient grossièrement, en effet, qui de ce côté appréhenderaient des empiètements, comme se tromperaient dans leurs espoirs ceux qui y verraient une arme pouvant servir des desseins politiques.

» Rien ici ne saurait donc gêner la liberté de la discussion, rien ne saurait non plus ressembler à un écho des divergences qui peuvent exister ailleurs.

» Ajouterai-je que nous n'aurons, dans cette question, rien à inventer, rien à imaginer, aucun système à construire de toutes pièces, et qu'il nous suffira de résumer ce qui s'est dit et ce qui s'est fait à ce sujet depuis près d'un siècle?

II

» Mais pourquoi une représentation spéciale serait-elle organisée en faveur de l'agriculture?

» Est-ce que l'agriculture n'est pas représentée au Parlement, et ne peut pas y faire entendre sa voix? Est-ce qu'elle ne l'y a pas fait entendre en maintes circonstances et récemment encore dans ces fameuses discussions relatives au régime douanier?

» Est-ce que ce n'était pas précisément pour honorer les membres du Parlement qui, dans cette circonstance mémorable, se sont donné la tâche de défendre les intérêts agricoles, que nos Comices avaient invité à présider ce Congrès et le banquet qui devait le clore, le Président de la Commission des Douanes, M. Méline, en qui ils voient, comme résumés, tous les membres du Parlement dévoués à la même cause ?

» Est-ce qu'on peut dire que l'agriculture n'est pas représentée quand les résultats d'une lutte si vive sont ceux que nous connaissons ?

» Mais la meilleure preuve qu'elle est représentée, et puissamment, c'est que les adversaires de la politique douanière actuellement suivie, à bout d'arguments, n'ont pu trouver dans l'arsenal des épithètes devenues injurieuses par l'intention, rien de mieux que l'épithète d'Agrariens. Ils ont découvert, au Parlement, le parti des Agrariens.

» Des Agrariens au Parlement ne peuvent évidemment que représenter le sol et tous ceux qui en vivent, la terre française et l'agriculture française.

» Mais il y a plus, et, à supposer que le Parlement vînt à méconnaître les intérêts de l'agriculture, est-ce que son attention n'y serait pas rappelée et sa religion éclairée sur tous les points importants, par des organismes très divers de nature et d'origine, tous du moins parfaitement qualifiés ?

» Est-ce qu'il n'y a pas :

» Un Conseil supérieur de l'agriculture ;

» Une Société nationale d'agriculture ;

» Une Société des Agriculteurs de France ;

» Des Comices agricoles et des Syndicats par centaines, et, pour ne rien oublier, des Chambres consultatives d'agriculture, une par chaque arrondissement ?

» Et avec tous ces organes, les uns tenant l'investiture du pouvoir, les autres se la donnant à eux mêmes, avec toutes ces voix prêtes à parler, l'agriculture ne serait pas représentée ?

» L'objection est à peine spécieuse ; elle n'est en aucune manière fondée.

» Et d'abord, le Parlement.

» L'agriculture y est-elle représentée ?

» Est-il utile de poser ainsi, ou plutôt de déplacer ainsi la question ? Comprendre le Parlement comme la juxtaposition des représentants spéciaux de chacune des branches de l'activité nationale, de chacune des professions, de chacune des industries, fût-ce seulement des plus considérables, n'est-ce pas en fausser la notion?

» Elu sous l'empire de préoccupations qui n'ont rien de professionnel, — résultante de mouvements d'opinions et de passions, le plus souvent purement politiques — le Parlement devrait représenter la France, comme on imagine qu'un tribunal devrait représenter la Justice.

» Demande-t-on à un magistrat de connaître la profession dont un acte fournit la matière d'un procès ? — Non. On lui demande de s'inspirer de principes plus généraux et plus élevés, et de recourir aux lumières de gens spéciaux et techniques s'il en a besoin pour la solution du litige.

» Vouloir que le Parlement soit une agglomération de professionnels, c'est à la fois abaisser son rôle et l'étendre au delà de toute saine raison.

» Sans doute, il conviendrait que dans le Parlement il n'y eût place que pour les sommités des Sciences, des Arts, de l'Armée, de la Finance, de l'Industrie, du monde agricole, et vraisemblablement les lois ne seraient pas plus mal faites. Mais ce n'est à aucun degré la question.

» Je ne m'associe donc pas à la pensée exprimée lors de la séance de la « Ligue agricole de Meurthe-et-Moselle » le 6 janvier dernier par l'honorable vice-président de la Société centrale d'agriculture de Nancy, lorsqu'il déplorait le petit nombre des agriculteurs de profession dans nos assemblées parlementaires et la surabondance d'industriels et surtout, disait-il, d'avocats et de médecins.

» Si c'est un mal, j'en prends mon parti comme de choses auxquelles personne ne peut apporter remède.

Au surplus, le mérite de ma résignation se trouve quelque peu diminué par l'aventure même à laquelle je fais allusion. Vous vous rappelez en effet comment l'honorable député fut malmené ce jour-là de la façon la plus spirituelle, d'ailleurs, et la plus malicieuse par le plus malicieux des avocats et le plus spirituel des sénateurs.

» Dieu me garde donc de dire — sinon de penser — qu'il y a au Parlement trop de médecins, trop d'avocats — point assez d'agriculteurs.

» Sur ce point, je me résume :

» Le Parlement ne doit pas être envisagé, au point de vue qui nous occupe, comme le défenseur des intérêts de telle ou telle profession, mais comme un tribunal ayant la mission infiniment plus haute et plus large de départager, lorsqu'ils paraissent être en conflit, les intérêts divers qui tous ensemble ne sont que l'intérêt de la patrie française.

» Si dans son sein, parmi ses membres, les gens de métier, les hommes spéciaux font défaut, il s'y trouvera toujours — pour notre honneur, il faut l'espérer — des intelligences assez larges, des jugements assez droits, des cœurs assez dévoués, pour prendre la défense des intérêts méconnus ou menacés.

» A une condition, cependant.

» A la condition que ces avocats puissent connaître, entendre, consulter leur client, se renseigner en un mot sur ses besoins vrais ou supposés, ses prétentions fondées ou non.

» C'est dire que si l'agriculture n'a pas dans le Parlement pour la représenter un nombre de mandataires spéciaux en rapport avec l'importance des intérêts et des populations agricoles, — ce qui, dans l'état actuel de nos mœurs politiques, ne semble pas près d'être réalisé — elle doit être représentée d'une autre manière et pouvoir toujours faire entendre au Parlement les réclamations, les arguments et, comme on eût parlé autrefois, les remontrances que celui-ci aura la mission de peser.

» Est-il besoin de démontrer que l'agriculture — en tant qu'industrie spéciale — ne trouve pas davantage sa représentation dans les trois corps plus ou moins officiels qui s'appellent :

» Le Conseil supérieur de l'agriculture ;
» La Société nationale d'agriculture ;
» Les Chambres consultatives?

» De ces dernières, rien à dire. Elles existent pourtant, bien que peu de personnes paraissent s'en douter, à commencer par celles qui en font partie et par les fonctionnaires qui signent ces nominations, si bien que, lors de la grande discussion des modifications de notre régime douanier, aucune n'a même été consultée.

» Elles existent, mais silencieuses, ne produisant aucun bien, ne faisant d'ailleurs aucun mal. Nées le 25 mars 1852 d'un caprice de l'arbitraire, elles vivent ignorées.

» Prétendre que le Conseil supérieur de l'agriculture et la Société nationale d'agriculture sont des organismes inutiles, ce serait méconnaître la vérité et la justice, la valeur des hommes qui les composent, l'efficacité incontestable de leur concours.

» Mais nous nous demandons en ce moment si l'agriculture française trouve quelque part, dans une institution vivante, agissante, et qualifiée, sa véritable représentation.

» Or, il faut bien reconnaître qu'un Conseil, quelqu'éminents que soient les hommes qui le composent, une Société, ne fût-elle formée que de savants comme était Boussingault, d'agronomes comme notre Mathieu de Dombasle (pour ne citer que des morts), ne sauraient prétendre représenter l'agriculture, celle-ci n'étant pas plus consultée sur la composition de l'un que sur le recrutement de l'autre.

» Le gouvernement nomme le premier, il agrée les membres nommés par la seconde.

» L'un comme l'autre sont formés de personnalités s'étant fait une place éminente dans les sciences agronomiques, dans la pratique agricole. Nous y trouvons les noms des hommes les plus justement considérés. Ces corps, officiels dans une mesure différente, rendent des services certains.

» On ne peut en vérité leur rendre ce témoignage

qu'ils sont une représentation de l'agriculture nationale ; ils n'ont pas mandat d'elle, mais seulement du pouvoir, et aussi, il n'est que juste de le dire, de leur dévouement.

. . . .

» Si l'estampille officielle ne permet pas de tenir les deux corps dont nous venons de parler pour une représentation de l'agriculture, du moins nous devrons la trouver dans tous ces Comices et toutes ces associations agricoles dispersées sur tout le territoire, se recrutant elles-mêmes, et dans cette vaste association, cette fois absolument sans attaches d'aucune sorte, qui a nom la Société des Agriculteurs de France, qui semble être le lien de la très grande majorité des associations locales, — si bien qu'entre la grande et les petites il se fait sur toutes les questions, au fur et à mesure qu'elles surgissent, un échange perpétuel de vues, de communications de toutes sortes, dont la résultante se trouve être ces communications adressées, sous des formes diverses, par le bureau de la Société des Agriculteurs de France, soit au Gouvernement, soit aux membres du Parlement ; tantôt pour réclamer l'adoption de mesures utiles ; tantôt pour écarter par des protestations fortement motivées le danger d'une disposition légale mal étudiée ; toujours apportant dans ces relations avec les pouvoirs publics une modération et une correction qui suffiraient à donner crédit.

» On remarquera que, de nos Sociétés locales, pas plus que de la Société des Agriculteurs de France, je ne parle à aucun degré au point de vue des services à en attendre pour les perfectionements de la pratique agricole, — pour la vulgarisation des procédés, des méthodes, des découvertes de tout genre.

» En effet, si la représentation de l'agriculture est chose désirable, plus que cela, indispensable, ce n'est nullement à cet égard.

» L'agriculture eût-elle depuis cinquante ans, depuis un siècle, la représentation la plus parfaite, que cela n'eût en rien avancé les découvertes faites dans l'ordre de la chimie agricole.

» Non, c'est dans l'ordre des mesures législatives ou des actes directs de l'autorité en ce qu'ils peuvent toucher aux intérêts généraux de l'agriculture, qu'il faut envisager l'utilité, la nécessité d'une représentation.

» Eh bien ! à ce point de vue, nos Comices, notre grande Société des Agriculteurs de France ne suffisent-ils pas ?

» En écoutant, le 24 Janvier dernier (1), dans la séance d'ouverture du Congrès des Agriculteurs de France, l'éloge de M. Drouyn de Lhuys, le premier Président de la Société, j'avoue que parmi les sentiments divers que firent vibrer en moi ces pages éloquentes et vraies, parmi les réflexions qu'elles me suggéraient, une entre autres se présenta à mon esprit : Quel besoin, me disais-je, de créer de toutes pièces un organisme nouveau, qui ne peut manquer d'être imparfait en quelques points, lorsqu'on a vu naître, se développer, au souffle de libres initiatives, et, rappelons-le, en plein régime de pouvoir personnel, cette belle et forte association qui s'est constituée d'elle-même le promoteur de tant de progrès, l'avocat vigilant et désintéressé

(1) Voir session de 1893, page 58.

de tous les intérêts de l'agriculture nationale ; et l'orateur qui nous tenait sous le charme de sa parole n'était il pas dans le vrai quand il terminait le panégyrique de l'homme « *dont la sagesse dirigeante a permis d'asseoir sur d'indestructibles bases la Société des Agriculteurs de France* » par ces mots : « Notre Société est bien la représentation existante la plus vraie, la plus vivante de l'Agriculture française ; il dépend de vous, sans en rêver une autre, de la rendre chaque jour plus nombreuse, plus agissante, plus écoutée ? »

» Messieurs, pour ma part, je souhaite de toute mon âme voir chaque jour amener des recrues nouvelles et nombreuses à la Société des Agriculteurs de France, parce qu'en effet, à l'heure présente, elle constitue « *la représentation la plus vraie, la plus vivante de l'Agriculture française* » ; mais aussi, et peut-être surtout, parce que son influence grandissante, résultat précieux de la sagesse, de la prudence, en même temps que de l'activité généreuse des hommes qui jusqu'ici l'ont dirigée, m'est un gage que nous obtiendrons enfin la représentation non plus « la plus vraie » par comparaison, mais vraie tout simplement, à laquelle nous avons droit.

» C'est encore parce qu'elle-même, depuis qu'elle existe, n'a laissé passer aucune de ses sessions annuelles sans renouveler le vœu : de voir constituer *une representation officielle de l'agriculture, au même titre que l'industrie et le commerce, établie sur des bases analogues et pourvue des mêmes droits et facultés* (1), et que j'ai confiance que si les pouvoirs

(1) Voir session de 1892, page 65.

publics ne se rendent pas aux vœux formulés au nom des 12.000 membres de cette grande association, ils finiront par acquiescer aux vœux, tous les jours réitérés, de 15.000 de 20.000, si malheureusement ils n'étaient pas auparavant convaincus de la justice de nos réclamations et que ce serait faire une œuvre grande et d'utilité générale d'y donner enfin satisfaction.

» L'initiative privée, dans un temps où l'entreprise pouvait paraître chimérique, a donné le jour à l'association dont je parle. Conçue, dirigée avec une grande largeur de vues, elle s'est développée au point d'être à cette heure, « *la représentation la plus vraie* » des intérêts de l'agriculture française ; elle a conscience à la fois et de la grandeur de sa mission, et des limites qui lui sont assignées. Elle a conscience que c'est autre part que doit se trouver la « *véritable représentation de l'agriculture,* » et qu'elle ne sera en rien diminuée le jour où, du nord au midi de la France, celle-ci aura librement constitué des mandataires spécialement chargés de la défense de ses intérêts et de ses droits, et obligatoirement consultés, dans les circonstances où ses droits pourraient être méconnus, ses intérêts lésés ou compromis.

» Non, et malgré tous les services rendus, malgré son incontestable et bienfaisante influence, la Société des Agriculteurs de France n'est pas, au point de vue qui nous occupe, une représentation de l'agriculture telle qu'elle est devenue nécessaire. Là, en effet, où il n'y a pas de mandat, il ne saurait y avoir de mandataires.

» Après cela, que dire de nos Comices agricoles ?

Certes, les services qu'ils ont rendus et qu'on doit attendre d'eux, sont sans prix et, dans un certain sens, nos Comices représentent bien l'agriculture nationale. Oui, en eux je la vois à la recherche du progrès, sous toutes ses formes et dans toutes les directions. En le récompensant quand elle l'a rencontré, elle le met en lumière et le propage.

» Nos Comices ont été le terrain tout préparé pour la floraison de nos Syndicats, et si, voulant apprécier l'étendue et l'ampleur de leur action, nous venions à l'étudier un peu moins sommairement, que de chapitres il faudrait à une telle étude ?

» Mais, encore une fois, nous n'y pouvons trouver la représentation de l'agriculture ; à certains moments, quand le danger menace, un même cri de détresse peut bien s'élever de tous nos Comices à la fois, unanime et concordant. Mais où prendre la continuité dans l'effort, l'unité dans les vues, l'ensemble, la cohésion, l'esprit de suite ? Beaucoup de membres épars et sans lien, milliers de grains de sable sans un ciment qui les relie, puissants, dans le cercle de leur action toute locale, mais infimes et conscients de leur faiblesse et de leur impuissance originelle, dès lors qu'il s'agit d'une action différente de celle qui fut leur raison de naître et de se soutenir, tels sont nos Comices agricoles.

» Bien moins encore ce sera le rôle des Syndicats de représenter l'agriculture. Enfants que leurs auteurs n'attendaient guère, ils ont à la vérité pris une croissance superbe et un large développement. Mais, plus encore que celui de nos Comices, leur terrain d'action est limité. A chercher à franchir les bornes assignées à leur activité, ils risqueraient l'existence ; demandons-leur tout ce qu'ils peuvent nous donner, mais n'allons pas au delà, il ne faut pas qu'ils périssent.

En toute vérité, l'agriculture n'a en aucune manière la représentation à laquelle elle a droit. Depuis un siècle, des voix autorisées la réclament pour elle sans pouvoir l'obtenir.

« Elle se trouve, sous ce rapport, moins favorisée » que le commerce et l'industrie, qui jouissent » depuis longtemps des avantages que leur assure » le fonctionnement des chambres électives, forte» ment constituées, animées d'un grand esprit de » solidarité, et toujours prêtes à prendre en main » la défense des intérêts qui leur sont confiés. C'est » à leur intervention que la production française a » dû, plus d'une fois, d'échapper à des mesures qui » l'auraient gravement compromise, et de ramener » l'opinion publique à une juste appréciation de » l'état économique de notre pays (1) ».

» On ne peut mieux caractériser la situation d'infériorité de l'agriculture vis-à-vis de l'industrie et du commerce, que M. Méline l'a fait dans les lignes que je viens de citer, et que j'ai empruntées aux motifs développés par lui à l'appui de la proposition de loi qu'il avait déposée le 19 novembre 1889, qu'il a reprise récemment, « *sur l'institution des* » *Chambres consultatives d'agriculture, et sur* » *l'organisation du Conseil de l'agriculture* ».

» Certes, d'autres que lui, avant lui et après lui, ont formulé les mêmes idées, avec un sentiment aussi complet des besoins réels auxquels ce serait

(1) Exposé des motifs de la proposition de loi de M. Méline. 2me partie.

justice de pourvoir, et avec une prudence et un bonheur d'expression aussi dignes d'approbation. J'aurais pu choisir, entre le langage du duc Decazes en 1819, celui de M. de Martignac en 1829, de MM. Defitte et Beaumont en 1840, et de tant d'autres depuis.

» Mais il me plait de démontrer que ni en elle-même, ni dans ceux qui s'en font les promoteurs, la plus ombrageuse susceptibilité ne pourrait découvrir, dans la création demandée, la moindre apparence de visées étrangères au but avoué, et la démonstration est bien faite, n'est-il pas vrai ? quand on entend réclamer cette institution par l'un des hommes les plus justement considérés qui, dès l'origine, ont apporté au régime actuel l'appoint de leur concours et de leur fidélité.

» Messieurs, je ne crois pas, qu'après examen et réflexion, personne puisse mettre en doute les deux affirmations suivantes :

» I. L'agriculture en France n'est en aucune manière représentée, quant à la défense de ses intérêts propres.

» II. Elle a les mêmes droits que le commerce et l'industrie à posséder une représentation sérieuse, librement constituée par elle, ayant, comme la représentation du commerce et de l'industrie, le droit de se faire entendre et d'agir dans la limite d'attributions que la nature même des choses rend facile à déterminer, pouvant comme elle disposer de ressources suffisantes à son fonctionnement.

» Ajoutons que cette double vérité est en voie de se trouver mise en action dans un pays étranger qui, à tort ou à raison, ne passe pas chez nous pour être imprégné d'un libéralisme excessif.

» Il y a quelque temps, en effet, le gouvernement allemand a déposé un projet de loi tendant à la création, en Prusse, de chambres d'agriculture.

» Ce projet, examiné par une Commission suivant l'usage, a déjà donné lieu à un rapport parlementaire (1).

III.

» Après la question de l'utilité, de la nécessité de constituer une forte représentation de l'agriculture, de la convenance et de la justice qu'il y a de procéder sans retard, s'en présente une seconde autrement délicate : comment constituer cette représentation ?

» Sans doute, le principe rencontrera des contradicteurs, il y en a toujours et, pour désagréable que la chose puisse être parfois, elle ne va pas sans quelque utilité.

» Mais ce ne sont pas les contradicteurs du principe qui me paraissent dangereux, et je redouterais bien plutôt l'indifférence d'un Parlement et le sommeil — qui équivaut à la mort — dans des cartons qui doivent avoir une puissance formidable d'extension pour pouvoir contenir tout ce qui s'y ensevelit chaque jour.

» Ce que je redoute, ce n'est donc pas la contradiction des adversaires de la représentation de l'agriculture et je veux croire que, s'inspirant de son véritable mandat, le Parlement pensera enfin qu'assez souvent il a perdu beaucoup de temps pour en consacrer un peu à l'étude d'une question qui ne le

---

(1) Voir à la suite du présent travail, le texte du projet allemand.

passionnera pas peut-être, mais est néanmoins d'une si haute importance.

» Ce que je redoute, c'est, d'une part, la multiplicité des projets élaborés et déposés sous la désignation de « propositions de loi » ; – c'est d'autre part l'étrange diversité des points de vue que révèle l'examen de ces documents.

» Les propositions sont multiples, puisqu'en effet le Parlement se trouve en présence de :

» I. La loi du 20 mars 1851 que certains voudraient faire revivre purement et simplement.

» II. La proposition de loi déposée par M. Méline le 19 novembre 1889, devenue caduque avec la fin de la législature et reprise récemment par son auteur.

» III. La proposition de loi de M. le comte de Pontbriand, déposée par l'honorable député le 25 janvier 1890, — reprise par son auteur devant la Chambre actuelle.

» IV. La proposition de M. Routhier de Rochefort, qui porte la date du 6 février 1890.

» V. La proposition de M. de Ladoucette, déposée le 15 mars 1890.

» Les deux dernières propositions devenues caduques comme les précédentes n'ont pas été — que je sache — reprises jusqu'ici. Elles ne sauraient manquer de l'être, soit à titre de propositions complètes — et dans leur contexture générale, — soit, au cours des discussions, à titre d'amendements ou autrement.

» VI. Enfin je ne saurais omettre ici, bien qu'il n'ait pas été formulé en articles de loi, mais réduit avec une très saine appréciation de sa portée aux points essentiels, le projet formulé au Comice de Lunéville dans le rapport de M. Ambroise, et adopté par la Société centrale de Nancy.

» On peut dire, sans exagérer, qu'aucun de ces projets ne ressemble à l'autre, du moins quant aux points d'importance.

» S'il est parfois avantageux d'avoir l'embarras du choix, c'est du moins un embarras et dans le cas présent fort dangereux.

» Toutefois cette surabondante diversité s'explique bien naturellement pour peu qu'on examine la question de près.

» Il s'agit en effet de donner à l'agriculture, en tant qu'agriculture, le droit de se choisir librement des mandataires pris dans la profession, pour constituer à l'instar des Chambres de commerce, des Chambres d'agriculture, et de couronner ces Chambres d'agriculture, disséminées dans la France entière, par un Conseil supérieur se réunissant à Paris, résumé des Chambres, de leurs vœux, de leurs protestations au besoin, leur porte-parole enfin auprès des pouvoirs publics.

» Tout de suite se posent les questions suivantes, moins simples qu'il paraît au premier abord, et cependant de la plus haute importance pour la vitalité, la fécondité, l'utilité de l'organisme qu'il s'agit de créer:

» 1° Il s'agit de désigner des mandataires. Quels sont donc les mandants? Autrement dit : à qui va-t-on donner le droit de désigner les mandataires de l'agriculture? ou encore : comment va-t-on composer le corps électoral ?

» Sur cette première question tous les projets diffèrent, et celui qui s'en étonnerait fournirait la preuve que la question lui est peu familière.

» De toutes celles que soulève l'organisation de la représentation de l'agriculture, c'est à coup sûr la plus grave, et celle sur laquelle il importe surtout que la solution soit bonne.

» 2° Après avoir constitué le corps électoral et avoir organisé le mode de votation, où les mandataires se réuniront-ils pour l'étude des questions rentrant dans leurs attributions ?

» Sera-ce à la commune ?

» Au chef-lieu de canton ?

» Au chef-lieu d'arrondissement ?

» Au chef-lieu de département ?

» En d'autres termes, constituera-t-on des Chambres d'agriculture communales, cantonales, d'arrondissement ou départementales ? Notre organisation administrative se prête à toutes ces combinaisons, et je veux croire que la solution de cette question ne s'impose pas avec la clarté de l'évidence puisque si personne à ma connaissance n'a proposé la Chambre d'agriculture communale, — ce qui eût été aussi logique que plusieurs des autres solutions, — du moins toutes les autres ont leurs partisans avoués.

» 3° Les deux questions précédentes sont assurément les plus importantes. Toutefois, il n'est pas indifférent d'étendre ou de rétrécir le champ d'action et les attributions des mandataires qu'on nous donnera ; il n'est pas indifférent qu'en certaines matières, les pouvoirs publics soient tenus *obligatoirement*, sinon de se conformer à leurs avis, du moins de les demander, et qu'en toutes matières (j'entends de celles qui intéressent la profession), ils aient le droit de formuler des vœux, des avis, alors même qu'on ne les en prierait pas.

» 4° Enfin,— et ce n'est pas un point sans importance, — ces assemblées de mandataires de l'agriculture, ces Chambres d'agriculture auront-elles les ressources sans lesquelles aucune action n'est possible ? D'où ces ressources leur viendront-elles ?

» Et, de ces quatre questions qui résument tout l'essentiel en ce qui concerne l'organisation des Chambres d'agriculture, trois se posent à nouveau quand il s'agit *du Conseil supérieur* :

» 1° Qui désignera les mandataires ?

» 2° Quelles seront leurs attributions ?

» 3° Quelles seront leurs ressources ?

» Je viens d'énumérer les points essentiels qui sont à résoudre. Voyons rapidement la solution qu'il convient d'y donner :

» 1° Par qui seront nommés les membres des Chambres consultatives d'agriculture ?

» A cette question, la réponse doit être la même, quelle que soit la circonscription administrative actuelle avec laquelle on prétendra faire cadrer l'organisation des Chambres d'agriculture.

» Que l'on veuille la Chambre communale ou cantonnale, qu'on étende à l'arrondissement ou au département le champ de son recrutement et de son action, la solution ne saurait être différente. La Chambre d'agriculture doit être librement élue par les agriculteurs comme les Chambres de commerce sont élues par les commerçants.

» Je suppose, il est vrai, — bien que ma supposition ne soit pas absolument juste, — qu'il ne se trouvera personne pour demander la désignation par les Comices des membres des Chambres d'agriculture, comme l'avait voulu la loi de 1851. En

1851, c'était un progrès incontestable de créer les Chambres d'agriculture, fût-ce en leur donnant cette origine qu'on pourrait qualifier de « censitaire. »

» Aujourd'hui, ce serait sans aucun doute chose regrettable d'en revenir à cette idée. Les Comices agricoles ne renferment pas à beaucoup près la totalité des agriculteurs de profession.

» Que cela soit regrettable, je le veux bien, mais c'est un fait dont il y a lieu de tenir compte, et, comme pour faire partie d'un Comice il faut d'une part l'agrément de ceux qui le composent, d'autre part le paiement d'une cotisation, on ne peut songer à contraindre les Comices à donner leur agrément à toute candidature pas plus qu'on ne peut contraindre personne à faire partie d'une association où il ne lui convient pas d'entrer.

» Si vous enlevez le droit de participer à la formation des Chambres d'agriculture aux agriculteurs qui ne feraient point partie d'un Comice, d'une part vous violentez et les Comices et ceux qui n'y entreront que pour acquérir un droit de vote, et d'autre part vous constituez, non pas la représentation de l'agriculture française, mais la représentation des Comices agricoles, ce qui ne revient nullement au même.

» Je suppose encore — et ici je pense que l'hypothèse est absolument fondée — qu'il ne se trouvera pas une seule voix pour demander la désignation des membres des Chambres d'agriculture par l'autorité publique, et le maintien du système du décret du 25 mars 1852. Alors même que les résultats de ce système n'auraient pas été ce que l'on sait, il n'entrera, je pense, dans l'esprit de personne que les pouvoirs publics aient qualité pour intervenir ici et qu'ils puissent, avec les meilleures intentions, produire par leur désignation une représentation quelconque de l'agriculture.

» Non, ce n'est ni de l'autorité publique, dans une mesure quelconque, ni d'associations d'aucune sorte où personne ne peut être contraint d'entrer, que les Chambres d'agriculture doivent recevoir la désignation de leurs membres. Un seul système est conforme à la vérité des choses, à la justice, au respect des intérêts qu'il importe de satisfaire, c'est le choix par les seuls intéressés et par tous les intéressés, des mandataires auxquels ils remettront la défense de leurs intérêts professionnels.

» Ainsi, la liste électorale devra contenir les noms de tous les agriculteurs, aucun autre.

» Sur ce point, il ne me semble pas possible d'admettre, comme le fait l'honorable M. Méline, l'adjonction de catégories qui n'appartiennent pas à la profession.

» Dans un sentiment de grande bienveillance, M. Méline ajoute au corps électoral, composé des agriculteurs, quatre catégories qui, à mon sens, ne peuvent que fausser l'instrument qu'il s'agit de créer :

» Les ouvriers attachés depuis 2 ans à des exploitations agricoles.

» Les divers fonctionnaires de l'enseignement agricole,

» Les vétérinaires,

» Les instituteurs.

» Ni les fonctionnaires de l'enseignement agricole, ni les instituteurs ne doivent faire partie de la liste électorale en question. Les y introduire ne sera utile ni pour eux, ni pour la formation des Chambres d'agriculture. Il suffit que leur fonction les mette dans une dépendance de l'autorité que personne ne contestera pour les tenir en dehors. Est-ce que les maîtres et les directeurs des écoles professionnelles, des écoles spéciales diverses qui forment les commerçants et les industriels, prennent une part quelconque à l'élection des Chambres du commerce et de l'industrie ?

» Et en ce qui concerne spécialement les instituteurs, ils ont déjà assez à faire, quand ils ont souci de leur véritable mission de se tenir à l'écart de toutes les divisions, de toutes les mesquines rivalités, de tous les petits antagonismes, sans les mêler à un mouvement où ils n'apporteront aucun élément utile et où il peut arriver qu'ils se diminuent.

» Les vétérinaires, pourquoi ? En quoi leurs intérêts professionnels sont-ils des intérêts agricoles ? Ils servent l'agriculture, c'est incontestable ; mais le médecin aussi ; mais aussi le mécanicien qui construit ou répare les machines ; mais aussi le chimiste au laboratoire, que sais-je !

» Le vétérinaire n'est pas agriculteur en tant du moins que vétérinaire, et ce n'est pas par profession qu'il peut entrer dans la liste dont nous nous occupons.

» Que penser de l'idée de comprendre dans cette liste les ouvriers agricoles? Le moins qu'on puisse en dire — avec toute la déférence que l'on doit à M. Méline, — mais aussi avec toute la liberté qu'inspire avant toute autre considération le souci et le respect de la vérité, c'est que cette idée est absolument malheureuse.

» L'ouvrier le plus respectable, l'ouvrier attaché à une exploitation agricole, fût-ce depuis de longues années, n'est pas qualifié pour figurer sur la liste des électeurs de la Chambre d'agriculture.

» Indirectement, sans aucun doute, ses intérêts s'identifient avec les intérêts de l'agriculture, de la même manière que la prospérité de l'usine intéresse l'ouvrier qui y travaille. De patron à ouvrier, dans l'agriculture comme dans l'industrie, les rapports sont de même ordre, leurs intérêts se tiennent. Songerait-on à faire figurer sur la liste électorale des Chambres de commerce et d'industrie les ouvriers d'une usine, y comptassent-ils 20 ans de loyaux services ? Et l'on voudrait que l'élection des Chambres d'agriculture pût dépendre dans une mesure quelconque de voix aussi peu qualifiées que celles d'ouvriers ayant 2 ans de stabilité ! On n'y a pas songé, on a vu la considération qui doit s'attacher à de bons serviteurs, on n'a pas vu que 9 sur 10 des meilleurs ne sont pas en situation de prendre part à la formation des Chambres d'agriculture. La considération qu'ils méritent, il y a vingt autres manières de leur en donner témoignage que de charger leurs épaules d'une responsabilité qu'ils ne peuvent porter, sans compter qu'ils ne peuvent, ainsi que je l'ai dit tout d'abord, exciper de leurs intérêts, qui sont connexes sans doute, mais distincts et différents.

» Encore une fois, si l'on veut constituer une représentation sérieuse de l'agriculture, et c'est évidemment la pensée commune à tous les auteurs des propositions que nous examinons, il faut conférer à tous les agriculteurs, mais aux seuls agriculteurs, le droit de désigner leurs mandataires, et ne prétendre, sous aucun prétexte, leur adjoindre des « capacités » d'aucun genre, quelle que soit leur valeur propre, ou quelque intéressantes que puissent être les catégories auxquelles on ne peut songer que par une bienveillance tout à fait hors de saison.

» Tous les agriculteurs, rien que les agriculteurs, telle sera donc notre formule.

» Ici, je le reconnais, se présente une difficulté sérieuse : c'est la définition de la profession d'agriculteur.

» Quand il s'est agi de conférer l'électorat pour les Chambres de commerce, il n'y a eu aucune difficulté pour définir le commerçant. Il y a, en effet, un signe certain auquel on le reconnaît : il paie un impôt spécial, sa patente.

» L'agriculteur lui, n'est soumis à aucune taxe caractéristique de sa profession.

» Aussi faut-il reconnaître que la liste électorale pour la formation des Chambres d'agriculture pourra donner lieu dans la pratique à quelques difficultés, qu'il ne convient pas cependant d'exagérer. Il est évident, en effet, que tous ceux qu'elle comprendra seront bien des agriculteurs au sens habituel du mot et que seulement quelques hésitations pourront se produire au sujet de certaines personnes qui, ayant droit en réalité de figurer sur cette liste, n'y auraient pas été placées.

» C'est affaire au législateur d'une part de donner au texte de la loi toute la précision désirable et d'autre part d'organiser d'une façon simple les voies de recours, soit contre les omissions d'inscriptions, soit contre les inscriptions faites indûment.

Sur le premier point, MM. Méline, de Pontbriand

et de Ladoucette ont adopté une rédaction presque identique, ce qui prouve bien qu'en réalité la difficulté est moins sérieuse qu'on pourrait le croire. Le Comice agricole de Lunéville, où la question a été soigneusement étudiée, a adopté les mêmes idées, et la Société centrale de Nancy s'est approprié, dans le fond et dans la forme, le projet du Comice de Lunéville.

» 2° Voilà le corps électoral organisé. – Comment fonctionnera-t-il ? Quel sera l'effet utile de cet organisme ? Va-t-on mettre en mouvement la France agricole tout entière pour une œuvre sérieuse, réellement en rapport avec les besoins auxquels on reconnaît qu'il faut pourvoir ou bien n'aboutira-t-on qu'à un avortement des légitimes espérances que l'on avait pu concevoir ?

» Bien évidemment cela dépendra, pour une très grande part, de la solution donnée à la deuxième question que nous avons posée :

» Les Chambres d'agriculture seront-elles :

» Communales,

» Cantonales,

» D'arrondissement ou

» Départementales ?

» Personne, je l'ai dit, n'a proposé la Chambre d'agriculture communale et je ne vois pas bien pourquoi. Qu'on ne s'y trompe pas, mon étonnement ne dissimule aucun regret, si ce n'est peut-être celui de voir que certains projets ne poussent pas jusqu'au bout la logique.

» Et, en effet, pour se décider, dans la question qui nous occupe, on peut envisager deux ordres tout à fait distincts de considérations : ou bien se préoccuper avant tout du rôle que l'on assigne aux futures Chambres d'agriculture, de l'efficacité de leur action en vue de la défense des intérêts agricoles, du relief et de l'ampleur de leurs délibérations, des études qu'elles devront poursuivre, de l'autorité dont il convient d'investir les avis qu'elles auront à émettre, — et aussi, tout en laissant la parole aux intérêts variés et quelquefois contraires suivant les régions, d'éviter une multiplicité excessive, un émiettement en quelque sorte, — ou bien, comme certains l'ont fait, on se préoccupera surtout de rapprocher le plus qu'on pourra la Chambre de ses électeurs, d'éviter aux élus les déplacements, de les réduire à la moindre distance et à la moindre durée possible.

» Je ne puis passer sous silence une préoccupation d'un ordre tout différent, qui s'est produite au cours de la discussion de la loi de 1851, que nous retrouvons dans quelques-unes des propositions actuellement soumises au Parlement : certains ont craint en 1851, et quelques-uns redoutent encore aujourd'hui, que des Chambres d'agriculture, fortement constituées, embrassant une circonscription un peu large, ne fussent en rivalité avec les Conseils généraux, et ne vinssent à empiéter sur le rôle et les attributions de ceux-ci.

» Mon Dieu, on peut toujours tout craindre, et la peur est un mal dont on ne guérit pas, dit-on. Les appréhensions que nous venons de rappeler sont bien dans le tempérament du législateur en France, qui, rarement, concède quelque mesure libérale sans chercher à en neutraliser par avance les effets bienfaisants par des restrictions d'un ordre quelconque. Il semblerait qu'il n'est plus français, ce vieil adage : « Donner et retenir ne vaut. »

» A mon sens, deux motifs très sérieux, l'un de fait, l'autre de sentiment, pourrait-on dire, doivent faire évanouir chez ceux qui l'éprouvent, la crainte de voir des Chambres d'agriculture empiéter sur le domaine des Conseils généraux, et des conflits se produire entre ces deux organismes.

» En fait, ils n'auront jamais ni la même origine, ni le même cercle d'attributions, ni le même pouvoir.

» Ce que nous avons dit de l'électorat tel qu'il fonctionnera pour les Chambres d'agriculture — quel que soit, d'ailleurs, le système adopté — ne permet aucun rapprochement quant à leur origine, entre les Chambres d'agriculture et les Conseils généraux. Ceux-ci sont, en fait, sinon dans le vœu même de leur institution, une émanation plus politique encore qu'administrative du pays qui les nomme, et,qu'on l'ait voulu ou non, la prépondérance y est assurée aux centres plus populeux ; sans doute, cette diversité d'origine pourrait laisser craindre un antagonisme. Mais vint-il à surgir, ce qui, à notre sens, serait sans raison, que tout assure aux Conseils généraux la prépondérance définitive, le suffrage universel et les corps qui en naissent ne nous ayant jamais jusqu'ici habitués à les voir céder le pas aux élus d'un suffrage restreint.

» Mais ce qui est décisif, c'est qu'en aucune manière, ni les attributions ne sont de même ordre, ni les pouvoirs ne peuvent être comparés.

» Les Conseils généraux peuvent bien, dans les

vœux qu'ils émettent, se préoccuper des intérêts économiques les plus généraux du pays, et personne, je pense, ne songera à leur interdire dans l'avenir ce qu'ils ont eu jusqu'ici le droit de faire.

» Mais, de bonne foi, n'est-ce pas là la moindre de leurs attributions ? Ne sont-ils pas avant tout investis de pouvoirs administratifs et financiers ?

» Parcourez les comptes rendus de leurs sessions : vous les voyez occupés

» De la gestion des finances départementales ;

» De la répartition des contributions directes ;

» Du vote de centimes additionnels ;

» Du vote d'emprunts départementaux ;

» De la fixation du maximum des centimes extraordinaires que les communes pourront voter ;

» De la reconnaissance, de l'ouverture, du redressement des chemins de grande communication et d'intérêt commun ; etc., etc.

» Toujours, nous retrouvons à leurs attributions, un caractère administratif et financier, et surtout un pouvoir propre de décision dans un cercle aujourd'hui largement étendu.

» Ajoutez, pour compléter l'idée de leur mission, le droit, l'obligation dans certaines circonstances de concourir par délégués à la formation d'une assemblée nationale devant suppléer un Parlement disparu ou empêché par suite de circonstances d'une gravité exceptionnelle.

» Et ce serait avec une organisation aussi forte, aussi considérable, investie de pouvoirs propres, gouvernant les finances du département et, dans sa sphère, ayant le plus grand nombre des attributions du Parlement lui-même, que les Chambres

14

d'agriculture pourraient se trouver en conflit! et ces conflits, s'ils venaient à se produire, pourraient aboutir à des empiétements? Une telle crainte ne repose sur rien.

» Purement consultatives, les Chambres d'agriculture ne sauraient à aucun degré menacer la prépondérance des Conseils généraux. Sans autre pouvoir financier que d'administrer leur propre patrimoine si elles parviennent à s'en constituer un — sans aucun pouvoir de décision — sans aucun moyen d'action sur aucun agent de l'administration, elles ne peuvent porter ombrage à personne, et, si quelqu'une venait à outrepasser ses attributions, la répression fort légitime de tels écarts ne serait pas bien difficile et certes ne se ferait guère attendre.

» D'ailleurs, l'expérience a prononcé d'une manière décisive. Parmi les Chambres de commerce, certaines ont acquis une importance, une autorité, des ressources autrement considérables que de longtemps aucune Chambre d'agriculture ne saurait espérer en posséder.

» Quel Conseil général s'est vu dépouillé de son pouvoir propre, d'une attribution quelconque, par l'importance acquise d'une de ces Chambres de commerce devenues assez puissantes pour concourir à des travaux publics très considérables, et même avancer à l'Etat, aux départements ou aux villes, de très importants capitaux?

» Tels sont les faits; et si, en 1851, alors que la loi n'avait pas fortifié et grandement étendu les pouvoirs propres des Conseils généraux;

» Alors que les Chambres de commerce n'avaient pas l'action qu'elles ont exercée depuis et n'avaient pas l'importance, l'autorité, la grande situation financière que plusieurs ont conquises ;

» Si, alors, on pouvait imaginer la possibilité de conflits entre les Chambres d'agriculture et les Conseils généraux, d'empiétements des premières sur le domaine propre et sur les attributions des seconds, aujourd'hui, des craintes de ce genre sont purement chimériques.

» Elles le sont d'autant plus, qu'après tout, celui-là possède un incontestable avantage à qui reste en dernier lieu la parole. Or, que les Chambres d'agriculture soient cantonales, d'arrondissement ou départementales, il est clair que dans l'intérêt même de leur action, il importe que leurs sessions précèdent celles des Conseils généraux. Elles ont tout intérêt, en effet, à ce que certaines délibérations, qui peuvent toucher à des intérêts locaux, soient examinées au plus tôt par le corps dont la décision est à obtenir. En matière d'intérêts locaux, le plus souvent la décision réclamée appartiendra au Conseil général.

» Et quant aux questions embrassant des intérêts plus généraux, ceux d'une région ou même du pays entier, quelle importance les Chambres d'agriculture n'attacheront-elles pas à obtenir l'appui de ces Conseils généraux contre lesquels on paraît redouter leurs empiétements?

» A tous égards donc, il faut que les sessions des Chambres d'agriculture précèdent celles des Conseils généraux. Ceux-ci auront, comme nous le disions, le dernier mot, et ce dernier mot sera de quelque importance, surtout financièrement, puisque tout le monde est d'accord pour conférer aux

Conseils généraux le contrôle du budget des Chambres d'agriculture.

» Si rien ne permet de craindre que des Chambres d'agriculture départementales puissent étendre leur action, soit au delà des limites dans lesquelles il convient de la renfermer, soit au détriment des pouvoirs et de l'autorité des Conseils généraux ; si, en un mot, le conflit ne peut être redouté, tout doit déterminer à constituer des Chambres départementales, et aucune bonne raison ne milite en faveur de Chambres, soit cantonales, soit d'arrondissement.

» L'éloignement du chef-lieu du département n'est pas une raison sérieuse de préférer le canton ou l'arrondissement. Chacun sait bien que le plus souvent notre organisation générale actuelle rend plus facile, moins onéreux et plus fréquent le voyage au chef-lieu du département qu'au chef-lieu de canton lui-même.

» Au surplus, il y a une considération qui doit dominer cette question.

» Veut-on que les Chambres que l'on se propose d'instituer soient un élément actif, agissant, éclairé, de la défense des intérêts agricoles, partant une institution utile au bien général ?

» Oui, je le suppose. Eh bien! pour cette fin, pense-t-on qu'il suffise qu'elles soient composées de bons praticiens ? — Sans nul doute, il faut qu'elles soient recrutées d'hommes du métier, mais il faut surtout que ces hommes, par l'intelligence, les connaissances acquises, les vues larges, — que l'habileté professionnelle ne suffit pas toujours à donner, — puissent envisager de haut les questions qui seront du ressort des Chambres.

» En un mot, il faut que le corps électoral spécial des Chambres d'agriculture puisse trouver dans une élite de quoi composer sa représentation.

» Or, les Chambres d'agriculture seront, à quelque chose près, composées du même nombre de membres qu'on leur assigne pour circonscription, soit le canton, soit l'arrondissement, soit le département.

» Cela revient à dire que les Chambres d'arrondissement exigeront un personnel trois, quatre, et quelquefois cinq fois plus nombreux que les Chambres départementales, et que ce personnel devra être, pour les Chambres cantonales, 20 ou 30 fois plus considérable suivant les départements.

» Ces chiffres sont éloquents, et nul, je pense, n'affirmera que dans quelque direction que ce soit de l'activité humaine il y ait une telle abondance d'hommes pouvant et voulant distraire de leurs occupations habituelles un temps appréciable, et doués au degré qui convient de l'intelligence supérieure, des connaissances étendues, du jugement sain, que réclameront les Chambres à organiser.

» Ceux qui auraient l'ambition modeste, non de servir l'agriculture, ses grands intérêts compromis et par suite l'intérêt général, mais de satisfaire et de flatter dans la plus large mesure du possible les faiblesses et les vanités, ceux-là doivent se rallier à la Chambre cantonale — la Chambre d'arrondissement n'est plus pour eux qu'un pis aller — et la Chambre départementale réduit par trop le nombre des postes honorifiques pour qu'ils puissent l'accepter en aucune façon.

» Mais pour ceux qui sont avant tout préoccupés du rôle important que pourrait avoir une représentation de l'agriculture fortement organisée, il apparaîtra comme démontré que si, à la base de l'institution, il faut une liste électorale ne comprenant que les intéressés, mais les comprenant tous ; si au sommet, il faut un Conseil qui condense, résume et incarne la France agricole, entre ces deux extrêmes, il faut multiplier le moins possible les organismes divers, sous peine de leur ôter par avance toute autorité, tout prestige, toute action sérieuse et utile, et que dans la concentration dont, pour notre part, nous sommes partisans déclarés, il convient de s'arrêter seulement au point que des raisons tirées de notre organisation générale ne permettraient pas de franchir ou bien encore à cette limite où, si on la dépassait, on risquerait de laisser sans mandataires des intérêts importants et nettement distincts.

» Dans la Chambre d'agriculture départementale il y aura place pour la représentation sérieuse de tous les intérêts, et, en même temps, nos idées actuelles ne comporteraient pas des circonscriptions en elles-mêmes plus rationnelles peut-être, mais qui ne cadreraient pas avec l'organisation administrative existante.

. . . .

» Toutes ces considérations, Messieurs, dont je puis bien m'approprier les unes, écarter les autres, vous les retrouveriez si vous parcouriez d'une part la proposition qui devint la loi de 1851, les débats qui en précédèrent le vote et toutes les propositions actuellement en présence, ainsi que leurs exposés de motifs.

» Je pense qu'après ce que j'en ai dit il me suffira

de déterminer l'orientation, à ce point de vue de chacun des documents auxquels je me suis reporté :

» — La loi de 1851 établissait une Chambre par département ;

» — La proposition de M. Méline, celle de M. Pontbriand, s'en tiennent aux Chambres d'arrondissement ;

» — La proposition de M. Routhier de Rochefort adopte les Chambres cantonales ;

» — Enfin, M. le baron de Ladoucette voudrait : 1° des Conseils cantonaux qui élaboreraient un premier travail ; 2° une Chambre départementale, reprenant, examinant les travaux, en quelque sorte préliminaires des Conseils cantonaux.

» — Dans notre département, lorsque nos Comices mirent cette question à l'étude d'une manière toute spéciale, tous se sont prononcés pour la Chambre départementale, soit qu'ils aient adopté la liste électorale proposée par le Comice de Lunéville sur le rapport si précis et si judicieux de M. Ambroise que j'ai déjà eu l'occasion de citer ; soit que, comme l'a fait le Comice de Toul, ils aient formulé le vœu d'une remise en vigueur pure et simple de la loi de 1851.

. . . .

» 3° Les Chambres d'agriculture — quelle que soit la circonscription adoptée — seront-elles organisées sur le papier, de manière à permettre à ceux qui en feront partie de joindre à leurs noms, sur leurs cartes de visite un titre honorifique, ou bien serontelles une représentation active et utile de l'agriculture ?

» Sans aucun doute, tant vaudront les hommes

que le suffrage des intéressés y enverra, tant vaudra l'institution.

» Toutefois, je serais tenté de dire que son efficacité dépendra bien plus encore du libéralisme de la loi que de la valeur propre des élus de l'agriculture. Il semble, au surplus, que ce côté de la question soit envisagé actuellement d'une manière assez large.

» En effet, comme l'avait admis la loi de 1851, toutes les propositions de loi en ce moment déposées attribuent aux Chambres d'agriculture une fonction consultative : autrement dit, un pouvoir d'émettre des avis et des vœux, sur l'universalité des questions qui intéressent l'agriculture, *en obligeant les pouvoirs publics*, non sans doute à suivre ces avis, mais *à les provoquer dans des cas déterminés.*

» Par exemple :

» Lorsque des changements sont proposés dans la législation en tout ce qui touche aux intérêts agricoles, et spécialement en ce qui a trait aux contributions, au régime douanier, aux octrois, à la police des eaux, à leur emploi ; — sur la distribution des fonds généraux et départementaux destinés à l'agriculture, sur l'établissement des écoles régionales et des fermes écoles ; — sur l'établissement et la réglementation des foires et des marchés...... etc.

» En étudiant de près cette grave question, à laquelle tant d'esprits distingués ont apporté depuis presque un siècle un si large contingent d'efforts jusqu'ici sans résultats, il semble que si véritablement on veut rendre à l'agriculture française et au pays tout entier un véritable service, si on veut que l'institution nouvelle produise de bons effets, on ne puisse trop étendre la série des questions sur lesquelles ce sera, pour les pouvoirs publics, une obligation de demander aux Chambres nouvelles leur avis motivé.

» Depuis longtemps, sans que la loi en fasse une obligation aussi étendue, l'usage s'est introduit de faire connaître aux Chambres de commerce toutes les modifications que les pouvoirs publics se proposent d'introduire dans la législation ou les règlements sur tout ce qui peut intéresser le commerce et l'industrie, et sans aucun doute cet usage a eu les meilleurs résultats.

» Pourquoi en userait-on d'autre manière avec les Chambres d'agriculture ? Il ne s'agit pas de leur conférer un pouvoir de décision, que personne ne songe à réclamer pour elles, mais de leur demander le concours de leurs lumières, de s'appuyer sur l'autorité d'avis mûrement délibérés.

» Avis spontanément émis sur toutes questions intéressant l'agriculture ;

» Avis nécessairement demandés par les pouvoirs publics sur une série de questions déterminées ;

» Tel serait le domaine consultatif des Chambres d'agriculture.

» Mais elles peuvent et doivent avoir encore un autre domaine, et sur ce point, je n'ai nulle part trouvé de divergences dans les vues.

» La personnalité juridique doit leur être reconnue. Elles doivent être reconnues comme établissements d'utilité publique, pouvoir acquérir, recevoir, posséder, aliéner, en se conformant, bien entendu, aux lois qui règlent la situation des personnes morales. Comme conséquence, elles doivent être admises à créer et à diriger des établissements spéciaux, dans la limite de leurs ressources.

» Enfin il y a une fonction qui semble devoir leur être dévolue du jour même où elles auront reçu l'existence : c'est le soin de pourvoir seules à l'établissement des statistiques agricoles générales ou spéciales.

. . . .

» 4° Parmi les auteurs des propositions soumises en ce moment au Parlement, aucun n'a perdu de vue que les Chambres d'agriculture ne sauraient avoir une existence réelle sans un budget si modeste fut-il. Rien ne se peut faire sans quelques frais, et lors même que les fonctions des membres des Chambres d'agriculture seraient absolument gratuites, comme il faut espérer qu'elles seront, il va de soi qu'on ne peut imposer à ces membres, outre le sacrifice du temps qu'ils devront consacrer au bien de tous, l'obligation de fournir encore les sommes, si faibles soient-elles, qu'exigera le bon fonctionnement de l'institution nouvelle.

» Toutes les propositions prévoient donc un budget. Seulement, si on s'en tenait à ce qu'elles organisent sur ce point, il faut reconnaître que la dotation risquerait de demeurer fort maigre, et très insuffisante pour les nécessités auxquelles il faudra satisfaire. Elles ont toutes ou à peu près reproduit, à ce sujet, les dispositions de la loi de 1851, qui dispose :

» Art. 18. § 2 : *Le budget des Chambres d'agriculture sera visé par le Préfet, et présenté au Conseil général. Il fera partie des dépenses départementales et sera porté au Chap. VII des dépenses ordinaires.*

» A notre avis, ce système n'est pas suffisamment large. Il était naturel d'ailleurs, puisque pour leur but, pour leur rôle, pour leur origine, on veut assimiler les Chambres d'agriculture aux Chambres de commerce, de constituer le budget des premières de la même manière que le budget des secondes.

» Or le budget des Chambres de commerce a pour base des centimes spéciaux payés par les patentés, électeurs des Chambres de commerce.

» Ne pourrait-on faire payer aux électeurs des Chambres d'agriculture une taxe spéciale, assez légère pour ne pas constituer une aggravation sensible des charges déjà si lourdes qui pèsent sur la production agricole, suffisante cependant pour fournir aux Chambres d'agriculture un budget modeste à la vérité, mais suffisant et ayant au moins le mérite de la fixité ?

» Si je ne me trompe, c'est lors du dernier Concours régional de Langres que l'éminent M. Heuzé a donné la formule non définitive peut-être, mais la plus pratique, ce semble à l'heure présente, qui permettra de fournir aux Chambres d'agriculture les ressources sans lesquelles elles ne pourraient agir, à savoir :

» *Une taxe de un centime par hectare de propriété non bâtie, recouvrée par le percepteur avec un minimun de cinq centimes par contribuable, est affectée dans chaque département aux dépenses de la Chambre d'agriculture.*

» Le Comice agricole de Lunéville, et après lui a Société centrale, se sont approprié cette formule, estimant qu'il ne suffit pas d'avoir indiqué aux pouvoirs publics la manière dont la représentation de l'agriculture doit être légalement constituée, mais qu'il fallait encore lui suggérer le moyen de mettre les ressources indispensables à la disposition de cette représentation une fois organisée.

« Ceux qui pensent que l'institution de Chambres d'agriculture librement élues, fortement constituées, sera d'une importance capitale pour la défense des intérêts agricoles, n'hésiteront pas à accueillir la formule de cette taxe aussi proportionnelle que la nature des choses le permet, et si légère que dans la plupart des cas elle n'atteindra pas 50 centimes par contribuable.

» Je n'ignore pas que, pour l'assiette d'une taxe de ce genre, quelques difficultés de détail peuvent se présenter. C'est à dessein que je ne m'y arrête pas ici, estimant que, dans l'émission du vœu que tout à l'heure je vous proposerai d'adopter, nous avons la prétention de jalonner le chemin à suivre, bien plus que d'en arrêter d'une manière détaillée et définitive tous les profils.

. . . .

» 5° Les Chambres d'agriculture, une par département, n'ont semblé à personne réaliser la représentation de l'agriculture d'une façon complète. Tout le monde a compris qu'il ne fallait pas laisser les pouvoirs publics en face des études, des projets, des vœux, des avis de toutes les Chambres départementales, et les charger d'en résumer la tendance et l'orientation générale. Il n'est personne qui n'ait jugé nécessaire de former un *Conseil supérieur* auquel incomberaient l'obligation et le soin de condenser en quelque sorte les aspirations du pays agricole tout entier.

» Seulement, ici, il semble que, pour la plupart, les auteurs des propositions de loi aient éprouvé des appréhensions singulières.

» Tous, dans une mesure assez large, ont donné l'élection, le choix libre des intéressés, pour base à la représentation de l'agriculture dans les départements.

» D'une manière presque unanime, ils renoncent dans une forte mesure à l'élection quand ils organisent le Conseil supérieur. Ils y envoient bien un délégué nommé par chaque Chambre d'agriculture, mais ces membres du Conseil supérieur, investis d'un mandat électif se trouvent partager avec un nombre fort important de délégués de l'autorité la mission de formuler les vœux, les avis dont le poids prévaudra en définitive.

» N'est-ce pas à votre avis une sorte de contre sens grave ? Ne semble-t-il pas qu'ici encore on se préoccupe de défaire ce qu'on aura eu tant de peine et mis un siècle à édifier? Certes, il ne conviendrait en aucune manière de fermer la porte du Conseil supérieur de l'agriculture, soit au ministre spécial dont tout commande d'y vouloir la présence, soit à tel nombre de délégués qu'il paraîtra juste de fixer et qui, au nom du ministre, viendront sur les questions les plus diverses apporter les vues propres de l'administration, ses motifs, ses éléments d'information, des renseignements, des chiffres probants peut-être.

» Mais autant il est nécessaire que, soit dans les Chambres d'agriculture, soit au sein du Conseil supérieur, l'administration puisse assister toujours aux délibérations, y apporter des éléments d'investigation ou de décision que seule elle peut posséder parfois, autant il nous paraît utile que la représentation de l'agriculture soit vraie de la base jusqu'au sommet, et que pas plus au Conseil supérieur que dans les Chambres locales le pouvoir, l'administration ne puissent être tentés de corriger les inévitables erreurs d'un suffrage qui, pour ne pas être universel, ne sera pas toujours impeccable.

» Avant tout, quel but se propose-t-on d'atteindre?

» Donner à l'agriculture la parole sur toutes les questions qui touchent à ses intérêts ; lui permettre de se choisir des mandataires qui fassent entendre cette grande voix de l'agriculture nationale : tel est, n'est-il pas vrai, le problème posé ?

» Dans ce cas, c'est aller à l'encontre du but, d'atténuer les choix faits par l'élection par ceux que ferait l'autorité.

» Et d'ailleurs nous l'avons fait remarquer déjà, il n'est question que de donner voix consultative à ces corps organisés pour représenter l'agriculture, à aucun degré leurs avis n'auront force de décision. Laissez donc à l'agriculture nationale le droit de délibérer seule sur ses intérêts, en présence des délégués de l'administration chaque fois que celle-ci le jugera utile, et, loin de chercher à diminuer, à amoindrir, à neutraliser la libre manifestation des vœux, des avis, des aspirations, grandissez dans toute la mesure où vous le pourrez le rôle et la responsabilité de la représentation agricole.

» Au Conseil supérieur un délégué de chaque Chambre départementale, — la présidence au ministre, s'il est présent, — le droit pour lui de faire entendre chaque fois qu'il le jugera utile un nombre déterminé de délégués, pouvant discuter, mais ne pouvant prendre aucune part au vote à émettre, telle nous semble devoir être la formule.

» Peut-être adviendra-t-il que des hommes dont le concours eût été précieux seront méconnus et tenus à l'écart par les suffrages agricoles, et peut-être serai-je l'un des premiers à regretter l'absence de tels au tels serviteurs éminents de la cause agricole dans un Conseil supérieur qu'ils auraient honoré, éclairé, animé ! C'est possible, probable.

» Il vous semblera comme à moi, Messieurs, que ces inconvénients sont de ceux auxquels il convient de s'attendre et qu'il vaut mieux subir que de fausser dans son couronnement l'œuvre entreprise, la constitution de la représentation de l'agriculture.

. . . .

Puis-je mieux faire, Messieurs, en terminant cette étude, de laisser la parole à l'un de ceux qui ont repris en main la question, à celui qui certainement aurait pris devant tous, demain, à notre banquet de clôture, l'engagement solennel d'aboutir.

» Comme il l'a dit, au début de l'exposé des motifs de sa proposition de loi, M. Méline l'aurait redit demain sans doute :

« Voilà plus d'un siècle que l'agriculture fran-
» çaise réclame le droit de discuter librement ses
» intérêts, de s'organiser pour leur défense, et de
» faire parvenir aux pouvoirs publics, par ses re-
» présentants autorisés, ses revendications et ses
» vœux. Jamais ce sentiment n'a été plus vif, plus
» prononcé qu'à notre époque, parce que jamais
» l'agriculture française ne s'est trouvée en face de

» questions plus nombreuses, plus pressantes, et
» parce qu'elle comprend que c'est seulement par
» l'union de toutes ses forces qu'elle peut arriver à
» résoudre les difficiles problèmes d'où dépendent
» sa prospérité et son avenir. »

VŒU :

» Comme conclusion, j'ai l'honneur de vous proposer de donner votre adhésion à la formule suivante :

« Le Congrès émet le vœu :

« 1° Qu'il soit créé des Chambres départementales d'agriculture, siégeant au chef-lieu de département, ayant pour mission de formuler des avis et des vœux sur toutes les questions touchant aux intérêts agricoles — et obligatoirement consultées sur toutes les modifications législatives en ce qu'elles pourraient affecter les intérêts agricoles et plus spécialement en ce qui a trait :

» Aux contributions ;

» Au régime douanier ;

» Aux octrois ;

» A la police des eaux et à leur emploi ;

» A la distribution des fonds généraux et départementaux destinés à l'agriculture ;

» A l'établissement des écoles régionales, des fermes-écoles, etc.;

» A l'établissement et à la réglementation des foires, des marchés, etc.;

» 2° Que les Chambres départementales d'agriculture soient élues, à raison de un membre par canton, par un collège électoral formé de deux délégués par commune, réunis au chef-lieu de canton — les délégués communaux devant être élus par le suffrage universel de tous les agriculteurs de chaque commune, sans aucune adjonction de catégorie, de quelque nature que ce soit ;

» 3° Que les Chambres départementales d'agriculture soient investies de la qualité de personnes morales, avec toutes les facultés que cette qualité comporte, et en conformité des lois qui en régissent la capacité et la situation ;

» 4° Que le budget des Chambres d'agriculture soit alimenté notamment par une taxe de un centime par hectare de terre en culture, avec un minimum de cinq centimes par cote ;

» 5° Qu'il soit créé un Conseil supérieur de l'agriculture — sous la présidence du ministre compétent — ledit Conseil exclusivement composé des délégués des Chambres d'agriculture départementales à raison de un délégué par Chambre départementale, avec faculté pour le ministre président de faire entendre, avec voix consultative seulement, les délégués qu'il jugera opportun de désigner, soit parmi les membres de l'administration, soit en dehors;

» 6° Que les Chambres départementales et le Conseil supérieur aient au moins une session annuelle, mais que, en dehors des sessions régulières, les Chambres et le Conseil supérieur puissent être réunis par leurs présidents, l'administration préfectorale devant toujours être prévenue en même temps que les membres des Chambres départementales seraient convoqués pour ces réunions spéciales. »

L'assemblée appuie l'orateur par de vifs applaudissements.

M. de Rouvray, de Rumigny (Ardennes), demande à faire deux observations : il craint d'abord que l'expression, « suffrage universel » ne soit prise au sens le plus large du mot, que les ouvriers agricoles et toute personne qui rend quelque service à l'agriculture ne soient électeurs ; il voudrait en conséquence que le mot « universel » fût supprimé.

M. Burtin, ni aucun autre membre, ne fait opposition et le mot est retiré.

M. de Rouvray craint en outre que la taxe de un centime à l'hectare, payable par les électeurs, ne soit insuffisante. Cette taxe donnerait environ 6.000 francs en Meurthe-et-Moselle. Cela serait une ressource fort inférieure à celles dont jouissent les Chambres de commerce.

M Tisserant rappelle que c'est lui qui a parlé le premier de ce chiffre à la Société centrale d'agriculture, dans un rapport qu'il lui a présenté au retour d'un Congrès agricole, où la Société l'avait délégué. M.Heuzé, présent à la réunion, se souviendra sans doute qu'il présidait la séance du Congrès où la représentation de l'agriculture faisait l'objet d'un vœu fortement motivé, et que c'est d'après ses calculs et l'examen des conditions d'existence de telles Chambres, qu'il a proposé la taxe, très faible, il est vrai, mais peu effrayante de 0,01 à l'hectare ; et cette taxe a été votée.

M. Heuzé répond qu'en effet il lui a semblé alors, ce qui est encore son idée actuelle, qu'en demandant une taxe faible, mais déjà suffisante, la loi serait plus facilement obtenue.

M. Aubry est d'avis que la question de taxe n'est même pas discutable, au point de vue du quantum; ce qui est nécessaire avant tout et ce qu'on demande d'abord, c'est l'adoption du principe de la représentation et de la taxe, par une loi ; la taxe pourra être augmentée par la suite, s'il y a lieu ; celle qui est proposée peut être essayée.

M. Burtin déclare à son tour qu'il ne fait pas grand cas de l'élévation de la taxe à une somme ou à une autre ; si les Chambres de l'agriculture sont créées, elles auront sans doute une personnalité civile, qui leur permettra de recevoir des dons et des legs et par là d'augmenter leurs ressources.

M. de Rouvray n'insiste pas davantage sur son observation, il constate les dispositions de l'assemblée et la possibilité d'augmenter les ressources par des legs ; il aurait voulu néanmoins une taxe plus forte pour assurer l'existence de fonds toujours disponibles.

M. Aubry reconnait que la taxe pourrait être doublée sans être onéreuse, et M. Burtin n'insiste pas quoiqu'il préfère une taxe faible.

M. Belly présente une autre observation : il se demande pourquoi les Chambres d'agriculture n'auraient pas voix délibérative au lieu d'être purement consultatives ?

Ce serait trop exiger, disent MM. Ch. de Meixmoron de Dombasle et V. Burtin : demander pour ces assemblées des pouvoirs que ne possèdent pas les Chambres de commerce, serait se faire illusion. Du reste, ajoute M. Burtin, il ne faut pas en douter, les voix de 83 Chambres d'agriculture, ou seulement de 60, seront toujours écoutées.

M. le Président demande si l'on insiste encore sur les observations formulées et si quelqu'un propose un amendement.

Personne ne se présente et les vœux formulés par M. Burtin sont mis aux voix et adoptés (1).

---

(1) Je crois devoir transcrire ici la substance d'une lettre que M. de Frotté, Président du Comice agricole de Nogent, et Vice-Président de la Société d'agriculture de Chaumont, avait adressée au Bureau du Congrès et qu'une circonstance imprévue n'a pas permis de retrouver pour soumettre à l'approbation de l'assemblée le vœu qu'elle renfermait :

« L'agriculture doit être considérée comme la première et la plus importante des industries nationales et il est de toute justice de la faire bénéficier des mêmes avantages et des mêmes facilités dont sont dotées, souvent si largement, les autres industries de toute nature.

» Si l'on croit, comme moi, qu'il est d'un intérêt essentiellement national et patriotique d'entraver la dépopulation des campagnes, il est de toute nécessité que les hommes attachés à la terre, habitant les villages et les fermes, qui n'ont à profiter en aucune façon des progrès, faveurs et bénéfices d'existence dont jouissent les habitants des villes, les employés de l'Etat, ceux des Compagnies de chemins de fer et autres grandes administrations, soient, par compensation, soulagés en partie des lourdes charges qui les écrasent et qu'en outre, on leur permette de tirer de leur travail une rémunération en rapport avec leurs peines et les difficultés si complexes auxquelles ils sont soumis.

» Pour faire valoir utilement ces revendications si justes, il n'y a que deux moyens pratiques qui puissent nous aider à en obtenir la réalisation :

1° La représentation agricole que nous demandons déjà depuis si longtemps et qu'on nous refuse toujours ;

» 2° L'organisation d'un grand Congrès agricole national qui, organisé par les groupes agricoles des deux Chambres, auquel seraient appelés à s'y faire représenter par des délégués toutes les Sociétés agricoles de France, aurait lieu tous les ans à Paris, à l'occasion du grand Concours agricole qui s'y tient à la fin de janvier ou au commencement de février.

» J'ai l'honneur, en conséquence, de soumettre à l'approbation du Congrès le vœu suivant :

« Le Congrès de Nancy, estimant que, pour faire valoir
» victorieusement les justes revendications que réclame
» l'agriculture, il est essentiel qu'elles puissent être connues

M. le Président remercie M. Burtin de son intéressante conférence et donne la parole à M. Lejeune, ancien député, propriétaire-cultivateur à la Brosse, par Buzançais (Indre).

M. Lejeune commence par montrer toute l'importance du sujet qu'il vient traiter devant le Congrès. Malgré ses occupations pressantes et la grande distance qui le sépare de Nancy, il n'a pas cru devoir répondre par un refus aux sollicitations du Bureau de la Société centrale d'agriculture.

La cote française, dit-il, et le change sont un singulier phénomène. Dans le monde entier le prix des denrées agricoles baisse avec persistance et l'on ne peut prévoir jusqu'où ce mouvement de baisse descendra.

Certaines puissances établissent des droits protecteurs, mais c'est l'histoire du boulet et de la cuirasse. Les navires n'arrivent pas à se garer des boulets, qui, toujours plus forts, percent leurs cuirasses nouvelles, et à côté du boulet on a créé la torpille qui fait sauter le navire d'un seul coup.

Il en est de même pour les denrées agricoles : la cuirasse défensive, le droit de 7 fr. n'a pas suffi pour arrêter la baisse. Le prix du blé est encore descendu d'un franc depuis l'élévation du droit ; le blé à l'étranger ne vaut plus que 11 fr. les 100 kilos.

Cela peut paraître singulier, mais c'est qu'on a

» et appréciées le plus facilement possible par les pouvoirs » publics et les représentants du pays dans les Chambres, » émet le vœu :

» Que par l'initiative du groupe agricole du Parlement, » un Congrès national ait lieu tous les ans à Paris à l'époque » du grand Concours agricole. » H. T.

pris un simple expédient et non le véritable remède au mal.

On dit qu'il y a surproduction et ce mot est répété à l'envi par tous ceux qui ne réfléchissent pas. De la surproduction, il n'y en a jamais, ou elle est seulement momentanée. Pendant vingt ans, les producteurs ont usé de tous les moyens pour augmenter la quantité de leurs produits, et ils n'ont pas atteint cette surproduction : la consommation a suivi la production et celle-là peut augmenter jusqu'à l'infini.

Celui qui a un budget veut aussi toujours l'augmenter et c'est ainsi que nos valeurs se sont élevées de 70 à 100 francs. Mais cela indique-t-il que nous soyons plus riches ? que nos caisses regorgent ? personne n'oserait le dire ; ici encore se trouve une preuve de fausse surproduction.

Avant cette époque et, pendant plus de 20 ans, de 1850 à 1876, le bien-être a rejailli sur la consommation en blé, qui est montée de 85 à 90 % et c'est pourquoi le prix des blés a suivi une marche à peu près régulièrement ascendante.

Donc, il n'est pas exact de dire qu'il y a superproduction, et ce mot ne doit pas être prononcé.

Mais, alors, d'où vient cette crise qui augmente toujours ? Cela est dû aux règlements de comptes qui se font entre les peuples, comme entre les individus.

Les peuples sont riches ou ils sont pauvres ; les uns comme les autres ont des comptes à régler et ils veulent les régler. Eh bien ! ils font comme les commerçants, comme les négociants qui veulent payer leurs dettes : de même que le négociant est obligé parfois de vendre à perte pour trouver l'argent dont il a besoin, de même le peuple qui doit, vend à tout prix pour se libérer et il vend, s'il le faut, au-dessous du prix de revient.

Chose remarquable, quand un peuple vend à perte pour se libérer, ses cours intérieurs ne fléchissent pas, tandis que, chez le voisin qui reçoit la marchandise, la baisse est relative. C'est le change qui se produit entre les peuples comme il se fait entre les villes et les provinces.

Aujourd'hui la France et l'Angleterre sont riches ; il est dû à la première pour 20 milliards de créances. créances dont il faut payer l'intérêt ; il est dû quatre fois plus à l'Angleterre, soit plus de 80 millards. Or, on ne peut payer qu'en argent ou en marchandises.

La France a voulu fermer ses portes aux vins espagnols et elle a élevé ses droits de 20 °/₀.

Le change a dû monter de suite de près de 20 °/₀ en Espagne pour compenser ou payer ces droits, il est monté à plus de 20 °/₀ aujourd'hui. Les marchandises s'y vendent dans les transactions intérieures à leur prix normal augmenté de 20 °/₀. Les Espagnols nous doivent beaucoup ; nous avons un milliard à recevoir et, les marchandises qu'ils nous envoient font subir fatalement une forte dépréciation à la nôtre. Il en est de même au sujet de la Russie, qui ne doit pas moins de 4 milliards à la France.

Les Allemands ont fait un traité de commerce avec la Russie ; auparavant, leur blé se vendait à peu près comme chez nous. Il a baissé depuis le traité et plus que chez nous, puisqu'il se vend 16 fr. au lieu de 18 ; c'est parce que les Russes doivent beaucoup à l'Allemagne et paient en denrées. Toutes les denrées baissent chez celui qui reçoit ; donc le change est la cause de la dépréciation des prix.

Le cours du change varie à l'infini, suivant les Etats et leur besoin d'or. Voici un tableau de la situation au 25 janvier 1894, extrait du remarquable discours prononcé à la Société des Agriculteurs de France par M. Alph. Allard, directeur honoraire de la Monnaie de Belgique :

A Paris, l'or est au pair.
A New-York, l'or est au pair.

A Bruxelles,	l'or fait prime de	0.125	pour 100 francs	
A Londres,	—	0.14	—	
A Berne,	—	0.25	—	
A Berlin,	—	1.48	—	
A Vienne,	—	4.40	—	et 5 aujourd'hui.
A Rome,	—	13.25	—	
A Madrid,	—	18.40	—	et 20 aujourd'hui.
A Lisbonne,	—	23.50	—	et 32 —
A Saint-Pétersbourg,	—	32.125	—	et 34 —
A Bombay,	—	37.40	—	et 40 —
A Athènes,	—	40.50	—	
A Mexico,	—	42.60	—	
A Rio-Janeiro,	—	62.75	—	
A Buenos-Ayres	—	70.60	—	
A Santiago (Chili),	—	73.00	—	

Aujourd'hui, le change est monté à Buenos-Ayres à un prix tel qu'il faut verser 285 francs en monnaie du pays pour obtenir 100 francs d'or, et cependant le pays est prospère, ainsi que l'on peut s'en convaincre en lisant le rapport du Président de la République Argentine.

Ce phénomène peut paraître extraordinaire au premier abord, et pourtant il est réel et facile à comprendre.

Les marchandises d'un pays, lorsqu'elles sont vendues dans ce pays, sont échangées contre la monnaie courante, et, si par suite du change de l'or il y a un écart entre le prix de l'or et celui de l'argent, ces marchandises sont vendues à un prix relativement élevé en monnaie du pays, puisque celle-ci a baissé en valeur comparativement à l'or ; 100 francs de cet argent peuvent ne valoir que 90, 80, 70 francs d'or. Ainsi, par exemple, en prenant le blé : si 100 kilos de blé, qui valent 10 à 12 francs, je suppose, en monnaie d'or, sont vendus au pays de production, ils seront payés à la valeur de 10 à 12 francs d'or étranger, c'est à dire de 10 à 12 francs de monnaie de pays augmentés de la valeur du change, soit de 20, 30 et 50 °/₀ et plus ou 12 à 25 fr. ; ils seront donc vendus à un bon prix, et le pays sera prospère, car les prix de l'intérieur suivent à peu près ceux de l'exportation.

Par contre, si les mêmes marchandises sont vendues à l'étranger, elles ne pourront êtres livrées que contre de l'or, puisque l'or est la seule monnaie qui ait cours partout. Si donc un vendeur étranger veut avoir 100 francs d'or par l'exportation, il ne les obtiendra pas en livrant 1.000 kilos de blé à 10 fr., monnaie du pays, mais bien en cédant 1,200 à 2,000 kilos si le change s'élève de 20 à 50 °/₀, c'est à dire si l'or a une valeur de 20 à 50 °/₀ plus élevée que l'argent du pays. Il lui faudra encore augmenter sa marchandise d'une quantité suffisante pour représenter le droit d'entrée. De son côté, l'acheteur français peut acheter à l'étranger avec la monnaie de son pays, mais alors il passe à la banque échanger 100 francs d'or contre 110, 120, 150 francs de cette monnaie, suivant le prix du change, et il achète pour ses 100 francs d'or 150 francs de marchandises. La conséquence naturelle de ces faits est que les pays riches ou importateurs reçoivent des marchandises à des prix qui écrasent les cours de leurs propres denrées : car ce qui est pour le blé existe aussi pour toute autre marchandise.

Donc, en résumé, les pays qui ont des dettes ne peuvent les payer qu'en or ou en marchandises vendues contre de l'or, et ils vendent à perte, par rapport à l'or, en inondant les pays acheteurs.

Chez nous, la chose est impossible : nous ne pouvons vendre nos marchandises en les grevant de 20, 30 et 40 % et plus, puisque l'or y est au pair et que nous livrons au taux ordinaire des monnaies françaises, le même pour toutes, argent, papier et or. Si nous vendons à l'étranger, nous ne pouvons accepter ses monnaies sans les déprécier de la valeur du change, autrement nous serions tellement en perte qu'il serait préférable de renoncer à nos industries d'exportation.

En Angleterre, la situation en regard de l'Inde était à peu près la même qu'en France vis à vis des puissances étrangères : il n'y avait pas de change ; alors les industriels anglais ont transporté leur commerce et leurs fabriques à Bombay pour réaliser de gros bénéfices. Les industriels de Manchester ont lutté de toutes leurs forces ; ils ont cherché les raisons de leur situation déplorable et ils ont découvert la question du change à laquelle ils ont voulu trouver des remèdes. Au lieu de prendre le taureau par les cornes, ils ont pris de petits moyens : ils ont arrêté la frappe de l'argent dans l'Inde ; mais cela n'a rien changé dans les transactions, la baisse de la roupie a persisté. Les Anglais se sont trouvés impuissants.

Ce fait montre autre chose que les faits brutaux, il est une preuve qu'une puissance ne peut pas agir seule.

Les Etats-Unis n'ont pas de change, l'or y est au taux de l'argent. Ils envoient beaucoup de blés en Europe ; aujourd'hui, ils amènent des bœufs qui font concurrence aux nôtres sur le marché de la Villette, où ils se vendent bien. Ils n'ont pas le change pour assurer leur prospérité, mais seulement une protection presque prohibitive. Cela ne suffit pas, aussi à l'heure actuelle subissent-ils une crise terrible dont ils ne peuvent se tirer que par leur jeunesse et l'étendue de leurs terres cultivables. Ils sont exportateurs, et l'année dernière ils nous ont écrasés de leurs produits, grâce à cette fausse manœuvre du gouvernement, qui a laissé pénétrer tous leurs blés avant de relever le droit.

C'est que les Etats-Unis doivent beaucoup et ils paient leurs dettes ; leur monnaie or, il est vrai, a cours, mais parce qu'ils doivent beaucoup, ils vendent aussi beaucoup pour s'en tirer. Ils ont construit des chemins de fer pour 40 milliards de francs ; ils ont eu leur guerre de sécession, et leurs dettes à l'Europe se sont élevées à un prix énorme. Ils ont payé leurs intérêts et ils amortissent leurs dettes, d'où cette énorme exportation et leurs efforts pour tenir leur change au pair.

Mais leur situation intérieure est bien plus défavorable que celle des puissances de l'Amérique du Sud, parce qu'ils n'ont pas l'avantage du change pour élever le prix des denrées utilisées sur place. Ils montrent en ce moment un spectacle lamentable : ils ont à Washington le camp des miséreux du Far-West, une vaste plaine qu'on a fini par leur donner, mais où ces malheureux meurent de faim sous les yeux du gouvernement. On ne peut laisser ainsi mourir de faim 100.000 hommes, mais que fera-t-on?

De tout ce qui précède, voyons comme conséquence la question monétaire : nous avons parlé de changes de 20 %, de 40 % ; il faut toujours étudier à fond les questions ; rien dans une question ne doit rester ignoré, rien ne doit rester obscur.

Le change a diverses causes ; dans les transactions ordinaires il peut exister un faible écart de quelques centimes pour 100 ; c'est la balance du commerce entre les peuples : l'un achète plus, l'autre achète moins, d'où ces écarts légers tenant à l'offre et à la demande. Au point de vue de la Banque, le crédit est basé sur la valeur des peuples ; il n'y a pas à craindre, à moins qu'on ne fasse faillite.

Ce qui constitue aujourd'hui l'écart du change est la différence entre la valeur des monnaies d'or et d'argent. C'est le point dont on parle et dont on se préoccupe à cette heure. En France, les deux monnaies sont au pair ; en Angleterre, on parle livre sterling, on vend à la livre sterling. Autrement dit, un peuple parle la langue or, l'autre la langue argent.

Autrefois il y avait un interprète entre ces deux langues, c'était la France. Pendant 75 ans, elle a pris les deux monnaies: c'est sa gloire, gloire qu'elle a maintenue. Aujourd'hui le change est monté jusqu'à 40 % et plus : il varie suivant les Etats, c'est une vraie Babel sans interprète. La cause en est l'abondance de l'argent, son refus dans les transactions de peuple à peuple et sa baisse de valeur consécutive jusqu'à 30 à 40 °/₀. Si dans ces conditions l'Italie n'est pas tombée plus bas, c'est grâce au traité monétaire de la ligue latine.

Ces questions de l'or et de l'argent remplissent le monde. Aux Etats-Unis, des élections se font sur cette question vitale de l'or et de l'argent, liée au libre-échange, on lutte sur le bimétallisme.

Etre libre échangiste sans être bimétalliste est un non sens ; la protection, d'autre part, vient du bimétallisme. Tandis que s'élevait la discussion entre le libre-échange et la protection, de Bismarck devançait les puissances de l'Europe en se faisant protectionniste agissant. A cette époque, on a vu naître en France la question monétaire : la France a cessé de frapper monnaie, l'Allemagne a frappé de l'or et les autres puissances ont abandonné l'argent.

Pour terminer cette question, après avoir montré les effets de la production et de la protection, il reste à inviter les membres du Congrès à étudier la question agricole proprement dite : c'est une question de vie ou de mort.

Ce que tout le monde constate, c'est une perturbation générale, immense. Si l'or augmente en valeur relative dans un pays, ses denrées agricoles affluent au pays qui fournit l'or et les denrées de celui-ci diminuent de prix proportionnellement à cette augmentation en écrasant le marché. Nous avons dit qu'à une augmentation de 30 °/₀ répondait une augmentation presque égale de produits importés. De telle sorte qu'on peut dire en toute vérité, que chaque hausse dans le change a son influence immédiate sur les cours la marchandise importée et que cette influence varie comme les changes presque constamment et à l'infini.

Les Anglais ont prouvé ce phénomène en l'exposant dans un tableau bien net et bien précis.

De ces faits il résulte une crise qui s'accentue : les denrées, les terrains et les produits sont en baisse et d'autre part les valeurs mobilières sont en hausse. On peut se demander pourquoi? Mais c'est parce que la pièce d'or a fait baisser les produits du sol, qui ne rémunèrent plus ni propriétaire, ni fermier. Si, d'une part, le cultivateur a besoin du double de produits pour trouver la même somme, il ne peut se tirer d'affaire ; si, d'autre part, l'Etat reçoit 1.000 fr. il rend 1.000 fr., il donne en outre une rente; celle-ci, il est vrai, de 50 fr. autrefois, n'est plus même aujourd'hui de 30 fr., mais il n'y a pas de perte sur le capital, comme pour le producteur agricole et l'or quitte le sol pour les valeurs mobilières. Malheureusement ce déplacement s'applique sur des sommes énormes, au détriment de la propriété immobilière et foncière.

Si donc les choses continuent sur cette pente, c'est la patrie qui disparaît. Cette question vaut qu'on s'y arrête.

En terminant, M. Lejeune souhaite avoir persuadé au Congrès qu'il faut dresser l'oreille toutes les fois qu'on parle du change et de la question monétaire. Des ligues se sont formées dit-il, ou se forment dans les puissances étrangères pour vaincre la difficulté. Si l'on parle d'une ligue chez nous, il faut la suivre ; les gouvernements, surtout en France, sont timides et ils ne marchent que sous l'action de tous. C'est par la pression générale du monde agricole que le Gouvernement fera, au point de vue monétaire, ce qu'il a fait pour la question économique ; il faut faire appel au Gouvernement, il faut l'entraîner.

Cette conférence remarquable, que je regrette de n'avoir pu qu'interpréter, quand j'aurais voulu lui donner sa forme vivante et sa chaude conviction, a vivement impressionné tout l'auditoire et s'est terminée au milieu des acclamations.

M. le Président félicite cordialement le brillant orateur et le remercie au nom de tous, de son intéressante conférence.

L'heure étant avancée, la séance est levée à midi moins un quart.

Séance du 29 Juin

Soir.

Présidence de MM. A. de METZ-NOBLAT, secrétaire et Ch. de MEIXMORON DE DOMBASLE, président.

Sont présents : MM. A. de Metz-Noblat, secrétaire; de Meixmoron, président; Boppe, directeur de l'Ecole forestière ; Guyot, sous-directeur de l'Ecole forestière ; Fernand Simonin, archiviste-trésorier ; Tisserant, secrétaire-général ; Fliche et E. Henry, professeurs à l'Ecole forestière ; Vaney et Thierry, inspecteurs des forêts ; colonel Montignault et Mer, sous-inspecteurs des forêts ; E. Fabvier, à Nancy ; Huffel, sous-inspecteur des forêts ; de Crevoizier d'Hurbache, à Nancy ; Poirson, professeur à l'Ecole Dombasle ; les élèves de l'Ecole Dombasle ; E. Breton, delégué de la Société d'agriculture de Bar-sur-Aube, à Outre-Aube, par Clairvaux ; Salmon Ruotte; Guignard, à Port-sur-Saône (Haute-Saône) ; Masson, propriétaire à la Trinité (Saint-Max) ; V. Burtin, agriculteur à Nancy ; J. Lejeune, à Nancy ; de la Salle ; Aubry, président du Comice, à Toul ; Welche, ancien ministre et conseiller d'Etat à Paris ; Didier, à Dun-sur-Meuse (Meuse) ; Laurent, à Chauvency-le-Château ; Dazy, à Louppy ; Villaume, à Damvillers (Meuse) ; Schneider, à Nancy ; Beaugé, à Lay-Saint-Christophe; Philippe, à Joinville ; Pressoir, à Carignan (Ardennes) ; Lapicque, à Epinal (Vosges) ; de Bouvier, à Bayon ; Mérendet, à Epernay (Marne) ; E. Collet, à Serres ; Vimont, au Ménil-sur-Oger (Marne) ; E. Rouveray, à Rumigny (Ardennes) ; Cheminal ; de Chevigny, à Nancy ; Gillet-Chémery, à Courtisols (Marne) ; A. Chémery, à Moiremont (Marne) : Knecht, agent de la Société centrale d'agriculture, à Nancy.

En l'absence de M. de Meixmoron de Dombasle, M. de Metz-Noblat, secrétaire de la Société centrale, prend place au fauteuil, et prononce les paroles suivantes :

« Messieurs,

» J'ai l'honneur inattendu d'ouvrir cette séance.

» Le Congrès agricole se réunit aujourd'hui dans l'enceinte de l'Ecole nationale forestière. Cette Ecole est illustre par ses fondateurs, par ses professeurs, illustre aussi par les élèves qui se sont succédé à ses cours depuis près de trois quarts de siècle, et qui constituent en France, en Algérie, en Tunisie, l'administration forestière, partout dévouée au bien public, consacrant ses efforts à la restauration des richesses naturelles de la patrie.

» L'Ecole forestière est justement réputée à l'étranger : d'Angleterre, de Danemark, de Portugal, de presque tous les pays du monde, des auditeurs libres ou envoyés par leurs gouvernements, sont venus chercher ses enseignements. L'Ecole est trop peu connue en France, à Nancy même.

» En ma qualité de Nancéïen, je me félicite, Messieurs, que le Congrès agricole soit aujourd'hui à même de l'apprécier et de la faire apprécier au dehors ; en ma qualité d'ancien élève libre, je suis heureux de payer un tribut de publique reconnaissance à l'Ecole et aux maîtres dont j'ai reçu les enseignements. »

M. de Metz-Noblat prie M. le Directeur de l'Ecole de vouloir bien prendre place au Bureau.

M. Simonin, archiviste-trésorier, y prend place également et présente les excuses de M. Ch. de Meixmoron, retenu au dehors pendant la première partie de la séance.

M. le Président donne la parole à M. Huffel, inspecteur-adjoint des forêts, chargé de cours à l'Ecole, pour sa conférence sur la plantation et l'amélioration des forêts.

M. Huffel s'exprime en ces termes :

I.

« Messieurs,

» Lorsque M. le Président de la Société centrale d'agriculture de Meurthe-et-Moselle m'a fait l'honneur de me demander de vous entretenir quelques instants de choses forestières, j'ai été d'autant plus heureux de répondre à son appel que je savais que c'était ici, dans cette vieille maison de la sylviculture française, que j'aurais à parler devant des agriculteurs. Permettez-moi de voir, dans cette hospitalité offerte par notre Ecole forestière au Congrès agricole régional, l'image du lien qui solidarise tous les exploitants du sol, agriculteurs et forestiers, dont le but commun est la mise en valeur de plus en plus rationnelle de la première des richesses de la patrie : de son sol.

» A une époque où l'agriculture était encore à l'état d'empirisme plus ou moins grossier, où la sylviculture n'existait pas, on demandait volontiers à la forêt d'autres produits que son bois. Au moyen-âge, beaucoup de nos plus riches forêts n'avaient d'importance que par le nombre des bestiaux qu'on pouvait y introduire, soit pour y brouter l'herbe, soit pour s'y nourrir des fruits des arbres : des glands et des faînes. A mesure que l'agriculture a progressé, elle a renoncé à rien demander à la forêt ; on peut même affirmer que la séparation complète des deux domaines est une des meilleures marques du perfectionnement de la culture dans une région.

» L'agriculture et la sylviculture se sont cantonnées sur des territoires propres, de plus en plus distincts. C'est précisément des causes qui ont présidé à ce partage de notre sol entre le champ et la forêt que je voudrais vous entretenir un moment, en limitant toutefois notre champ d'études à la région qui nous entoure, au département de Meurthe-et-Moselle.

II.

» Le fondement de l'agriculture, dit un vieil auteur, Olivier de Serres, est la connaissance du naturel des terroirs. Il est, en effet, connu de toute antiquité, et d'expérience vulgaire, que tous les sols ne conviennent pas à tous les genres de culture. Au point de vue spécial qui nous occupe, nous remarquons que les forestiers revendiquent pour la production du bois des terrains qu'ils déclarent *sols forestiers*, par opposition à ceux qu'il convient de laisser à la culture agricole proprement dite : il existe des sols forestiers et d'autres qui sont des sols agricoles.

» Cette distinction se justifie immédiatement par ce fait : Beaucoup de terrains, incapables de rémunérer les travaux des cultivateurs, peuvent porter de bonnes et d'excellentes forêts. Telles sont, en première ligne, les terres trop pauvres pour fournir économiquement des récoltes agricoles.

« Rien n'est plus facile que d'expliquer cette aptitude de la forêt à prospérer en sol stérile pour le laboureur.

» En effet, la forêt demande bien peu de chose au sol, surtout lorsqu'on n'en exporte que des bois d'une certaine dimension. De nombreuses analyses chimiques nous ont appris que nos arbres sont formés, pour les quatre-vingt-dix-neuf centièmes de leur poids, de matières provenant de l'atmosphère : carbone, oxygène et hydrogène ; les éléments minéraux empruntés au sol forment environ un pour cent du poids total (1). Ces éléments minéraux sont

(1) Ebermeyer, Naturgesetzliche Grundlagen des Wald und Ackerbaues, 1882, pages 34-42.

du reste surtout localisés dans les parties jeunes des végétaux forestiers, dans les ramilles et les feuilles; si nous laissons celles-ci retomber sur le sol et s'y décomposer, nous restituons ainsi au terrain plus de moitié de ce que l'arbre lui a emprunté. Mais il y a plus. Les éléments minéraux absorbés par la végétation forestière sont formés, pour plus de la moitié, de chaux, d'oxydes de fer, substances qui ne font que rarement défaut même dans les terrains les plus pauvres, tandis que les matières précieuses, qui manquent si souvent aux agriculteurs, n'existent dans le bois qu'en proportions extrêmement faible. Le tableau ci-dessous donnera une idée nette des exigences comparées des productions agricole et forestière :

Quantité de substance absorbée, en moyenne, par hectare et par an, par la récolte.

	POTASSE kil	CHAUX kil.	MAGNÉSIE kil.	ACIDE phosphorique kil.	SILICE kil.	AZOTE kil.
Forêt de pin sylvestre aménagée à 120 ans (1) (produits ligneux, principaux et intermédiaires)	2.3	7.7	1.45	1.03	0.71	7.75
Champ de pommes de terre (2)	120.4	37.1	24.3	36.3	7.8	60.9 (3)
Champ de blé (2)	29.2	9.3	7.2	21.4	96.9	62.4 (3)
Prairie artificielle (trèfle) (3)	102	111.8	34.6	31.3	7.5	95.8 (3)

(1) D'après Ramann. (Handbuch der Forstwissenschaft de Lorey).
(2) D'après Ebermeyer et différents auteurs.
(3) D'après Boussingault ces chiffres seraient de 46.3 pour les pommes de terre, de 31.3 pour le blé et de 85 pour le trèfle ; on conçoit que les résultats sont fort variables avec la quantité des récoltes.

» Ces quelques chiffres montrent bien clairement combien la forêt demande relativement peu au sol.

» Cependant tous nos arbres sont loin d'être également sobres. Les moins exigeants de tous sont les résineux, et parmi ceux-ci le pin sylvestre, qui mérite une mention spéciale : on peut dire que cette essence se nourrit presque uniquement aux dépens de l'atmosphère, ce qui en fait un auxiliaire incomparable pour la restauration des terres les plus pauvres, épuisées par les abus de jouissance de toute sorte. Les arbres feuillus sont plus exigeants et présentent entre eux d'assez grandes inégalités; un de mes collègues, qui a étudié la question d'une façon spéciale, M. Henry, range dans l'ordre suivant les principales essences de nos forêts du calcaire oolitique, en commençant par les plus sobres :

» Cerisier merisier, alisier torminal, orme de montagne, chêne, érable champêtre, pommier, tremble, charme, coudrier, frêne, etc.

» En somme, si un terrain est rarement trop pauvre par nature, au moins dans nos pays, pour produire des arbres, il peut cependant fort bien arriver que des terrains dégradés, appauvris accidentellement, ne conviennent plus qu'aux résineux et particulièrement aux pins qui devront préparer le retour des bois feuillus lorsque leur présence, plus ou moins prolongée, aura amélioré l'état du sol.

» Une seconde cause de localisation des cultures agricole et forestière se trouve dans la profondeur du sol.

» Celle-ci, si importante en agriculture, ne l'est pas moins en sylviculture. Il va de soi, tout d'abord, qu'un terrain sans profondeur ne saurait loger la souche de nos grands arbres ; la production des futaies y est donc impossible. Les terrains superficiels sont de plus très exposés à se dessécher, surtout lorsqu'ils reposent sur un sous-sol rocheux fissuré. Cependant ici, encore, et c'est là ce qui nous importe, les exigences des cultures agricole et forestière sont bien différentes.

» La forêt couvre le sol d'un manteau de feuilles mortes et d'humus ; elle superpose à cette couverture l'écran épais de ses branches et de son feuillage, écran tout à fait impénétrable au soleil, surtout dans la saison d'été, où l'évaporation soutire tant d'eau aux terrains agricoles. Sa présence seule, comme l'ont si bien démontré les beaux travaux entrepris ici même, à Nancy, par mon illustre et regretté maître, M. Mathieu, abaisse la température ambiante, diminue donc l'évaporation ; enfin et surtout elle produit cet effet remarquable d'augmenter la quantité des précipitations atmosphériques arrivant au sol. D'autre part, la végétation forestière emprunte bien moins d'eau au sol que la plupart des cultures agricoles et la masse même des arbres leur donne la faculté d'accumuler des réserves dans leurs tissus, réserves qui leur permettent de résister plus facilement à des sécheresses passagères. Toutes ces causes réunies rendent l'existence de belles forêts possible là où l'agriculture n'obtiendrait que peu de chose, faute d'une humidité suffisante.

» A un autre point de vue encore constatons que, si les sols profonds sont certainement les meilleurs, la forêt se montre néanmoins très accommodante à cet égard. Nous avons des essences dont l'enracinement s'enfonce très peu et finit par prendre, dans les terrains superficiels, une forme tout à fait tabulaire. Tels sont le hêtre et le charme que nous voyons végéter, sinon prospérer, dans des terrains ne présentant qu'une très faible épaisseur de terre végétale. Le chêne lui-même, dont le pivot s'enfonce si profondément dans les sols divisés, étale ses racines dans les terrains peu profonds et nous montre alors, dans sa partie aérienne, une cime de forme aplatie, à longues branches, s'étendant parallèlement au sol. Parmi les résineux l'épicéa est remarquable par la faible profondeur de son enracinement.

» Pour les forestiers un sol de cinq, six, sept centimètres de profondeur est déjà utilisable, tout en n'étant guère apte qu'à produire de petits arbres : des brins de taillis ou des résineux qu'on coupe jeunes. Un sol de quinze centimètres passe pour assez profond ; à trente centimètres il est tout à fait profond et à cinquante centimètres nous considérons un sol comme très profond. Vous voyez qu'à cet égard la forêt se contente de peu ; elle produit des hêtres de trente mètres de haut dans des terrains où la pomme de terre ne trouverait pas assez de terre végétale.

» Mais voici qui est surtout intéressant pour notre sujet : il n'est pas nécessaire pour la forêt, comme pour le champ labouré, que la terre végétale forme une couche continue et régulière. Voyez les plus belles sapinières de France et, peut-être, du monde : aux confins des départements du Doubs et du Jura, dans les forêts de la Joux et de Levier. Elles croissent sur un rocher calcaire qui affleure à chaque instant, réduisant à rien l'épaisseur de la terre végétale. Là même où la roche est recouverte de terre, il suffit de gratter le sol de la pointe du pied pour la découvrir à quelques centimètres de profondeur. Et cependant nous avons devant nous des arbres de cinquante mètres de haut, donnant quarante et quelquefois quarante-cinq mètres de longueur en bois d'œuvre, des massifs cubant mille mètres cubes et plus, à l'hectare. Cela s'explique par ce fait que la roche du sous-sol est profondément divisée par des fissures verticales, qui forment autant de poches, où s'amasse la terre: les racines de nos sapins, après avoir longtemps rampé à la surface du rocher, abritées sous la mousse, finissent par rencontrer une de ces poches dans laquelle elles s'enfoncent, s'étendent, et puisent la nourriture du géant qui nous étonne par son aspect de prospérité alors que la partie visible de ses racines se cramponne au roc stérile et presque nu. Le même phénomène se produit plus ou moins sur tous les terrains calcaires, et notamment sur notre oolithe inférieure lorraine et nos calcaires coralliens. Malheureusement, ces roches ont été, dans nos régions, infiniment moins bouleversées que dans le Jura par les grands mouvements qui ont donné son relief à notre sol. Leurs assises sont restées horizontales comme elles l'étaient lors de leur formation dans la mer secondaire, les fissures verticales sont rares et nous avons souvent là de ces terrains sans profondeur, impropres à la culture agricole, médiocres ou assez bons pour la forêt.

» Bien d'autres causes encore ont empêché la culture agricole de s'étendre sur tous les sols. Tantôt le terrain est trop compacte et imperméable:

l'agriculture n'en veut pas, mais le chêne pédonculé et les bois blancs y prospèrent. Ailleurs, c'est un sable à gros grains sans hygroscopicité, gelant en hiver, devenant brûlant en été jusqu'à de gran des profondeurs ; les pins, les bouleaux, les hêtres et bien d'autres arbres y croissent vigoureusement. Tantôt encore, le sol trop accidenté, ou en pente trop rapide, ne permet plus la culture et commande le maintien de l'état boisé.

» Ailleurs le climat est devenu trop rude : la vigne, le blé ne mûrissent plus, les arbres fruitiers ont disparu, le seigle lui-même ne donne plus de récolte. Il ne reste plus que deux cultures possibles : la forêt, et particulièrement la sapinière, amie des frimas (*abies frigoris comes*, dit Linné), et le pâturage. Ce dernier lui-même devient impraticable lorsque la fraîcheur fait défaut, comme dans nos grès vosgiens et nos collines calcaires.

II.

» Telles sont, rapidement exposées, les principales causes naturelles qui, dans notre région, ont empêché le défrichement total, et réservé à la forêt un domaine spécial. A ces causes il convient d'en ajouter d'autres, de nature économique, dont je ne vous dirai qu'un mot, par manière de parenthèse, m'écartant ainsi pour un instant de mon sujet.

» S'il est vrai que les mauvais sols, impropres à l'agriculture, sont nécessairement boisés dans un pays rationnellement cultivé, la réciproque n'est pas exacte. Il peut y avoir bénéfice à laisser en forêt de bonnes terres, car, sur celles-là même, la forêt peut parfois lutter avec avantage, au point de vue du rendement pécuniaire, avec le champ labouré. En voici un exemple :

» Il existe, sur le territoire de Port-sur-Seille, canton de Pont-à-Mousson, une ferme appelée ferme de Dombasle, du nom de son fondateur, qui était un proche parent de l'illustre agriculteur de Roville (1). L'étendue de ce domaine est de 200 hectares environ, d'un seul tenant ; il est traversé par deux routes publiques, empierrées, en bon état, et par des chemins particuliers, empierrés ou non, qui assurent à ses produits un écoulement très facile, soit sur Pont-à-Mousson, ville de 11,000 habitants, soit sur Nomeny, petite ville de 3,000 âmes. Pont-à-Mousson et Nomeny sont toutes deux des stations de chemins de fer, la première à 28, la deuxième, à 30 kilomètres de Nancy ; Dombasle se trouve à 7 kilomètres de l'une et de l'autre, sur la route départementale qui les relie, dans la meilleure région agricole de la Lorraine, la vallée de la Seille.

» La ferme a été créée de 1830 à 1832 aux dépens d'un bois taillis de même étendue. Les produits du défrichement ont été entièrement absorbés par les frais de l'opération et les dépenses de premier établissement, telles que construction des bâtiments d'exploitation et de l'habitation du fermier (2), création de chemins, nivellements, etc., de sorte que l'on peut admettre que le capital engagé dans

(1) Je dois à l'obligeance de M. du Coëtlosquet, inspecteur-adjoint des forêts, les renseignements sur le domaine de Dombasle dont il est co-propriétaire.

(2) Il est bien entendu que nous ne parlons que des bâtiments de ferme et non pas du château qui a été construit à côté de celle-ci.

la ferme est le même que celui qui était auparavant engagé dans la forêt.

» La ferme est cultivée depuis sa fondation, de père en fils, par une famille d'agriculteurs qui jouit d'une réputation méritée de travail et d'intelligence. Le fermier actuel est un homme qui joint aux traditions héréditaires dans sa famille la connaissance raisonnée des nouveaux besoins de l'agriculture moderne et sa ferme peut être citée comme un spécimen d'exploitation bien tenue et entendue.

» Tout concourt donc à placer le domaine de Dombasle dans des conditions particulièrement avantageuses au point de vue de son rendement en argent.

» Le revenu est, pour le propriétaire, d'après le bail actuel, de 10,700 fr.

» De cette somme il faut déduire, pour avoir le revenu net :

» 1° L'impôt qui varie de 1,360 à 1,410 fr., soit en moyenne 1,380 fr. ;

» 2° Les frais de garde et d'entretien des bâtiments, chemins, etc., qui s'élèvent de 1,050 à 1,200 fr., soit 1,120 fr. en moyenne ;

» 3° L'assurance des bâtiments (non pas des récoltes), 217 fr. par an.

» Soit, au total, 2,700 fr. à déduire. Il reste net, 8,000 fr. de revenu annuel, pour un peu plus de 200 hectares de terre, ce qui correspond à un peu moins de 40 fr. par hectare.

» La ferme de Dombasle est contiguë à la forêt communale de Pont-à-Mousson, canton rive droite, qui est traitée en futaie sur taillis à la révolution de 30 ans. Les conditions de sol sont sensiblement identiques de part et d'autre ; la différence, faible, serait plutôt en défaveur de la forêt, qui présente, sur quelques points, des sols compactes et mouilleux.

» Un relevé du prix de vente des coupes pendant 21 ans nous montre que la forêt rapporte, brut, 65 fr. par hectare et par an, tout en s'enrichissant. Certaines coupes se sont vendues jusqu'à 2,600 fr. l'hectare (1).

» Les frais de garde sont compensés par le produit de la location de la chasse.

» Les frais d'administration sont de 1 fr. par hectare et par an.

» L'impôt est naturellement très élevé, mais il ne faut pas oublier qu'il s'agit d'un bien de mainmorte, qui est à l'abri des droits de succession. Entre les mains d'un particulier, la forêt paierait un impôt d'environ 4 fr. par hectare et par an.

» Les frais d'entretien se réduisent à la fourniture de pierres pour maintien en bon état de 7,300 mètres de routes empierrées, au curage de fossés, de périmètre, émondage de réserves (2), etc., en tout, au maximum. 1 fr. par hectare et par an.

» Il reste donc, à l'actif de la forêt, un produit net de plus de 60 fr., une fois et demie celui de la terre cultivée. Il faut ajouter que la forêt n'est pas exposée, au même degré que la ferme, à des pertes de

(1) Le 1er lot de la coupe 18, d'une étendue de 8 h. 38, a été vendu, en 1877, pour 23.000 fr., y compris les charges qui s'élevaient à 650 fr. La coupe 17, d'une étendue de 16 h. 66, a été vendue en 1876 pour 45.177 fr., y compris les charges. (Les taillis étaient âgés de 30 ans).

(2) Les émondages sont exécutés par les gardes forestiers et n'entraînent d'autre dépense que les gratifications que la commune veut bien accorder aux préposés. Le produit des concessions de menus produits vient atténuer les autres frais d'entretien.

récolte. Qu'une guerre, par exemple, vienne à interrompre l'exploitation pendant une année ou deux : les produits arriérés se retrouveront, augmentés de leurs intérêts, en forêt ; ils seront complètement perdus dans la ferme qui aura de plus subi une forte dépréciation par suite du défaut de culture pendant un certain temps. De même la forêt n'a rien à craindre des épizooties qui peuvent ruiner un domaine agricole, etc., etc.

» Cet exemple est frappant. Il prouve que sur un bon sol (1), dans un pays riche, bien cultivé, la production forestière fournit quelquefois un revenu supérieur à celui de la production agricole la mieux entendue.

» Nous pourrions citer d'autres cas, tels que celui d'une ferme bien tenue, contiguë au bois de Bayonville (sur l'oolithe inférieure) dont les terres ne rapportent au propriétaire que 18 fr. environ par hectare, tandis que la forêt en rapporte plus de 25. Mais il s'agit là de terres qui, évidemment, n'auraient jamais dû être défrichées et qui ne l'ont été que par suite d'une erreur grossière, quoique commune à un moment où l'agriculture se trouvait dans un état de prospérité dont elle est bien déchue depuis.

» Nous conclurons de là que, si les mauvais sols sont nécessairement boisés dans un pays bien ordonné, la réciproque n'est pas exacte. *Même*

(1) Le sol en question est celui de la partie inférieure du liasien, plus ou moins recouvert, surtout en forêt, de cette alluvion argilo-siliceuse blanche, très fine, qui se rencontre par tout le département. Cette alluvion forme tantôt un sol très compacte, tantôt un sol presque léger, se rapprochant des terrains siliceux à gros grains.

sur un sol fertile la forêt peut lutter parfois avec avantage, contre le champ cultivé.

» Certaines forêts ont naturellement été conservées dans les pays riches, à population dense, là où leurs produits trouvaient un écoulement particulièrement avantageux. C'est ainsi que nous voyons des bois particuliers sur le territoire de Létricourt, sur la « fleur de terre, » pour employer l'expression pittoresque par laquelle les paysans lorrains désignent les terres de toute première qualité. Cela n'étonnera personne si nous disons que, en 1886, le cent de fagots cubant de 4 stères à 4 stères 1[2, s'est vendu 50 fr., façonné, sur le parterre des coupes, dans les bois en question. Ces forêts peuvent ainsi rapporter davantage, en argent, que les excellentes terres qui les avoisinent.

» Les pays très riches, très bien peuplés, sont donc, eux aussi, au nombre de ceux où le maintien des forêts se justifie, même au point de vue financier. Malheureusement cette vérité n'a pas toujours été comprise, même par les agriculteurs les plus éminents ; ce que nous avons dit à propos de la ferme de Dombasle en est une preuve.

III.

» Il sera intéressant, après ce que nous venons de voir, de rechercher avec quelque détail comment les forêts se trouvent distribuées actuellement sur les différents sols qui nous entourent. J'ai eu l'occasion autrefois, lorsque j'écrivais la statistique forestière du département de Meurthe-et-Moselle, de me livrer à cette étude et je vais vous en donner quelques résultats, restés inédits jusqu'à ce jour.

» Les essais de classification des terres, depuis ceux de Varron et Columelle jusqu'à ceux publiés de nos jours, sont presque innombrables. Rien n'est plus propre que la quantité de ces travaux à montrer l'importance et à la fois la difficulté de la matière.

» Une bonne classification des sols, très difficile lorsqu'elle doit être universelle, devient beaucoup plus aisée lorsqu'on ne considère qu'une région peu étendue. Si cette région présente de plus, comme c'est le cas pour notre département, une constitution géologique simple et bien connue, il devient tout indiqué de baser les études de l'agronome sur celles du géologue, c'est à dire d'emprunter à la géologie ses divisions et ses désignations. En effet, les circonstances géogéniques sous l'empire desquelles se sont déposées les grandes masses minérales ont eu beaucoup de généralité ; il est bien rare, par suite, que les roches dont ces masses sont formées ne conservent pas, sur un certain espace, la même composition minéralogique (1). Aussi la carte géologique d'une région peu étendue peut-elle être considérée, sans presque aucune modification, comme une excellente carte agronomique.

» Notre département ne renferme que des terrains stratifiés (2) formant la partie la plus orientale du bassin de Paris si bien décrit par Elie de Beaumnot. Un des traits caractéristiques de cette région est la continuité et la régularité des assises du sol, dont les affleurements forment comme de vastes

(1) Scipion Gras, Géologie agronomique, page 254.

(2) On trouve à Essey-la-Côte un épanchement basaltique sans importance.

arcs de cercle autour de Paris. Toutes ces couches présentent de plus un plongement très marqué vers le centre du bassin, de sorte qu'à mesure qu'on s'éloigne des rives, pour se rapprocher de Paris, on voit les terrains disparaître successivement sous d'autres, de plus en plus récents, qui les recouvrent.

» Nous aidant de la carte géologique de M. Braconnier (1), nous avons distingué, dans le département, quinze sols, généralement bien homogènes à notre point de vue. La seule de nos divisions qui renferme des terrains assez différents est celle des alluvions anciennes, toujours formées de sables plus ou moins argileux, mais dont les éléments varient beaucoup de dimensions au point de fournir des terres tantôt légères, tantôt au contraire très compactes.

» Voici, très sommairement décrits, les quinze terrains différents que nous avons considérés, commençant par les plus anciens :

» Le *grès rouge* est à peine représenté ; il affleure sur les confins du département des Vosges. C'est à peu près le seul terrain cultivable de la région où il se rencontre, tant par sa situation au fond des vallées que par sa qualité relative.

» Le *grès vosgien* est immédiatement superposé au précédent. C'est un grès siliceux dont les grains grossiers, à faces cristallines brillantes, sont généralement faiblement adhérents par suite d'un ciment argilo-ferrugineux qui donne à l'ensemble une couleur variant du rouge jaunâtre au rouge violacé.

» La terre végétale du grès vosgien est un sable

(1) Carte géologique et agronomique du département de Meurthe-et-Moselle, par Braconnier, ingénieur des mines (1882).

quartzeux, ordinairement profond ou très profond, mais très peu hygroscopique et se desséchant profondément lorsqu'il est découvert ; c'est le sol le plus pauvre de notre région, à peu près complètement impropre à la culture agricole. Au fond des vallées, bien irriguées, on trouve quelques prairies médiocres ou mauvaises ; quelquefois on y cultive un peu de seigle, de l'avoine, des pommes de terre. Le grès vosgien est un terrain forestier par excellence : le sapin, le hêtre et le pin sylvestre y sont les essences dominantes.

» Le *grès bigarré* est presque exclusivement formé de grès à grains fins, le plus souvent amaranthe, contenant de petites paillettés de mica disséminées irrégulièrement. A la partie supérieure on rencontre des grès très peu consistants qui passent même à une argile bigarrée utilisable en céramique.

» Les éléments du grès bigarré sont beaucoup plus fins que ceux du grès vosgien, le ciment argileux est beaucoup plus abondant, le mica et le feldspath s'y présentent en assez grande quantité. Ce terrain forme, par sa désagrégation, un sol notablement supérieur à celui du grès des Vosges, dont les prairies naturelles et les pommes de terre constituent les principales cultures. Les forêts ne couvrent qu'une étendue beaucoup plus restreinte et ne présentent plus cette continuité que l'on remarque dans la montagne. Les essences dominantes sont le hêtre, le chêne et le charme.

» Le *muschelkalk* forme, chez nous, des terrains marneux ou calcaires de première qualité pour l'agriculture. Il convient surtout aux céréales et aux prairies ; les forêts y sont rares et peu étendues, elles n'ont guère d'importance que sur quelques points où l'argile est trop compacte.

» Le *keuper* présente, dans l'ensemble, des couches d'argiles de couleurs généralement vives, vertes, rouges, bleues ou noires ; la variété et l'intensité de ces colorations ont fait donner au terrain le nom de marnes irisées. C'est dans la partie moyenne que l'on trouve les bancs de sel gemme, exploités depuis plus de vingt siècles en Lorraine dont les salines forment, encore aujourd'hui, une des principales richesses.

» Les marnes irisées constituent un bon terrain agricole, couvert de blé pour un tiers de l'étendue, d'avoine et de prairies pour le surplus. Les forêts y sont rares, peuplées de chêne, de charme, de tilleul et de tremble.

» Le *grès infraliasique* comprend, à sa base, des grès siliceux très fins, très peu agglutinés par un ciment peu abondant ; plus haut, on trouve une couche d'argile rouge connue sous le nom d'argile de Levallois. Les affleurements du grés de l'infralias dessinent une bande étroite et escarpée au pied des plateaux que couronne le calcaire à gryphées. Il est souvent recouvert par les éboulis de ce dernier terrain. Là où elle est à nu, la zône silicieuse forme un sol végétal qui rappelle celui du grès bigarré.

» Ce terrain n'est propre, en général, qu'à la culture forestière. Son taux de boisement serait bien supérieur s'il nous avait été possible d'en distraire les parties complètement couvertes d'éboulis qui forment des terrains agricoles où l'on cultive des vignes et des prairies. Les forêts sont peuplées de chêne et de hêtre dans la partie siliceuse, de chêne, charme et bois blancs dans la partie argileuse.

» Le *calcaire du lias* (étages sinémurien et hettangien des géologues), formé de couches alternativement calcaires et marneuses, constitue une des meilleures terres agricoles du pays. Aussi les forêts y sont-elles rares et peu étendues ; elles sont peuplées de chêne et de charme, on y remarque l'abondance des morts bois et notamment de l'épine noire.

» Les terrains des *marnes supraliasiques* (étages liasien et toracien) sont formés dans l'ensemble de couches argileuses puissantes, de couleur foncée, entre lesquelles s'interposent des couches de calcaire ocreux ou siliceux. A la partie supérieure se trouve le minerai de fer exploité sur un grand nombre de points du département.

» Le sol végétal des marnes du lias est de composition assez variable. Là où il n'est pas trop compacte, il constitue des terres agricoles de première qualité ; les forêts couvrent les points où la trop grande compacité du sol rendrait la culture difficile. Les essences principales sont le chêne, le charme et les bois blancs. Le hêtre n'apparaît que sur les taches siliceuses et il peut servir assez bien à déterminer leurs contours.

» *L'oolithe inférieure* (étages bajocien et partie du bathonien) forme une région de plateaux calcaires d'aspect tellement net, que, de tout temps, les paysans lorrains l'ont désigné d'un nom caractéristique : c'est la Haye.

» Les roches bajociennes et bathoniennes sont, dans le département, presque uniquement des calcaires, tantôt oolithiques, tantôt plus ou moins saccharoïdes, avec quelques lits peu épais de marnes sableuses ou même de grès. Ces roches, imperméables en masse, se présentent toujours dans un état de division extrême, au moins à la surface, et constituent ainsi un sous-sol éminemment filtrant.

» Partout où affleurent les calcaires de l'oolithe inférieure, aussi bien en Normandie, en Bourgogne, dans les Alpes où même dans des régions comme la Turquie d'Asie, où je les ai revus aussi bien qu'en Lorraine, ils sont recouverts par une terre végétale d'une composition parfaitement constante et qui forme un des sols les plus nettement définis et les plus remarquables que l'on connaisse.

» Cette terre est de nature argilo-siliceuse, le sable siliceux étant ordinairement assez fin pour ne pas se distinguer, à première vue, de l'argile. Elle est fortement colorée en rouge par du peroxyde de fer qui forme un ciment imprégnant toute la masse.

» La terre rouge de l'oolithe est fertile ou assez fertile et constitue un bon terrain agricole lorsqu'elle est suffisamment profonde. On y cultive les céréales, le sainfoin et surtout la vigne. Très souvent, cette profondeur faisant défaut, la forêt devient la seule culture possible ; les essences dominantes sont tantôt le charme, tantôt le hêtre, suivant le mode de traitement. Le chêne, que les forestiers s'efforcent de propager, est plus ou moins abondant sans jamais former l'essence dominante.

» Le département est traversé, dans sa partie la plus étroite, près de Saint-Julien-les-Gorze, par une faille très importante qui a eu pour effet de reporter les terrains de l'arrondissement de Briey, qui se trouvent au Nord, à un niveau inférieur d'une cinquantaine de mètres au moins à celui qu'ils occupent au Sud de la faille. On constate, dans la région de Briey, que les terrains de l'oolithe ne présentent plus les mêmes caractères que dans le surplus du département. C'est ainsi que les couches supérieures du bathonien y sont franchement argileuses, comme les argiles oxfordiennes qui les recouvrent et avec lesquelles nous les avons confondues sous le nom de *Voivre*. Plus bas, le terrain passe, par une sorte de transition, à l'oolithe calcaire. La région intermédiaire est formée de marnes plus ou moins mélangées de calcaire qui constituent, pour peu que la profondeur soit suffisante, comme c'est généralement le cas, des sols fertiles, propres à la culture du blé. Je désignerai, avec M. Braconnier, sous le nom d'*oolithe de Conflans*, cette zone marneuse raccordant, dans le Nord du département, l'oolithe calcaire à la Voivre.

» La *Voivre* est pour nous cette région de terrains argileux (étages callovien, oxfordien et partie du bathonien) qui sépare la Haye des calcaires coralliens. C'est une plaine remarquablement unie, à sous-sol imperméable : pays d'étangs et de culture, celle-ci étant parfois rendue difficile par l'excès de compacité. Les forêts, qui couvrent les parties les plus argileuses, sont peuplées de charme, de chêne et de bois blancs.

» Au-dessous de la Voivre se présentent, formant un escarpement tout semblable à celui de l'oolithe inférieure au-dessus du liasien, les affleurements du *calcaire corallien* dans la région. C'est un terrain de pierres calcaires, tantôt très dures, tantôt tendres comme de la craie, recouvert d'une terre semblable en tout à la terre rouge de l'oolithe, mais beaucoup moins profonde encore. Il en résulte que la culture agricole y est à peu près impossible, sauf celle de la vigne en bonne exposition et là où il y a un peu plus de terre.

» Aussi ce terrain est-il presque entièrement couvert de forêts peuplées de charme, de chêne, de hêtre, de morts bois, etc.

» Les *alluvions anciennes* sont généralement, en Meurthe-et-Moselle, argilo-sableuses et de couleur claire. C'est un terrain assez variable : tantôt des sables grossiers, sans cohésion, comme on les rencontre le long de la Meurthe et de la Moselle jusque vers Lunéville et Toul, tantôt un sol d'une compacité moyenne, tantôt au contraire très compacte. Les graviers ou sables sans cohésion, ainsi que les alluvions compactes, que les cultivateurs lorrains appellent « terre blanche » ou « terre à bois », sont impropres à la culture agricole. On y trouve, comme essences forestières, le bouleau, le hêtre, le chêne et des pins sylvestres introduits ; sur la terre blanche dominent les bois blancs, le charme et le chêne.

» On rencontre sur quelques points du département des taches de *tourbe* impropres à toute culture, et, le long de tous les cours d'eau, des bandes d'*alluvions modernes* couvertes de prairies ou de cultures.

» Après avoir ainsi formé quinze divisions parmi les principaux terrains du département, j'ai tracé les limites de chacune d'elles sur la carte géologique au 80.000e. Me servant ensuite du planimètre polaire d'Amsler, j'ai mesuré directement, sur la carte, l'étendue des affleurements de chaque terrain. Les erreurs de mesurage, qui n'ont jamais dépassé 1.5 p. cent, ont été réparties, par arrondissements, d'après les contenances officielles. Soit ainsi :

TERRAIN Division adoptée au point de vue agricole.	DÉSIGNATIONS correspondantes dans la nomenclature géologique, (d'après M. de Lapparent.)	DÉSIGNATION correspondantes sur la carte géologique au 80.000e du ministère des travaux publics.	ETENDUE des affleurements en kilomètres carrés.			ÉTENDUE RELATIVE 0/0		
Grès rouge.........	grès rouge	r^1	1.4		5232.1	0.03 0/0		99.99
Grès vosgien.........	grès vosgien	t_{IV}	169.			3.2		
Grès bigarré.........	id.	t_{III}	103.			2.		
Muschelkalk.........	franconien	t_I t_{II}	179.			3.4		
Keuper	tyrolien	t^1 t^2 t^3	570.			10.9		
Grès infraliasique.....	rhétien	l	73.			1.4		
Calcaire du lias	hettangien et sinémurien	l^2	436.			8 3		
Marnes supraliasiques	liasien et toarcien	l^3 l^4	648.			12.4		
Oolithe inférieure.....	bajocien et partie du bathonien	j_{IV} j_{III} j_{II}	1411.1	1730.1		27.0	33.0	
Oolithe de Conflans. .	bathonien (partie)	j^1_{III} et j^2_{II}	319.			6 0		
Voivre...............	bathonien (partie) et oxfordien	j_I j j	521.			10.0		
Corallien	corallien	j^3	109.0			2.1		
Alluvions anciennes..	alluvions anciennes		491.2			9.4		
Tourbes..............	tourbes	^{2}	3.4			0.06		
Alluvions modernes...	alluvions modernes	a^2	198.			3.8		

» On peut donc considérer les chiffres que je viens de vous donner comme indiquant, avec toute la précision que comporte la matière, l'importance absolue et relative des différents terrains du département.

» Une fois connue l'importance de différents terrains, il restait à déterminer leur taux de boisement.

» Pour cela j'ai reporté, sur la même carte géologique qui m'avait déjà servi pour délimiter nos terrains (la carte de M. Braconnier), le périmètre de toutes les forêts du département. J'ai pu le faire sans grande difficulté et avec une exactitude minutieuse, grâce aux excellentes cartes forestières que possède le service forestier et qui étaient à ma disposition.

» Il m'a même été possible d'aller plus loin et de déterminer la surface couverte par les différentes essences sur les différents sols. Ce dernier renseignement a pu être déduit avec précision, en ce qui concerne les forêts soumises au régime forestier, des descriptions des procès-verbaux d'aménagement de ces forêts. Pour les forêts des particuliers (qui ne représentent qu'un tiers de l'ensemble) je me suis aidé des renseignements fournis par le service forestier local.

» Voici les résultats obtenus (1) :

---

(1) Je crois pouvoir faire remarquer que c'est la première fois qu'un pareil travail (grande patientiæ documentum !) est entrepris d'une façon rigoureuse. Les renseignements analogues figurant, pour l'ensemble de la France, au chapitre V de la *Statistique forestière de la France*, publiée en 1878, perdent de leur intérêt par suite de la nécessité, où s'est trouvée le savant auteur de ce travail, de confondre, faute de documents géologiques suffisants, sous une même rubrique des terrains aussi différents que les marnes supraliasiques et l'oolithe inférieure, les argiles oxfordiennes de

la Voivre et le calcaire corallien, etc. La division des terrains d'après les étages géologiques n'est du reste véritablement intéressante que lorsqu'elle s'applique à une région peu étendue, où les terrains contemporains sont identiques au point de vue minéralogique.

TERRAINS.	ÉTENDUE DES FORÊTS DU DÉPARTEMENT. Soumises au régime forestier.		Non soumises appartenant			TOTAL de l'étendue boisée du département.		SURFACE du terrain.	TAUX de boisement du terrain.
	à l'État.	aux Communes et établissements publics.	aux particuliers.	aux Communes.	au Génie militaire.	absolue.	°/o		
	kilom. car.	kilom. car.	kilom. car.	kilom. car.	kilom. car.	kilom. car.		kilom. car.	°/o
Grès rouge	»	»	»	»	»	»	»	1.4	»
Grès vosgien	50.8	33.0	39.5	0.20	»	123.5	9.4	169.0	72.5
Grès bigarré	9.2	23 9	8.2	0.02	»	41.3	3.1	103.0	40.0
Muschelkalk	»	14.4	2.3	0.02	»	16.7	1.2	179.0	9.4
Keuper	1.9	15.0	10.6	0.09	»	27.7	2.1	570.0	4.9
Grès infraliasique	3.4	5.8	4.4	0.09	»	13.7	1.0	73.0	19.0
Calcaire du lias	9.1	10.47	4.4	»	»	23.9	1.8	436.0	5.5
Marnes supraliasiques	18.8	18.65	21.2	»	»	58.7	4.5	648.0	9.0
Oolithe inférieure	147.7	293.8	124.7	0.33	8.23	574.8	43.5	1411.1	40.7
Oolithe de Conflans	1.5	22.7	7.0	»	»	31.2	2.4	319.0	10.0
Voivre	13.1	54.44	6.1	0.01	»	73.6	5.5	521.0	14.1
Corallien	»	66.1	14.8	0.02	4.90	85.9	6.5	109.0	78.8
Alluvions anciennes	54.6	133.21	58.5	0.87	0.46	247.6	18.9	494.2	50.5
Tourbes	»	»	»	»	»	»	»	3.4	»
Alluvions modernes	»	»	»	»	»	»	»	198.0	»
Totaux ou moyennes	310.1	691.46	301.7	1.65	13.59	1318.5	99.9	5232.1	25.2 °/o

TERRAINS.	SURFACE OCCUPÉE, SUR LES DIFFÉRENTS TERRAINS, DANS L'ENSEMBLE DES FORÊTS DU DÉPARTEMENT, PAR LES ESSENCES :																		TOTAL par terrain	
	SAPIN.		CHÊNE.		HÊTRE.		CHARME.		BOIS BLANCS		DIVERS.		PIN SYLVESTRE		BOULEAU		EPICÉA.			
	kilom car.	°/°	kilom. car.	°/°	kilom. car.	°/°	kilom. car.	°/°	kilom. car.	°/°	kilom car.	°/°	kilom car.	°/°	kilom car.	°/°	kilom car.	°/°	kilom. c r.	°/°
Grès vosgien	55.3	44.8	15.6	12.7	27.3	22.1	»	»	»	»	5.5	4.5	14.9	12.1	4.4	3.6	0.3	0.2	123.3	100.
Grès bigarré	0.48	1.2	11.0	26.8	20.4	49.6	2.8	6.8	Bois blancs et divers. 3.0	7.3	»	»	1.9	4.6	1.7	3.1	»	»	41.3	99.
Muschelkalk étage marneux	»	»	2 2	38.5	1.8	31.5	0.8	14	Bois blancs. 0.2	3.6	0.7	12.3	»	»	»	»	»	»	5.7	100.
Muschelkalk étage calcaire.	»	»	2.7	24.7	3.35	30.6	2.1	19.1	0.3	2.7	2.0	18.2	»	»	0.5	4.6	»	»	11.0	100.
Keuper	»	»	13.3	47.9	2.6	9.6	5.4	19.5	Bois blancs et divers. 6.4	23.	»	»	»	»	»	»	»	»	27.7	100.
Grès infraliasique	»	»	6.2	45.3	2.8	20.4	2.4	17.5	2.3	16.8	»	»	»	»	»	»	»	»	13.7	100.
Calcaire du Lias	»	»	12.6	52.7	2.8	11.7	4.5	18.9	Bois blancs. 1.7	7.1	2.3	9.6	»	»	»	»	»	»	23.9	100.
Marnes supraliasiques	»	»	28.7	48.8	2.1	3.6	14.2	24.1	6.1	10.4	7.6	12.9	»	»	»	»	»	»	58.7	100.
Oolithe inférieure	»	»	113.2	19.7	126.2	22.0	238.8	41.6	42.7	7.4	53.9	9.4	»	»	»	»	»	»	574.8	100.
Oolithe de Conflans	»	»	6.3	20.2	1.75	5.6	16.2	51.9	Bois blancs et divers. 6.95	22.3	»	»	»	»	»	»	»	»	31.2	100.
Voivre	»	»	28.6	38.8	1.5	2.0	29.7	40.4	10.6	14.4	3.2	4.3	»	»	»	»	»	»	73.6	100.
Corallien	»	»	20.3	23.7	21.4	24.9	29.9	34.8	6.4	7.4	7.9	9.2	»	»	»	»	»	»	85.9	100.
Alluvions anciennes	»	»	93.2	37.5	28.4	11.5	52.6	21.2	35.5	14.3	23.0	9.3	15.0	6.1	»	»	»	»	247.7	100.
Totaux	55.78	4.23	353.9	26.85	242.40	18.36	399.5	30.30	Bois blancs et divers. 228.25	17.30	»	»	Pin sylvestre et bouleau. 38.4	2.94	»	»	0.3	0.02	1318.5	100.

» Le premier des tableaux ci-dessus nous montre bien, dans notre département, le taux de boisement inversement proportionnel à la valeur agricole des terrains. Les quatre cinquièmes du corallien, les trois quarts du grès vosgien, la moitié des alluvions anciennes, les deux cinquièmes de l'oolithe inférieure et du grès bigarré sont couverts de bois ; ce sont là nos véritables terrains forestiers. Les agriculteurs ont au contraire pris possession de la presque totalité des terrains du muschelkalk, des calcaires du lias, du keuper, des marnes supraliasiques, etc.

» Le second tableau nous donne une idée des préférences de nos principales essences forestières. Il ne faut pas oublier, en l'examinant, que la localisation des espèces ne tient pas seulement à la nature du sol : le climat et l'action de l'homme ont aussi leur influence, parfois prépondérante. C'est ainsi par exemple qu'il faut attribuer à l'action du climat la relégation du sapin dans la montagne, où il ne trouve, chez nous, que des terrains siliceux. Ailleurs, c'est l'intervention de l'homme, qui a développé si largement le charme, notamment sur les calcaires oolithiques, où il forme maintenant les deux cinquièmes des peuplements, alors qu'il y a dix-neuf siècles le hêtre y régnait seul, comme l'a si bien démontré mon maître, M. Fliche (1). Je n'ai pas à entrer dans l'étude de l'influence du climat et du mode de traitement sur la distribution de nos essences : ce serait sortir par trop de mon cadre et je dois me borner.

» Je me contenterai, sous le bénéfice des observa-

---

(1) Note sur une substitution ancienne d'essences aux environs de Nancy. (Bulletin de la Société des Sciences de Nancy, 1886).

tions qui précèdent, de vous faire remarquer combien les sols compactes, tels que ceux de la Voivre, des marnes du lias, de l'oolithe de Conflans, du keuper, sont contraires au hêtre. Il n'y recouvre guère que des taches d'alluvion ou des affleurements de terrains plus divisés, comme ceux des grès médioliasiques au milieu des marnes du lias. Le chêne, au contraire, se plaît sur ces terrains argileux et marneux ; il y forme souvent le fonds des peuplements : sur les calcaires et les marnes du lias, le keuper, etc.

» Le pin sylvestre n'est pas spontané chez nous, il a été introduit sur d'assez grandes étendues de la basse montagne ou sur des alluvions anciennes, notamment aux environs de Lunéville.

IV.

» Notre département est trop peu étendu pour qu'on puisse y observer des changements notables du climat suivant la latitude. La différence des coordonnées extrêmes n'est, en effet, que de un degré vingt minutes environ ; elle correspond, dans notre région, au point de vue de la température, à une différence de niveau d'à peu près 220 mètres et à une variation d'environ un degré sept dixièmes dans la température moyenne de l'été, de un degré dans la moyenne de l'hiver. — Cela suffit sans doute à limiter la zône d'expansion de certains végétaux, comme la vigne, par exemple, qui ne se rencontre plus dans la partie nord du département. La limite en altitude de la culture de la vigne est à 400 mètres environ dans la partie sud du département, elle est à 350 mètres près de Nancy, à 250 ou 280 mètres près de Metz, de sorte que les vignobles font défaut dans la plus grande partie de l'arrondissement de Briey, qui ne présente pas, sauf quelques fonds de vallées, d'altitudes inférieures à 300, 380 mètres.

» L'action de la latitude, assez nette sur la vigne, ne suffit pas à limiter, en Meurthe-et-Moselle, l'extension de végétaux ligneux importants. Elle est, du reste, fortement masquée par l'influence qu'exerce, au point de vue du climat, sur la petite région montagneuse du Sud-Est du département, le voisinage immédiat des montagnes plus élevées du département voisin. C'est ainsi que, dans notre chaînon de grès vosgien, on ne trouve guère de charme au-dessus de 350 mètres, tandis qu'il est abondant, en dehors de la région montagneuse, jusqu'à 540 mètres (forêt communale de Saxon-Sion). Il est vrai que, dans ce dernier cas, il croît en sol de l'oolithe qui lui convient bien mieux que le sable du grès vosgien. De même nous voyons le sapin prospérer à 350 mètres dans la région montagneuse, à la latitude de 48°25, tandis qu'il fait défaut, par exemple aux environs de Pont-à-Mousson, à des altitudes de 400 mètres et par 49° de latitude.

» Ce qui précède expliquera pourquoi, cherchant à étudier l'influence du climat sur la distribution des forêts dans le département, je renonce à faire intervenir la latitude comme facteur du climat. Je me contenterai de diviser le département en trois zônes d'altitude et nous rechercherons le taux de boisement de chacune d'elles.

» Nous comprendrons sous la dénomination de région de plaine tous les terrains au-dessous de 200 mètres d'altitude ; ils sont, en effet, dans le département, parfaitement horizontaux et plans. La plaine, ainsi définie, est peu étendue en Meurthe-et-Moselle, puisque la vallée de la Moselle ne commence à s'abaisser au-dessous de 200 mètres qu'en aval de Toul et la vallée de la Meurthe en aval de Nancy ; on rencontre aussi quelques points au dessous de 200 mètres dans la vallée de l'Orne, dans l'arrondissement de Briey.

» Notre région de collines comprendra les terrains compris entre 200 mètres et 500 mètres d'altitude, quelque soit du reste leur relief.

» Enfin la région de montagnes comprendra tous les points dont l'altitude dépasse 500 mètres. Elle est entièrement renfermée dans l'arrondissement de Lunéville, sauf un point, la côte de Vaudémont, dans l'arrondissement de Nancy, qui s'élève à 545 mètres et porte la forêt communale de Saxon-Sion.

» Le tableau ci-dessous indique comment les forêts se répartissent entre les régions de plaines, de collines et de montagnes ainsi définies :

RÉGIONS de	ETENDUE DES FORÊTS par région.			ETENDUE totale des forêts.		ETENDUE TOTALE de la région dans le département.	TAUX de boisement de la région.
	SOUMISES AU RÉGIME FORESTIER.		NON SOUMISES au régime forestier.				
	Domaniales.	Diverses.		absolue	°/.		
	kilomèt. carrés.	kilomèt. carrés.	kilomèt. carrés.	kilomèt. carrés.		kilomètr. carrés.	°/.
Plaine	1.6	»	0.4	2.0	0.15	106.	2.
Collines....	293.5	688.5	196.3	1281.0	97.1	5090.	25.2
Montagnes..	15.0	0.5	20.0	35.5	2.75	36.	100.0

» Le faible taux de boisement des terrains de plaine s'explique, sans qu'il soit besoin d'insister, par la qualité de cette nature de sols et par leur situation au fond des grandes vallées, où se trouvent les lignes de chemins de fer et toutes les villes importantes du département.

» Les forêts de plaine forment un point unique, à l'extrémité occidentale de la forêt de Facq, au pied de la colline de Ste-Geneviève, tout près de la Moselle, et sur sa rive droite. Elles occupent là un terrain, appartenant comme sous-sol aux marnes supraliasiques, qui, il y a quelques siècles encore, était en nature d'étang.

» La région de collines, qui comprend les quatre-vingt-dix-sept centièmes du département, a naturellement le même taux de boisement que lui, —25,2 %.

» La montagne est couverte, par suite de son relief, de son climat et de son sol, d'un manteau ininterrompu de sapins et de hêtres, à peine un peu entamé sur les bords par quelques terres dépendant du village d'Angomont.

» J'aurais voulu, continuant notre étude, examiner un à un nos principaux terrains, surtout nos terrains forestiers, et considérer s'il n'y aurait pas utilité à augmenter, sur quelques-uns, le domaine de la forêt aux dépens des terrains impropres à l'agriculture qui existent encore, à l'état de friches improductives, même dans notre département, si riche et généralement si bien cultivé. J'aurais aimé à vous entretenir des travaux faits, depuis une vingtaine d'années surtout, en vue de cette mise en valeur, par le boisement, de terrains jusqu'alors inutiles. Mais j'ai déjà trop usé de votre bienveillante et patiente attention; je me contenterai donc d'avoir essayé d'étudier, avec vous, dans cette conférence d'aujourd'hui, les principales causes qui ont pu déterminer la répartition actuelle de notre sol entre les agriculteurs d'une part et les sylviculteurs de l'autre. »

L'assemblée applaudit vivement l'orateur.

M. Boppe fait observer que si M. Parade, alors directeur de l'Ecole, a pris une grande part dans l'initiative de l'opération de reboisement de la commune de Malzéville, M. Munich, maire à cette époque, doit avoir la sienne dans le mérite commun aujourd'hui reconnu.

M. Ch. de Meixmoron, qui vient d'arriver à la séance, prend la présidence et remercie M. Huffel, tandis que MM. Aubry, président du Comice de Toul, et Tisserant, secrétaire général de la Société centrale, prennent place au Bureau.

La parole est ensuite donnée à M. Mer, inspecteur-adjoint des forêts, propriétaire-agriculteur, membre de la Société nationale d'agriculture, pour sa conférence qu'il n'a pu faire à la séance du matin sur l'utilisation des brindilles pour l'alimentation du bétail.

M. Mer s'exprime ainsi :

« Messieurs,

» La question des fourrages ligneux, que je vais traiter devant vous, aurait eu plus d'actualité l'an dernier ; mais, lors même que le Congrès qui nous réunit se serait tenu à cette époque, j'aurais été bien embarrassé pour vous exposer les résultats de mes recherches sur ce sujet, car ce n'est qu'au mois de juin 1893 que je les ai commencées. Bien que cette année nous n'ayons pas à redouter de disette fourragère, j'ai demandé que cette question figurât au programme de nos conférences pour deux motifs :

» 1° Des études entreprises sur la matière depuis un an, il résulte que ce n'est pas seulement dans les périodes de sécheresse qu'il importe de recourir aux fourrages ligneux. Ceux-ci doivent entrer désormais, pour une part plus ou moins importante, dans l'alimentation du bétail. C'est un supplément de ressources qui nous a été révélé par des études récentes et que le cultivateur placé au voisinage des bois devra chercher à utiliser méthodiquement, même en temps normal.

» 2° Une sécheresse peut reparaître, moins intense, espérons-le, que la dernière. Soyons prêts à la recevoir sans passer par toutes les transes que nous avons connues, sans que l'agriculture nationale éprouve de nouveau les pertes énormes qu'elle a subies, et qu'elle aurait pu éviter, en grande partie du moins, si, mieux préparée, elle avait su tirer parti des immenses ressources que lui offraient les forêts.

» De l'enquête à laquelle je me suis livré, il résulte en effet que si, pendant la seconde partie de l'année 1893, on a introduit beaucoup de bétail dans les bois, on a fort peu utilisé ceux-ci en y récoltant des fourrages ligneux pour les transporter à la ferme. Les cultivateurs qui, sous l'impulsion de personnes éclairées, ont consenti à donner à leur bétail des ramilles à l'état frais, sont très rares, le nombre de ceux qui en ont fait des conserves est plus faible encore. On a usé et abusé des forêts au point de vue des pâturages et de l'enlèvement des feuilles mortes pour s'en servir à l'étable, on n'a pas su mettre à profit les ressources alimentaires de toutes sortes qu'offraient les végétaux ligneux. A l'appui de ce que je viens de dire, je citerai la forêt domaniale de Champenoux, près Nancy, d'une contenance de 1000 hectares environ, qui a supporté le pâturage de 500 vaches pendant six mois, et dans laquelle on n'a pas coupé une botte de ramilles.

» Cette inertie du cultivateur peut s'expliquer dans une certaine mesure. On lui recommandait bien de recourir aux fourrages ligneux, mais les instructions qu'on lui donnait dans ce but étaient, il faut en convenir, fort peu précises. On ne lui faisait connaître ni les conditions, ni les procédés de récolte les plus avantageux. Les résultats de ce genre d'alimentation étaient encore problématiques et mis en doute par des agriculteurs, même éclairés. Bref, on se trouvait pris à l'improviste, la question était posée, mais n'avait pas encore été étudiée. Telle est, je crois, la cause des nombreux tâtonnements auxquels on s'est livré, et de la répugnance bien manifeste que les populations des campagnes ont éprouvée pour l'emploi des ramilles.

» Il ne faut plus que cet état de choses se représente, et, pour cela, il importe qu'on fasse dans chaque région une étude approfondie des divers fourrages ligneux qu'elle renferme, ainsi que des meilleures méthodes de conservation et de distribution aux animaux, enfin de leur valeur alimentaire. Il convient que, s'appuyant sur les résultats de ces recherches, les cultivateurs placés au voisinage des forêts prennent l'habitude de se servir chaque année des fourrages ligneux.

» Ces deux conditions sont nécessaires et c'est parce qu'elles n'ont pas été remplies que les années de sécheresse ont toujours occasionné des désastres. Celle que nous venons de traverser n'est pas la première, en effet, où l'on ait songé aux arbres pour remplacer les produits que ne donnaient plus les herbes. Le fait s'est présenté en 1793 et en 1830. Mais, ni à l'une, ni à l'autre de ces époques, les recherches n'ont été poursuivies avec assez de méthode ni surtout de persévérance pour qu'il en soit résulté une technique pouvant être de quelque utilité à l'agriculture dans les années normales. Aussi, les périodes de sécheresse disparues, les quelques enseignements recueillis étaient rapidement oubliés, les quelques pratiques qu'on avait essayé d'introduire dans les usages tombaient en désuétude.

» Toutefois, sur certains points du territoire, notamment dans les régions montagneuses, on a, de temps immémorial, l'habitude de donner au bétail les feuilles de certains arbres et particulièrement des frênes (1). Ces feuilles se récoltent sur des arbres spécialement destinés à cet usage, placés généralement à proximité des habitations. On les émonde à l'automne et l'on détache les feuilles des branches dont le bois sert au chauffage. Ce sont donc les feuilles qu'en général on distribue au bétail. Dans quelques contrées, cependant, on a l'habitude de couper les plus jeunes rameaux des arbres et de les donner frais ou secs aux animaux, aux moutons et

---

(1) J'ignore pour quel motif on a donné presque partout une préférence aux frênes. Les feuilles de cet arbre ne sont pas plus riches que celles de beaucoup d'autres, et les vaches ne m'ont pas paru avoir pour elles une prédilection marquée.

aux chèvres plus spécialement. Les feuilles sont consommées et le bois est en grande partie délaissé. De cette manière, la récolte est un peu moins coûteuse, mais ni dans l'un, ni dans l'autre cas, les axes des pousses ne sont utilisés pour l'alimentation. Aussi regardait-on ces pratiques comme applicables seulement aux régions pauvres et à la petite culture. En outre, comme on n'avait encore fait presque aucune recherche sur la composition des jeunes rameaux, on regardait ceux-ci comme ayant une faible valeur nutritive. Beaucoup d'espèces passaient même pour dangereuses (1).

» Il y a deux ou trois ans on était donc encore dans une ignorance presque complète sur la question des fourrages ligneux. En 1892 elle fit un grand pas à la suite de recherches importantes exécutées en Allemagne et en France. Les pousses de nombreuses essences furent analysées (axes et feuilles, tantôt ensemble, tantôt séparément), et l'on constata avec surprise que ces pousses auxquelles on donna le nom de ramilles ont une richesse en protéine assez variable, mais en moyenne égale à celle d'un bon foin (12 à 15 0[00). Pour plusieurs d'entre elles, cette richesse est même notablement supérieure. D'autre part, M. Ramann, professeur à l'Institut forestier d'Eberswald, soutint que le bois, même des pousses de 4 à 5 ans, est accepté par le bétail, après avoir subi quelques préparations mécaniques et une certaine fermentation. Relativement à cette alimentation par

(L) Quand l'an dernier j'essayai de faire entrer les pousses d'airelle myrtille dans les rations de mes vaches laitières, on me prédisait qu'il en résulterait de sérieux inconvénients. Le fait ne s'est nullement confirmé.

le bois âgé de plusieurs années, je dirai tout de suite, pour n'avoir plus à y revenir, que les essais poursuivis en France depuis une année ne paraissent pas avoir donné des résultats satisfaisants. D'abord la machine Ramann est d'un prix très élevé et les frais de broyage sont énormes, surtout s'appliquant à un aliment d'aussi peu de valeur ; puis la digestibilité des fibres ligneuses, même après division et dissociation, est très faible.

» Un procédé différant un peu de celui de M. Ramann a été employé l'hiver dernier par plusieurs agriculteurs et semble avoir produit de meilleurs résultats. Il consiste à récolter, sur les arbres abattus dans les coupes pendant l'hiver, les pousses de 1 an, 2 ans au plus. Ces pousses sont dépourvues de feuilles, il est vrai, et par suite bien moins nutritives. Toutefois, si l'on tient compte d'une part que, pendant la période du repos végétatif, les rameaux sont plus riches en matières protéiques et d'autre part que la récolte est peu onéreuse dans les conditions où elle est effectuée, qu'elle s'opère à une époque de l'année où les habitants des campagnes sont en général inoccupés, qu'elle est susceptible d'un emploi très général, puisque les bois feuillus s'exploitent la plupart du temps en hiver, qu'il n'y a guère de communes rurales où il n'y en ait et que les branchettes ont une valeur marchande presque nulle au point de vue du combustible, on comprendra qu'elle mérite un examen sérieux. Les ramilles sont réduites en petits fragments par une machine se rapprochant plus ou moins du broyeur d'ajoncs. On les fait ensuite macérer dans l'eau bouillante et on les sert enrobées dans d'autres aliments.

» La digestibilité de ce jeune bois est plus considérable que celle du bois plus âgé fourni par la maison Kühn, concessionnaire du procédé Ramann pour la France. Malheureusement le prix du broyage est très élevé. C'est à peine si les meilleures machines employées jusqu'à ce jour parviennent à traiter de 70 à 100 kil. par heure, même quand elles sont actionnées par une turbine. Espérons qu'on arrivera à les perfectionner et à en rendre l'usage plus pratique. L'alimentation par les sarments de vigne qui a été l'hiver dernier d'un usage assez répandu dans le Midi et le Sud-Ouest de la France, rentre dans le même ordre d'idées.

» Je viens de parler de l'emploi du jeune bois dépourvu de feuilles. Je n'y reviendrai plus. Dans ce qui suivra, je me bornerai à l'examen de l'usage de ce qu'on a appelé la *ramille alimentaire*, c'est à dire des jeunes pousses munies de leurs feuilles.

I.

» Dans les diverses communications que j'ai déjà faites sur les fourrages ligneux, j'ai donné certains développements sur la récolte, ainsi que sur les meilleurs procédés de conservation et de distribution au bétail (1). Je renvoie donc à ces publications. Sur ces divers points je n'exposerai ici que des résultats nouveaux. Et puisque cette conférence est faite à l'Ecole forestière, j'examinerai plus spécialement les

(1) Comptes rendus de l'Académie des sciences, 5 février 1894. — Bulletin de la Société nationale d'agriculture, 7 février 1894. — Bulletin de la Société des Agriculteurs de France, session générale 1894. — Le *Bon Cultivateur*, organe de la Société centrale d'agriculture de Meurthe-et-Moselle, mars 1894.

moyens propres à concilier les intérêts de la forêt et ceux des agriculteurs. J'indiquerai à quels genres de massifs ceux-ci doivent s'adresser pour obtenir une récolte avantageuse et en même temps ne pas nuire à la croissance des bois. Il est essentiel d'être fixé à cet égard. Si, en effet, il s'agissait de n'utiliser les fourrages ligneux que pendant les années de grande disette, très rares heureusement dans notre pays, il n'y aurait d'autres règles à suivre pour la récolte des ramilles que celles cadrant avec la commodité de l'opérateur. Dans des circonstances aussi critiques, l'intérêt de la forêt passe naturellement au second plan et les ramilles doivent être récoltées partout où elles sont pratiquement accessibles. Il n'en est plus de même s'il s'agit de faire de cette récolte un usage constant. Il faut alors établir des méthodes qui sauvegardent l'avenir des massifs. Voici celles qui, d'après mes recherches, me paraissent devoir être adoptées. En les exposant je distinguerai les forêts de plaine peuplées d'essences feuillues, des forêts de montagne peuplées en grande partie d'essences résineuses.

FORÊTS DE PLAINE.

» Taillis. — La récolte des ramilles ne saurait être effectuée dans les taillis de 1 et 2 ans, parce que les rejets de bois durs, tout au moins, sont en général trop peu élevés à cet âge. Les frais seraient hors de proportion avec les résultats obtenus. De plus, les rejets sont encore peu garnis de branches. On ne recueillerait quelques produits qu'en coupant entièrement les brins. En agissant ainsi, on nuirait beaucoup à leur croissance et par suite au rendement de la forêt. Exceptionnellement, dans les places peuplées presque uniquement de bois blancs, de trembles, par exemple, dont les rejets, dès la première année, atteignent parfois 1 à 2 mètres de haut, on pourrait en récolter une partie, surtout si l'on avait en vue le dégagement de rejets ou de jeunes plants d'essences plus précieuses.

» Mais il est d'usage d'effectuer dans ces massifs une opération culturale des plus utiles, qui ne laisse pas que de produire une assez grande quantité de ramilles dont jusqu'à présent on n'a tiré aucun parti : je veux parler de l'émondage des baliveaux de chêne, dont le tronc se garnit aussitôt après la coupe d'une grande quantité de branches gourmandes. Ces branches, dans les forêts bien traitées, doivent être enlevées à plusieurs reprises dès la première année. Elles sont longues et garnies de feuilles larges et nombreuses. Il y aurait lieu de les recueillir avec soin pour l'alimentation du bétail. L'opération devrait être faite du 15 juillet au 15 septembre. C'est, du reste, cette époque qui, en général, doit être adoptée pour la récolte des fourrages ligneux. Les pousses, dès la fin de juillet, ont atteint à peu près leurs dimensions ; jusqu'au 15 septembre, leur composition reste sensiblement la même. Au delà de cette date, la richesse nutritive diminue ; j'ai constaté en outre que les feuilles des rameaux coupés à la fin de ce mois, bien qu'étant encore vertes, jaunissent et se détachent facilement pendant la période de dessiccation qui suit la récolte.

» Il est indispensable pour sauvegarder la croissance des rejets de ne jamais couper que les extrémités de leurs branches ; aussi sera-t-il prudent de n'autoriser cette récolte que dans les taillis âgés d'au moins 4 et 5 ans. A cet âge, les sommités des rejets sont hors de portée ; en revanche, ils portent des branches depuis la base. Toutes ces branches s'entrelacent et forment fourré. Il n'y aurait pas grand inconvénient à en sectionner les extrémités ; la récolte serait facile et fructueuse. Cette exploitation pourrait se faire jusque dans les taillis de 10 ans. Au delà de cet âge, les branches basses sont moins vigoureuses, leurs pousses sont plus petites, la végétation se concentre dans les rameaux supérieurs, le plus souvent hors de portée, et, en les courbant pour les atteindre, on risquerait de les briser

» Dans certaines régions il est d'usage d'effectuer vers le milieu de la révolution du taillis une éclaircie consistant dans la suppression des brins les plus faibles de chaque cépée. Cette opération pourrait être faite en été et les ramilles seraient coupées sur les perches abattues.

» Dans les taillis de chêne qu'on exploite au printemps en vue de l'écorçage, la récolte des ramilles est encore très facile : les pousses sont loin, il est vrai, d'avoir atteint à cette époque toute leur longueur ; mais, si les produits laissent à désirer sous le rapport de la quantité, ils sont en revanche d'une qualité supérieure, car les jeunes pousses sont plus tendres et plus riches en matières protéiques. On doit toutefois se garder d'en donner trop abondamment au bétail, surtout à l'état frais.

» Futaies. — Dans les diverses opérations de dégagements et de nettoiements qui suivent les coupes de régénération, on peut se procurer facilement des ramilles. Ces produits abandonnés aux ouvriers sont généralement convertis en menues bourrées, destinées le plus souvent au chauffage des fours de campagne. Un tel emploi est regrettable, au même titre que la combustion de la tourbe : dans les deux cas il y a une perte d'azote considérable. Ce fait que les ramilles, aussi bien que la tourbe, sont particulièrement riches en azote, a été révélé depuis peu par la science; aussi la continuation de ces pratiques que l'ignorance seule justifiait, serait-elle aujourd'hui sans excuse. Les sources d'azote sont trop précieuses pour qu'on puisse gaspiller ainsi celles qui se présentent dans des conditions d'extraction aussi faciles.

» Mais c'est surtout quand le jeune recrû est parvenu à l'état de fourré qu'on peut faire une ample récolte de fourrage ligneux, sans nuire à la croissance des brins, pourvu qu'on se borne, comme dans les taillis de 5 à 10 ans, à couper les extrémités encore vigoureuses des branches basses sans toucher aux branches supérieures, ni aux flèches. Plus tard, ces branches basses sont plus grêles, moins garnies de feuilles et la récolte finit par devenir insignifiante. Ce n'est guère alors que dans les éclaircies successives faites en été, qu'on peut trouver encore à récolter une certaine quantité de ramilles sur les arbres abattus.

FORÊTS DE MONTAGNE.

» Les montagnes sont généralement peuplées de sapins, mélangés en diverses proportions à des essences feuillues. Dans les massifs soumis au jardinage, la récolte sur pied des ramilles n'est guère productive, parce qu'elle ne peut se faire que sur des sujets dominés, lesquels ne possèdent que des branches grêles et disséminées. Au contraire, dans les massifs traités en futaie régulière, il est une période pendant laquelle cette récolte donne des produits assez abondants, c'est celle des coupes de régénération, surtout lorsque aux sapins se trouvent associés des hêtres et quelques autres essences feuillues d'importance secondaire. On sait qu'après chacune de ces coupes, la fertilité du sol est accrue, ainsi que cela a lieu à la suite des coupes de taillis. Les jeunes sujets se développent avec vigueur et forment bientôt des fourrés. C'est alors qu'on peut faire une ample récolte de ramilles sans nuire sensiblement aux massifs, pourvu qu'on se borne à couper l'extrémité des branches basses des hêtres et des sapins. Dans ces jeunes bois se trouvent des vides plus ou moins grands qui ne tardent pas à être envahis par des ronces, des framboisiers, etc., plantes très appréciées par les bovidés, quand on sait les apprêter convenablement. En exploitant au niveau du sol ces arbrisseaux qui se développent avec luxuriance autour des souches en décomposition, on fait une besogne utile à la forêt, car on facilite la levée des graines de sapin qui n'auraient pu parvenir jusqu'à terre et l'on dégage les jeunes plants qui se trouvaient étouffés. Mais il est nécessaire que cette opération soit exécutée avec soin pour ne pas couper les jeunes sapins en même temps que les ronces et les framboisiers (1).

(1) Tandis que la récolte des pousses d'arbres s'effectue le plus commodément avec le sécateur, les ronces et surtout les framboisiers doivent de préférence être coupés à la faucille.

» Les ronces principalement se développent dans ces conditions avec une telle abondance qu'elles nuisent aux jeunes plants d'essences précieuses, et que les forestiers sont obligés de les couper, de les arracher même, travail qui ne laisse pas que d'être assez onéreux, car il est nécessaire de le renouveler plusieurs années de suite, les ronces repoussant, comme on sait, avec beaucoup de persistance. On comprend qu'il y aurait une économie très appréciable à le faire gratuitement ou à moindres frais, moyennant la concession de ces ronces (1).

» Dans les sapinières la récolte sur pied des ramilles est moins fructueuse que dans les futaies feuillues et surtout que dans les taillis, mais en revanche on y rencontre toute une catégorie de produits qui font défaut ou sont du moins plus rares dans les forêts de plaine : je veux parler des arbustes (bouleaux, sorbiers, coudriers, alisiers), arbrisseaux (bourdaines, saules), sous arbrisseaux (airelles, genêts, bruyères) si répandus dans certaines parties des forêts de montagne. Les airelles myrtilles surtout y forment sur de vastes étendues un véritable tapis végétal dans les terrains granitiques. Les vaches laitières les apprécient beaucoup, surtout à l'état sec. Malgré une teneur assez considérable en tanin (3 0[0), les jeunes pousses de cette plante constituent un bon aliment, car elles renferment 1,17 d'azote pour 100 de matière sèche.

(1) Puisque je ne traite ici que des fourrages ligneux, je ne parlerai que pour mémoire des plantes herbacées (épilobes, fougères, graminées diverses) qui se développent avec une grande vigueur sur le parterre des coupes de régenération. Trop souvent délaissées par les montagnards, elles pourraient cependant leur être d'une certaine utilité.

» Ce qui donne, au point de vue du fourrage ligneux, une certaine supériorité aux sapinières, c'est la possibilité d'y récolter des pousses de sapin à toutes les époques de l'année. Il s'ensuit que les arbres abattus dans les coupes pendant l'hiver peuvent être utilisés à ce point de vue, tandis qu'en plaine on ne peut tirer parti en cette saison que du jeune bois, bien moins nutritif que les feuilles. Les vaches laitières consomment les pousses de sapin hachées et mélangées à d'autres aliments (sons, tourteaux, etc.), sans qu'il en résulte aucun inconvénient, à la condition qu'on ne leur en donne pas en trop grande quantité (1 à 2 kil. par jour) et que ces branches ne soient pas trop grosses. C'est principalement sur les parties moyennes des arbres qu'il convient de les recueillir. Plus bas elles sont moins garnies de feuilles ; plus haut elles sont épaisses et chargées de résine, sans que la teneur en azote soit sensiblement plus grande. Par suite de la possibilité de récolter des pousses de sapin en toute saison, il est inutile d'en faire des conserves, d'autant plus que les vaches laitières préfèrent ces pousses à l'état frais.

» Il est évident que, pour exploiter les ramilles comme il vient d'être dit, on ne saurait admettre le public en forêt. Des dégâts sérieux seraient commis, sans compter que si ce travail était fait par des personnes inexpérimentées, les frais de récolte seraient trop élevés. Il est indispensable qu'il soit confié à un petit nombre d'ouvriers bien dressés, convenablement outillés, connaissant assez les massifs pour se rendre directement dans les parties les plus productives sans perdre leur temps dans les places dont le rendement serait insuffisant. Ces ouvriers recevraient de temps à autre les recommandations nécessaires de la part du personnel chargé de la garde de la forêt, sans qu'il fût besoin d'exercer sur eux une surveillance assidue.

» Ils pourraient exploiter les ramilles soit pour leur propre compte, soit pour les revendre ensuite, soit à titre de délégués d'un groupe de cultivateurs qui les paieraient au poids de matière récoltée (1). Tel est le moyen que je juge le plus pratique pour ce genre de récolte. Il est bien simple et peut être employé dans la plupart des régions. Il va sans dire qu'il n'est applicable qu'aux exploitations agricoles situées près des bois.

» Je viens d'indiquer les procédés qui me paraissent les meilleurs pour utiliser les ressources fourragères qu'offrent les forêts dans les diverses situations et suivant les divers modes de traitement. Les frais de récolte sont assez élevés, il est vrai, quoique, sensiblement inférieurs à la moyenne du prix du foin, qu'on peut évaluer à 6 fr. le quintal. Mais il ne faut pas oublier que la matière première

---

(1) C'est ce que je fais dans la forêt domaniale de Gérardmer. J'envoie des ouvriers, dressés à cette besogne, dans les massifs que je leur désigne, généralement des coupes de régénération situées au voisinage de mon exploitation. Je leur donne sur place les instructions nécessaires, lesquelles varient suivant les situations. Les ramilles ne doivent pas être coupées à plus de un demi centimètre de diamètre. Après avoir été rassemblées en petits fagots de 4 kilogr. environ, elles sont déposées sur le chemin le plus voisin où je les fais charger sur une voiture. Je donne 1 fr. 50 à 2 fr. du quintal, la journée de l'ouvrier étant de 3 fr. Quand les ramilles doivent-être coupées à la faucille (airelles, bruyères, genêts, etc.,) j'emploie des femmes; le prix de leur journée est de 2 fr. Comme les ramilles renferment en moyenne 60 0/0 d'eau et qu'à l'état sec elles en contiennent encore 15 0/0, le prix de la tonne de matière sèche ne dépasse en aucun cas 40 fr., et le plus souvent reste sensiblement inférieur à ce chiffre.

doit être considérée comme de nulle valeur, puisque cette exploitation ne nuit en rien à la forêt: c'est là le point de vue auquel je me suis placé, je ne saurais trop le rappeler. On tirera ainsi parti de sous-produits qui ne peuvent servir à aucun autre usage.

» Il est des procédés de récolte plus expéditifs, il est vrai, mais dont l'emploi nuit à la production ligneuse. C'est ce qui arrive, par exemple, quand on émonde des arbres spécialement consacrés à cet usage ou qu'on coupe les branches basses sur les arbres de lisière pour en détacher ensuite les ramilles, comme l'ont fait l'an dernier plusieurs propriétaires (1) ou bien lorsqu'on exploite au mois d'août ou de septembre les rejets dans une coupe de l'année. Il est très possible qu'on ait souvent intérêt à détourner ces rejets de leur emploi habituel pour les faire servir à l'alimentation du bétail, soit régulièrement, soit à certaines époques : c'est ce que montreront les expériences en cours. Les frais de récolte sont dans ce cas bien moins élevés, mais ils doivent être majorés de la perte subie par la production ligneuse.

II.

» Il restera à examiner dans quelles conditions on pourra renouveler la récolte des ramilles sur un même point. Il y a là tout un ordre de recherches qui n'a pas encore été abordé. Je vais citer quelques

(1) En coupant les branches des arbres non seulement on nuit à la production ligneuse, mais encore on produit des plaies qui occasionnent souvent la pourriture du tronc.

exemples. On a coupé des pousses de tilleul, de tremble, de hêtre, dans un taillis de cinq ans, en se bornant à celles qui sont accessibles. L'année suivante de nouvelles pousses se seront-elles développées en quantité suffisante pour qu'il y ait avantage à réitérer la récolte ? Ou bien faudra-t-il attendre deux ou trois ans ou enfin devra-t-on abandonner ce canton d'une manière définitive, au moins jusqu'à la première coupe d'éclaircie ? — Voici d'autres cas. On coupe les pousses encore vertes d'airelle myrtille, plante dans laquelle elles restent telles pendant trois ans. L'année suivante trouvera-t-on, dans les nouvelles pousses, assez de matière pour qu'il y ait intérêt à les récolter ? On coupe les branchettes de 1 à 3 ans sur de jeunes arbres ou arbustes (sorbiers, bourdaines, aunes, etc.) Sur les tronçons subsistants, de nouvelles pousses se développeront l'année suivante. Seront-elles assez grandes, assez nombreuses, assez rapprochées pour que les frais de récolte ne soient pas trop élevés ? Cette opération pourra-t-elle être renouvelée indéfiniment comme la tonte d'un pré, la taille d'une haie ? Ou bien devra-t-on l'aménager en lui assignant une périodicité de 2, 3 ou 4 ans ? La même question se pose en ce qui concerne le recépage au niveau du sol. Tous ces points ne pourront être élucidés qu'à la suite d'expériences multiples, prolongées sur diverses essences et dans diverses situations. J'en ai entrepris pour ma part quelques-unes dont je rendrai compte ultérieurement. Je viens de constater, à cet égard, plusieurs faits intéressants que je vais énumérer rapidement.

Ainsi je remarque que les pelouses d'airelle myrtille ont, sur certains points, beaucoup souffert de la tonte effectuée l'an dernier. Les nouvelles pousses sont plus grêles que les précédentes; souvent même les pieds ont péri. Sur d'autres points, au contraire, l'opération a accru la vigueur des pousses dont les feuilles sont plus larges et d'un vert luisant. La récolte des ramilles a produit parfois sur les jeunes bouleaux et hêtres, en expérience, un effet assez curieux. Sur les pousses nouvelles, les deux premières feuilles ont des dimensions inusitées : elles sont plus épaisses et d'un vert plus foncé que les feuilles normales, mais en revanche les suivantes sont plus grêles et d'un vert plus clair : on dirait des organes étiolés. La nutrition, après avoir été excessive, semble être devenue insuffisante.

» Dans ces deux essences, la récolte des nouvelles pousses ne serait plus rémunératrice. Par contre, la bourdaine et surtout l'aune glutineux ainsi que divers saules ont très bien supporté l'exploitation des ramilles faite l'année dernière : les nouvelles pousses sont magnifiques. Elles seront exploitées encore cette année. Pourra-t il en être de même indéfiniment? C'cst ce que l'avenir nous apprendra.

» Des ronces et des framboisiers sauvages recépés à l'automne de 1893 m'ont fourni des rejets assez forts pour que j'aie cru devoir en faire une première coupe dès le mois de juin, espérant pouvoir en réaliser une seconde dans le courant de septembre.

» Dans ce qui précède, il n'a été question que de la récolte du fourrage ligneux. tel qu'il se présente à l'état spontané. Mais je n'ai pas tardé à reconnaître que cette récolte serait bien plus avanta-

19

geuse si elle était faite après l'exécution de quelques travaux préparatoires ayant pour but de produire des pousses plus vigoureuses. D'une part, en effet, celles-ci seraient plus nutritives, parce qu'elles seraient plus tendres, munies de feuilles plus larges et plus nombreuses.

» D'autre part, l'exploitation en serait moins onéreuse, puisque d'un coup de sécateur on recueillerait une plus grande quantité de fourrage, et que ce fourrage serait plus à la portée de l'opérateur. On doit donc chercher à produire des pousses vigoureuses, rapprochées et d'une coupe facile. On peut y arriver par deux procédés : l'un convenant mieux à certaines essences, l'autre à d'autres.

» 1° Dans quelques places d'essai, j'ai fait recéper au printemps dernier, au niveau du sol, des gazons d'airelle myrtille, afin que les produits futurs fussent uniquement composés de pousses semi-herbacées, et qu'il ne s'y trouvât plus de vieux bois, matière encombrante qu'on ne peut éviter quand on coupe des brindilles de cette essence n'ayant subi aucun traitement préalable. Il s'est développé de jeunes pousses de bel aspect, mais trop distantes les unes des autres pour pouvoir permettre l'usage de la faucille. Je pense que, l'année prochaine, le gazon sera déjà assez touffu pour qu'il soit possible d'en faire une coupe avantageuse. Et même, dans certaines parties qui auront été débarrassées des vieilles souches dépassant le sol, pourra-t-on, sans doute, se servir de la faux.

» 2° J'ai fait exploiter de jeunes bourdaines, saules et aunes, les uns près de terre, les autres en têtards, afin de pouvoir comparer les rendements dans les deux cas. Autant que j'en puis juger jusqu'à présent, le traitement en têtards à 1^m,50 de haut conviendra mieux aux saules et aux aunes, tandis que le recépage rez-terre donnera de meilleurs résultats pour les bouleaux et les sorbiers. Quant aux bourdaines, la question me parait encore indécise. Je ne puis entrer, à cet égard, dans de plus grands développements. Ce qui précède suffit à montrer que, grâce à ces expériences, qui seront prolongées pendant plusieurs années, la question des fourrages ligneux est entrée dans une nouvelle phase ; sans doute, ces travaux préparatoires occasionnent certains frais : j'ai pour but dans ces études, de rechercher les procédés les moins onéreux. Je ferai connaître les résultats à mesure qu'ils se produiront.

» Les essais dont je viens de parler ne sont faits que sur des sujets placés en sous étage dans les massifs, et n'ayant aucun avenir relativement à la valeur ligneuse. Je ne me suis donc pas départi du point de vue initial auquel je m'étais placé, à savoir : l'utilisation de sous-produits n'ayant aucune valeur comme bois. Mais il est un autre ordre d'idées, dans lequel on pourrait établir des taillis destinés spécialement à la production des fourrages ligneux, et que, pour ce motif, on pourrait appeler *taillis-fourrages*. Il y aurait, dans certaines situations, un réel intérêt à entrer dans cette voie. Pour être fixé à cet égard, il faudrait entreprendre quelques expériences. Il ne s'agirait plus d'utiliser des sous-produits ligneux, croissant à l'état spontané, ou soumis préalablement à des traitements appropriés, mais d'appliquer au sol une culture intensive, en vue d'obtenir des récoltes moins exposées que les herbages aux vicissitudes des saisons. Cette question présente un grand intérêt d'actualité, maintenant que la culture des céréales devient de moins en moins rémunératrice, malgré l'établissement de droits protecteurs et que l'attention se porte de nouveau vers les spéculations animales. Il est reconnu que seules les terres excellentes devraient être cultivées en blé. Mais quelles plantes introduire dans les autres? Dans bien des régions, ce sont les sécheresses estivales qui empêchent d'établir des prairies permanentes. Cet obstacle disparaîtrait, si l'on y installait des espèces ligneuses pour être traitées en *taillis-fourrages*. Ce serait, certes, une illusion, de croire qu'on pourrait ainsi se dispenser de tout soin cultural. J'ai déjà remarqué, en effet, que dans la production des ramilles, la fertilité du sol joue un rôle prépondérant. Il faudrait donc fumer et cultiver ces taillis, afin d'en retirer des produits nutritifs et abondants (1). Mais on serait du moins certain de les obtenir, et de ne pas voir ses espérances déçues par suite du manque d'eau. On aurait ainsi la possibilité de récolter des fourrages dans les terrains les plus secs.

(1) Ces frais seraient, au reste, bien moins élevés que pour les plantes de grande culture. Il suffirait sans doute, après avoir établi ces taillis en lignes, comme on le fait pour les vignes, de les biner une fois par an avec la houe à cheval et d'y enfouir du fumier tous les trois ou quatre ans. Dans le jardin de l'Ecole forestière se trouvent quelques plates-bandes renfermant, pour l'instruction des élèves, des exemplaires de nos principales essences. Elles sont représentées par de jeunes sujets que, faute de place, on exploite chaque année en têtards à 1 mètre de terre. Le sol est bêché tous les ans, mais je ne crois pas qu'il soit souvent fumé. Néanmoins les pousses annuelles sont magnifiques et l'on pourrait en faire une double récolte, d'autant plus qu'en n'en faisant qu'une, les ramilles seraient trop grosses pour pouvoir servir entièrement à l'alimentation du bétail.

III.

» On peut conserver les ramilles soit en les desséchant, soit en les ensilant. Quand le temps est beau, on les laisse quelques jours dans la forêt, en ayant soin de les maintenir à l'ombre. La dessiccation s'effectue lentement, et le fourrage acquiert une légère odeur aromatique qui plaît au bétail, en même temps que la coloration reste assez verte (1). Si le temps est incertain, il est préférable de faire sécher à l'abri les fagots de ramilles, en les déposant dans un endroit aéré. Une fois secs, ils doivent être empilés dans le local où l'on veut les conserver. Si l'été est beau, cette opération s'effectue rapidement et ne réclame que peu de soins. Mais quand cette saison est très pluvieuse, la dessiccation, même à l'abri, présente de grandes difficultés à cause de l'humidité de l'air, et les ramilles, dans les meilleures conditions d'aération, risquent d'être avariées par des moisissures, d'autant plus que dans de semblables années, les fourrages herbacés étant généralement abondants, l'emplacement dont on peut disposer pour les fourrages ligneux (très encombrants, il faut le reconnaître, parce qu'ils se tassent mal), est plus res-

(1) Il faut éviter, autant que possible, de dessécher les ramilles en les exposant au soleil. Il en résulte plusieurs inconvénients. Outre qu'elles n'acquièrent pas ou perdent l'odeur aromatique dont il vient d'être question, les feuilles se colorent en brun-roux, par suite de l'oxydation du tanin qui, dans les plantes ligneuses, se trouve en plus grande quantité que dans les herbes. De plus, la dessiccation risque d'être poussée trop loin ; les feuilles, devenues alors très friables, se brisent dans les manipulations, dont elles sont ensuite l'objet, soit quand il s'agit de transporter et de loger ces ramilles, soit quand il s'agit de les hacher, ce qui occasionne un déchet parfois assez considérable.

treint. Il est préférable de recourir alors à l'ensilage soit en remplissant les silos uniquement de ramilles, soit plutôt en stratifiant celles-ci avec des lits de fourrages herbacés ; ce qui présente en outre l'avantage de faciliter la conservation des silos de ces derniers, comme je vais le montrer.

On sait, par les diverses notes ou mémoires que j'ai publiés sur la matière, que, pour se mettre à l'abri de la fermentation butyrique, il est indispensable de faire perdre aux herbes qu'on ensile une certaine quantité d'eau, de manière qu'elles arrivent à n'en pas renfermer au delà de 65 p. 100 (1). Mais

(1) La question de l'ensilage, toute nouvelle pour la région du Nord-Est en 1885, a été l'une de celles qui ont été traitées avec le plus de développements, lors du Congrès agricole qui s'est tenu à Nancy à cette époque. A la suite de ce Congrès, plusieurs agriculteurs de la région ont entrepris des essais qui ne semblent pas avoir produit de bons effets, car cette pratique est actuellement peu appliquée en Meurthe-et-Moselle, de même que dans les départements limitrophes. A quoi tient cet insuccès ? Je n'hésite pas à l'attribuer à deux causes :

1° A la préférence donnée à l'ensilage à l'air libre. On a pensé favoriser l'extension de la pratique de l'ensilage en faisant entrevoir aux cultivateurs la possibilité d'économiser les frais d'établissement de silos. On leur a dit qu'il suffisait d'entasser le fourrage au-dessus du sol, en l'appuyant contre un ou deux murs, ou même en le laissant isolé. L'expérience a montré que ce procédé est des plus défectueux. Outre que la confection de pareilles meules présente de grandes difficultés, il se produit toujours sur les faces verticales, un déchet considérable. Il est reconnu maintenant qu'il est indispensable de se servir de silos creusés en terre, maçonnés, ayant une forme spéciale, enfin abrités. Ceux qui ont conseillé l'ensilage à l'air libre, quoique animés des meilleures intentions, ont donc été mal inspirés.

2° La seconde cause qui a découragé beaucoup des cultivateurs a été l'apparition inattendue de la fermentation butyrique dans les ensilages pratiqués avec de l'herbe fraîche et surtout mouillée. Il y a déjà plusieurs années, j'ai appelé l'attention sur les conséquences fâcheuses qui résultent de l'emploi d'un semblable fourrage, tant au point de vue de la qualité du lait que de l'engraissement du bétail. Par un moyen quelconque, il faut faire subir au fourrage, une légère dessiccation avant de l'ensiler. Cette obligation rend évidemment l'ensilage d'un emploi moins commode, mais il est indispensable d'agir ainsi pour obtenir une bonne fermentation. Telle quelle, cette méthode me rend de très grands services depuis près de dix ans que je l'applique, et cependant la dessiccation des fourrages, si faible

quand on a à subir des pluies continues, on ne peut obtenir même cette légère dessiccation. C'est alors que l'emploi des ramilles peut être d'un grand secours. Comme elles ne contiennent en général que 50 p. 100 d'eau, on les mélange aux herbes dans une certaine proportion, de manière à amener à 65 p. 100 la teneur en eau de la masse.

Les ramilles doivent être ensilées après avoir été débitées au hache-paille, en fragments de un centimètre de long. De cette manière, elles se mélangent mieux à l'herbe que lorsqu'elles conservent toute leur longueur, forme sous laquelle elles ne seraient d'ailleurs pas intégralement consommées par les vaches, qui se borneraient le plus souvent à en manger les feuilles. Le hachage s'impose encore plus pour les ramilles desséchées. Seulement, dans ce cas, on peut l'effectuer à temps perdu ; ce qui constitue une légère économie.

» Puisque d'une manière comme de l'autre, il faut arriver au hachage, il y a avantage à y procéder aussitôt après la récolte, en vue de l'ensilage, toutes les fois que les conditions climatériques ou le manque d'emplacement convenable ne permettent pas une dessiccation facile.

» Je viens de dire que les ramilles doivent être hachées pour être consommées intégralement. C'est nécessaire même quand on les distribue fraîches. Ce n'est pas tant parce qu'elles sont trop dures que

---

qu'elle soit, est parfois bien difficile à réaliser dans une région aussi humide que celle des Hautes-Vosges. Il est fâcheux que les cultivateurs de notre région se soient découragés aussi vite et n'aient pas voulu essayer tout au moins le procédé que j'ai fait connaître et qui me réussit aussi bien.

les bovidés ne consomment pas entièrement celles qui leur sont servies dans toute leur longueur que parce qu'ils éprouvent une certaine difficulté à les diviser transversalement. Ce travail doit donc être fait par l'homme. Ainsi découpées et sans qu'il soit nécessaire de leur faire subir d'autre préparation, les ramilles sont acceptées par les vaches, mais seulement quand ces ramilles se trouvent encore jeunes et à l'état herbacé. C'est ce qui arrive pour les jeunes pousses verticales des ronces dont les piquants n'ont pas encore acquis de rigidité, ainsi que pour les rejets à croissance rapide, tels que ceux de sureau.

» Mais comme il est préférable de ne couper les ramilles que lorsqu'elles sont adultes, parce que les frais de récolte sont alors bien moins élevés et que le dommage causé aux plantes est moins sensible, il est indispensable de ne les servir que ramollies et rendues plus appétissantes. Ce résultat est atteint par l'ensilage. Elles deviennent plus tendres par suite de la cuisson prolongée qu'elles subissent dans le silo ; aussi sont-elles dans ce cas acceptées généralement sans préparation, surtout quand elles ont été, lors de l'opération, mélangées à des herbes. Il n'en est plus de même pour les ramilles desséchées. Elles sont devenues dures et il est indispensable, pour les ramollir, d'en soumettre les fragments résultant du hachage à une macération dans l'eau chaude, prolongée pendant un ou deux jours et même à un commencement de fermentation obtenue en les mélangeant avec d'autres aliments, tels que sons, tourteaux, pommes de terre cuites écrasées, etc.

» Je renvoie pour les autres détails sur ce côté de la question aux notes que j'ai publiées l'hiver dernier. Je me contenterai de dire que de mes recherches il est résulté le fait suivant: présentées aux vaches laitières après la préparation dont je viens de parler et à la dose moyenne journalière de 2 à 3 kilos par tête, les ramilles ont été très bien digérées et ont remplacé pendant sept mois, à poids égal, le foin qui me faisait défaut.

» Je ne veux pas, Messieurs, me laisser entraîner dans tous les développements que comporterait une étude complète de la question des fourrages ligneux. Bien qu'elle ait été posée tout récemment, vous voyez que beaucoup de points sont déjà acquis et qu'on pourra bientôt en faire l'objet d'un volume. C'est que de nos jours quand une question intéresse le public, nombre de travailleurs s'y attellent et les résultats obtenus ne tardent pas à s'accumuler. Quel sort l'avenir réserve-t-il à celle-ci ? Le danger passé, ne sera-t-on pas tenté d'en abandonner l'étude ? Déjà elle semble moins agiter le monde agricole. C'est contre cette tendance bien humaine, il faut l'avouer, que je cherche à réagir. Il faut que les désastres de 1893 servent de leçon. Il est indispensable que l'agriculture ne se laisse plus surprendre par les accidents météoriques, quand il y a moyen de faire autrement. S'il en est trop, tels que la grêle, la pluie, les tempêtes qu'il ne peut éviter, il lui est possible de remédier, dans une certaine mesure, aux effets désastreux de la sécheresse. Pour cela il n'a qu'à se créer dans les années d'abondance des réserves de fourrage plus considérables qu'il ne l'a fait jusqu'ici, en prévision des années de disette. L'usage modéré des fourrages ligneux en temps normal et surtout la préparation de massifs, telle que je l'ai expliquée, en vue d'une récolte avantageuse, lui faciliteront cette tâche, et en lui donnant l'habitude de ces produits, lui permettront d'y recourir dans une plus large mesure quand le besoin s'en fera sentir. Les fourrages ligneux devraient servir d'appoint pour niveler, d'une année à l'autre la récolte des fourrages herbacés ainsi que la paille contribuera sans doute dorénavant à le faire (1). Grâce à cet ensemble de mesures, on pourra éviter ces ruineuses oscillations dans le cours du bétail auxquelles nous assistons depuis une année. »

Des applaudissements accueillent les dernières paroles de l'orateur.

M. le Président donne la parole à M. Ch. Guyot, sous-directeur de l'Ecole forestière, pour sa conférence sur la réforme du Code forestier.

M. Ch. Guyot s'exprime ainsi :

« Messieurs,

» Notre législation forestière se compose essentiellement d'une loi du 21 mai 1827, qui a succédé

---

(1) Je rappellerai que déjà en 1886, lors de la réunion à Nancy du Congrès de l'Association française pour l'avancement des sciences, j'ai appelé l'attention sur le grand intérêt qu'il y aurait à remplacer la paille comme litière par de la sciure de bois ou de la tourbe et à la vendre toutes les fois qu'on peut le faire fructueusement ou à la faire consommer par le bétail, dans le cas contraire. Maintenant que l'agriculture française a pu apprécier les avantages incontestables de la tourbe, il faut espérer que la paille sera de plus en plus détournée de son ancien usage et ne sera plus employée que comme aliment ou comme litière de luxe.

elle-même à l'ordonnance des eaux et forêts de 1669. Cette loi, désignée habituellement sous le nom de Code forestier, a été modifiée à plusieurs reprises : en 1837, pour la partie concernant les adjudications de coupes ; en 1859, pour le système pénal. Depuis bientôt 70 ans que le Code forestier a subi l'épreuve de la pratique, il a rendu d'immenses services à la propriété forestière : mentionnons notamment le grand œuvre de la règlementation et de l'extinction des droits d'usage, qui, grâce à lui, a pu être entrepris et mené à bonne fin.

» Cependant, le Code forestier est fréquemment critiqué. On lui reproche d'avoir vieilli, de n'être plus en harmonie avec la législation moderne, d'avoir conservé trop de dispositions surannées empruntées à l'ancien régime et qu'il importe de faire disparaître. Sur certains points, ces critiques paraissent fondées ; il est évident, par exemple, que la suppression des articles 151 et suivants, relatifs aux constructions à distance prohibée, laisserait peu de regrets. Mais trouverait-on à opérer beaucoup de suppressions semblables? Ensuite, la réforme que l'on désire doit-elle s'effectuer par une nouvelle loi modificative, analogue à celle du 18 juin 1859, se bornant à retoucher certains articles et respectant le surplus ; ou bien faut-il faire table rase, abroger purement et simplement le texte ancien, pour édifier de toutes pièces un Code nouveau?

» Ce second système est sans doute plus flatteur pour l'initiative parlementaire : les législateurs préfèrent toujours attacher leurs noms à quelque chose de neuf, plutôt que de se confiner dans la besogne plus modeste qui consiste à mettre quelques pièces à un ancien habit. Il ne faut donc pas nous étonner si le projet actuellement en discussion devant le Sénat, et qui a été déposé le 16 juillet 1888, renouvelle entièrement la matière. Je me permettrai de regretter cette tendance : sauf les cas assez rares où l'on ne doit à peu près rien conserver des dispositions antérieures, je crois qu'il y a tout avantage à maintenir, autant que possible, le texte à réformer, et, par conséquent, à procéder plutôt au moyen d'une loi modificative. Ma raison est qu'il importe de ne point perdre le bénéfice de la jurisprudence acquise par le labeur des jurisconsultes, à coup de jugements et d'arrêts : la jurisprudence forestière, fondée sur l'interprétation du texte de 1827, est aujourd'hui parfaitement fixée, et il n'est que juste de rappeler ici les noms des deux professeurs qui ont occupé successivement la chaire de droit de l'Ecole forestière : MM. Meaume et Puton, dont les travaux ont si puissamment contribué à cet heureux résultat.

» Pour abandonner de si précieux avantages, il faudrait qu'il fût bien prouvé que notre Code ne vaut plus rien, et qu'il faut le renouveler tout à fait. Nous nous proposons de démontrer, au contraire, qu'il suffirait de quelques retouches, relativement peu nombreuses et peu importantes, et pour cela nous passerons brièvement en revue les trois grandes sections de la loi forestière, qui correspondent aux trois groupes principaux des propriétaires forestiers : l'Etat, les communes et les particuliers.

» Il ressortira, je l'espère, de cet examen, que la question de la réforme du Code forestier n'intéresse pas seulement l'administration, les agents des forêts : ce sont les propriétaires particuliers qui seraient les plus gravement touchés si le projet de 1888 était adopté dans toutes ses parties. Cet intérêt justifiera le sujet choisi pour cette conférence ; et, d'ailleurs, j'aurai soin d'éviter les discussions juridiques par trop arides, pour m'en tenir aux considérations les plus générales.

I. — Forêts domaniales.

» Il reste environ un million d'hectares de ces forêts, après les grandes aliénations qui ont été faites à plusieurs reprises dans le siècle actuel. Tout le monde, croyons-nous, est d'accord pour demander, dans l'intérêt national, que ces forêts ne soient point aliénées. Jadis, la principale raison de leur maintien dans le domaine de l'Etat était la nécessité d'y trouver les bois de construction pour la marine de guerre ; si cet emploi n'a plus aujourd'hui la même importance, il n'en est pas moins vrai que les importations de bois d'œuvre augmentent tous les ans, que cette nature de produits serait difficilement fournie par les bois des communes ou des particuliers, et qu'il importe toujours de ne point laisser, en temps de crise, notre pays à la merci de l'étranger pour cette matière première d'une si grande utilité.

» L'expérience a prouvé que l'ensemble des règles édictées par le Code de 1827, et qui constituent le régime forestier domanial, était éminemment propre à assurer la protection des forêts de l'Etat : ce régime doit donc être conservé, sauf quelques améliorations de détail

» Ainsi, il n'y aurait rien à changer pour la police

des droits d'usages, presque rien pour les ventes. Il importe, notamment, de ne pas abandonner, pour l'aliénation des produits, le principe tutélaire de l'adjudication, grâce auquel est si justement établi le bon renom d'intégrité de notre administration forestière. Je ne changerais rien non plus à la responsabilité pénale de l'adjudicataire, garantie précieuse, dont la durée pourrait seulement être modifiée ; il serait seulement possible d'élaguer quelques-unes des formalités trop minutieuses qui entravent le commerce sans donner au vendeur une plus grande sécurité.

» Je dois cependant mentionner une critique que l'on trouve quelquefois formulée sur cette partie de notre Code : on la signale comme incomplète, parce qu'elle ne renferme aucune disposition précise sur l'aménagement des forêts domaniales. « Nous n'avons pas de loi d'aménagement ! » C'est parfaitement vrai, et je suis d'avis qu'il ne peut y avoir de loi sur cette matière. Régler l'aménagement, c'est décider le traitement de la forêt, non seulement dans ses grandes lignes, mais aussi dans ses détails. Or, l'aménagement varie nécessairement avec la forêt à laquelle il faut l'appliquer, et il est impossible de prévoir d'avance, par une disposition d'ensemble, suivant quels principes seront gérées toutes les forêts domaniales, si variées d'essences, de climats, de richesse et de situation. L'aménagement doit rester dans le domaine administratif ; il doit pouvoir être révisé fréquemment, tandis que la loi ne comporte que des règles immuables.

II. — Forêts communales.

» Elles nous arrêteront un peu plus longtemps. D'abord, leur surface est plus importante : deux millions d'hectares environ ; ensuite, nous aurons à discuter, en ce qui les concerne, une question préjudicielle très grave. Que les forêts domaniales soient gérées par des agents de l'Etat, cela va de soi ; que les forêts communales soient soumises au même régime et administrées par les mêmes fonctionnaires, c'est une anomalie qui réclame quelques mots de justification.

» Pendant longtemps, l'assimilation des forêts des communes à celles de l'Etat a été supportée assez patiemment par leurs propriétaires. Mais nous devons constater que maintenant il n'en est plus partout de même. Une agitation assez vive a été créée, dans certains départements, contre le système du Code, la gestion de la forêt communale par les agents de l'Etat, sans la participation du propriétaire. La critique formulée à ce sujet peut se résumer ainsi : quant à ses intérêts forestiers, la commune française est en tutelle ; émancipée pour le surplus de ses biens, surtout depuis 1884, elle reste soumise au joug de l'Etat pour ses propriétés boisées ; c'est une dérogation au droit commun, qui doit être promptement supprimée.

» Nous estimons, cependant, que le régime forestier communal a parfaitement sa raison d'être, même pour ceux qui, comme nous, sont partisans de la plus large décentralisation en matière d'intérêts locaux. Il suffit, pour comprendre cette contradiction apparente, de comparer la propriété forestière avec les autres immeubles appartenant aux communes. Pour ceux-ci, le Conseil municipal administre souverainement le revenu; il n'est soumis au contrôle du pouvoir central que pour la disposition du capital ; habituellement, la distinction entre ces deux éléments, revenus et capitaux, est tellement simple, qu'il n'est besoin de faire intervenir aucune autorité pour départager les uns et les autres. Or, il n'en va pas de même en matière forestière.

» Si nous analysons les éléments constitutifs d'une forêt, nous voyons que le fonds entre pour peu de chose dans sa valeur totale ; la superficie, formée par les bois de tout âge qui recouvrent le sol, est de beaucoup la plus importante.

» Cette superficie est une richesse qui se crée lentement ; elle est l'œuvre des siècles, elle représente l'épargne accumulée de plusieurs générations, elle a tous les caractères d'un véritable capital. De plus, il est très facile de l'anéantir, de la faire disparaître presque instantanément, par une seule coupe, par une opération culturale mal conduite. Cette réalisation si prompte ne doit pas être permise à la génération actuelle, et c'est ce que l'on exprime très justement en disant que la commune n'est qu'usufruitière de la forêt communale, qu'elle n'a droit qu'à prélever un revenu, la *possibilité* de la forêt.

» Or, cette possibilité est une portion de la superficie, dans laquelle il faut donc constamment distinguer ce qui est revenu et ce qui est capital ; cette séparation n'est pas toujours facile, elle exige la connaissance de la forêt, une certaine instruction technique ; elle ne peut être confiée au premier venu. Nous savons que beaucoup de maires, cependant, en seraient parfaitement capables ; ce n'est pas dans cette région de l'Est qu'il faudrait aller loin pour trouver à la tête de beaucoup de communes des hommes de savoir et d'expérience en matière forestière. Ce qu'il faudrait craindre plutôt, dans la gestion des forêts communales par les municipalités, ce serait une défaillance momentanée, un abandon pendant une année ou deux des règles d'une sage gestion ; par exemple, au moment d'une crise électorale ou sous le coup de besoins imprévus. Pour un autre genre de propriété, qu'un Conseil municipal gère mal, le préjudice est réparable ; pour une forêt, une coupe imprudemment assise peut ruiner la superficie pendant un siècle et plus. On ne doit donc pas abandonner la gestion forestière aux municipalités, quelque capables qu'elles soient ; il faut organiser une protection permanente pour les intérêts des générations futures, et cette protection, à qui peut-elle être mieux confiée qu'aux agents de l'Etat, puisqu'ils joignent à la capacité technique l'indépendance et l'unité de vues nécessaires pour une pareille gestion ?

» Nous comprenons ainsi pourquoi la commune, libre pour l'ensemble de son patrimoine, est en tutelle pour son domaine forestier, et pourquoi cette tutelle est confiée à des représentants de l'Etat. Nous croyons en même temps avoir réfuté cet argument si souvent opposé à notre régime forestier communal : l'Etat n'a pas le droit de grever les forêts communales d'une véritable servitude d'intérêt public pour assurer leur conservation. Non, ce n'est pas dans un intérêt national que l'Etat intervient pour la gestion forestière communale ; c'était autrefois le but de Colbert et de l'ordonnance de 1669, mais, depuis 1827, c'est dans l'intérêt de la commune elle-même.

» Revenons maintenant à cette séparation si délicate de la superficie entre le capital et le revenu, que nous avons vu confier aux agents forestiers. L'agent forestier, ce tuteur légal, sera-t-il omnipotent ? Ses pupilles ne pourraient-elles réclamer, et réclamer contentieusement si, par exemple, dans un but d'épargne exagérée, on ne leur abandonne qu'une quantité de bois trop faible, inférieure au revenu normal ? Cette réclamation doit être possible et facile, car l'agent forestier ne peut avoir la prétention de l'infaillibilité. On a parlé beaucoup, à une certaine époque, d'un tribunal arbitral, qu'il convenait d'organiser de toutes pièces, pour trancher les divergences d'appréciation entre les représentants des communes et les agents forestiers.

» Mais cette création nouvelle est inutile ; ses promoteurs l'ont eux-mêmes reconnu depuis ; le tribunal arbitral est tout indiqué par le code de 1827 : c'est le Conseil de préfecture, statuant par voie d'expertise ; il a sa compétence fixée par l'art. 67, que l'art. 112 rend applicable en matière communale, en assimilant les habitants de la commune à des usagers dont le droit s'étend à la possibilité de la forêt.

» Donc, inconvénient grave à laisser la gestion forestière communale entre les mains des municipalités ; intervention nécessaire et prépondérante des agents de l'Etat pour toutes les mesures tendant à sauvegarder l'avenir, notamment pour l'assiette et le balivage de la coupe annuelle : tels sont les deux principes de notre code forestier dont le maintien nous semble absolument nécessaire. Mais il doit y avoir une limite à cette tutelle forestière : toutes les fois qu'il ne s'agit plus de l'avenir, le droit commun reprend son empire. Ainsi, la commune doit pouvoir disposer aussi librement qu'il lui convient des produits de la forêt qui lui ont été désignés dans les limites de la possibilité. Sans qu'il y ait à distinguer d'après la nature des coupes, ordinaires ou extraordinaires, ou d'après l'espèce des bois, taillis ou futaies, on ne peut refuser au Conseil municipal de décider s'il convient de délivrer ou de vendre et d'effectuer cette vente en se servant ou non du concours de l'administration forestière. Peut-être dans cet ordre d'idées devrait-on rectifier quelques termes de notre code, et notamment l'art. 100, qui semble un peu trop restrictif en matière d'adjudications communales.

» Mais pour tout le reste, je ne vois rien qu'il soit vraiment nécessaire de changer. Ainsi, je serais loin de demander la suppression des quarts en réserve, que beaucoup d'auteurs signalent comme incompatibles avec nos idées modernes sur le caractère de la forêt communale, comme le vestige oublié d'une législation disparue. Il est très vrai que, du temps de Colbert, lorsque furent institués les quarts en réserve, le but du législateur était de préparer des massifs de haute futaie pour la marine royale, et qu'il ne peut plus être question aujourd'hui de cet intérêt national. Mais les quarts en réserve ont un autre caractère : ce sont des réserves de prévoyance, maintenues dans l'intérêt exclusif des communes, pour parer à des besoins imprévus de la caisse municipale. On leur reproche à tort de morceler les séries, d'échapper à tout aménagement et d'être un obstacle à une bonne gestion culturale : c'est oublier que la réserve n'est pas nécessairement assise à part sur le terrain, que le code n'empèche nullement de la rendre mobile, capable par conséquent de se prêter, comme le reste de la forêt, à toutes les combinaisons de l'aménagement et à toutes les exigences de la culture.

» Je pourrais me borner à ces considérations générales. Qu'il me soit permis, cependant, de faire encore remarquer que l'Etat se fait payer très modérément des communes les frais de la gestion forestière : depuis les lois de 1845 et 1856, la taxe dite *du vingtième* ne peut dépasser 1 fr. par hectare, ce qui n'est certes pas excessif. Il serait encore mieux sans doute de pouvoir invoquer l'analogie avec la tutelle du droit civil, qui est entièrement gratuite ; mais il ne faut pas demander l'impossible, au moins pour le moment; la suppression de 1,800,000 fr. dans le budget des forêts formerait un vide trop difficile à combler.

» Du moins, on pourrait plus raisonnablement étendre au personnel de surveillance le système en vigueur pour les agents chargés de la gestion proprement dite. Depuis 1852, les gardes communaux sont nommés par les préfets, mais leurs traitements sont votés et payés par les communes. Il en résulte de grandes inégalités, et une situation généralement inférieure, pour ces préposés, à celle de leurs collègues du domaine de l'Etat. Cependant, ils sont assujettis aux mêmes charges par les règlements militaires, et ces charges sont vraiment fort lourdes. Il n'y aurait qu'un moyen pour faire cesser cette disparité choquante : les gardes de l'Etat devraient avoir la surveillance des bois communaux. A ce système, qui, d'ailleurs, est déjà appliqué dans la haute montagne, en vertu de la loi du 4 avril 1882 (art. 22), la commune ne perdrait rien, puisque depuis longtemps déjà elle ne nomme plus ses gardes ; l'Etat se rémunérerait par une légère majoration de la taxe du vingtième, s'il n'était pas possible de généraliser la surveillance gratuite inaugurée par la loi de 1882.

III. — FORÊTS DES PARTICULIERS.

» Comme surface, elles sont de beaucoup les plus importantes : entre 6 et 7 millions d'hectares, plus des deux tiers de l'ensemble des forêts françaises. C'est leur situation légale qui doit principalement nous intéresser ici.

» Il est bien évident qu'on ne doit point parler, au sujet des forêts de particuliers, d'un régime forestier analogue à celui des forêts communales. Les propriétaires particuliers doivent être en principe absolument libres de gérer leurs immeubles en nature de bois, de la même manière qu'ils gèrent leurs champs, leurs prés, leurs vignes. Aussi n'avons-nous à signaler que deux restrictions au droit de propriété concernant les forêts, toutes deux fondées sur l'intérêt public : la législation du défrichement et celle de la restauration des montagnes. De celles-ci, je ne dirai rien : nous ne sommes pas heureusement, en Lorraine, dans le pays des torrents; quant au défrichement, et aux conditions auxquelles il est possible, ç'a été jadis une grosse question pour nos pères, à un moment où la terre manquait aux cultivateurs; mais nous n'en sommes plus là depuis longtemps. Je me bornerai donc à rappeler que cette question est réglée législativement par une loi de 1859, à laquelle on pourrait assez justement adresser cette critique d'être bien large dans l'énumération des cas pour lesquels l'opposition au défrichement peut être formulée: la salubrité publique, que l'on fait intervenir à ce sujet, est un terme bien élastique; mais passons.

» Le principe général en cette matière est que les forêts constituent une propriété comme les autres, que l'Etat ne doit aux propriétaires particuliers que sa protection, mais que cette protection doit être aussi entière et complète que pour tous autres immeubles. Nous allons rechercher s'il en est ainsi, d'après la législation actuelle.

» Cette protection de la forêt, envisagée dans son sens le plus étendu, se manifeste par la surveillance contre les délinquants, la constatation et la poursuite des délits, enfin le système pénal applicable aux infractions forestières.

» Actuellement, la surveillance des forêts des particuliers n'est pas assurée. Le code de 1827 ne s'en occupe pas; l'organisation de la police rurale est insuffisante. Sans doute, notre code mentionne les gardes que peuvent faire assermenter les particuliers; mais ce sont là des cas exceptionnels. On a le tort, lorsqu'on parle des forêts des particuliers, de ne considérer que les grands propriétaires, possédant plusieurs centaines d'hectares ; ceux-là seuls peuvent se donner le luxe de gardes spéciaux. Mais les petits propriétaires forestiers sont bien plus nombreux qu'on ne le suppose : j'entends par ce terme ceux qui n'ont que quelques hectares de bois ; on en trouve souvent plusieurs dans chaque commune.

» Ces petits propriétaires ont droit, j'imagine, tout aussi bien que les autres, à la protection légale ; or, ils ne peuvent avoir de gardes à eux, et d'autre part le garde champêtre, le seul représentant de la police rurale, ne leur sert absolument à rien. Cela tient surtout à une tradition fâcheuse qui tend à faire, maintenant encore, considérer le bois comme un produit sans valeur, appartenant à tout le monde, et le vol de bois comme une infraction parfaitement excusable. Le garde champêtre ne s'en inquiète donc pas. Une autre cause d'infériorité de la propriété forestière, c'est qu'elle n'exige pas la présence constante du maître ; dans un champ, l'exploitant est presque toujours présent, il fait sa police lui-même, il n'a que bien rarement recours au représentant de l'autorité. Je crois cependant que le cultivateur rural est loin d'être satisfait de l'organisation actuelle et des actes de pillage contre lesquels il reste trop souvent impuissant.

» Dans l'intérêt de tous, mais surtout dans celui des petits propriétaires forestiers, une réforme de l'institution des gardes champêtres est fort désirable. Il n'y a pas longtemps que cette question passionnait l'opinion ; on parlait beaucoup de l'embrigadement et d'autres mesures analogues, telles que la nomination de ces gardes par l'autorité départementale. Maintenant l'attention s'est portée ailleurs ; il faudra cependant y revenir et trouver une solution, car de l'avis unanime le système actuel est fort mauvais.

» Supposons le délit forestier constaté ; il faut le poursuivre devant le tribunal compétent. La poursuite est en principe la fonction du ministère public ; mais d'autre part ce magistrat n'exerce son action que pour les infractions qui, par leur gravité, lui semblent mériter une répression pénale ; lui seul décide souverainement s'il convient ou non de s'abstenir, et la réclamation du propriétaire lésé ne saurait forcer son initiative. A ce point de vue encore, les propriétaires forestiers se plaignent justement lorsqu'ils se comparent aux détenteurs d'autres immeubles ruraux : qu'un arbre fruitier soit coupé dans un verger ou un cep de vigne dans une treille, immanquablement le délinquant se verra poursuivi d'office ; mais supposons qu'il s'agisse d'un chêne ou d'un sapin en forêt, le procureur de la République répondra à la plainte des propriétaires : « C'est votre affaire, agissez si bon vous semble ! » C'est une autre conséquence de cette fausse conception dont nous parlions tout à l'heure, de la forêt *res nullius*, de l'excusabilité habituelle du délinquant forestier.

» Le malheur est qu'on remédierait difficilement à cette injustice par voie législative. On ne voit pas qu'il soit possible de traduire en article de loi l'obligation pour le ministère public de poursuivre tous les délits forestiers : responsable de la paix publique, il est indispensable de lui conserver son indépendance et sa liberté d'action. Tout au plus pourrait-on demander aux gardes des sceaux et aux procureurs généraux des instructions plus sévères, afin que leurs subordonnés ne se désintéressent pas aussi complètement des poursuites forestières. Mais, en attendant, le propriétaire lésé qui veut faire punir son délinquant doit, dans l'immense majorité des cas, se constituer partie civile, c'est-à-dire avancer les frais du procès pour une condamnation aléatoire, et courir le risque de dommages-intérêts si l'acquittement venait à être prononcé.

» Admettons, cependant, que le tribunal a été saisi : la peine et les réparations infligées au délinquant forestier seront-elles au moins suffisantes ? En général oui, et nous allons justifier cette affirmation par l'examen sommaire du système pénal contenu dans le code de 1827.

» Si l'on compare des infractions analogues, — coupe de bois, par exemple, — dans la loi forestière et dans le code pénal, au premier abord celui-ci serait beaucoup plus sévère : amendes considérables et surtout emprisonnements pouvant aller jusqu'à plusieurs années. Dans la loi forestière, les amendes sont beaucoup plus faibles, et surtout l'emprisonnement, qui n'existait pas pour ainsi dire avant 1859, a une durée minime; il a, de plus, un caractère facultatif pour le juge. Seulement, l'amende forestière est fixe, ne peut être diminuée, tandis que le juge de droit commun peut descendre aussi bas que possible par l'admission des circonstances atténuantes. Autre différence importante en ce qui concerne les dommages-intérêts : pour un délit ordinaire, c'est à la partie lésée à faire la preuve de l'importance du dommage causé, et le juge a toujours la faculté de décider que cette preuve n'a point été fournie. En matière forestière, non seulement le propriétaire est dispensé de démontrer l'importance du préjudice résultant du délit, démonstration qui presque toujours constituerait un problème délicat d'estimation de la superficie, mais encore les dommages-intérêts sont liés à la condamnation pénale, tellement que la personne lésée obtiendra nécessairement une réparation au moins égale au chiffre de l'amende simple prononcée par le jugement.

» Ce sont là des avantages sérieux, des dispositions légales éminemment protectrices de la propriété forestière. Eh bien ! ces avantages, on veut précisément les faire disparaître dans les projets de réforme qui sont à l'ordre du jour. L'admission des circonstances atténuantes en matière forestière, c'est le renversement du principe pénal inscrit au code de 1827, la mesure la plus grave qui pourrait être prise au préjudice des intérêts des propriétaires de bois. Non seulement cette mesure fait partie du projet de 1888, mais tout dernièrement encore MM. J. Reinach, Delombre et plusieurs autres députés l'ont proposée séparément devant la Chambre, estimant avec raison que là est le nœud de la question qu'il importe de trancher tout d'abord.

» Pour repousser l'introduction des circonstances atténuantes, je ne rappellerai point les avantages du droit de transaction avant jugement, donné en 1859 aux agents forestiers, et qui est incompatible avec le changement que l'on voudrait opérer dans notre système pénal : on ne peut user de cette transaction que pour les délits commis dans les bois soumis au régime forestier, et je voudrais surtout intéresser à ma thèse les propriétaires particuliers ;

je dois donc employer seulement des arguments qui leur soient pleinement applicables.

» Les critiques les plus graves qui ont été formulées contre notre loi forestière actuelle sont les suivantes :

» Les peines étant inscrites dans un tarif fixe, la question d'intention ne pouvant jamais être posée, le juge n'a d'autre fonction que celle d'enregistreur de condamnation ; la dignité de la justice est ainsi amoindrie ; de plus, les délinquants sont souvent accablés par des amendes hors de proportion avec la criminalité du fait.

» Il est remarquable que, dans tous les exposés de motifs, on affecte de mettre en présence, d'un côté l'administration forestière, puissante, inflexible, et de l'autre côté le malheureux délinquant, presque toujours de bonne foi, livré sans défense à la merci de son redoutable adversaire. Il faudrait pourtant laisser de côté ici l'administration forestière ; son intervention ne constitue qu'un cas spécial, tandis que le cas général est celui du propriétaire particulier qui défend son bien contre le maraudeur qui a dévasté son immeuble. Or, je ne puis comprendre que l'on trouve des trésors de tendresse pour ce maraudeur, presque toujours un assez triste sire, et que l'on ne pense jamais à ce propriétaire, qui me semble au moins aussi digne d'intérêt.

» Essayons de prévoir quelle situation lui serait faite, si les projets que nous avons mentionnés devaient aboutir. Il a fait dresser procès-verbal du délit ; il a saisi le tribunal en avançant les frais du procès, une somme relativement considérable ; l'infraction est prouvée, la loi est impérative... Et le juge pourra prononcer 1 fr. d'amende et 1 fr. de dommages-intérêts ! Heureusement encore la loi Bérenger ne sera pas applicable ! Mais c'est pour arriver à ce chétif résultat que le propriétaire aura dû prendre tant de soins, dépenser son temps et son argent ! Notez que, presque toujours, le tribunal sera celui du juge de paix, dont je me garderai de suspecter l'indépendance, mais qui, à tort ou à raison, est réputé plus accessible que des juges correctionnels à certaines influences locales. Mais, si telle devait être la réforme du Code forestier, dans beaucoup de pays les propriétaires n'auraient rien de mieux à faire que de raser eux-mêmes leurs bois au plus vite, pour sauver au moins quelque chose du désastre ! Qu'ils y réfléchissent et qu'ils s'opposent de toutes leurs forces à l'innovation dont ils sont menacés !

» Si j'estime qu'il convient de se montrer intransigeant sur cette question capitale des circonstances atténuantes, je suis loin, toutefois, de penser qu'il n'y a rien à faire pour améliorer les dispositions pénales de la loi forestière. Sans bouleverser complètement notre Code, je crois, au contraire, qu'il est possible d'y introduire de nombreux changements, qui sont d'autant moins à craindre que l'épreuve en a été faite dans les législations étrangères. Ce n'est pas dans une courte conférence que je puis passer en revue la liste fort longue de ces innovations. Qu'il me soit permis, cependant, d'approuver la substitution, au tarif d'amendes fixes, copiées dans l'ordonnance de 1669, de peines variant entre un maximum et un minimum ; si l'on a soin de veiller à ce que ce minimum reste assez élevé, on permettra ainsi aux juges de tenir compte dans une certaine mesure de la criminalité relative des délinquants, et la critique la plus grave que l'on puisse faire en théorie au Code de 1827 se trouvera désarmée.

» En outre de ce changement, qui affectera un certain nombre d'articles du Code, on pourrait conseiller certaines simplifications dans la forme des procès-verbaux ; la faculté de transformer en emprisonnement l'amende impayée, sans avoir à recourir au mécanisme vieilli de la contrainte par corps ; la libération des condamnés, même solvables, au moyen de travaux ou prestations en nature, etc. Toutes ces questions, et d'autres encore, ont été maintes fois agitées au sujet des poursuites intentées par les agents forestiers ; il est bien entendu que nous voudrions la résoudre tout aussi bien au profit des particuliers propriétaires de bois que pour les forêts soumises au régime forestier.

» Nous avons ainsi terminé cette importante matière de la protection des forêts ; nous avons montré comment nous comprenons qu'elle peut être assurée. C'est là le rôle essentiel de l'Etat ; mais ne doit-il que cela aux propriétaires forestiers ? ne leur doit-il pas aussi quelques encouragements? Ces encouragements, il ne les refuse pas à l'ensemble de la propriété rurale, et c'est même l'honneur de notre temps que cette préoccupation, tous les jours plus vive, de venir en aide à ceux qui cultivent la terre et la fécondent de leurs efforts. La sylviculture est une des branches de l'agriculture nationale, elle doit donc être traitée avec la même faveur. C'est une erreur de croire que le bois pousse tout seul, qu'il n'y a pas autant de capitaux, de science, d'industrie, nécessaires pour une exploitation forestière intensive que pour telle autre exploitation rurale. Nous demandons en conséquence d'être traités aussi favorablement que nos frères de l'agriculture. Ainsi, notamment, dans cette question si pleine d'actualité de la législation douanière, l'égalité de traitement ne saurait nous être refusée. Nous n'avons point à prendre parti entre les systèmes de la protection ou de la liberté du commerce ; nous nous bornons à affirmer ce qui ne pourrait être contesté sans injustice, que du moment où des droits de douane sont perçus à l'entrée des produits agricoles, des droits semblables doivent frapper les produits forestiers, sinon l'égalité se trouverait violée au détriment d'une des branches les plus nécessaires de la production nationale.

» Il ne nous reste plus, dans cet ordre d'idées, qu'à jeter un coup d'œil sur notre système d'impôts, en étudiant quelles modifications peuvent être demandées au profit de la propriété forestière. On parle beaucoup aujourd'hui du dégrèvement de l'impôt foncier ; on va jusqu'à prévoir la suppression complète de cet impôt pour les propriétés non bâties : je n'irai pas si loin, car je crains bien que cette suppression ne soit rien autre chose qu'une chimère irréalisable. Il n'en est pas de même des simples dégrèvements ; on peut raisonnablement les admettre, dans des circonstances particulièrement critiques, ou pour venir en aide temporairement à des propriétaires qui ont à lutter contre des difficultés exceptionnellement graves. Personne ne mérite mieux ces faveurs que le propriétaire forestier, soit qu'il crée une forêt nouvelle, soit qu'il entreprenne seulement d'enrichir un massif déjà formé : dans l'un et l'autre cas il s'engage dans une œuvre éminemment utile pour l'intérêt général ; de plus, il s'agit toujours d'une spéculation à très longue échéance, dont il ne récoltera les profits qu'après des privations continues pendant bien des années ; il faut qu'il ait la vertu de l'épargne, et certainement un effort aussi prolongé mérite quelque encouragement.

» Cet encouragement lui est donné sous deux formes différentes, suivant la distinction que nous venons d'indiquer. Si l'on considère en premier lieu une forêt ancienne, que le propriétaire veut peupler de bois de fortes dimensions, les règlements concernant les évaluations cadastrales prescrivent de fixer le revenu imposable sans tenir compte des arbres de futaie. On admet fictivement que la superficie est uniquement formée de bois taillis, dont le revenu est évidemment bien moins considérable : l'impôt foncier restera donc toujours modéré, lors même que la superficie viendrait à s'enrichir au moyen d'économies successives. Rien de plus sage que cette manière de procéder, qui est parfaitement d'accord, du reste, avec l'ensemble de la législation sur la matière. Nous devons cependant observer que cette disposition, au lieu de se trouver dans un règlement ministériel (*Recueil méthodique* de 1811), serait plus convenablement placée dans une loi ; il conviendra de ne pas l'oublier lors de la refonte, par voie législative, des textes concernant le cadastre.

» Supposons maintenant la création d'une forêt nouvelle. Cette forêt a pu être plantée sur un terrain qui, de temps immémorial, n'avait point reçu de culture, ou bien sur un sol jadis cultivé et pour lequel il s'agit ainsi d'une simple transformation. Le premier cas est certainement le plus favorable, et dans l'intérêt général mérite la prime la plus importante. C'est l'hypothèse visée par l'article 226 du code forestier, qui exempte de tout impôt pendant trente ans les boisements opérés en montagne, sur les dunes ou dans les landes. Ces termes, on le voit, ne sont pas identiques à ceux dont je viens de me servir, et, notamment au sujet de ce mot de *lande*, la jurisprudence a adopté une interprétation que je crois contraire au but du législateur. D'après le conseil d'Etat, on ne devrait entendre par lande que les terrains incultes situés dans le département des Landes, et tout au plus encore dans celui de la Gironde, alors que tout le monde sait qu'il existe, sous le nom de lande ou sous toute autre désignation, des terrains de même nature, complètement inutilisables pour l'agriculture, en Bretagne, par exemple, en Champagne et dans bien d'autres parties de la France. Pourquoi deux poids et deux mesures ? pourquoi cette faveur accordée au sud et refusée au nord? On ne saurait le dire. Il importe donc de remplacer, dans l'article 226 du code forestier, le mot *lande* par la définition que nous avons donnée : terrain inculte de temps immémorial, ou depuis cinquante ans par exemple.

» Quant aux boisements de terrains jadis en culture, il semblerait au premier abord que l'Etat doive s'en désintéresser. Ce serait une erreur, car ces boisements constituent, eux aussi, une amélioration très avantageuse, au point de vue général.

C'est le cas, malheureusement si fréquent de nos jours, de toutes ces parcelles que l'agriculture abandonne, parce qu'elle est impuissante à en tirer un revenu rémunérateur. On ne doit pas trop regretter cependant cet abandon : ne vaut-il pas mieux concentrer une exploitation intensive sur les terres les plus fertiles ? et pour les autres, quoi de plus avantageux que de les voir transformées en forêt, au lieu de les laisser grossir la surface déjà trop étendue des friches et des terres vagues ? Il est donc parfaitement juste que la loi du 3 Frimaire an VII accorde une exemption trentenaire des trois quarts de l'impôt pour les boisements effectués dans ces conditions ; seulement, le législateur subordonne cette faveur à l'observation de formalités surannées, dont très récemment encore la Société des Agriculteurs de France réclamait la suppression ; nous ne pouvons que nous joindre à ces représentants si autorisés de la sylviculture.

» J'aurais fini ce rapide examen si je ne croyais nécessaire de vous signaler deux textes de loi qui mettent la propriété forestière dans une situation d'infériorité flagrante, eu égard à l'ensemble des propriétés rurales, et qui violent formellement ce principe d'égalité devant l'impôt que j'invoquais tout à l'heure. Il s'agit des subventions demandées aux forêts, en cas de dégradations extraordinaires faites aux chemins vicinaux et ruraux. (Loi du 21 mai 1836, art. 14, et loi du 20 août 1881, art. 4.) Tous les propriétaires fonciers d'une commune contribuent à l'entretien des chemins, au prorata de l'importance de leurs immeubles et du personnel de leurs exploitations ; c'est sur cette base, notamment, qu'est assis l'impôt des prestations, auquel les exploitants forestiers sont soumis aussi bien que les autres. On a dû prévoir cependant l'hypothèse de certaines exploitations qui exigent un tonnage de transports hors de proportion avec l'étendue superficielle des terrains qui en dépendent ; pour une mine, par exemple, le domaine superficiel peut être très minime, alors que les transports sont énormes; il y a donc rupture d'équilibre entre l'impôt payé par l'exploitant de la mine et les dégâts qu'il cause à la viabilité communale. On conçoit qu'il soit juste de lui demander quelque chose de plus que l'impôt normal. Ce supplément est parfaitement admissible pour d'autres établissements industriels de même nature ; mais pourquoi les lois de 1836 et de 1881 viennent-elles y joindre les forêts ? La forêt, à ce point de vue, ne peut être traitée autrement que les autres fonds ruraux ; à surface égale, elle exige même pour son exploitation un tonnage de transports plus faible que les terrains livrés à l'agriculture ; c'est donc une injustice, contre laquelle les propriétaires forestiers ne sauraient trop énergiquement réclamer, que de la ranger parmi les entreprises industrielles dont elle diffère à tous les égards.

» Messieurs,

» Je me suis laissé entraîner un peu au delà des limites du Code forestier ; mais il est temps d'y revenir et de conclure.

» Si je ne me fais illusion, il résulte de l'examen auquel nous nous sommes livrés que l'ensemble de notre législation forestière n'est point si mauvais qu'on l'a représenté, et que la mise au rebut intégrale du Code de 1827 ne s'impose nullement. Il me semble aussi, que ce sont les propriétaires particuliers qui auraient le plus à souffrir de l'adoption intégrale du projet de 1888, et que c'est à eux qu'il appartient surtout d'attirer l'attention des pouvoirs publics et des représentants de la nation sur les inconvénients que nous avons signalés.

» Si j'ai pu vous convaincre de ces inconvénients, je vous demanderai de vouloir bien adopter le vœu suivant :

» Il y a lieu d'opérer la réforme de la législation » forestière au moyen d'une loi modificative analogue à celle de 1859, plutôt que par une refonte » complète du Code de 1827.

» Dans tous les cas, il importe au plus haut point, » pour la protection des intérêts forestiers, de conserver notamment la disposition de l'art. 203 du » Code forestier, qui défend l'admission des circonstances atténuantes, et celle de l'art. 202, qui » déclare que les dommages-intérêts ne pourront » être inférieurs à l'amende simple prononcée par » le jugement. »

L'assemblée répond à l'orateur par de vifs applaudissements.

M. le Président félicite M. Guyot et le remercie de son intéressante conférence, qui vient d'être justement acclamée ; il invite l'assemblée à donner son approbation au vœu qui en est la conclusion, si personne ne demande la parole.

Le vœu est alors mis aux voix et adopté.

La séance est levée à 5 heures et demie.

Avant de quitter la salle, M. le Directeur de l'Ecole invite Messieurs les congressistes qui désirent visiter les collections de l'établissement à l'accompagner dans les salles.

M. le Directeur, M. le Sous-directeur et MM. les professeurs se rendent alors, suivis d'une grande partie des personnes présentes au milieu des richesses que possède l'Ecole. Ils donnent aux différents groupes de nombreux et intéressants renseignements sur les minéraux, les plantes, les échantillons des essences forestières, les nombreux insectes qui les attaquent, enfin les jolis oiseaux et les quadrupèdes qui remplissent les vastes vitrines de plusieurs salles où tout est minutieusement classé et tenu en parfait état de conservation.

Séance du 30 juin.

Présidence de M. DE MONTROL, Président de la Société d'agriculture de la Haute-Marne.

Siègent au Bureau : MM. de Montrol, président de la Société d'agriculture de la Haute-Marne, à Chaumont ; Kergall, président du Syndicat économique de Paris ; Antonin Guinand, vice-président de l'Union des Syndicats agricoles du Sud-Est ; Vimont, vice-président du Comice agricole et viticole d'Epernay ; Ch. de Meixmoron de Dombasle, président de la Société centrale ; J.-D. Brice et P. Genay, vice-présidents ; Tisserant, secrétaire général ; A. de Metz-Noblat et Hennequin, secrétaires; Fernand Simonin, archiviste-trésorier.

Sont présents : MM. Louis, à Souhesmes (Meuse); Purnot, à Saulxures-sur-Moselotte (Vosges) ; V. Burtin, agriculteur à Nancy ; Adrien Didion, négociant à Nancy; Silmont, délégué de la Société d'agriculture de Bar-sur-Aube, à Magny-Fouchard ; Ch. Perrin, cultivateur à Brin ; Ferdinand Millot, propriétaire à Belleville ; Crouvezier, agriculteur à Saint-Mard ; Breton, délégué de la Société d'agriculture de Bar-sur-Aube, à Outre-Aube, par Clairvaux; Ch. Gallois, délégué de la Société d'agriculture de Vassy (Haute-Marne); H. Thiry, directeur de l'école Mathieu de Dombasle; Belly, à Toul ; de Bovée, propriétaire à Lagney ; de Crevoisier d'Hurbache, avocat à Nancy ; Barret, vétérinaire à Rolampont ; Lejeune, ancien député à Buzançais (Indre) ; Viard, à Langres (Haute-Marne) ; Visseaux, agriculteur à Stenay (Meuse) ; Bécus, à Nancy ; E. Mer, inspecteur des forêts à Nancy ; Baillot, délégué du Comice de Reims (Marne) ; Ducret, à Sillery (Marne) ; Lacour, à Dieulouard ; E. Collet, agricult. à Serres ; Royer, propr. à Lebeuville ; V. Collet, propr. à Serres ; Poirel, cultivateur à Athienville ; Georges Poirel, à Bezange-la-Grange ; Paul Muller, à Eguisheim (Alsace) ; L. Hautefeuille (annuaire des syndicats agricoles), de Paris ; Gazin, inspecteur adjoint des forêts à Raon-l'Etape (Vosges) ; Guyot, sous-directeur de l'Ecole forestière, à Nancy ; Pompey, cultivateur à Pagny-sur-Moselle ; Lapointe, agriculteur à Abaucourt ; Laurent, curé à Ecrouves ; Knecht, agent de la Société centrale ; Michel, président du Comice de Saint-Dié (Vosges) ; Gérard, à Hurbache ; Payen, cultivateur à Bénaménil ; Poirel, cultivateur à Moncourt (A.-L.) ; Victor Voinier, cultivateur à Haraucourt, près Varangéville ; Welche, ancien conseiller d'Etat à Paris ; Bailly, vétérinaire à Nancy; E. Racadot, cultivateur à Leyr; P. Bram, viticulteur à Pont-à-Mousson ; Hinaux, à Coulevan ; Levain, à Port-sur-Saône ; Lyautey, à Port-sur-Saône , Loué, à Noidans-le-Ferroux ; Lapointe, à Mouzon ; Aimé Jeanjean, à Carignan (Ardennes).

M. le Secrétaire général lit successivement les procès-verbaux des deux séances du 29 juin, rédigés, le premier par M. Hennequin, cultivateur à Pixerécourt, le second par M. A. de Metz-Noblat, propriétaire à Bey, tous deux secrétaires de la Société centrale d'agriculture.

Ces deux procès-verbaux, mis aux voix, sont adoptés sans observation.

M. le Président ouvre l'ordre du jour en donnant la parole à M. Guinand, vice-président de l'Union des Syndicats agricoles du Sud-Est.

M. Guinand, l'ardent défenseur de l'agriculture par les syndicats, bien connu dans le Lyonnais et dans tout le Sud-Est, comme il l'est des membres de la Société des Agriculteurs de France, apporte de Lyon au Congrès la force de sa parole, de son expérience et de sa foi aux œuvres syndicales, et pendant près d'une heure il tient l'auditoire sous le charme de ses conceptions et des succès obtenus.

Il s'exprime en ces termes :

« Monsieur le Président,

» Messieurs,

» Permettez-moi avant tout, au nom de notre union du Sud-Est, de vous remercier de l'honneur que vous nous avez fait en nous convoquant au Congrès agricole de Nancy ; vous nous donnez le moyen de former des liens que nous espérons voir bientôt se resserrer au Congrès national des Syndicats agricoles que nous avons convoqué à Lyon pour la fin du mois d'août. Déjà plus de 300 Syndicats (1), c'est à dire 1/3 des Syndicats de France, ont répondu à notre appel, montrant ainsi l'importance qu'ils attachent à ces premières grandes assises de notre œuvre syndicale.

» Je vous apporte les regrets de mon ami Emile Duport, Président de notre grande Union ; il eût été heureux de pouvoir se rendre à vos séances, mais il espère se dédommager en vous recevant à Lyon.

» C'est avec peine que je ne vois point ici notre dévoué Président de l'Union des Syndicats des Agriculteurs de France, M. Le Trésor de la Roque ; bien mieux que moi il eût développé devant votre Congrès les importantes questions que je suis appelé à traiter devant vous.

» De longues séances suffiraient à peine pour remplir cette tâche ; aussi n'aborderai-je que les grandes lignes, pour faire ressortir seulement les points importants.

SYNDICATS AGRICOLES.

» La loi de 1884, qui a permis de créer les Syndicats agricoles, a été une loi véritablement féconde pour notre agriculture française ; nous pouvons, en

(1) 102 Syndicats ont été représentés au Congrès.

effet, dire, qu'avant cette loi, nous avions des agriculteurs, mais point d'agriculture, c'est-à-dire point de groupement et d'organisation des forces agricoles, exerçant une action sociale marquée et efficace pour l'amélioration et la défense de la profession tout entière. Les agriculteurs disséminés et isolés dans leurs champs, sans possibilité de s'unir, puisque la loi ne le leur permettait pas, vivaient dans leur routine et leur misère, aux prises avec les difficultés de toute nature. *Difficultés de production,* par suite des fléaux, des maladies, et des impôts qui les grèvent, de la concurrence étrangère qu'avaient développée les traités de commerce et les tarifs de pénétration ; *difficultés dans les achats* par suite de leur isolement, qui les mettait à la merci des fournisseurs, soit pour la qualité et l'honnêteté des produits, soit pour le prix qu'ils devaient les payer ; *difficultés dans les ventes*, obligés qu'ils étaient d'attendre la demande ou de vendre à tout prix lorsque le besoin d'argent se faisait trop pressant ; *difficulté de perfectionner* les méthodes de culture, par suite de l'insuffisance de l'outillage, de la nullité de l'enseignement (les programmes de l'enseignement primaire étant les mêmes dans les campagnes que dans les villes), du drainage des capitaux par les valeurs de Bourse qui ont tant fait perdre à nos campagnes ; par les caisses d'épargne, bonne institution à coup sûr, à condition qu'elle n'enfouisse pas l'argent de l'agriculture dans l'immense goufire de l'Etat, mais qu'elle le réserve à l'agricuture ellemême, et enfin par dessus toutes ces difficultés, l'individualisme, l'égoïsme, l'antagonisme, la méfiance réciproque éloignant les hommes les uns des autres pour en faire des rivaux lorsqu'ils ne devenaient pas des ennemis.

» Et lorsque par hasard ces malheureux agriculteurs voulaient faire entendre de justes doléances, leurs voix isolées et affaiblies n'avaient pas la puissance nécessaire pour faire retentir les échos de nos parlements ; comme la poussière de leurs champs, elles étaient emportées par le premier souffle du vent.

» Voilà certainement un tableau fidèle et que tout homme impartial et qui a suivi la question agricole, n'aura pas de peine à reconnaître.

» Les Syndicats agricoles permettant le groupement des forces agricoles sont certainement le levier et la base de l'organisation agricole par les services qu'ils sont appelés à rendre à un triple point de vue: *services matériels*, *services économiques et services sociaux.*

SERVICES MATÉRIELS.

» Ce sont les services matériels qui sont en réalité les plus visibles et les plus palpables. Ils se résument dans cette courte formule : Mieux acheter et mieux vendre.

» Grouper les ordres, pour faire profiter aux petits des prix du gros, vérifier la sincérité de la livraison : voilà un service de première importance. Les Syndicats y sont arrivés, pour la plupart, soit en créant des entrepôts, soit en faisant venir par wagons distribués ensuite entre leurs membres.

» Mais les inconvénients de cette manière de procéder sont multiples, attendu que les syndicats ne peuvent régulièrement acheter en prévision et par conséquent profiter des bonnes occasions, et, s'ils le font quelquefois pour leurs entrepôts, comme ils ne peuvent majorer les marchandises que du prix nécessaire pour faire face aux frais généraux, ils sont exposés à perdre en cas de baisse sans pouvoir jamais gagner.

» La question de la vente est encore bien plus difficile ; c'est une erreur de penser que les Syndicats pourront mettre directement le producteur en rapport avec le consommateur.

» Le consommateur veut goûter, choisir, être servi sur l'heure et sans attendre, au fûr et à mesure de ses besoins.

» Le producteur livre à ses heures, sans régularité sérieuse, car il est souvent trop loin et a d'autre besogne; il ne livre pas toujours conforme à l'échantillon, croit devoir faire passer ce qu'il a de moins bon quand c'est par le Syndicat qu'il vend, se fait illusion sur le prix qu'il doit demander, veut toucher son argent sans attendre et l'emporter avec lui, etc., etc.

» Pour tous ces motifs et bien d'autres encore qu'il serait trop long d'énumérer, la question vente n'a pu être abordée que très exceptionnellement par les Syndicats et à mon avis ne pourra pas l'être directement par eux.

» Est-ce à dire que les agriculteurs devront continuer à s'adresser à des intermédiaires coûteux, qui les étranglent souvent sans pitié ; au commerce qui ne cherche, à juste titre, que son propre intérêt ? ce n'est pas mon sentiment ; mais mon avis, très réfléchi, est que les Syndicats ont besoin de commercialiser leurs opérations pour les rendre possibles et fructueuses ; ou, pour mieux dire, de trouver à côté d'eux un organe qui fasse ce qu'ils ne peuvent faire eux-mêmes. Or, cet organe, c'est la Société coopérative, ou toute autre Société sous forme commerciale, émanant des Syndicats et en étant le véritable mandataire.

COOPÉRATION AGRICOLE.

» La coopération agricole, voilà l'agent naturel des Syndicats. *Son rôle* est bien marqué pour lui rendre les services dont nous venons de parler.

» Ce que les Syndicats ne peuvent pas faire, la coopérative le réalise ; elle peut acheter en prévision, elle peut suivre les cours, majorer ses prix d'une façon suffisante pour parer aux pertes ; elle est toujours à la disposition de tous, soit de l'acheteur, soit du vendeur, elle peut faire crédit à ceux qui le méritent, car le crédit ne peut être qu'à ce prix ; elle est au courant des usages commerciaux et commercialise ses opérations ; elle est l'agent aussi sûr, que dévoué et peu coûteux des Syndicats, puisqu'elle en est l'émanation et dépend d'eux, qui l'ont créée.

» *Sa constitution* peut être basée soit sur la loi de 1867 ; c'est à dire être civile et anonyme, ne faisant d'opérations qu'avec ses propres membres ; ou bien commerciale et s'adressant à tout le monde, soit sur les principes éloquemment et récemment défendus à la Chambre par l'honorable M. Doumer, rapporteur de la loi sur les coopératives. Cette loi discutée les 5 et 7 mai, prévoit quatre espèces de coopératives : celles de consommation, celles de production, celles de crédit et les coopératives mixtes comprenant les trois autres,

» L'innovation de cette loi consiste surtout dans l'admission à la coopération de membres adhérents qui, moyennant le versement, une fois fait, d'une somme minimum de deux francs, deviennent coopérateurs.

» La coopérative du Sud-Est a escompté cette loi en ce qui concerne les adhérents coopérateurs, mais elle a emprunté pour le reste les principes de la loi de 1867.

» La société est anonyme, à personnes et capital variables ; le capital est actuellement de 65,000 fr., entièrement fourni par les agriculteurs. Les adhérents participants ont à déposer une fois pour toutes une somme de 2 francs qui leur est rendue lorsqu'ils cessent de faire partie de la société ; bon nombre de syndicats ont affilié tous leurs membres en faisant pour eux l'avance des 2 francs. Le nombre des membres affiliés à la société est actuellement d'environ 25,000 et tend chaque jour à s'accroître.

» *Ses opérations* sont très variées: je veux parler de la Coopérative du Sud-Est, sur le modèle de laquelle les autres peuvent être créées ; elle achète pour les syndicats, soit au commerce, soit surtout aux maisons de production, soit aussi aux membres des syndicats eux-mêmes et à ces derniers elle achète soit ferme, soit en consignation ; elle revend aux syndicats et à leurs entrepôts, soit ferme, soit en consignation, et lorsqu'elle envoie les marchandises en consignation, elle attend qu'elles soient vendues pour en toucher le prix. C'est un avantage considérable qui enlève aux syndicats tout souci et toute responsabilité.

» *Son chiffre d'affaires* s'élèvera à plus d'un million pour son premier exercice, ce qui prouve qu'elle répond à un véritable besoin.

» *Sa circonscription* est celle de l'Union du Sud-Est; elle s'étend à dix départements, et à ce sujet, permettez-moi de vous faire quelques observations dont la pratique nous a montré toute la justesse et l'importance.

» Une coopérative agricole doit, pour fonctionner avec fruit, tant pour l'achat que pour la vente, ne pas être trop petite, mais avoir une importance suffisante, c'est à dire servir d'agent à un certain nombre de syndicats qui la tiendront à sa place. Il faut qu'elle puisse passer de gros marchés pour obtenir des prix avantageux et pour entrer en relation directe avec la production, sans craindre d'être jugulée ou écrasée par elle, et d'être obligée de passer par toutes ses exigences ; elle doit s'étendre à un périmètre d'une certaine étendue pour pouvoir écouler là ce qui n'a pu se vendre ici, afin de ne pas avoir des stocks trop onéreux à garder ; elle doit avoir une circonscription suffisante pour rester l'agent des syndicats et ne point les absorber. Une coopérative mise à côté d'un syndicat seul l'a bien vite éclipsé et même souvent remplacé, comme nous l'avons vu en diverses circonstances. Il est donc de toute nécessité, pour éviter ce très grave inconvénient, que la coopérative soit l'organe de plusieurs syndicats, pour en être uniquement le pourvoyeur et l'intendance, toujours à leur disposition et sous leur dépendance. Car il faut bien se le rappeler, les syndicats ont autre chose à faire que de rendre à leurs membres des services matériels ; les services matériels certainement sont chose intéressante, mais les services économiques et sociaux le sont peut-être plus encore.

» La coopérative ne doit pas être trop grande non plus, car il ne faut pas qu'elle puisse avoir des velléités de s'affranchir des syndicats pour arriver à leur faire la loi ; il ne faut pas qu'elle puisse être une affaire financière ni l'émanation de la finance qui la ferait servir à ses fins et non pas au plus grand bien de l'agriculture.

» C'est pourquoi nous avions été les adversaires d'un projet tendant à créer en France une grande coopérative s'adressant au pays tout entier. La conception en était aussi hardie que dangereuse, et aurait certainement tourné au plus grand dommage des agriculteurs.

» L'idée s'en est éteinte avec l'homme qui l'avait conçue, avec M. Rostaud, qui a été, je puis vraiment le dire, un des bienfaiteurs insignes du département de la Charente, où il a créé un syndicat qui compte plus de 12,000 membres.

» A côté de la coopérative agricole du Sud-Est il a été créé, par les syndicats, une société appelée *Union des producteurs et des consommateurs*, dont je ne dirai qu'un mot, à savoir que c'est une société commerciale sous la dépendance des syndicats agricoles, faite pour eux, ayant trois boucheries et un grand magasin où se trouvent, à côté de la viande, tous les autres produits qui se consomment, tels que vin, pain, fruits, légumes, charcuterie, comestibles, etc. véritable dock de consommation, associant directement le producteur au consommateur au moyen de bons de production et de consommation, donnant droit à la répartition des bénéfices au prorata des achats et des ventes. Son chiffre d'affaires dépassera un million pour cet exercice.

» Tels sont, en quelques mots, les services matériels que peuvent rendre les syndicats et qu'ils rendent en effet dans notre grande Union du Sud-Est, qui compte à l'heure actuelle près de 50,000 membres répartis en 80 syndicats environ.

SERVICES ÉCONOMIQUES.

» Mais à côté de ces services matériels viennent se placer les services économiques, dont l'importance est capitale, et dont le nombre ne peut se calculer. Les syndicats de la région du Sud-Est sont entrés résolûment dans cette voie au grand avantage de leurs membres. Je me bornerai à une énumération rapide ; il serait trop long d'entrer dans le détail.

» Et, par ordre de date, ce sont les *Bulletins* des syndicats et spécialement le bulletin de l'Union du Sud-Est, étant en même temps l'organe de l'Union par sa partie commune et l'organe de chaque syndicat par la partie réservée, propre et spéciale à chaque syndicat, qui peut y insérer ses communications.

» Quarante syndicats se sont entendus de la sorte pour créer cet organe, qui leur est servi moyennant 60 centimes par an et par membre, et dont le texte ne comprend pas moins de 16 pages.

» Cette création est capitale, elle a permis aux petits syndicats d'avoir, malgré le petit nombre de leurs membres, un organe spécial qu'il leur eût été impossible de créer et d'entretenir seuls.

» Puis les *comités de législation et de contentieux*, chargés, comme l'est celui de l'Union du Sud-Est, de formuler des vœux émis ensuite par les syndicats ; chargés aussi d'examiner les projets de loi soumis au parlement et d'en faire ressortir les avantages et les inconvénients ; traçant la route aux syndicats dans leur organisation, les défendant lorsqu'ils sont aux prises avec des exigences judiciaires ou administratives qui sont quelquefois excessives ; examinant leurs réclamations et faisant valoir leurs droits auprès de fournisseurs peu consciencieux ; en un mot, leur servant de guide et d'appui dans toutes les phases difficiles de leur vie quotidienne.

» Je citerai encore *les assurances mutuelles*, *les caisses de retraite pour la vieillesse*, *les orphelinats agricoles*, *l'aide mutuel* venant en cas de maladie faire labourer ou ensemencer le champ, lever la récolte, de telle manière que le syndiqué revenu à la santé trouve son travail fait comme s'il n'avait jamais été malade.

» Puis *les conférences agricoles*, *l'enseignement primaire agricole* organisé ou soutenu dans les écoles. Bref, la sollicitude des syndicats s'étend à tout, et leur rôle économique est sans bornes.

» Mais il est un point dont je n'ai pas encore parlé et qui préoccupe actuellement tous les esprits: je veux dire *le crédit agricole* ; voilà encore un des services économiques considérables que les syndicats sont appelés à rendre.

» C'est là sans contredit une partie des plus importantes de la tâche des syndicats : non pas que nous entendions qu'eux-mêmes, en tant que syndicats, fassent les opérations de crédit agricole, mais qu'ils soient l'occasion et la base de créations de ce genre, comme ils le sont pour les coopératives agricoles.

» Le crédit agricole doit être basé sur l'honorabilité, sur le crédit personnel, peu coûteux, à la portée de tous, exempt de formalités gênantes, fait, par conséquent, par le dévouement et non point administrativement. Rien en effet ne peut remplacer la fécondité et les moyens ingénieux de l'initiative privée.

» Le crédit agricole doit procéder modestement par en bas, pour remonter, et non point d'en haut pour descendre.

» Ce serait une erreur de croire que la création d'une banque centrale résoudrait la question du crédit agricole ; à mon avis, elle en éloignerait la solution. Car ses rouages coûteux et multiples ne lui permettraient pas de se suffire sans avoir recours aux subventions de l'Etat, qui tôt ou tard pourrait les lui retirer.

» Et puis il est difficile à un établissement de ce genre de se renseigner exactement, et il est pénible pour les agriculteurs de se déplacer pour aller solliciter dans un bureau, où ils ne sont pas connus et où on les recevra comme savent recevoir les salariés officiels. Le crédit doit être à leur porte et à leur portée.

» Les Allemands l'ont bien compris, et leur exemple a été suivi par les Russes et les Autrichlens, aussi bien que par les Italiens, lorsqu'ils ont adopté les banques système Raffaïsen, qui se comptent par milliers, prospèrent toutes, dont le crédit est inépuisable et qui n'ont jamais perdu ni fait perdre un centime, bien que basées sur la responsabilité réciproque et illimitée.

» C'est précisément cette responsabilité qui fait leur force, et c'est d'elle que procède le lien charitable et puissant qui unit les membres d'une même banque. Elles ont réalisé des merveilles en forçant les individus à se grouper dans un mutuel appui et à se soutenir les uns les autres pour empêcher la chute de l'un, qui pourrait entraîner celle de tous les autres

» Je ne veux point entrer dans le fonctionnement de ce merveilleux instrument de paix et de concorde sociale ; qu'il me suffise de vous dire qu'en France, où il avait été longtemps ignoré, le voilà qui prend son essor, grâce à la généreuse initiative de l'un de nos collègues de l'union du Sud-Est, M. Louis Durand, qui s'est voué à cette belle œuvre, et qui a vu déjà se grouper autour de l'Union des caisses rurales de France plus de soixante créations de ce genre (1).

» Je ne veux point passer sous silence le bel exemple de crédit mutuel agricole créé, le premier en France, par nos amis du Jura, le crédit agricole de Poligny, organisé dans le syndicat de ce nom par nos collègues et amis, MM. Bouvet et Milcent. Fondé

(1) Actuellement, en Novembre, 150.

sous le bénéfice de la loi de 1867, avec des coupures de 50 francs, prêtant aux membres des syndicats souscripteurs d'une part, uniquement pour acheter des instruments, des engrais ou du bétail, et limitant le prêt à la somme de 600 francs.

» Cet essai de crédit fonctionne admirablement depuis 1885, et voit chaque année son chiffre d'affaires augmenter. Honneur aux hommes de dévouement et d'initiative qui rendent de pareils services à leurs compatriotes!

» Le Sénat, sur le rapport de l'honorable M. Labiche, vient, lui aussi, d'étudier une loi sur le crédit agricole. Cette loi prend les syndicats pour base et a ceci de particulier qu'une fraction d'un syndicat peut créer une caisse de crédit agricole et peut y faire participer tous les membres du syndicat. Les statuts déterminent la part de responsabilité qui incombera aux administrateurs. Cette loi facilitera certainement l'organisation du crédit agricole et pourra rendre de réels services à l'agriculture.

» Car il faut bien le reconnaître, l'agriculteur est très mal partagé ; souvent, avec une belle récolte dans ses caves ou ses greniers, il n'a pas un sou pour subvenir à sa mise en culture nouvelle et à ses réapprovisionnements de toute nature, et souvent il est obligé de vendre à vil prix et de sacrifier sa récolte pour se procurer un argent qui lui manque, et dont il a besoin.

SERVICES SOCIAUX.

» J'ai déjà été bien long, Messieurs, mais le sujet que vous m'avez demandé de traiter était si vaste qu'il eût été impossible d'être court, même en effleurant à peine chacune des questions.

» Et cependant je ne voudrais point m'arrêter sans vous avoir dit un mot de ce que je puis appeler le couronnement de l'œuvre des syndicats : c'est-à-dire de leur rôle social et des services immenses qu'ils doivent rendre à la patrie dans cet ordre d'idées.

» De nos jours on parle plus que jamais de question sociale, de crise sociale et chacun propose ses moyens pour remédier à une situation qui menace d'être grave.

» Eh bien! laissez moi le dire avec la plus profonde conviction, les syndicats agricoles, au rebours des syndicats ouvriers, sont appelés à jouer un rôle considérable dans la solution de cette question, dans la pacification sociale.

» Par eux, les individus se rapprochent, apprennent à se connaître, à s'apprécier, à se rendre de mutuels services et finalement à s'aimer.

» Par ce contact fréquent ils comprennent qu'ils ont tout à gagner de l'entente et tout à perdre dans l'isolement d'autrefois ; ils sentent qu'ils feront d'autant mieux leurs affaires qu'ils les feront plus en commun. Peu à peu les rivalités cessent pour faire place à la concorde fraternelle. Le rapprochement des individus amène le rapprochement des classes, car l'une ne peut rien sans l'autre ; le capital ne peut rien sans le travail et le travail rien sans le capital ; à quoi sert d'avoir un champ s'il n'y a pas de bras pour le cultiver? celui qui le possède périra de misère ; à quoi sert d'avoir de la santé et des bras vigoureux? si l'on ne peut les employer à cultiver un champ, la faim aura bien vite détruit la santé et anéanti le courage.

» Autant les syndicats ouvriers sont devenus une arme de guerre, parce que l'entente ne s'est pas faite entre patrons et ouvriers et que d'un côté nous voyons des syndicats ouvriers et d'autre part des syndicats de patrons, comme deux armées toujours prêtes à s'entre-dévorer, mais nulle part nous n'avons vu de syndicats mixtes. Seuls les agriculteurs, pour qui cependant la loi n'était pas faite, seuls ils en ont sagement profité et y ont trouvé un instrument de résurrection et un moyen de concorde. Les classes se sont unies, les petits et les faibles ont donné la main aux grands propriétaires, et tous dans une union commune ont créé des syndicats mixtes. Ensemble ils ont fait leurs affaires, ensemble ils se sont défendus ; et si les grands propriétaires ont apporté leur influence et l'importance de leurs commandes, les petits ont apporté leur nombre qui crée les courants auxquels rien ne résiste.

» Voilà, Messieurs, le rôle admirable que les syndicats agricoles sont appelés à jouer sur notre terre de France ; ils doivent être la synthèse de tous les dévouements. Loin de nous toute pensée d'ambition, le seul désir que nous devions avoir au cœur est celui d'être les serviteurs des faibles et des déshérités, de relever notre agriculture, qui souffre depuis si longtemps, de la placer au rang qu'elle doit occuper dans une grande nation et de ramener dans notre patrie l'union, la concorde et la paix dont elle a tant besoin. »

De vifs applaudissements répondent à cette brillante conférence.

M. le Président félicite chaudement l'orateur, qui a si justement montré tout le parti qu'on pouvait tirer de la loi sur les syndicats et les résultats si considérables que sont en droit d'en attendre les hommes d'initiative et de dévouement comme M. Guinand.

M. de Montrol, avant de donner la parole à un autre orateur, exprime les regrets de M. Ch. de Meixmoron de Dombasle de ne pouvoir produire une lettre qu'il a reçue de M. de Frotté sur la représentation de l'agriculture et un grand Congrès annuel (1). En l'absence de l'auteur, qui ne peut présenter ni défendre sa proposition, et à défaut de sa lettre, qui est égarée pour le moment dans quelque dossier, M. le Président propose à l'assemblée la publication de cette lettre dans le volume du Congrès.

Cet avis est adopté.

Avant de revenir à l'ordre du jour, M. le Président accorde encore la parole sur sa demande à M. Edouard Breton, délégué de la Société d'encouragement à l'agriculture de Bar-sur-Aube.

M. Breton témoigne de l'importance de la conférence de M. Lejeune, et il exprime ses regrets de ne pas le voir à la réunion. Il lui semble que son intéressant discours manque de sanction et il propose au Congrès d'adopter, comme conclusion, le vœu suivant :

« Le Congrès, considérant que le change amène » un trouble considérable dans l'industrie, le com-

(1) Voir page 228 du volume.

» merce et l'agriculture, demande au Gouverne-
» ment et aux Chambres d'étudier la question avec
» le plus grand soin et de prendre l'initiative vis à
» vis des puissances étrangères d'une convention
» monétaire nouvelle qui donne satisfaction aux in-
» térêts de la France. »

M. Kergall, président du Syndicat économique, à Paris, ne croit pas que ce vœu soit acceptable dans toute sa teneur. Plus qu'un autre peut-être, il se trouve gêné pour demander à l'Etat de prendre l'initiative d'une conférence internationale. Il a, en effet, étudié la question il y a des années, notamment avec le représentant des Etats-Unis.

L'Angleterre fait obstacle. Comme l'a dit M. Lejeune, elle souffre et la question la travaille. Mais quand c'est l'étranger qui propose, elle fait la sourde oreille ; elle la fait quand c'est la France, car nous sommes encore un peu pour elle l'ennemi héréditaire. Suivant lui, si l'Angleterre commençait à parler, les puissances pourraient suivre, mais si c'est la France qui se met en avant, il ne faut rien espérer.

En conséquence, M. Kergall et d'autres proposent au Congrès de laisser de côté, dans le vœu, l'idée de convention monétaire, et de le limiter dans les termes suivants :

« Le Congrès, estimant que le change amène un
» trouble considérable dans l'industrie, le com-
» merce et l'agriculture, demande au Gouverne-
» ment et aux Chambres d'étudier cette question
» du change avec le plus grand soin. »

M. Breton accepte cette rédaction et le vœu, mis aux voix, est adopté.

M. le Président donne la parole à M. Vimont, vice-président du Comice agricole et viticole d'Epernay, demeurant au Mesnil-sur-Oger (Marne). Il l'invite à faire sa conférence sur la reconstitution des vignobles détruits par le phylloxera, conférence inscrite à l'ordre du jour de la séance précédente, et qui, vu l'heure avancée, a dû être remise à celle de ce jour.

M. Vimont prend la question sur le vif ; il parle en praticien convaincu ; il est écouté avec un intérêt soutenu.

Voici en quels termes il s'exprime :

« Messieurs,

» Le sujet qui m'a été proposé: « De la reconstitution des vignobles détruits par le phylloxera », est si vaste qu'il faudrait, pour l'effleurer, beaucoup plus de temps que nous ne pouvons en disposer, et, pour le résumer, un talent qui me fait défaut. Je dois donc me borner, en attirant votre attention sur quelques points seulement, et je réclame votre plus charitable indulgence pour un orateur sans la moindre habitude de la parole, pour un hôte des mieux intentionnés, en grand danger, cependant, de ne vous laisser que le souvenir peu enviable d'un prophète de malheur.

» A quoi bon, en effet, parler de reconstitution dans un pays peu atteint ou simplement menacé ? Si jamais le malheur nous frappe, il sera temps d'y penser au moment, problématique d'ailleurs, où nous sentirons ses premières atteintes.

» Voilà, Messieurs, l'objection que nous rencontrons tout d'abord dans l'esprit, sur les lèvres du vigneron illusionné et que, plus malheureusement encore, nous retrouvons dans les discours, dans les actes de ceux qui, officieusement ou administrativement, se sont donné ou ont reçu mission de veiller, d'étudier, et par là de défendre les intérêts si considérables de notre viticulture.

» Reconstituer un vignoble, ce n'est pas, à proprement parler, le défendre, mais le refaire en des conditions de production et de durée quand il a disparu.

» Notre vignoble doit-il disparaître ? voilà une première question.

» Qui le menace? et, si cet ennemi vient du dehors, ne peut-on s'opposer à son envahissement ?

» S'il est déjà dans la place, ne saurait-on l'en chasser, tout au moins se défendre ?

» Si, enfin, la défense est impossible, le mal consommé, faut-il abandonner la culture de la vigne ou tenter la reconstitution sur des bases nouvelles répondant aux nouveaux besoins ?

» Telles sont, Messieurs, les questions qui se pressent et auxquelles je vais tâcher de répondre brièvement.

» Nous allons avoir à soutenir une lutte désastreuse, terrible dans ses conséquences économiques et sociales.

» Placés aux limites extrêmes de la culture des vignes, nous serons les derniers atteints et nous serions bien coupables si, négligeant les exemples qui nous ont été fournis dans les conditions les plus diverses, nous laissions consommer chez nous la ruine qui a déjà désolé de si vastes contrées.

» Je tâcherai d'être net. Les anciens représentaient la Vérité nue, estimant qu'aucune parure ne pouvait exalter sa beauté, qu'aucun artifice ne devait amoindrir sa puissance. Ce que nous devons envisager dans ce moment, c'est un mal affreux, fatal. Je ne veux pas, par des restrictions, des artifices de langage, en diminuer l'horreur. Je ne craindrai pas de vous effrayer ; la réalité serait plus triste encore et, d'ailleurs, un des caractères de ce mal contre lequel nous devrons lutter n'est-il pas précisément l'illusion dans laquelle il nous tient !

» Nous sommes ici non des savants, mais des praticiens. Vous me permettrez donc de m'affranchir du doute scientifique et, sans méconnaître les objections, de laisser au temps le soin de les résoudre, tenant, dès maintenant, pour certains et suffisants les résultats pratiques dûment constatés.

» Enfin, Messieurs, comme ce que j'ai à formuler, pénible à dire, désagréable à entendre, trouve le plus souvent des esprits plus inclinés au doute qu'à la foi, je tiens à affirmer que je ne vous apporte ici qu'un écho, affaibli, sans doute, mais fidèle, des vérités proclamées dans tous nos congrès, et qu'une expérience de vingt-cinq années de lutte a rendues, pour tout homme non prévenu, vraiment indiscutables.

» Toutes nos vignes actuelles, dans leur forme actuelle, sont amenées à disparaître sous les piqûres du phylloxera : voilà l'affirmation brutale que je pose. Le fait est que toute vigne descendante du vitis vinifiera, notre vigne européenne, cultivée ou sauvage, abandonnée à elle-même sans un secours spécial apportant la résistance, meurt fatalement, après une lutte plus ou moins longue, sous les attaques du puceron ; hormis la plantation dans les sables fins, secs, à 70 0[0 de silice, on ne peut citer aucun cas de résistance, ni compter, par conséquent, sur les chances heureuses de telle situation, telle culture, tel cépage ; il demeure constant que toute vigne attaquée et non secourue est une vigne morte !

» Pourrait-on éviter l'attaque ?

» La théorie dirait oui, peut-être, mais la pratique constante dit non.

» Je ne décrirai pas le phylloxera, que tout le monde connaît. Je rappellerai seulement que, doué d'une prodigieuse fécondité, il a, et des moyens naturels de dissémination, ses ailes, ses migrations sur le sol singulièrement étendues malgré lui par les vents, échappant ainsi à tout contrôle, et des moyens artificiels dont l'homme, le travailleur lui-même, devient l'agent inconscient, mais très actif.

» Pour empêcher le transport du misérable aphidien, des contrées contaminées dans les contrées indemnes, ce qui pouvait être fait l'a été. Les Etats se sont entendus et à Berne a été signée une convention internationale. Elle règle le régime intérieur des pays contractants et leurs relations réciproques. Les prescriptions draconiennes sont venues fortifier les défenses naturelles qu'offraient les monts et les mers. L'Italie, la Suisse, par crainte du phylloxera uniquement ampélophage, ont fermé leurs douanes à l'entrée de tout végétal vivant, arbuste, semences, fleurs coupées ! Une couronne de fleurs, expédiée de Lyon pour les obsèques de Mgr le comte de Chambord, a été ainsi saisie et brûlée ; et, malgré les soins les plus minutieux, aucune contrée n'est aujourd'hui indemne !

» L'attaque s'étant produite, pourrait-on, du moins, anéantir les premières légions d'occupants ?

» La théorie dira oui, assurément, en des conditions expérimentales toutes spéciales ; mais, hors de ces cas, la pratique constante dira encore nettement non, d'une façon économique et sûre.

» Le traitement employé est dit : par extinction. C'est le procédé national suisse. Organisé, dès le principe, par des hommes d'élite comme MM. Risler et le Dr Fatio, il a donné des résultats fort appréciables, rendu de réels services. Mais les savants promoteurs du système ne se sont jamais fait illusion sur la portée de leur œuvre. Ils ont, tout au début, bien défini ses conditions d'application. Celles-ci ont été discutées et formulées par les Congrès internationaux de Lausanne et de Paris. Il y a été expressément dit que l'application ne serait possible que dans des cas fort rares et dans les conditions suivantes :

« 1° Si le foyer, — c'est ainsi que l'on désigne le point d'attaque, — est récent ;

» 2° S'il est dû à l'importation ;

» 3° Si ce foyer unique ou des foyers peu nombreux sont parfaitement délimités au moyen de fouilles serrées, méthodiques, dont les résultats offrent tous les caractères possibles de certitude. »

» Si ces conditions manquent, les Suisses eux-mêmes proclament le système illusoire, entraînant à des frais hors de proportion avec les résultats. Et de fait, ayant rencontré au début ces conditions : trois points d'attaque très récents, d'importation certaine, ayant pu organiser un service thechnique très sérieux, soutenu d'ailleurs par l'esprit d'une population intelligente et naturellement soumise à ses lois et règlements de police, la Suisse, depuis quinze ans, a lutté avec de bonnes chances. Mais, malgré tout, le mal a constamment progressé ; il déborde. Les essaimages des cantons français voisins l'aggravent,puisqu'un foyer détruit peut,le lendemain par la même voie, être remplacé ; la lutte devient impossible, elle se modifie et va être abandonnée.

» Serait-ce vraiment pour nous, comme quelques-uns le voudraient, le moment de l'adopter, alors que, de prime abord, nous sommes en situation bien autrement compromise et dangereuse ?

» Nos vignobles se touchent, en effet : ils sont environnés de foyers actifs sans défenses naturelles, sans douanes protectrices ; l'essaimage fonctionne librement. Un fait d'importation, s'il était relevé, aurait à peine la valeur d'une goutte dans un verre d'eau ; un foyer éteint équivaudrait à l'enlèvement d'une bûche d'un brasier étendu et non délimité, car les fouilles méthodiques, bases de tout le système, dans nos vignobles de l'Est à 40, 50, 60,000 pieds à l'hectare, seraient d'un prix de revient impossible, d'une incertitude qui les rend inutiles. Partout où l'on provigne, partout où l'on recouche, le phylloxera se trouve difficilement. Il se tient, dit M. Petiot, en arrière de la coudée du provin, à

0,40, 0,60, dans la partie souterraine recouchée, en arrière du collet, et il faut soulever le cep, l'arracher presque pour constater sûrement; or, les dégâts résultant de la fouille sérieuse seraient aussi considérables que ceux de l'ennemi qu'elle veut déceler.

» Pour nous donc, et d'après les règles posées par les Suisses et les Congrès, le système d'extinction, impraticable dans nos conditions de culture, ne compte pas.

» Mais si l'on ne peut éviter l'invasion ou l'anéantir, n'existe-t-il aucun moyen de soutenir notre vigne et de la faire vivre avec son ennemi ?

» Oui, répondra imperturbablement la théorie, tandis qu'une expérience trop certaine nous oblige encore à dire, d'une façon générale et pratique: non.

» Je sais que je heurte ici des convictions bien établies et des autorités respectables. Je n'ignore pas les exemples heureux qui peuvent m'être opposés ; mais veuillez vous souvenir, Messieurs, du point de vue auquel je n'ai cessé de me placer. Nous sommes des praticiens, nous raisonnons dans l'hypothèse générale, laissant les exceptions à leurs heureux possesseurs !

» Thénard et Dumas nous ont donné, dans le sulfure de carbone, seul ou associé, un agent toxique d'une puissance merveilleuse lorsqu'il trouve ses conditions normales d'application : les possédons-nous ?

» Voici un mot de M. Gastyne qui rendra bien ma pensée. Je me trouvais avec lui, l'année dernière, au Congrès de Montpellier, et c'est une bonne fortune de pouvoir s'entretenir avec un homme de ce mérite, à l'esprit si ouvert. Comme je lui exposais mes doutes sur l'efficacité du sulfure de carbone dans les conditions de nos cultures champenoises : « Le sulfure peut suffire à tout, répondit- » il ; malheureusement ce qui manque au sulfure, » ce sont de bons sulfureurs ! »

» Et, en effet, sulfurer est un art véritable. Le sulfureur doit connaître sa terre et la prendre juste à point pour obtenir de bons effets. Nous lui demandons, nous, non de faire preuve de virtuosité sur certains points, mais de succès partout dans nos conditions ordinaires ; or, celles-ci sont particulièrement difficiles.

» Supposons le traitement efficace, en des mains habiles, serait-il pour nous économique ?

» Avons-nous des produits nets assez considérables pour charger nos frais impunément de 250 à 400 fr. par hectare ?

» Aurions-nous assez de bras pour fournir, dans un temps donné et forcément restreint, vingt à vingt-cinq nouvelles journées de travail supplémentaire à l'hectare ?

» — Le traitement pourrait-il même être efficace, avec nos cultures serrées, nos recouchages et provignages ? Quelle serait la diffusion des vapeurs de sulfure dans cette zône superficielle où se tiennent nos racines ? Quelle serait la durée de leur maintien dans ce milieu si peu homogène, tant aéré, constitué par le plancher provenant de nos 40,000 souches annuellement allongées et le sol qui les recouvre ?

» Tous les exemples de défenses heureuses sont en sols profonds, avec plantations profondes : aucune expérience n'a été faite dans nos conditions spéciales ; si défavorable que cet essai me semble, je ne voudrais pas condamner absolument sans preuves directes. Il faudrait donc demander réponse à ces questions par une expérience précise, afin de ne se point lancer dans une défense insecticide difficile, coûteuse, inutile, qui, en perdant notre temps, augmentant nos frais, rendrait notre situation plus misérable, notre ruine plus certaine.

» Je ne fais qu'indiquer des objections qu'il serait facile de développer, pour arriver à des motifs de prudence qui me semblent plus topiques. Ils tiennent au mode d'action de l'insecticide lui-même.

» Que fait-on, en effet, quand on applique un traitement cultural insecticide ? On prétend, non pas tuer tous les insectes, mais décimer leurs colonies. Celles-ci vont se reconstituer par des pontes successives pendant que la vigne, momentanément déchargée, reconstitue ses racines. De cette lutte de vitesse dépendra, au bout de l'année, le résultat bon ou mauvais du traitement.

» Dans les conditions favorables d'application, c'est-à-dire : plantation profonde, sol homogène, perméable, permettant une diffusion régulière des vapeurs sulfureuses, leur action complète et partant une destruction très importante d'insectes ; sol chaud, léger, racinant, permettant la reconstitution rapide du système radiculaire détruit, la défense, aidée de bons engrais, sera suffisante, la vigne se soutiendra en force et en fructification.

» Mais survienne seulement un accident climatérique fortuit : grêle, gelée, sécheresse, attaque violente de mildew,... la vigne tombe immédiatement en état d'infériorité, la défense cesse d'être effective et il faut aviser à d'autres moyens.

» Ces deux dernières années ont fait, sur ce point, une lumière complète. La sécheresse a suffi pour faire perdre sur de grandes surfaces, en Bourgogne notamment, le bénéfice d'une lutte acharnée poursuivie pendant plusieurs années. La défense par les insecticides, même en conditions heureuses, demeure donc toujours précaire. C'est un moyen dont il faut user, mais sans illusion, pour un moment, tant qu'il est praticable et reste économique, afin de conserver le plus longtemps possible le vieux capital vignes, d'autant plus précieux qu'il est vieux et que cette qualité ne s'improvise pas, puis de préparer avec maturité d'autres solutions. Dès que le revenu net vient à manquer, retombant dans les conditions des vignobles moins fortunés qui n'ont pu, pour des motifs économiques ou culturaux, se défendre, une question se pose fatalement : Faut-il abandonner la culture de la vigne ou tenter sa reconstitution sur des bases nouvelles ?

. . . .

» Mais d'abord, en quoi devra consister essentiellement cette reconstitution ? Notre vigne meurt parce que ses racines s'atrophient et disparaissent sous les piqûres du puceron. Dans les procédés de défense, nous avons vainement, presque toujours, cherché le salut dans la destruction de l'insecte. Dans la reconstitution, procédé cultural, nous recherchons une racine résistante, c'est-à-dire une racine que le phylloxera attaque peu et qui répare d'elle-même les blessures qui lui seraient faites.

» L'idée qui a présidé à cette recherche est logique. Le phylloxera, cause de tout le mal, est exclusivement ampélophage ; il vient d'Amérique, on doit donc y rencontrer une vigne dont il est le parasite, dont il vit sans la tuer. Et, en effet, étudiant la flore américaine, on a trouvé des espèces assez nombreuses, aussi différentes entre elles que chacune d'elles peut l'être du vitis vinifera, type de toutes nos vignes cultivées.

» Ces vignes apportées, essayées, ont dû être classées pour séparer le bon du mauvais, le meilleur du moindre.

» On a vu que certaines de ces vignes ne sont pas attaquées par le phylloxera ; que d'autres le portent en petit nombre, sans faiblir ; que certaines, placées en de bonnes conditions de végétation, conservent une vie suffisante, tandis que d'autres succombent comme nos vignes européennes.

» On a constaté que cette vertu de résistance à l'insecte était bien une qualité spécifique de l'espèce, mais, en même temps, que cette qualité se condensait pour ainsi dire, dans chaque espèce, en quelques types que l'on a sélectionnés avec soin.

Ce premier classement opéré, la résistance connue en des conditions déterminées, favorables à la plante, il a fallu étudier l'adaptation de chacune de ces espèces aux différents sols où l'on devait les utiliser. Cette nécessité d'étudier l'adaptation ne peut nous surprendre, nous autres cultivateurs. Nous la rencontrons à chaque pas dans nos opérations culturales, et adapter chaque espèce ou variété au sol qui lui convient, est une de nos principales préoccupations. A plus forte raison cette étude s'impose quand la question d'adaptation, comme dans le cas des vignes exotiques, se complique d'une question d'acclimatation.

» Exposer ces faits, c'est dire que si, comme en réalité, les grands classements sont effectués, les facultés de résistance et d'adaptation connues d'une façon générale, il reste à faire l'étude locale dont rien ni personne ne peut nous dispenser ; or, cette étude nécessaire, dans une question aussi grave que celle de la fondation d'un vignoble, nous entraîne fatalement à la création de champs d'expérience méthodiquement menés, nombreux, de façon à donner une solution pratique et sûre pour les différentes situations de sol, de climat dans lesquelles la vigne devra se trouver.

. . . .

» En possession de ces plants nouveaux, résistants et bien adaptés, qu'en ferons-nous ?

» Leur production est nulle, insuffisante ou de qualité exécrable ; et c'est heureux pour nous, puisque, jusqu'à cette heure, le monopole des bons vins nous est conservé.

» Cette qualité des vins, il faut la défendre à tout prix, et pour nous, viticulteurs de l'Est, l'obligation semble plus étroite. Où trouverions-nous, en effet, l'équivalent de nos excellents pinots, pour la rusticité, la maturité précoce qu'ils possèdent, la fraîcheur et le bouquet de leurs vins ?

» Nous conserverons donc nos plants actuels avec toutes leurs qualités, en leur donnant ce qui leur manque, la résistance phylloxérique, grâce à l'emprunt que nous ferons de leurs racines aux meilleurs plants américains résistants. L'opération qui assure cette union s'appelle la greffe. Elle est aussi vieille que la culture de la vigne ; ses effets sont connus, affirmés par des pratiques séculaires. Ils sont d'ordre physiologique, constants par conséquent, et améliorants toujours. Elle ne devrait donc provoquer aucune hésitation. Elle est discutée, cependant, par certains, malgré les démentis incessants des faits, et ce n'est pas un des moindres symptômes du fléau qui nous menace, que cette incrédulité opposée à l'évidence et la crédulité qu'accordent les mêmes hommes aux erreurs les plus manifestes, aux pratiques les plus risquées.

» Nous grefferons nos bons plants sur racines résistantes américaines, mais il paraît évident que cet assemblage de bois aussi différents nécessitera des études spéciales, et qu'à côté de la question de l'adaptation du sujet américain au sol qui le porte, devra se placer celle de l'adaptation de ce sujet au greffon qu'il doit porter ; étude longue, minutieuse, dont les éléments s'assemblent, se groupent, et que, certainement plus heureux que nos devanciers, nous n'aurons qu'à constater dans nos champs d'expérience et à appliquer.

» Ce serait cependant une erreur de croire que nous n'aurons, dans nos champs d'essais, qu'à copier servilement les exemples donnés. Chaque situation a ses difficultés spéciales avec lesquelles il faut compter. Pour appliquer les méthodes nouvelles et en obtenir d'heureux effets, nous devrons assurément modifier leur manuel opératoire et abandonner certaines de nos pratiques traditionnelles. Ce côté de la question m'a toujours plus préoccupé, je l'avoue, que ceux qui regardent la résistance ou l'adaptation. Sur ceux-ci nous avons des données certaines, sur celui-là nous devrons chercher, tâtonner nous-mêmes, sans bien savoir au début si, en voulant répondre à des obligations nouvelles, nous ne méconnaîtrons pas quelques-unes de celles auxquelles nos anciens procédés satisfaisaient pleinement.

» Là, comme dans toutes les autres opérations culturales, le temps est un facteur indispensable que rien ne saurait suppléer. Que conclure donc, sinon que, pour ces études nécessaires à toute bonne reconstitution, études dont la solution peut se faire attendre, il faut partir tôt, sans craindre jamais de le faire trop tôt, afin d'arriver à temps et d'éviter ce malheur ruineux d'être pris au dépourvu ou d'arriver trop tard.

» Et c'est pour cela, Messieurs, que ce problème de la reconstitution, qui peut paraître prématuré dans un pays comme le nôtre, peu attaqué ou simplement menacé, devrait être immédiatement posé. Qui sait, en effet, si, au moment où nous discourons ainsi hypothétiquement, l'ennemi n'est pas déjà dans la place, et alors il serait bien tard, nous serions surpris.

. . . .

» Permettez-moi, à ce sujet, une petite digression. Lorsqu'une invasion menace, le simple bon sens vous porte à inventorier les forces que vous pourriez lui opposer, à rechercher soigneusement si certaines infiltrations dangereuses ne se seraient pas déjà produites. Cette loi, de simple bon sens, remarquez-le bien, a-t-elle été appliquée dans le cas de l'invasion phylloxérique? J'aborde un sujet délicat ; je veux le faire, cependant, car le succès peut dépendre des premiers engagements.

« Si nous nous reportons aux débuts de la maladie, nous ne rencontrons, pour la combattre, que l'initiative privée : La Société d'agriculture de l'Hérault, l'Association viticole de Libourne, de simples particuliers, MM. Monestier, Alliès, et la puissante Compagnie des chemins de fer de Paris-Lyon-Méditerranée.

» Tout ce qui a été fait et est resté d'utile n'a pas d'autre origine. Plus tard, le gouvernement a établi une législation spéciale ; puis, se rendant mieux compte des besoins de la lutte, il a créé toute une organisation particulière dont le but et les moyens sont définis en termes excellents dans une série de circulaires à MM. les Préfets. Ces organes nouveaux, Délégués de tous ordres, Comités d'étude et de vigilance, une fois créés, ont-ils obéi à l'esprit qui avait dicté leur fondation ? N'ont-ils pas, trop souvent, considéré et défendu avec un soin jaloux, comme un monopole et dans un but que je n'ai pas à rechercher, ce devoir d'étudier, de veiller, de sauvegarder, qui leur semblait confié? La vérité m'oblige à dire que leurs veilles n'ont jamais porté fruit, qu'ils n'ont jamais rien découvert, que jusqu'à cette heure, ils n'ont jamais rien sauvé. Quelque explication que l'on tente d'un fait aussi patent, me plaçant toujours au point de vue pratique, je dois conclure que nous ne trouvons là aucun motif de confiance, aucune sécurité.

« Ne t'attends qu'à toi seul ; c'est un commun » proverbe, » a dit le bon La Fontaine et, pratiquement toujours, tenons-nous au conseil du Bonhomme :

« Il n'est meilleur ami ni parent que soi-même. » A nous de veiller, de soigner, de reconstituer notre bien. Ne refusons pour cela aucune aide. Demandons, exigeons même au besoin le secours auquel nous avons droit de la part d'une administration faite pour nous, mais ne nous abandonnons pas, ce serait la perte assurée. L'exemple d'hier serait notre fait de demain, et il n'en peut d'ailleurs être autrement.

» Dans l'état de nos vignobles, aucune puissance administrative ne peut se flatter de faire exécuter des recherches sérieuses, les seules efficaces, sans la collaboration active et dévouée du vigneron. L'obtenir, voilà donc l'objectif à se donner tout d'abord ! Le vigneron seul connaît sa vigne, est capable de deviner les premiers symptômes d'affaiblissement ; lui seul peut exécuter les fouilles profondes, inutiles souvent grâce à Dieu, sans nuire du même coup à la vigne que l'on veut sauver. Que lui manque-t-il donc, à ce vigneron, pour faire, mieux que personne, ces travaux importants ? La foi dans la nécessité ou l'efficacité des manœuvres que l'on tente et le savoir. Gagnez sa confiance, instruisez-le par les moyens nombreux dont vous disposez et, ce point obtenu, vous pourrez vous désintéresser du reste, il ira mieux et plus vite que vous.

» Les difficultés sont réelles, je ne le dissimule pas ; elles ne sont point insurmontables, comme on le dit souvent. Les publications, les conférences, la vue de préparations d'insectes et de racines déposées aux écoles, au siège des Comices, des voyages d'instruction sont autant de moyens pratiques, efficaces, et les Syndicats ont là, encore, un beau rôle à tenir.

» Il ne faut, pour réussir, qu'un peu d'énergie, de dévouement, de désintéressement surtout dans l'action engagée. Faute d'avoir suivi cette voie dès le début, des malentendus cruels ont été créés, et l'administration, malgré toutes ses ressources coercitives, va se briser devant l'inertie soupçonneuse de cette multitude de propriétaires vignerons intéressés, dont la cause sera ainsi perdue.

. . . .

» Pour vaincre les difficultés que présentera certainement cette étude reconnue nécessaire de la reconstitution, les moyens à prendre seront identiques à ceux que je viens d'indiquer. On les trouve d'ailleurs inévitablement comme accompagnement de toute action profonde et étendue : ils se résument en trois mots : instruction, exemple, dévouement désintéressé, commandant la confiance et l'association des efforts. Rentrant dans notre sujet, voyons rapidement ce qu'elles peuvent être.

» La pratique du greffage s'implante vite. Les vignerons, les jeunes surtout, y deviennent très habiles et s'y adonnent avec plaisir. Je revois encore ce Concours de greffage de Dijon, il y a quelques mois. A Dijon, où jusqu'à ces derniers temps le sulfure, maintenant abandonné, régnait en maître jaloux, 380 greffeurs, hommes et femmes, se disputaient les diplômes. Quel entrain chez tous, quelle joie chez les primés ! « Les jeunes filles brevetées se marient mieux, me disait-on, et les garçons obtiennent un congé à l'époque des greffages ! »

» La difficulté viendra de notre climat. Tandis que, dans le Midi, ou obtient 80 0[0, 95 et plus..... disent les Gascons, de bonnes soudures, en greffant en place, vers Lyon, on ne réussit guère qu'avec la greffe bouture et une moyenne de 40 0[0. A Dijon, on s'estimerait heureux avec 25 0[0 ; en Champagne, malgré tous les soins en pleine terre, je n'ai obtenu que 5 à 10 0[0. Nous savons maintenant que le bourgeonnement et la soudure, comme l'enracinement, exigent une température moyenne et soutenue de 18 à 20°. Sous notre climat, nous ne l'obtenons que rarement, ou fort tard en saison. Pour réussir le greffage, nous devrons donc nous rapprocher de ces conditions, et il n'y a rien là d'impraticable. Cette année, des greffes-boutures faites en godets sur couche chaude et sous châssis m'ont donné, au bout d'un mois à six semaines, plus de 70 0/0 de pieds réussis que j'ai immédiatement transportés en pleine vigne, presque sans pertes. Un second élevage a succédé au premier, pour les plantations d'automne, diminuant d'autant les frais d'établissement.

» Je me permets de citer cet exemple moins pour le recommander que pour montrer comment le greffage peut, même dans nos conditions défavorables, fournir de bons résultats.

» Le propriétaire qui ne voudrait pas se donner ces embarras pourrait, en envoyant ses greffons, confier la fabrication des greffes à des spécialistes en meilleure situation, comme il leur demanderait les bois américains, les sujets dont il aurait besoin.

» Mais, dira-t-on, que d'erreurs et de supercheries possibles ! Pas autant qu'il paraît, car il y a encore de braves gens, si, surtout, les champs d'expérience ont déjà parlé, signalé les plants utiles et répandu les connaissances nécessaires. On ne trompe pas, d'ailleurs, si aisément un homme prévenu et sachant ce qu'il veut. Une fois fixé, pourquoi ne pas cultiver soi-même les quelques pieds mères destinés à fournir les bois dont on aurait besoin? On échapperait ainsi sûrement à l'étreinte si cruelle, dit-on, des marchands de bois !

» En tous cas, si un achat devient nécessaire, soit pour les greffes, soit pour les sujets, les Syndicats sont là pour donner aux plus timorés économie et sécurité.

. . . .

» Un autre obstacle se dresse à l'origine même de ces études pourtant si nécessaires. Il semble insurmontable. Il ne tient pas à la nature même des choses, mais il découle des prétentions de cette administration vigilante qui doit nous préserver.

» Demandez à un administrateur quelconque s'il vous est permis d'introduire des plants américains pour l'étude èt la culture; il vous répondra invariablement : « Non. » Il se trompe et vous trompe en jouant sur les mots et interprétant mal ses règles.

» La vérité est que la loi ne fait pas de botanique, ne distingue pas entre les espèces de plants. Faite pour s'opposer, dans la mesure du possible, à l'importation d'un danger, c'est une loi de transports. Elle interdit tout transport d'un objet quelconque ayant approché la vigne, susceptible parconséquent de porter, même accidentellement, l'insecte d'un pays contaminé ou inconnu, et par là présumé dangereux, étranger, dit la loi, dans une contrée indemne.

» La loi est cela ; rien que cela. Les décrets, arrêtés ministériels, circulaires, arrêts de tribunaux admettent tous cette version, établissent une jurisprudence conforme ainsi au bon sens et au droit.

» Donc vous pouvez prendre dans un pays légalement indemne telle vigne qu'il vous plaira, l'introduire, la multiplier, vendre ou cultiver, sans que personne puisse s'y opposer. On peut, dans le transport, vous demander la preuve d'un certificat d'origine, mais pas ailleurs.

» J'entends bien qu'une observation fort juste m'est faite. Ces plants américains, si soigneusement écartés jusqu'ici, n'ont guère pénétré qu'en contrées envahies et nous ne pouvons aller dans celles-ci prendre ce qu'il nous faudrait de bois, même pour nos expériences.

» Je crois, Messieurs, que le droit de vivre prime tous les autres. Je ne voudrais pas cependant conseiller jamais la violation d'une loi, même mal appliquée, au nom d'intérêts aussi évidemment vitaux pourtant que ceux qui nous occupent ; mais il est permis de constater qu'il est des hommes et des situations privilégiés, qui ont le bonheur de posséder, en pays indemne, de fort belles collections, et qu'il est possible d'obtenir d'eux, dans les conditions d'une légalité absolue, de quoi subvenir à nos besoins.

» Si ces certificats d'origine ne vous offraient pas encore, au point de vue de la propagation du mal, une sécurité assez complète, vous pouvez lever vos derniers scrupules par une désinfection préalable des bois importés.

» Des centaines de mille boutures provenant de pays phylloxérés ont servi à la création d'un grand vignoble encore indemne, grâce à un trempage préalable dans l'eau pure à 55°. Je n'ai, pour mon compte, jamais planté un cep que je n'avais pas élevé, sans le laisser trois ou quatre heures dans un bain composé de un litre de sulfocarbonate de potassium et 700 litres d'eau.

» Ces précautions sont toujours bonnes à prendre et à la portée de tous. C'est grâce à elles que la Suisse, si rigide cependant, a pu sans danger étudier depuis six ou sept ans déjà les vignes américaines.

» Je ne m'arrête pas à cette objection qui supposerait que le plant américain apporterait toujours ou attirerait le phylloxera, vous en avez déjà fait justice. Le phylloxera ne peut naître spontanément sur un plant, et la vigne américaine, celle du moins que l'on a intérêt à importer comme sujet, en nourrit moins que nos vignes même bien défendues par les insecticides.

» Le seul danger viendrait de ce que ces vignes exotiques ne révèlent pas, par leur souffrance, la présence de l'insecte.

» Cette objection n'aurait de valeur, remarquons-le de suite, que sous le régime des traitements d'extinction ; et encore ce danger n'apparaîtrait-il que par une défaillance du service des recherches, défaillance possible, mais qui ne saurait empêcher l'intérêt de tous d'être servi.

» Dès que les connaissances phylloxériques seraient assez répandues, que les besoins de la reconstitution deviendraient plus pressants et plus importants, il y aurait lieu de lever les dernières barrières administratives, d'établir un courant d'opinion qui aiderait ou obligerait le Conseil général à demander la libre introduction des plants reconnus nécessaires. Constatons, en attendant, qu'aucun obstacle sérieux ne s'oppose à l'établissement de champs d'expérience, aux études et à la pratique de la reconstitution.

. . . .

» Mettons-nous donc à l'œuvre sans aucun retard.

» Il serait trop long de vous énumérer la liste des plants à expérimenter, toutes les variétés de Riparias, Rupestris, Berlandieri. Il faudrait les classer suivant leurs aptitudes aux différents sols, leur résistance à l'insecte, leur adaptation au calcaire mélangé de sable ou d'argile, aux terrains crayeux. Les renseignements généraux se trouvent partout et les applications locales seront guidées par les champs d'essais. Laissez-moi vous indiquer en passant un travail intéressant, utile, et le proposer à l'activité de vos Syndicats communaux. Le Syndicat de Saint-Vincent, du Mesnil-sur-Oger, comprend une centaine de vignerons. Les jeunes gens ont été prendre le calque du plan cadastral ; ils se sont divisé le territoire, ont exécuté des fouilles, relevé la profondeur du sol, noté la nature du sous-sol et recherché le pour cent en calcaire du terrain à l'aide de l'excellent calcimètre de M. A. Bernard. Tous ces renseignements ont été soigneusement reportés à leur cote sur la carte. Plus de 500 sont ainsi déjà déterminés ; leur nombre croît chaque jour. Lorsqu'il faudra reconstituer, le vigneron, consultant les résultats des champs d'essais, des plants disséminés dans les vignes pour l'étude et les donnés de la carte, saura promptement quels plants choisir pour porte-greffe, quels engrais employer.

» Je ne dirai rien non plus de ces hybrides franco-américains créés avec tant de persévérance et d'habileté par les Couderc, les Millardet, les Ganzin, etc. On a cherché, par des hybridations méthodiques, tout en conservant la résistance phylloxérique des auteurs américains, d'obtenir l'endurance de nos plants pour le calcaire et une meilleure affinité pour le greffon que ces hybrides doivent porter. Il y a, de ce côté, des grains superbes et, malgré toutes les réserves que le temps seul peut dissiper, on peut dire qu'un pas immense a été fait.

» Ferons-nous le dernier, dans cette voie, en arrivant aux hybrides producteurs directs ? La greffe, comme l'indiquait M. Pulliat, ne sera-t-elle qu'une étape nous conduisant à ces producteurs nouveaux avec lesquels nous pourrions reprendre nos simples pratiques culturales d'autrefois ? On cite déjà des hybrides qui donnent tout espoir.

» Pour nous, qui avons des vins spéciaux, les vins fins de Pinot, nous n'avons rien à attendre ni à désirer trop ardemment.

» Les porte-greffes connus assurent dès maintenant la culture de nos excellents plants. Ils seront un jour surpassés, c'est possible, probable même, mais je n'y vois pas une raison de marquer le pas et de négliger les bons en attendant les meilleurs.

» La reconstitution sera-t-elle possible partout ?

» Théoriquement, oui ; les terrains crayeux eux-mêmes, pourraient aujourd'hui être reconstitués, mais pratiquement, non.

» Il n'y a pas nécessité à faire de la vigne partout. On a un peu trop oublié ses bonnes conditions de végétation. On a abusé d'elle, planté en des situations mauvaises, malgré l'énorme production souvent obtenue. Les gelées, les insectes, les cryptogames qui l'envahissent feront une sélection assez sévère et, grâce aux porte-greffes nouveaux, la vigne reprendra possession des coteaux qu'elle avait abandonnés. Ayant tous les moyens de reconstituer, on ne le fera que là où, par la quantité ou la qualité, le résultat économique aura chance d'être satisfaisant. L'abondance des vins et leur mévente viendrait d'ailleurs bien vite mettre un frein à des entreprises trop hardies, et la règle ancienne reprendra ses droits méconnus : la vigne aux seuls terrains qui lui conviennent.

» Mais reconstituer, greffer, même en bonnes conditions, c'est trop minutieux et trop cher ! Voilà la dernière objection.

» S'il faut opérer sur de grandes surfaces à la fois, assurément oui, car le capital serait le principal facteur de telles entreprises.

» Si, au contraire, nous pouvons reconstituer petit à petit, sur de petites surfaces, non ; la part prépondérante reviendra au travail et le vigneron laborieux sera sauvé !

» La distinction entre les deux méthodes est radicale ; les résultats ont une importance sociale considérable et c'est ce qui me fait insister sans cesse pour l'étude d'une prompte reconstitution.

» Ceux qui ont vu de près les ruines semées par l'invasion phylloxérique savent quelles souffrances elle amène, quel déclassement elle opère, la dépopulation qui la suit et l'importance sociale que de ce seul fait elle acquiert.

» Ces phénomènes ne se produisent pas tout à coup ; ils sont la conséquence de faits antérieurs malheureusement négligés.

» Aussi, pour que le problème de la reconstitution se pose, est-il nécessaire que l'invasion soit là, imminente ou consommée ? Nullement.

» Elle est fatale, cela suffit. Elle ne commencera ses ravages que dans quelques années, soit. Mais, dès maintenant, voilà des vignes mortes ou mourantes, de vieillesse, d'accident, de maladies.... on arrache, puisqu'il n'y a plus de produit, et il faut reconstituer ou demeurer sans revenu. Comment le faire ?

» Si nous suivons les anciens errements, nous savons que dans ces jeunes vignes un capital assez considérable, souvent emprunté par le malheureux vigneron, va être enfoui et sera un capital perdu ! Pour les uns, ce sera la ruine immédiate ; pour d'autres, peut-être, l'impossibilité de recommencer plus tard une nouvelle plantation, résistante cette fois et productive.

» Ne reconstitue-t-on pas ? toutes les conséquences de cette attente, en apparence prudente, sont graves.

» Ce vide, laissé sur la côte et qui chaque année s'élargit, rendra la reconstitution de plus en plus difficile; car lorsqu'on s'y décidera, bois convenables, bras et capitaux manqueront.

» Ce vide, dans la bouche des concurrents, deviendra un argument terrible : tel pays expédie toujours, mais il n'a plus de vins.

» Pour un commerce peu scrupuleux, c'est un encouragement à aller chercher ailleurs, souvent avec un avantage réel mais momentané de bon marché, le liquide qui manque, sans se soucier de la concurrence qu'il crée pour la suite, concurrence dont le vignoble, plus tard reconstitué, supportera tout le poids.

» C'est la qualité compromise et avec elle la réputation du crû ou de l'honnête commerce local, par la proportion trop forte, à un moment donné, de vignes nouvelles, produisant abondamment des vins trop jeunes et partant inférieurs.

» Dans tout cela, Messieurs, rien d'imaginaire, il vous suffira, pour vous en assurer, de jeter autour de vous des regards attentifs.

» Que faire donc? sinon conclure avec plus d'énergie à l'étude immédiate de la reconstitution dans nos contrées, afin d'être prêts le plus tôt possible et qu'ainsi, la trame de nos vignes puisse constamment demeurer pleine et serrée ; que le vigneron instruit, ne perdant ni son temps ni ses modestes ressources en des tâtonnements coûteux, se prépare à peu de frais, répare ses brêches à peine ouvertes et ne perdant le revenu que sur de très petites surfaces, ne soit entraîné, pour leur reconstitution qu'aux plus faibles dépenses possibles ; que nos vignes toujours bien peuplées, nul ne puisse dire que nous manquons de vins ; que la proportion des vieilles vignes à bons vins domine toujours celle des reconstituées, dont le défaut de jeunesse aura aussi tout le loisir de passer sans avoir rien enlevé à la qualité de nos produits.

» Espérer que la crise sera supportée sans souffrances serait une illusion. Tous, tant que nous sommes, nous devrons racheter nos vignes : ceci est certain.

» Que les capitalistes mettent en œuvre leurs ressources, fassent vite et grand ; ils savent compter et nous n'avons pas à intervenir. Mais le petit propriétaire, le vigneron, lui, n'a pas le choix des moyens. Faites appel à ses vertus d'épargne, d'endurance, de travail tenace et intelligent, il les développera sans compter. Elles suffiront presque ; facilitez seulement sa tâche et vous le verrez reconstituer sans relâche, conserver avec sa propriété la valeur des autres et la richesse publique sera à peine touchée.

» S'il reste abandonné, au contraire, si, sous prétexte de le défendre, on lui lie les bras, si on l'empêche de travailler à temps, il sera débordé ; la propriété qui ne le nourrit plus, qu'il ne peut reconstituer sera vendue et toute valeur foncière croulera. Exproprié, il tombera au rang de prolétaire, abandonnera un pays où rien ne le retient plus, et ses bras manqueront pour la reconstitution tentée par de nouveaux exploitants ! La richesse publique sera profondément atteinte, mais la blessure faite au corps social sera encore plus longue à cicatriser et sa paix demeurera ébranlée sous le coup de menaces de plus en plus pressantes.

» Il nous appartient, Messieurs, d'éviter ces malheurs dans une certaine mesure.

» Ceux qui savent, ceux qui peuvent, se doivent à ceux qui ignorent ou que l'impuissance retient.

» Nous ne sauverons pas tout le monde, quoique nous fassions. La raison en est à l'illusion entretenue par des causes qui n'ont pas ici leur développement : c'est un fléau qui passe. Mais il dépend de nous, à force d'énergie et de dévouement, en faisant simplement, mais entièrement notre devoir, de sauver un plus grand nombre et de rendre l'épreuve moins désastreuse pour tous.

» Je voudrais, Messieurs, avoir pu faire passer dans vos esprits la conviction qui m'anime, et si quelques-uns, entrevoyant la question que j'ai si mal ébauchée, séduits par son côté moral autant que par ses conséquences économiques, prenaient la résolution de l'étudier et de s'y consacrer, je me consolerais de l'ennui que vous aurait infligé cette trop longue et désagréable communication, par la pensée que, grâce à vous, une action utile en serait née. »

L'orateur, qui s'est exprimé avec beaucoup de clarté et avec une certaine chaleur, parce qu'il connaît à fond son sujet et qu'il prend à cœur de venir en aide au plus vite aux victimes du phylloxera qui veulent replanter, reçoit les applaudissements de toute la salle.

Quelques personnes discutent avec lui et l'espèce de plant américain qui convient le mieux suivant le sol, et le moyen d'obtenir 75 à 85 pour cent de réussite, tout en gagnant un an.

M. le Président félicite et remercie le conférencier de ses bons conseils et de son zèle pour le bien commun, il espère que les viticulteurs, si nombreux dans la région, sauront le suivre, si malheureusement le phylloxera les atteint.

M. de Montrol exprime ses regrets de ne pouvoir entendre M. Le Breton, sénateur, Président du Comice de Laval, propriétaire au Château de Sainte-Melaine, par Laval (Mayenne).

M. Le Breton, inscrit à l'ordre du jour pour cette séance, s'est excusé par lettre d'être retenu à Paris, à cause du grave événement qui a jeté le deuil sur la France, et de l'élection qui doit en être la conséquence, et il en exprime de vifs regrets.

Il s'était proposé, dit sa lettre, en acceptant de prendre part au Congrès, de faire une chose à son avis utile pour l'agriculture en l'engageant à ne pas se décourager, « mais à insister auprès des pouvoirs publics pour qu'ils s'occupent de cette fameuse loi du *cadenas*, de cette taxe provisoire, mais élevée, qui aurait dû être appliquée dès le mois de décembre, sans discussion, et qui est restée dans les cartons de la Commission des douanes. »

» Avec cette taxe provisoire on aurait le temps de discuter à loisir les modifications à apporter à notre législation sur les céréales; sans cette taxe, on ne peut rien faire d'utile, car toute menace d'une élévation du droit provoquerait une recrudescence dans le mouvement des importations, qui continuent toujours.

» S'il avait pu assister au Congrès, ajoute M. Le Breton, il l'aurait prié d'adopter le vœu suivant :

« Les agriculteurs, réunis le 30 juin au Congrès
» de Nancy, émettent le vœu :

« Qu'une taxe provisoire *d'au moins dix francs*

» par quintal soit immédiatement perçue à l'entrée « de tous les blés étrangers et maintenue jusqu'à » ce que les pouvoirs publics aient pu organiser le » fonctionnement régulier du système des droits » gradués,. centime par centime, inversement au » cours moyen des marchés français pendant les » six semaines qui précèdent l'arrivée de chaque » cargaison.

» Ce sont les motifs de ce vœu qu'il comptait exposer dans sa conférence. Mais si son texte paraissait suffisamment clair, on pourrait peut-être le mettre aux voix. »

M. Edouard Breton, délégué de Bar-sur-Aube, appuie ce vœu et s'y rallie.

M. Victor Burtin estime qu'il n'est pas absolument acceptable dans son entier, que la question du droit gradué qu'il comprend ne se lie pas du tout avec celle de la loi du cadenas, qu'on peut très bien approuver la loi sans accepter le système des droits gradués, système qu'il a déjà combattu en d'autres circonstances.

En conséquence, il propose la division du vœu et demande que le Congrès se prononce d'abord sur la *loi du cadenas avec un droit de dix francs.*

Cet avis est approuvé et M. le Président met aux voix cette partie du vœu. Elle est adoptée.

M. le Président met ensuite aux voix la seconde partie, c'est à dire *l'adoption du système des droits gradués centime par centime.* Elle n'est pas adoptée.

M. de Montrol exprime aussi tous ses regrets de ne pouvoir entendre M. Henry Sagnier, membre de la Société nationale d'agriculture de France.

M. Henry Sagnier, dit-il, était inscrit à l'ordre du jour de cette séance et devait y traiter une question fort intéressante à une époque où les Syndicats agricoles se multiplient de toutes parts ; il voulait démontrer toute l'influence que peuvent avoir ces nouvelles Associations sur les perfectionnements de l'agriculture.

Pour qui connaît M. Sagnier, l'habile et dévoué rédacteur en chef du *Journal de l'Agriculture*, son style clair et facile, la haute intelligence qu'il déploie dans ses articles et partout ailleurs, sa participation au Congrès de Nancy était une bonne fortune et tous pouvaient espérer en tirer leur profit.

Des circonstances imprévues ont retenu M. le conférencier dans la capitale et il s'est excusé de ne pouvoir remplir ses promesses.

M. le Président fait remarquer qu'à la suite se trouve inscrit à l'ordre du jour M. Kergall, président du Syndicat économique de Paris, qui se propose de développer devant le Congrès une question complexe qu'il a déjà présentée avec talent au sein d'une des Commissions de la Société des Agriculteurs de France, question dont la gravité ne peut échapper à personne. Celle-ci a pour titre : « De la suppression de l'impôt foncier sur les propriétés rurales non bâties ; de la réduction des droits de mutation entre vifs sur les immeubles et les valeurs, enfin de l'égalité absolue pour tous les contribuables. » Il invite M. le conférencier à prendre la parole.

M. Kergall retient l'assemblée sous le charme de sa parole chaude, animée et convaincue : il développe avec clarté son sujet tout humanitaire et exprime l'espoir que ses vœux seront enfin entendus.

Je voudrais donner ici cette conférence, mais j'ai le regret de ne pouvoir le faire, parce que son auteur n'a pas cru devoir la transcrire ; je me borne, en conséquence, à transcrire suivant mes notes, les principales parties de son discours.

M. Kergall exprime tout d'abord ses remerciements à la Société centrale d'agriculture de l'avoir appelé à traiter devant le Congrès une question aussi importante et qui l'occupe depuis bien des années déjà.

Il félicite aussi le ministre des finances, M. Poincaré, d'avoir mis à l'étude les questions d'impôts et de péréquation et de l'avoir appelé à faire partie de la grande commission extra-parlementaire à qui il a confié cette étude.

On peut se demander, dit-il, pourquoi le ministre l'a désigné, s'il s'est adressé au rural ou s'il n'a cherché que l'économiste ? Pour lui, la réponse n'est pas douteuse ; c'est au rural qu'il s'est adressé parce que l'agriculture est devenue grande fille et qu'elle se fait entendre.

Jusqu'alors on n'avait pas demandé son avis à la plus grande de nos industries ; il est temps, il est juste qu'on le fasse.

M. Kergall veut la représenter dignement et, pour cela faire, il demande qu'on vienne à son aide. Ce ne sont pas seulement des vœux qu'il voudrait avoir à produire, mais des *cahiers* entiers, contenant toutes les justes revendications. Il demande l'avis du Congrès, parce que, s'il arrive chargé avec un paquet de voix, la sienne aura plus de force.

Il voudrait ajouter un mot à ce qu'a si bien dit M. Guinand sur la vente des produits agricoles par les syndicats. Il n'est pas indispensable que ceux-ci aient l'extension dont a parlé le conférencier. « Nous avons à Grenoble, » dit-il, « notre petit syndicat ». L'union y est parfaite et l'on s'y soutient. Ce syndicat a formé une commission de dix membres constituant, avec l'assentiment du préfet, une coopérative, sans actions, et réunissant tous les échantillons dans un local spécial. Et cette commission a pour président un rural, M. Deuzy, ami dévoué et protectionniste.

Les coopératives sont utiles à côté des syndicats ; on peut le prouver à l'occasion de la mévente des vins.

Pourquoi cette mévente des vins? Quelle en est la cause principale? C'est que l'ouvrier français ne boit plus de vin ; il l'a pris en horreur à la suite des falsifications malsaines dont il était la victime, à la suite des produits fabriqués qu'on lui faisait payer fort cher. Il a remplacé le vin par la bière, le cidre, l'alcool. Pour l'habituer à boire aujourd'hui les vins naturels, il faut en quelque sorte lui faire une nouvelle éducation. A M. de Saint-Paul, qui offrait des Beaujolais à la fois bons et à bon marché, on n'a pas répondu à Bercy qu'on n'en voulait pas à cause du prix, ni à cause d'un défaut de qualité, non ; on a fini par avouer qu'on avait eu assez de mal à déshabituer le peuple à les boire. Il est donc nécessaire de s'unir en syndicats pour être forts dans la lutte contre ces tendances et il faut que ces syndicats aient leur coopérative pour avoir toujours des produits sous la main.

Le Méridional est enthousiaste ; les hommes de la région sont, au contraire, défiants d'eux-mêmes.

Cependant, ils ne doivent pas craindre les contradictions et marcher de l'avant, comme à Reims. Là, ce sont les ruraux qui l'emportent : ils sont puissants et ils ont des principes ; les ouvriers en sont stupéfaits ; c'est encore l'œuvre des syndicats. Il faut être prêt pour la lutte et faire valoir ses désirs.

La lutte pour la vie, la lutte pour l'existence est vraie pour les Etats comme pour les particuliers. M. Léon Say l'a démontré et il a vu longtemps à l'avance les besoins d'aujourd'hui ; dès 1885, le parlement a décidé un nouveau recensement des propriétés bâties et on a dû demander des crédits pour cette dépense en affirmant qu'il s'agissait seulement d'une opération de statistique. Il ne s'agissait pas, disait-on, de la révision de l'impôt sur la propriété bâtie et, cependant, dès lors, on avait déjà le dessein bien arrêté d'asseoir l'impôt sur des bases nouvelles, et l'on ne recula pas en 1890 devant des mesures inattendues : on mit en avant un dégrèvement sur les propriétés non bâties des départements surtaxés et on augmenta l'impôt sur les propriétés bâties en en faisant un impôt de quotité.

On établit donc l'impôt sur les revenus vrais ou faux des propriétés bâties ou sur la valeur supposée de la chose et cette imposition est depuis lors livrée aux soins des gens du fisc, c'est-à-dire qu'elle peut être évaluée sans contrôle. Il n'en est pas de même avec l'impôt de répartition, où le quantum par commune, fixé à l'avance par les conseils électifs, est réparti entre les propriétés par une commission spéciale.

L'impôt de répartition n'était pas élastique, on le comprend ; celui de quotité n'a aucune entrave, ce qui est un grave inconvénient. Avec ce dernier, le contribuable est seul en face de l'Etat. C'est de l'autoritarisme. Il peut être aussi à la merci du député qui veut avoir de l'action sur l'électeur : l'impôt peut être diminué pour l'ami et augmenté pour l'adversaire.

Depuis 1891 que cette transformation existe, elle a déjà produit des ruines en majorant l'impôt de certaines habitations de 20, 30, 40 0[0 et en augmentant par contre-coup le logement de l'ouvrier. La péréquation de cet impôt entre 3 et 4 0[0 n'est qu'apparente, puisque l'estimation du revenu imposable, estimation donnée au recensement, peut être fausse pour bien des propriétés. Il en serait de même pour les propriétés non bâties et d'une façon plus grave, en présence de la crise agricole qui pèse si fortement sur les revenus de la terre.

Dès 1889 dit M. Kergall, il s'est élevé contre l'impôt de quotité sur la propriété bâtie, parce que l'assiette ainsi adoptée peut être appliquée aux terres comme aux maisons. Il a formé à cette époque un comité de défense en faveur de l'impôt de répartition ; ce comité a fait ce qu'il a pu, mais il est arrivé trop faible et trop tard.

Faire la péréquation de l'impôt sur la propriété bâtie et la faire sur la propriété non bâtie sont choses fort différentes, surtout par quotité. L'impôt foncier varie beaucoup suivant les départements et les localités ; il s'élève de 2 à 7 0[0 du revenu. Il en résulte que, pour une péréquation, l'impôt devrait être dégrevé de 30 à 60 et plus pour cent par place, en même temps qu'aggravé de sommes égales ou plus fortes ailleurs. On comprend de suite à quel nombre s'élèveraient les plaignants et quel mouvement se produirait dans toute la France ; M. Kergall en a conféré avec M. Casimir-Périer avant qu'il fût Président et depuis ; il croit l'avoir convaincu du danger d'une telle opération.

Pour lui, la péréquation ne peut se faire facile et satisfaisante que par la suppression du principal de l'impôt foncier. Les centimes qui sont additionnels aujourd'hui subsisteraient seuls et constitueraient l'impôt des propriétés non bâties.

M. le conférencier revient sur la question des syndicats ; ils ont fait merveille dans certaines régions, comme l'a si bien démontré M. Guinand ; ils ont fait merveille et ils réussissent partout parce qu'ils favorisent l'association. Aujourd'hui, on ne comprend plus l'homme sans cela : l'association est devenue indispensable à ce point qu'on se demande comment on a pu vivre aussi longtemps sans elle ; elle sera l'œuvre par excellence de cette fin de siècle. Lamennais la définit ainsi : Un homme s'en va seul sur un long chemin ; il se hâte, car il lui presse d'arriver, mais il rencontre un gros roc sur sa route ; il ne peut, ni se détourner, ni le franchir ; il ne peut non plus tourner autour, parce qu'un ruisseau, des montagnes l'arrêtent. D'autres voyageurs arrivent derrière lui près de l'obstacle et l'un dit : « Si nous travaillions ensemble, peut-être pourrions-nous l'enlever. » Ils se mettent tous à l'œuvre et ils réussissent. Ce tableau est l'image des ruraux : ils se trouvent toujours en présence d'un roc formidable, le roc de la centralisation de l'Etat, et ils ne peuvent rien contre lui, s'ils ne s'unissent. Dans tout et partout il en est ainsi : chaque individu livré à lui-même est bientôt arrêté devant les difficultés, et il ne réussit à les vaincre que par l'union, qui fait la force. Le philosophe ajoutait que l'union de dix forces humaines n'était pas une addition, mais une multiplication.

Un autre moraliste dit encore qu'il est difficile d'élever tout seul son niveau moral et que, si l'on veut se voir grandir dans l'estime du voisin, il est nécessaire de se grouper. Ainsi réunis, les mauvais côtés des individus se trouvent cachés, car chacun apporte avant tout ses qualités et son émulation. Ainsi la main dans la main, on va jusqu'au sacrifice et l'on donne ses jours et sa vie pour la patrie.

On peut tenir tout particulièrement ce langage à Nancy, dit encore M. Kergall, parce que là, dès 1869, en un grand et remarquable congrès, des agronomes et des agriculteurs distingués et indépendants se sont rencontrés avec d'autres de l'Administration et ils ont levé le drapeau de la décentralisation.

On peut parler de l'action des ruraux en Lorraine, où le souvenir de Jeanne d'Arc, la grande rurale, va toujours grandissant ; où le patriotisme des ouvriers de la terre les a toujours groupés autour du drapeau. Nancy avec eux a payé un juste tribut à Carnot ; qu'ils saluent aussi généreusement son successeur, avec qui on peut espérer la protection de l'agriculture et le dégrèvement de la propriété rurale. M. Kergall croit pouvoir s'en porter garant, car il a étudié avec M. Casimir-Périer, non seulement la question des fonds portugais, mais aussi et fréquemment celles qu'il vient de traiter et qui intéressent au plus au point l'agriculture, la péréquation de l'impôt foncier sur les propriétés non bâties, par la suppression de son principal.

M. de Montrol remercie vivement le conférencier qui vient d'entendre sa parole acclamée par l'assemblée ; il le félicite des efforts qu'il déploie dans l'intérêt de l'agriculture et qui reçoivent l'approbation entière du congrès.

L'ordre du jour est épuisé et le Congrès est fini. M. le Président, en levant la séance, félicite encore la Société centrale d'agriculture de l'heureuse initiative qu'elle a prise de réunir un congrès où tant de questions importantes ont fait l'objet de brillantes conférences ; il remercie aussi les conférenciers, dont plusieurs sont venus de fort loin, et enfin, les participants à ces grandes assises, surtout ceux qui sont venus jusqu'à Nancy pour prendre part à leurs travaux malgré le deuil national.

La séance est levée à onze heures et demie.

Réunion des Conférenciers au Grand-Hôtel.

Au sortir de la séance, le Bureau de la Société centrale d'agriculture se rend au Grand-Hôtel, où, à défaut du brillant banquet qu'il avait inscrit à la suite du programme du Congrès, il a invité à un déjeuner intime les conférenciers restés à Nancy.

Vingt-cinq personnes se trouvent ainsi réunies. M. Ch. de Meixmoron de Dombasle préside, ayant à sa droite M. Lejeune et à sa gauche M. Kergall, en face M. Heuzé, qui a M. Guinand à sa droite et M. Vimont à sa gauche.

Assistent aussi à cette réunion : Messieurs les conférenciers Bourgeois, Bram, V. Burtin, Gorce, Guyot, Huffel, Mer, Michel et H. Tisserant ; les invités : M. Aubry, président du Comice de Toul ; M. Boppe, directeur de l'Ecole forestière ; M. Crouvezier, ancien secrétaire de la Société centrale d'agriculture ; M. de Montrol, président du Comice de Chaumont (Haute-Marne) ; M.de Scitivaux, propriétaire - agriculteur ; M. Thiry, directeur de l'Ecole d'agriculture Mathieu de Dombasle ; M. Welche, propriétaire, vice-président de la Société des Agriculteurs de France ; enfin les membres du Bureau de la Société centrale d'agriculture dont les noms suivent : MM P. Genay, vice-président, président du Comice de Lunéville ; Hennequin, secrétaire ; F. Simonin, archiviste-trésorier, et J. Knecht.

M. le Président avait prié M. le Préfet de Meurthe et-Moselle et M. le Maire de Nancy de vouloir bien prendre part à ce déjeuner. Empêchés, le premier par le deuil officiel, le second par son départ pour Paris, où il était délégué pour représenter la Ville de Nancy aux obsèques de M. Carnot, M. le Préfet et M. le Maire ont exprimé tous leurs regrets de ne pouvoir se rendre à son invitation, en le chargeant particulièrement d'être leur interprête à la réunion.

Au dessert, M. Ch. de Meixmoron de Dombasle se lève et s'exprime en ces termes :

» Messieurs les Conférenciers,

» La Société centrale d'agriculture de Meurthe-et-Moselle est heureuse de vous recevoir dans cette réunion tout intime. Nous avions espéré nous retrouver avec vous dans le banquet que nous avions préparé, mais si les circonstances ne nous permettent pas de vous témoigner devant une assemblée nombreuse notre gratitude pour le précieux concours que vous avez donné au Congrès agricole de Nancy, les sentiments que nous en gardons n'en sont ni moins vifs ni moins reconnaissants. Merci de tout cœur, Messieurs, d'être venus, plusieurs de fort loin, soutenir notre œuvre de votre expérience et de votre autorité. Vos sages conseils, vos vues si élevées ne sont pas tombés dans un terrain ingrat : publiés et répandus par nos soins, ils constitueront, pour tous ceux qui ont souci de l'avenir agricole du pays, un enseignement qui sera fécond. Vous nous avez apporté la bonne parole : elle germera dans les esprits, et notre Lorraine vous devra bien des progrès.

» Je porte, vous me permettrez de le dire, très affectueusement votre santé, Messieurs, en vous disant encore merci et au revoir. »

Ces paroles sont vivement applaudies, tandis que les verres se choquent de toutes parts.

M. Guinand se lève ensuite et se félicite de l'heureuse initiative qui lui procure la satisfaction de passer d'aussi agréables instants. Il forme des vœux pour qu'il résulte les meilleurs effets de la loi de 1884. Cette loi a permis aux cultivateurs du Sud-Est de se réunir et de se grouper en grand nombre ; elle a permis, comme à Nancy, la formation d'une grande quantité de syndicats qui servent d'exemple. Il boit à la prospérité de ces syndicats, qui doivent être l'œuvre de la reconstitution sociale.

M. Lejeune demande ensuite la parole. Il ne peut rester, dit-il, sans s'émouvoir au souvenir et à proximité de grands champs de bataille. Ici, l'homme est la sentinelle avancée qui sera le premier soldat et la première victime ; il est à l'honneur et il est à la peine pour la défense de notre sol, qui est son amour. Nous, et tous les dépositaires du sol, nous travaillons toujours à le faire produire et valoir davantage. Mais la valeur du sol diminue, le malheur augmente ; c'est un grand danger. Si le patriotisme doit aller jusqu'à l'abnégation de soi-même, il faut vaincre à tout prix la cause de notre ruine ; si, malgré tout, de plus grandes épreuves nous arrivent, jetons un regard vers le Ciel, et adressons-lui notre dernière prière.

Je bois à la terre de Lorraine, à notre sol de France.

M. Vimont boit aux vins de Lorraine.

M. Kergall se lève à son tour. Il admire les heureux effets des syndicats et la valeur des populations rurales ; il a vu, à Paris, les membres de syndicats maraîchers, s'en aller par centaines à la ville, y pénétrer dans les églises et y remplir leurs devoirs religieux. Dans ces syndicats comme dans les communes de Bretagne, les ruraux restent attachés à Dieu en face des sentiments de députés radicaux qui ne croient pas à l'évangile, mais à la mythologie. Honneur à ces populations et à celles de cette région!

Il boit à la Lorraine!

M. Heuzé boit à la Société centrale d'agriculture qui depuis 70 ans combat toujours avec la même constance pour les intérêts agricoles du département. Il boit aussi à la mémoire de l'homme de Roville, de Mathieu de Dombasle, qui a tant fait pour l'agriculture et ne s'est pas laissé abattre par les difficultés ; qui était infatigable et répétait sans cesse : « Il n'y a rien de fait, tant qu'il reste quelque chose à faire. » A la mémoire de ce grand homme ! A la Société centrale d'agriculture !

M. Welche ne voudrait pas laisser passer le nom de Dombasle sans porter la santé de celui de ses descendants, le digne président de la Société d'agriculture, qui mérite tous les éloges pour la façon dont il continue son œuvre. Il remercie M. Heuzé des paroles qu'il vient de prononcer et il demande d'unir les noms de deux lorrains qui ont combattu pour la patrie chacun à sa manière et avec la même valeur ; celui de Drouot et celui de Mathieu de Dombasle. L'un général, l'autre agriculteur, sont morts à Nancy, admirés et connus de tous. Il boit à leur mémoire et porte la santé de M. Ch. de Meixmoron de Dombasle.

M. Fernand Simonin se lève et s'exprime en ces termes :

« Je tiens, Messieurs, à porter la santé de notre cher collègue, M. Charles Welche, dont le concours nous a toujours été si dévoué et l'expérience si profitable.

» Vice-président des Agriculteurs de France, M. Welche y jouit d'une légitime autorité. La cause du syndicat central est entre ses mains et en bonnes mains, comme tout ce qu'il entreprend. A notre Société il donne autant que possible l'exemple de l'assiduité aux séances, du travail dans les commissions où l'appellent son expérience, son talent et son zèle.

» Vous, Messieurs, qui avez bien voulu nous visiter à Nancy et nous encourager de vos conseils. vous ignorez, sans doute, le dévouement de notre cher concitoyen ; permettez-moi de vous le faire connaître.

» En ce triste mois d'août 1870, M. Welche était maire de Nancy ; il fut averti par les généraux de l'armée allemande que, si dans les deux heures, on ne leur versait pas la formidable contribution d'un million, la ville serait livrée au pillage. Que faire? les maisons de banque étaient fermées, les capitalistes avaient fait disparaître leurs portefeuilles, on ne trouverait pas un million en deux heures. — M. Welche nous sauva en s'engageant héroïquement sur toute sa fortune et préserva notre chère cité d'un pillage imminent.

» Avec moi, Messieurs, vous boirez à la santé de notre cher concitoyen ! A M. Charles Welche, ancien maire de Nancy ! »

M. KERGALL se lève de nouveau et porte la santé de M. Casimir-Perier, président de la République.

Tous ces toasts ont reçu l'un après l'autre les vifs applaudissements de tous les convives.

Ainsi s'est terminée cette réunion intime, qui était aussi la fin du Congrès; elle ne pouvait se livrer à la joie à cette heure attristée, mais, empreinte de la cordialité la plus complète, elle a laissé à chacun la plus entière satisfaction et le meilleur souvenir.

CONCOURS AGRICOLE RÉGIONAL

Nous avons cru utile et intéressant pour tous, en 1885, de publier aussi complètement que possible les travaux remarquables et les brillantes conférences du Congrès. Les lecteurs qui ont bien voulu suivre le compte rendu que nous venons de terminer, doivent reconnaître que nous avons fait aussi tous nos efforts, cette année, pour leur laisser entre les mains l'œuvre entière de ce Congrès, qui n'a pas été moins brillant que son devancier.

En 1885 encore, nous avons pensé qu'il serait avantageux pour tous, et précieux pour nos archives, de posséder en même temps l'histoire de la grande manifestation agricole dont Nancy était le théâtre : autrement dit, de réunir autant qu'il était en notre pouvoir tout ce qui avait trait, de près ou de loin, au Concours régional.

Notre travail a reçu l'assentiment général comme le premier. Tout cet ensemble, qui a formé un volume de plus de trois cents pages, a même attiré l'attention de la Commission de l'agriculture à l'Exposition universelle de Paris, qui lui a réservé une récompense.

Nous pensons que nos lecteurs ne seront pas moins satisfaits cette année si nous leur donnons ici les rapports des prix de culture et de spécialités, la froide cérémonie d'une distribution hâtée et troublée par un grand deuil, une appréciation sur l'ensemble du Concours, sur les différentes expositions, enfin la liste des récompenses obtenues par les exposants du département.

Mais, avant de commencer cette publication, je crois devoir, comme Fraisse, en 1877, et comme je l'ai fait en 1885, reprendre et continuer l'historique des Concours régionaux de Nancy. Cette étude historique et statistique ne sera pas la partie la moins curieuse de mon travail et elle aura l'avantage de donner à mes successeurs une suite non interrompue des phases et de l'importance des grandes manifestations agricoles dans la capitale de la Lorraine. Je suivrai le même ordre et je mettrai en comparaison 1877 avec 1885 et 1894.

Dates et durée. — Le Concours de 1877 a commencé le 23 juin, il s'est terminé le 2 juillet. Celui de 1885 s'est ouvert le 6 juin pour finir le 15. Celui de 1894, enfin, a duré du 23 juin au 1er juillet 1894, inclus.

Chaque Concours a la même durée : il commence un samedi et se termine, après huit jours, le dimanche soir. Si, pour 1877 et 1885, les arrêtés portent un jour de plus, c'est une affaire de rédaction, les Concours se terminant toujours le dimanche soir, à l'heure habituelle de la fermeture.

Cette année il s'est fermé plus tôt : la cérémonie funèbre du Président de la République a troublé sa dernière journée. M. le Commissaire général, obligé de partir pour Paris, a clos l'exposition, comme les arrêtés lui en donnent le droit, aussitôt après la distribution rapide des récompenses et, dès quatre heures du soir, les nombreux visiteurs que la gratuité des entrées avait fait affluer ne purent plus circuler dans l'enceinte du bétail, où les animaux, détachés de toutes parts comme à la fois, fuyaient dans toutes les directions sous l'aiguillon de leurs conducteurs, en formant comme le sauve qui peut général qui doit précéder de quelques minutes, ou la tempête ou l'invasion. Pour être moins en danger, on n'était pas mieux ailleurs : c'était partout un enlèvement précipité; on aurait dit qu'un torrent impétueux menaçait de tout envahir. C'était du désordre ; que d'objets se sont ainsi perdus !

Ainsi donc, ce Concours, troublé dès son début comme le Congrès, n'a pas reçu, malgré ses expositions brillantes, le nombre de visiteurs sur lequel il avait le droit de compter ; il s'est passé froidement, privé de réjouissances et de fêtes, privé des nombreux amis de l'agriculture, qui déjà s'acheminaient vers notre vieille et coquette capitale ; il s'est terminé enfin précipitamment, et ceux qui s'étaient fait un devoir de venir, ceux qui n'avaient pas craint de parcourir nos rues attristées, n'ont pu, ni jouir pleinement à la fin des beautés accumulées dans le vaste champ de notre Pépinière, ni se livrer à leur aise à l'étude de tant de choses intéressantes.

Une autre circonstance que je dois signaler comme étant un obstacle sérieux au nombre de visiteurs des Concours régionaux à Nancy est leur date habituelle.

Si les fenaisons pouvaient avoir lieu dans notre région à une époque fixe, il serait facile de faire un meilleur choix dans la période comprise entre la coupe des foins et celle des céréales; mais tantôt la fenaison est précoce, le plus souvent elle est tardive ; quelquefois elle est rapidement terminée quand le soleil est prodigue de ses rayons, le plus souvent elle se fait avec lenteur, parce que de nombreuses journées de pluie et d'orage arrêtent les travailleurs. Il résulte de là que le mois de juin choisi est rarement une bonne époque pour les Concours de Nancy et pour ceux de la région ; au début de juin, les fenaisons se trouvent habituellement commencées; à la fin, elles ne sont presque jamais terminées.

Certaines personnes pensent, et l'expérience mériterait d'en être faite, que le mois de septembre, compris entre les moissons et les vendanges, serait préférable.

Circonscription. — Le système des Concours antérieurs a complétement changé: il n'y a plus de circonscription proprement dite.

L'article 2 de l'arrêté ministériel des Concours de 1894 est ainsi libellé comme celui de 1893 : « Tous les agriculteurs, constructeurs, etc., rési- » dant en France, en Algérie ou dans les colonies, » sans distinction de région et quel que soit leur do- » micile, pourront prendre part à ces Concours : » Orléans, Caen, Lille, Cahors, Nancy. »

En réalité, avec ce système, le qualificatif régional pourrait, semble-t-il, être supprimé. Il ne l'a pas encore été, il ne le sera sans doute pas.

Les Concours restent en effet régionaux jusqu'à un certain point, sans désignation de limites, parce que les races d'animaux, par exemple, auxquelles on a plus particulièrement donné des catégories sont celles de la région ; les produits qui sont aussi plus spécialement classés sont aussi les produits fabriqués ou obtenus dans la région.

Programme. — Cette nouvelle organisation des Concours devait nécessairement amener d'importantes modifications aux programmes.

Et d'abord les concours sont ouverts exclusivement aux agriculteurs exploitants.

On comprend, en effet, que de grands spéculateurs pourraient, sans cette exclusion, présenter les plus beaux animaux à la fois sur tous les Concours de l'année, au grand préjudice des meilleurs éleveurs des départements voisins de ces Concours.

L'arrêté ministériel prend encore une autre mesure de précaution contre les envahisseurs : il permet que le même exposant ait des animaux dans plusieurs Concours à la fois, c'est vrai, mais il l'oblige à désigner à l'avance celui de ces Concours où il veut à côté des médailles, toucher des primes en argent, et il ne lui accorde que des médailles dans tous les autres. Cette mesure a pour conséquence dans ces cas de laisser entre les mains du Commissaire général des sommes d'argent qui peuvent être employées en prix ou primes supplémentaires.

Le programme des prix culturaux comporte de grands avantages nouveaux. Aux récompenses accordées par les arrêtés précédents il ajoute :

1° Une prime d'honneur de la petite culture, objet d'art et diverses sommes, au total 2,000 francs, à distribuer aux cultivateurs, fermiers ou propriétaires cultivant, à l'aide de leur famille, une ferme de 10 hectares au maximum ;

2° Une prime d'honneur à l'horticulture, objet d'art et diverses sommes, au total 2,000 francs, à distribuer aux jardiniers cultivant uniquement pour la vente de leurs produits ;

3° Une prime d'honneur à l'arboriculture, objet d'art et diverses sommes, au total 1,000 francs, à distribuer aux arboriculteurs, horticulteurs et pépiniéristes de profession ;

4° Prix pour des journaliers ruraux, agricoles, vignerons, etc., formant un total de 1.500 francs, avec médailles d'or, d'argent ou de bronze ;

5° Prix pour les serviteurs à gages des deux sexes, au total 1.500 francs, avec médailles d'or, d'argent et de bronze.

Le programme des prix aux animaux reproducteurs a subi aussi d'importantes modifications. Si je compare seulement 1885 et 1894, je trouve de grandes différences.

En 1885, les classes se suivent ainsi, pour l'espèce bovine : race Durham ; croisements Durham, races laitières françaises, normande, vosgienne ; races laitières françaises autres ; races laitières étrangères de montagnes (grande taille, moyenne et petite taille), de plaines ; puis le salmigondis : races françaises et étrangères non comprises dans les catégories précédentes et croisements divers.

En 1894, l'ordre est tout autre, à cause de la suppression des circonscriptions ; d'heureuses modifications existent. L'ordre et la dénomination des races donnent : race fémeline, la plus proche du département en dehors de la vosgienne, d'une moindre importance ; race vosgienne ; race montbéliarde, également rapprochée, mais élevée comme la fémeline dans des départements qui sont en dehors des anciennes circonscriptions ; les races comtoise et bressane ; autres races françaises ; race Durham ; femelles de croisements Durham ; race hollandaise ; races fribourgeoise, bernoise et analogues ; races Schwitz et analogues ; races étrangères diverses autres.

Les croisements Durham, comme taureaux, de même, dans l'espèce ovine, les métis mérinos, sont supprimés: ils n'avaient pas à être présentés comme améliorateurs.

Une autre modification importante qui se trouve dans toutes les sections de femelles de l'espèce bovine, dans toutes les sections de l'espèce porcine, enfin dans celle des produits, fromages et quelques autres, est celle-ci :

Ces sections contiennent deux sous-sections, l'une pour les exploitations comprenant 30 hectares et plus, l'autre pour celles qui exploitent moins de 30 hectares.

Enfin la seconde section des mâles de l'espèce bovine peut avoir des sujets de 2 à 4 ans au lieu de 2 à 3 ans.

Quoique les machines ne soient, comme en 1885, l'objet d'aucun classement, le programme porte des Concours spéciaux entre les charrues bisocs, les charrues sous-soleuses et fouilleuses, les distributeurs d'engrais pulvérulents, enfin les machines pour écorcer l'osier (industrie de l'arrondissement de Lunéville).

Si je compare maintenant le nombre des animaux présentés dans les Concours de Nancy depuis 1852, le nombre et la valeur des prix inscrits au catalogue, j'obtiens les totaux transcrits au tableau suivant :

DATES des Concours régionaux.	Espèce bovine.	Espèce ovine.	Espèce porcine.	Totaux.
1852	123 têtes 3.950 fr.	» 2.500 fr.	» 750 fr.	» 7.200 fr.
1862	455 têtes 95 prix 30.100 fr.	143 têtes ou lots 29 prix 8.900 fr.	80 têtes 20 prix 2.860 fr.	678 têtes 144 prix 41.860 fr.
1869	447 têtes 110 prix 34.175 fr.	87 têtes ou lots 39 prix 6.425 fr.	84 têtes 18 prix 2.936 fr.	618 têtes 157 prix 43.536 fr.
1877	225 têtes 114 prix 24.250 fr.	60 têtes ou lots 28 prix 4.900 fr.	47 têtes 22 prix 3.105 fr.	332 têtes 164 prix 32.255 fr.
1885	400 têtes 97 prix 23.150 fr.	125 têtes ou lots 30 prix 5.555 fr.	54 têtes 18 prix 2.550 fr.	579 têtes 145 prix 31.255 fr.
1894	516 têtes 244 prix 49.110 fr.	47 têtes ou lots 33 prix 4.650 fr.	56 têtes 36 prix 4.500 fr.	619 têtes 313 prix 58.260 fr.

Les volailles venues en grand nombre comprenaient 260 lots, dont 80 appartenaient à des agriculteurs cultivant, soit plus, soit moins de 30 hectares. Les récompenses inscrites au programme étaient de même nombreuses et comprenaient, rien que pour les agriculteurs, 200 fr. pour primes, 20 médailles d'argent et trente médailles de bronze, puis deux objets d'art et une somme de 150 francs.

Je dois signaler une heureuse innovation dans le catalogue de 1894, innovation qui a rendu nécessaire l'obligation de déclarer à l'avance les animaux qui concourent aux primes. A la suite de la liste d'inscription des animaux ou lots exposés, on a relevé, par lettre alphabétique et par espèce, les noms des concurrents aux primes avec celui de leur localité et des races qui concourent.

Le nombre des machines ou instruments inscrits au catalogue a été considérable en 1894, mais néanmoins inférieur à celui de 1885. De 1.340 en 1877, il avait atteint 1.837 en 1885, pour redescendre à 1.718 en 1894.

L'inscription des produits indique au contraire une nouvelle progression : de 189 en 1877, elle a été de 635 en 1885 et de 665 en 1894.

La Société centrale d'agriculture et les Comices de Toul et de Lunéville avaient constitué une exposition spéciale et collective de produits et, de plus, des travaux nombreux d'instituteurs prenant part à un Concours spécial. L'Ecole d'agriculture Mathieu de Dombasle de Tomblaine, l'Orphelinat agricole de jeunes filles de Haroué, l'Ecole des frères de Longuyon, et un commerçant de Nancy, M. Louis Génin, avaient chacun une exposition fort complète de produits.

Enfin le champ du Concours avait, comme celui de 1885, plusieurs annexes ; c'était d'abord :

1° Un Concours régional hippique important, organisé par l'administration des Haras suivant arrêté du Ministre de l'agriculture. Ce Concours était absolument régional et intéressait treize départements : Meurthe-et-Moselle, Ain, Aube, Côte d'Or, Doubs, Jura, Haute-Marne, Meuse, Haut-Rhin (Belfort), Haute-Saône, Saône-et-Loire, Vosges et Yonne. Le nombre des prix et des sommes à distribuer était moindre qu'en 1885 : 49 prix au lieu de 55 ;

10.200 francs au lieu de 14.900. En 1885, ce total comprenait : 12.000 francs de l'Etat, 1,000 francs de la Ville, 1.500 de la Société centrale d'agriculture et de son Comice, 200 du Comice de Lunéville, 100 du Comice de Toul, 100 de celui de Briey. Cette année, l'Etat a été moins généreux: il n'a offert que 8.000 francs; la Ville en a donné 1.500, mais les Comices n'ont fourni que 600 francs, dont Nancy 300 et Lunéville, Toul et Briey chacun 100. Le nombre des concurrents inscrits a été de 114 seulement pour 183 en 1885.

2° Une exposition départementale d'horticulture, comprenant arbres, fruits et fleurs, organisée par la Société centrale d'horticulture de Nancy.

3° Une exposition spéciale d'apiculture, organisée par la Société d'apiculture de l'Est.

Disposition générale du Concours et de ses annexes. — La Pépinière, cette belle et vaste promenade dont les Nancéïens sont justement fiers, à cause de la place qu'elle occupe à proximité du centre de la ville, de sa beauté et de son étendue, a été choisie cette année encore pour l'installation des Concours. Une bonne partie de ses 21 hectares était utilisée.

Comme en 1885, la Société centrale d'horticulture avait installé son exposition d'arboriculture avec ses arbres habilement dressés et celle d'horticulture avec ses massifs brillants de fleurs, mille fois variées, ses collections de bouquets faits et ses plantes de serres, à la suite des massifs et des corbeilles fleuries de l'entrée de droite.

Venait ensuite, et du même côté, l'exposition d'apiculture : ce n'était pas la moins piquante..... pour le public, tant par son importance que par sa nouveauté et une petite attraction ingénieuse, un jeu de loterie où les gagnants recevaient des produits apicoles utiles à faire connaître.

Les machines, situées à l'entrée du véritable Concours régional, s'étalaient immédiatement après, avec leurs couleurs et leurs formes les plus variées. Elles occupaient une grande largeur de chaque côté du bassin et tous les deux derniers carrés de droite.

Les produits étaient réunis presque tous en bordure en avant des machines.

Au delà enfin et dans les deux carrés de chaque côté de la grande allée et jusqu'à la porte de sortie qui la termine, on avait placé l'exposition des animaux : celle des bêtes bovines d'abord, puis celle des moutons et des porcs, enfin celle des volailles.

Le dernier carré au fond à gauche était réservé à l'exposition régionale hippique.

Voilà pour l'ensemble ; pour terminer cet exposé de l'historique général, je vais réunir en un tableau l'état comparatif du nombre des exposants de Meurthe-et-Moselle ayant amené des bêtes bovines, ovines et porcines dans les différents Concours régionaux de Nancy depuis 1862 :

ANNÉES.	NOMBRE D'EXPOSANTS.	ANIMAUX des 1re, 2e et 3e classe têtes pas espèce (même pr moutons).
1862	65	B. 293 / O. 85 / P. 59 } 437
1869	58	B. 162 / O. 41 / P. 53 } 256
1877	29	B. 95 / O. 29 / P. 13 } 137
1885	41	B. 103 / O. 35 / P. 37 } 175
1894	18	B. 86 / O. 5 / P. 26 } 117

Rapport sur le Concours de la Prime d'honneur en Meurthe-et-Moselle, en 1894.

La Commission de la prime d'honneur en Meurthe-et-Moselle a parcouru ce département dans le courant du mois de juillet dernier, à la fin de cette longue sécheresse qui a caractérisé d'une façon si malheureuse l'année 1893. Bien des cultures, surtout en terrain sec, en ont ressenti les fâcheux effets : les betteraves et les céréales de printemps n'ont pu, faute d'humidité, ni lever régulièrement, ni prendre leur développement ordinaire. Les fourrages artificiels ont donné à peine une demi-récolte et les prairies naturelles moins encore. Le houblon, dont la végétation, en sol fertile, est si luxuriante, était chétif et languissant. Les viticulteurs, en maints endroits, ont vu toute une année de travail compromise par les gelées printanières.

Si nous avons dû, dans nos appréciations, tenir compte de ces circonstances anormales, contre lesquelles nous sommes à peu près impuissants, au moins n'avons-nous pu constater nulle part ni découragement, ni défaillance. Tous, propriétaires ou fermiers, cultivateurs petits ou grands, luttaient pour le mieux, cherchant à remédier, ici par l'irrigation, là par des cultures dérobées de maïs, de moha, de navets ou de vesces, au déficit des fourrages.

La Lorraine, aujourd'hui sentinelle avancée, a eu dans le cours des temps ce privilège peu envié, de vivre non pas toujours à l'école du malheur, mais au moins des luttes incessantes qui marquent chaque page de son histoire. Et ce n'est pas sans une émotion profonde encore que nous avons traversé quelques-uns de ces champs qui ont été le théâtre, en 1870, des actions les plus terribles de cette année néfaste.

Et malgré toutes ces vicissitudes, la population lorraine est restée intelligente, laborieuse et sobre. Son calme et le robuste bon sens qui la distinguent lui ont appris à envisager les choses avec sang-froid, sans se laisser aller aux molles plaintes et sans désespérer jamais.

Au point de vue qui nous occupe spécialement, le département de Meurthe-et-Moselle n'offre pas, dans toute son étendue, une physionomie uniforme; il compte autant de régions agricoles différentes que de formations géologiques

Au sud-est de l'arrondissement de Lunéville, nous trouvons d'abord le grès vosgien et le grès bigarré, à peu près de même composition minéralogique, imprimant à ces régions montagneuses un cachet tout particulier. Ceux qui aiment la nature dans ses beautés primitives, les sites grandioses, les immenses forêts et la solitude, ne se lasseront pas de les admirer. Mais l'agriculture n'a pu y rencontrer, à cause de la pauvreté du sol, un champ favorable à ses travaux. La population, peu dense, est concentrée dans les pittoresques vallées qui découpent le massif forestier : de belles prairies, quelquefois bien irriguées, s'étendent horizontalement sur les rives du cours d'eau, et les terres labourables, cultivées surtout en seigle et pommes de terre, occupent la partie déclive, en dessous des pentes abruptes et escarpées qui limitent la vallée.

En allant vers l'ouest, nous rencontrons le muschelkalk, dont la couche inférieure, argileuse, forme souvent la base des coteaux couronnés à leur sommet des calcaires de même formation. Le pays, moins accidenté, change alors d'aspect et l'agriculture étend son domaine. Le sol argilo-calcaire devient apte à la culture du blé, de l'avoine et des différentes légumineuses qui constituent nos prairies artificielles. L'analyse chimique y révèle des quantités notables de chaux et d'acide phosphorique.

Ensuite, une large bande qui s'étend bien au delà de Lunéville, jusqu'à Saint-Nicolas, et qui traverse le département, appartient aux marnes irisées. C'est là que l'on rencontre le sel gemme, dont l'extraction est l'objet d'une industrie si considérable.

Les terres des marnes irisées sont argileuses et imperméables. Au point de vue de la composition chimique, elles offrent encore certaines ressources, mais leurs propriétés physiques les rendent d'une culture extrêmement pénible. Inabordables aussi bien par les temps humides que par les grandes sécheresses, la charrue attelée de six chevaux a peine, dans les moments les plus favorables, à y tracer son sillon, et la jachère morte presque toujours s'y impose. La célèbre ferme de Roville, dont l'histoire est liée à celle des progrès agricoles réalisés par Mathieu de Dombasle, repose sur cette formation. Toutes les améliorations, tous les changements d'assolement tentés par l'illustre agronome lorrain sont venus échouer devant les détestables propriétés physiques de ces terres, dont la destination la plus naturelle paraît être la prairie.

Sur de grandes surfaces, dans la direction de la vallée de la Meurthe, les marnes irisées et le muschelkalk sont recouverts par des alluvions vosgiennes, pauvres en acide phosphorique et en chaux, comme les grès qui les ont formées. Quand ces alluvions sont déposées sur une grande épaisseur, la forêt reprend de suite sa place ; mais ailleurs, aux environs de Lunéville, en couche mince reposant sur les marnes irisées, elles constituent des terrains susceptibles d'une haute production.

Plus à l'ouest, pour se prolonger au delà même du méridien de Nancy, nous trouvons le lias, terres argileuses encore, passant quelquefois à l'argilo-calcaire, et riches en éléments de fertilité. « La jachère, dit M. Risler dans sa *Géologie agricole*, y est souvent indispensable pour que le froment puisse y être semé dans de bonnes conditions. Il faut donner à cette jachère trois labours et employer pour cela des attelages de six, quelquefois huit bœufs. conduits par deux hommes. Quelle dépense ! Evidemment, du blé obtenu avec tant de peine ne peut pas soutenir la concurrence des Américains. Pourquoi employer tant de travail à empêcher de pousser l'herbe ? Il faudrait au contraire en semer davantage et couvrir de prés ces terres si disposées à en produire. On économiserait ainsi beaucoup de main-d'œuvre, et, au lieu de faire du blé, qui baisse de valeur, on éleverait, on engraisserait du bétail,qui, au contraire, se vendra de plus en plus cher, parce que l'accroissement de la consommation de la viande sera la conséquence de l'augmentation des salaires.

» Tout le monde connaît le beau tableau où Rosa Bonheur représente six bœufs labourant dans un vallon du Nivernais. Ce tableau est devenu un anachronisme agricole. Dans ce vallon, autour duquel s'élèvent des collines couvertes de bois, le peintre trouverait aujourd'hui de verts herbages, et, au lieu de six bœufs occupés à les détruire, il en verrait une douzaine s'engraissant paisiblement au milieu de ces plantureux fourrages...

» Le lias est la terre par excellence des riches herbages. »

Ces réflexions du savant directeur de l'Institut

agronomique, nous les soumettons aux agriculteurs lorrains qui opèrent dans le lias.

L'ouest et le nord du département appartiennent au système oolithique. Les terres sont beaucoup moins fortes ; elles varient de l'argilo-calcaire au calcaire, et peuvent généralement produire les céréales et les légumineuses de grande culture. Les vallées sont nombreuses et peu profondes, et en gravissant les flancs des coteaux on rencontre d'abord les terres labourables, puis la vigne, qui est remplacée par la forêt dans les pentes trop fortes, ou encore quand la couche arable est insuffisante. Ces sols sont d'une fertilité moyenne ; les meilleurs reposent sur le diluvium ancien dont est recouverte, sur une grande surface, la formation oolithique. Ils deviennent alors tantôt argileux, tantôt siliceux, et souvent capables d'être améliorés par l'acide phosphorique et la chaux.

Telles sont, tracées à grands traits, les régions naturelles du département de Meurthe-et-Moselle.

Si la constitution du sol a une influence très nette sur l'agriculture d'une région, une autre, d'un ordre économique, se fait également sentir d'une façon bien marquée : nous voulons parler de la proximité des grands centres de consommation. Nancy et Lunéville, dans un rayon de quelques kilomètres, sont entourés d'une véritable ceinture dorée où s'épanouissent toutes les merveilles de la culture la plus intensive. La main-d'œuvre y est nombreuse et relativement facile ; les terres sont bien cultivées et l'engrais y abonde, qu'il provienne de la ferme ou d'importation de la ville, à des conditions avantageuses ; les débouchés sont grands pour le lait, les pommes de terre et toutes les denrées de consommation courante ; la ferme, en même temps qu'un produit brut élevé, donne souvent, comme nous le verrons dans la suite de ce travail, un fort joli produit net. Dirigée par un homme intelligent et laborieux, la culture de la terre devient très lucrative.

Mais ces avantages divers, le cultivateur voisin de la ville les achète à prix d'argent. La valeur locative de ses terres varie entre 80 et 100 fr. par hectare, tandis que plus loin elle descend entre 20 et 45 fr.

Si le cultivateur lorrain faisait, en bien des cas, la part plus large au bois et à la prairie ; s'il consacrait une plus grande partie de ses terres labourables au sainfoin, au trèfle et à la luzerne, afin de pouvoir nourrir mieux et sur une moindre surface un bétail plus nombreux, l'engrais aussi abonderait dans ses champs ; il pourrait en même temps réduire ses attelages dans une très large mesure, alimenter mieux ses chevaux et demander à chacun beaucoup plus de travail ; mieux soigner ses labours, en réduire aussi le nombre et augmenter les autres façons culturales qui ont plus directement pour but de bien nettoyer le sol ; si, enfin, il employait en engrais chimiques, judicieusement choisis, les 40 à 50 francs par hectare qu'il paie en moins chaque année sur ses loyers, le cultivateur lorrain, comme celui du voisinage de la ville, sortirait vite de cette période ingrate où l'on produit sans profit 10 à 15 hectolitres de blé à l'hectare, pour entrer, par une culture plus intensive, dans une période plus rémunératrice.

Si des progrès ont été réalisés, il reste encore un vaste chemin à parcourir, et les premiers surtout auront à y récolter honneur et profit. La jeune génération, actuellement sur la brèche, paraît s'engager dans cette voie, et dans quelques instants nous aurons à en signaler plusieurs qui portent haut le drapeau de l'agriculture.

Soixante-cinq concurrents se sont fait inscrire dans les différentes catégories instituées par l'arrêté ; quarante-six ont été jugés dignes de récompenses ; nous allons les passer successivement en revue.

Irrigations.

Première catégorie.

M. Godfrin (Gustave), propriétaire-cultivateur à Lantéfontaine, s'est rendu acquéreur, il y a quatre ans, moyennant 20,500 francs, d'un pré de 6 hectares 08 ares, situé commune de Génaville. Ce pré donnait depuis plusieurs années un revenu net de 600 francs au précédent propriétaire. La partie haute, peu productive, fournissait un foin d'assez bonne qualité, mais la partie basse, ancien étang, était peuplée d'herbes de marais.

M. Godfrin s'est de suite mis à l'œuvre pour remédier à cet état de choses et augmenter la production de sa prairie.

La partie haute est irriguée maintenant par les eaux provenant du village et des terres supérieures peu perméables, et la partie basse a été successivement nivelée, drainée partiellement par des pierrées établies à un mètre de profondeur, puis arrosée par les eaux qui alimentaient autrefois l'étang. Quoique récents, ces travaux ont déjà porté leurs fruits : le dessèchement et l'action des scories de déphosphoration, employées à haute dose, ont fait disparaître les joncs et les carex, et ont fait naître, à la place de ces mauvaises plantes, une belle végétation de légumineuses.

Moyennant une dépense totale de 3,700 francs, M. Godfrin, qui récolte lui-même, estime qu'il a augmenté de 80 0[0 le rendement de sa prairie, tout en élevant aussi la valeur nutritive de son foin.

La commission lui a décerné le troisième prix d'irrigation.

M. Blaise (Jean-Baptiste), à Merviller, canton de Baccarat, a acheté, en 1889, la ferme de Grammont, d'une contenance de 40 hectares, pour 30,000 francs. Ce domaine, situé en grès bigarré, occupe les deux versants du ruisseau de Grammont et est enserré au midi, à l'est et à l'ouest par des forêts communales ou domaniales. Il était loué 600 francs, et, malgré ce faible prix, trois fermiers s'y succédaient rapidement de 1884 à 1889, sans avoir pu y réaliser aucun bénéfice.

Le nouveau propriétaire comprit que la culture arable ne devait trouver chez lui qu'une faible place, et aujourd'hui sa ferme comporte :

Prairies arrosées..........	15 h	»
Pâturages.................	15	40
Etang.....................	»	60
Culture...................	6	»
Bois......................	3	»

Evidemment, avec ce genre de culture, un homme actif et laborieux comme M. Blaise pouvait et devait consacrer tous ses soins à sa prairie, et en tirer un excellent produit par l'irrigation.

Les premiers travaux entrepris furent ceux de la captation des sources et leur réunion dans un étang de 3,600 mètres cubes, situé à un niveau supérieur à celui de la prairie. Cette réserve d'eau sert à l'irrigation dans les grandes sécheresses et a rendu depuis deux années les plus grands services.

Outre les eaux de l'étang, qui se renouvellent sans cesse, diverses sources, dont le débit est de 80 litres environ par seconde, constituent le ruisseau de Grammont et sont utilisées sur 7 hectares 60 de pré. Contrairement à ce que nous avons souvent remarqué ailleurs, les rigoles sont fort bien soignées et méthodiquement établies : ici en déversement, là en ados et ailleurs en épis, selon le relief du sol. La colature est bien disposée, de sorte que, selon le grand principe de l'irrigation, l'eau coule toujours sans séjourner jamais.

La ferme de Grammont nourrit aujourd'hui trente-huit têtes de bétail, réalisant ainsi l'ancienne formule de la culture intensive : une tête par hectare.

Le sol des étables est planchéié et lavé chaque jour par l'eau d'une source située dans la cour de la ferme ; l'engrais liquide en résultant est dirigé dans un réservoir à purin, qui se vide d'une façon intermittente dans le canal d'amenée des eaux d'irrigation, passant à proximité. Ainsi est éludée la question des litières pour le bétail, et aussi, à volonté, celle du transport des engrais.

Ces différents travaux, si bien compris et si

bien exécutés, ont paru à la commission dignes d'être particulièrement signalés ; elle a attribué à M. Blaise le premier prix d'irrigation de la première catégorie.

Non loin de Merviller, à Bertrichamps, **M. Boquel (Jean-Baptiste)** pratique en maître l'irrigation depuis près d'un demi-siècle, et, au dernier concours régional de Nancy, il était déjà le grand lauréat de la première catégorie.

M. Boquel, par des acquisitions et par des échanges qu'il continue depuis 1845, a réuni une infinité de parcelles pour constituer une propriété de 17 hectares entièrement irriguée. Il estime qu'à ce régime les mauvais terrains qu'il a achetés ont quadruplé de valeur.

La Commission, à l'unanimité, a ratifié le jugement de ses prédécesseurs de 1887, et, en considération aussi des travaux récemment effectués, elle lui a attribué le rappel du premier prix d'irrigation.

Deuxième catégorie.

M. Rouyer (Charles-Adrien), à Einvaux, possède, le long du petit ruisseau, un pré de 2 hectares qu'il a acheté pour 13.000 francs. Trop humide en certains endroits, ailleurs trop sec, il ne fournissait qu'un foin peu abondant et de qualité médiocre. Devenu la propriété de M. Rouyer, il devait vite s'améliorer par l'emploi simultané des scories et de l'irrigation. Avec l'autorisation de l'administration des ponts et chaussées, un barrage fut établi en tête du pré et des rigoles bien faites, avec une colature qui laisse un peu à désirer, permettent à volonté la distribution méthodique de l'eau.

Moyennant une dépense de 200 francs et des frais annuels peu élevés, M. Royer est arrivé à une production de 7.000 kil. à l'hectare d'un foin de très bonne qualité.

La Commission, pour ces travaux, lui a décerné le quatrième prix d'irrigation.

M. Brice (Antoine-Ferdinand), à Morey, pratique sur un pré de 4 hectares, disposé en cuvette, l'irrigation par déversement, mode le meilleur quand le sol offre une pente suffisante. Deux sources, ainsi que les eaux qui descendent du village, sont utilisées d'une façon à la fois économique et intelligente. Les rigoles, faites à la charrue et rectifiées à la bêche, n'ont exigé qu'une dépense première de 250 francs et un entretien annuel de 50 francs environ. La production du pré a été portée de 3.000 qu'elle était à 4.000 kil. de bon foin par hectare, plus-value justifiée, du reste, par la belle apparence du regain au moment du passage de la Commission.

Le deuxième prix d'irrigation est attribué à M. Brice.

C'est dans le grès vosgien de Bertrichamps que nous avons trouvé encore, pour la deuxième catégorie, un des maîtres en irrigation : **M. Colin (Joseph)**. Encouragé à ses débuts sur une petite parcelle par une réussite inespérée, il chercha toujours, et quelquefois à cher compte, à agrandir son domaine. Quatre hectares, défoncés et nivelés par ses soins, reçoivent aujourd'hui les eaux de la

Meurthe, amenées par des canaux bien tracés et bien entretenus.

Ces terrains, pauvres à l'origine, comme le prouvent assez ceux du voisinage non améliorés, sont transformés en verdoyantes prairies où les sécheresses seront inconnues quand le barrage projeté par M. Colin sera établi dans la Meurthe. Non seulement la production du foin a augmenté dans de fortes proportions, mais la valeur foncière du pré a triplé, grâce au travail incessant, à l'énergie et à l'intelligence de son propriétaire. M. Colin a mérité ainsi le rappel du premier prix d'irrigation de la deuxième catégorie.

Prix de spécialités.

M. Gérard (Georges), à Beuveille, canton de Longuyon, est fermier depuis sept ans de 45 hectares de terre, divisés en 85 parcelles, moyennant un loyer annuel de 2.200 francs. Suivant en cela un usage religieusement respecté encore dans cette région, il pratique l'assolement triennal, en cultivant toutefois le trèfle et les pommes de terre dans plus de la moitié de la saison de jachère. Ce pays de Beuveille, nous devons ici l'avouer, n'a pas paru à la Commission ni très favorisé au point de vue de la richesse initiale du sol, ni très en voie de progrès. Les cultures fourragères y sont, en général, rares et chétives, et partout les jachères, médiocrement cultivées, reçoivent peu de fumier. Les céréales témoignent, du reste, d'une préparation insuffisante, et l'avoine surtout, lors de notre passage, disparaissait parfois entièrement envahie par la vipérine.

M. Gérard a amélioré les procédés locaux de culture par des labours d'hiver, qui favorisent une meilleure répartition du travail des attelages, et par de nombreuses façons à l'extirpateur, qui contribuent beaucoup à nettoyer le sol. Aussi avons-nous pu voir chez lui des céréales relativement satisfaisantes, justifiant les rendements de 17 hectolitres à l'hectare qu'il annonce pour le blé et 26 pour l'avoine.

La Commission, jugeant par comparaison, estime que M. Gérard est en voie de progrès et lui attribue une médaille d'argent pour ses cultures de céréales.

Pareille récompense est décernée également à **M. Liénéré (Jean-Baptiste), dit François**, pour création d'un verger à Liverdun. A la grande stupéfaction de ses amis, il achetait là un hectare d'une ancienne carrière, en pente rapide, peuplée d'innombrables débris de roches sans valeur. Créer un sol avec des terres apportées à dos par lui-même; tracer des allées en véritable paysagiste ; planter 6 ares de vignes, 1.000 pieds d'arbres à fruits et 2.000 arbres ou arbustes d'agrément ; établir un potager de 20 ares, telle fut l'œuvre réalisée par M. Liénéré. Cette création, produit de bien des peines et de bien des veilles, fait à juste titre l'orgueil de son propriétaire, et chaque arbre a son histoire, rappelant foule d'anecdotes et de souvenirs. D'ici peu d'années, une abondante récolte de fruits de toutes sortes assurera la rémunération de tout le travail accumulé là, et, pour obtenir ce résultat, il fallait tout le courage et l'énergie de M. Liénéré.

Dans le canton de Cirey, à Val-et-Châtillon, nous rentrons dans le domaine purement agricole. **M. Piant (Charles-Jean-Baptiste)** possède sur cette commune et les limitrophes différentes parcelles de pré, d'une contenance totale de plus de 7 hectares, mais les unes tourbeuses ou marécageuses, les autres sèches, d'autres enfin d'un accès difficile. Par des drainages bien exécutés, par la construction d'aqueducs et la rectification des cours d'eau, par l'établissement de bons chemins et par l'irrigation, enfin, il est arrivé à augmenter beaucoup et la production et la valeur foncière de ses prairies, mauvaises au début.

Une médaille d'argent lui est accordée pour amélioration d'une prairie tourbeuse.

Nous quittons maintenant, pour ne plus y revenir, la pittoresque région du grès vosgien et du grès bigarré, pour aller à Toul, au milieu des terrains jurassiques. Si, d'une façon générale, les cultures fourragères occupent une place trop restreinte dans les fermes du département, tel n'est pas le cas chez **M. Poirson (Auguste)**. Sur les 31 hectares dont il est propriétaire, la culture arable comprend à peine 4 hectares ; le reste est consacré à la prairie naturelle et aux herbages. Trois chevaux, dix à quinze bêtes à cornes (exploitées au point de vue de la production du bétail et de l'élevage), un troupeau de moutons composé de deux à quatre cents têtes, avec bons béliers southdown (car M. Poirson est marchand de moutons en même temps que cultivateur), tel est le bétail entretenu sur ces terres. M. Poirson loue des friches pour le parcours de son troupeau et achète des fourrages, de la paille, du son, des tourteaux et des déchets de triage de blé pour compléter ses ressources alimentaires. On comprend qu'il produise, dans ces conditions, beaucoup et d'excellent fumier lui permettant d'améliorer sa propriété, ce qu'il a fait, du reste, d'une manière remarquable et avec un plein succès sur une pièce de 9 hectares, achetée inculte sur le territoire de Domgermain. Bien cultivée pendant quelques années et fumée à haute dose, cette parcelle est convertie maintenant en herbage clos où les légumineuses et les graminées sont mélangées en bonne proportion.

L'acquisition de ce terrain et sa mise en valeur ont coûté 11.000 francs; depuis 1886, M. Poirson en a cessé l'exploitation et a pu le louer à bail, moyennant un fermage annuel de 1.000 francs.

Cette création d'un herbage a paru à la Commission digne d'être signalée par l'attribution d'une médaille d'argent.

Une médaille d'argent est aussi décernée à **M. Royer (Charles-Alfred)**, à Toul, pour la bonne tenue de ses vignes et ses drainages.

C'est également sur des terres de moyenne qualité et des friches que ce propriétaire a créé son domaine viticole. Par des échanges, il a groupé un hectare en deux pièces, l'une de 40 ares, l'autre de 60, situées toutes deux sur le territoire de Dommartin-les-Toul ; puis, par le drainage, il a débarrassé ses champs d'un excès d'humidité.

Aujourd'hui, une vigne bien tenue et en bon état de production assure à M. Royer le meilleur résultat au point de vue économique.

M. Visine (Hippolyte), à Dombasle-sur-Meurthe, achetait en 1890 une pièce de terre de 1 hectare 82, ancienne vigne complètement abandonnée. Il fallait ou la restaurer ou la détruire par un défoncement. Aidé de ses deux fils, M. Visine adopta ce dernier moyen et remplaça la vigne par un verger composé, en bordure, d'arbres à fruits à noyaux, et, pour le reste, de poiriers et pommiers plantés à 30 mètres d'écartement.

Tous ces arbres, soigneusement entretenus, sont d'une belle vigueur et promettent au planteur, dans un avenir peu éloigné, la récompense de son labeur.

Une médaille d'argent lui est attribuée pour création de cet important verger.

Chez **M. Contignon (Charles)**, à la ferme de Saint-Antoine, commune de Blainville, nous entrons dans le domaine de la grande culture. Fermier depuis 1882 de 140 hectares appartenant à quatre propriétaires, il partage, moins que d'autres encore, les errements communs à tous les cultivateurs de cette région à terres très argileuses, consistant à nourrir à cher compte une nombreuse cavalerie : vingt-deux chevaux pour 100 hectares de terre arable, capital immobilisé et peu productif. Dans une certaine mesure, il a porté remède à cette situation en créant, à ses frais, 22 hectares de prairies qui lui permettent d'entretenir un troupeau de bêtes à cornes, dirigé pour la production du lait.

Ce laborieux cultivateur a mieux fumé ses champs en labour, augmenté sa production de blé, vendu beaucoup de lait à Blainville. Et, après avoir, au début, travaillé sans profit, il a vu s'ouvrir pour lui la période des bénéfices.

Pour sa création de prairies, une médaille d'argent lui est accordée.

L'insuffisance des capitaux et de l'instruction professionnelle du cultivateur, le manque d'initiave sont, à coup sûr, des causes fréquentes de revers en agriculture. Mais il en est, au moins pour la moyenne culture, une autre sur laquelle on a trop peu insisté : nous voulons parler, sans en rechercher les raisons, de l'insuffisance de la ménagère. Tel n'est pas le cas de **Mme Beaudoin**, à Griziè-res, commune de Ville-sur-Yron. Elle est bien dans son rôle, à la tête d'une ferme importante, et dans cet intérieur tout indique l'ordre le plus parfait. La laiterie, aussi bien tenue que celles des Flandres, fournit un beurre excellent, vendu avec une prime de 20 à 30 0/0 sur les beurres du pays. La basse-cour, composée de 350 à 400 têtes, est une source de profits par l'élevage du poulet houdan-faverolle, engraissé à la farine d'orge, au riz et au lait écrémé. Les débouchés sont assurés sur Pont-à-Mousson, à raison de 2 fr. 25 à 2 fr. 50 la pièce au courant de l'été.

Dans quelques instants, M. Beaudoin recevra sa récompense pour les spéculations agricoles que plus spécialement il dirige, mais le jury a tenu à décerner une médaille d'argent à Mme Beaudoin, pour sa basse-cour et l'emploi de la couveuse artificielle avec laquelle elle obtient les meilleurs résultats.

Tout près des coteaux renommés de Thiaucourt,

à Euvezin, **M. Duguy (Jean)**, a réalisé en viticulture des travaux importants : 40 ares d'anciennes vignes ont été restaurés, tant par une bonne culture et par de copieuses fumures, que par repeuplement à l'aide des meilleurs cépages ; 160 ares de terrains pierreux, en friches, achetés à vil prix, ont été transformés en vignes productives au prix d'un travail considérable exécuté par le propriétaire et ses deux fils.

Un sol de 0 m. 10 à 0 m. 15 a été improvisé par apport de terre végétale ; des logettes munies de citernes pour recueillir les eaux, construites dans les pièces les plus importantes, ce qui permet, sans grands frais, de faire les sulfatages en temps voulu.

Ces derniers terrains ont plus que décuplé de valeur ; ils produisent en moyenne 110 hectolitres d'un vin estimé.

La bonne tenue de ses vignes, partout irréprochable, justifie la médaille d'argent décernée à M. Duguy.

M. Périquet (Jules) exploite, comme propriétaire, à Langlaville, commune de Herserange, 23 hectares divisés en 32 parcelles ; 10 hectares sont en terres labourables et plus de 11 sont consacrés à la prairie. De beaux bâtiments ont été édifiés par le propriétaire, notamment une étable et une porcherie, toutes deux bien aménagées.

La spéculation indiquée, à cause de la proximité des aciéries de Longwy, était la production du lait. Quinze bonnes vaches, de race hollandaise plus ou moins pure, sont exploitées à ce point de vue et donnent annuellement un produit brut de 5 à 6,000 francs; les veaux sont livrés à la boucherie aussitôt que possible. La basse-cour et le potager deviennent également, dans les mains de Mme Périquet, une source de bénéfices.

Les blés sont productifs en paille et médiocres en grains, ce qui semble indiquer dans la fumure et dans le sol un excès d'azote et un manque d'acide phosphorique, au pied de ces tas de scories, résidus de la déphosphoration de la fonte.

Une médaille d'argent est décernée à M. Périquet pour la bonne tenue de sa vacherie et de sa laiterie.

En Lorraine, les blés étrangers, si répandus ailleurs, n'occupent qu'une faible place. C'est le blé de la Seille le plus réputé, mais il est loin, cependant, d'exister partout à l'état de pureté.

M. Hennequin (Gustave), à Sivry, ayant remarqué que la variété à épi rouge est plus productive que celle à épi blanc, eut l'idée d'en faire une sélection méthodique, par le choix des plus beaux épis et le triage mécanique. Aidé par les conseils de M. Bourgeois, professeur départemental d'agriculture, il s'est mis à l'œuvre et a obtenu, sur une surface qui atteint maintenant 2 hectares, des résultats nettement marqués, pour lesquels la Commission lui attribue une médaille d'argent.

A Villers-les-Moivron, **M. Chrétiennot** a fait visiter à la Commission des vignes admirablement tenues, binées avec le plus grand soin, sulfatées, taillées, pincées et ébourgeonnées en temps voulu et selon les meilleures méthodes.

Non seulement il est très au courant des choses de la viticulture, les discutant et les appliquant en maître, mais il a institué, avec le concours de M. le Professeur départemental, des champs d'expériences pour rechercher les meilleurs engrais à donner à ses vignes. Les engrais chimiques, les tourteaux et le fumier sont appliqués isolément ou associés d'une manière méthodique, et dans peu d'années il aura élucidé, au grand profit de ses voisins, cette intéressante question.

Une médaille d'argent grand module est destinée à le récompenser pour ses champs d'expériences et la bonne tenue de ses vignes.

M. Didelon (Victor), instituteur-adjoint à Vandœuvre, est un viticulteur zélé et intelligent. Non seulement il enseigne cet art qui lui est cher et a redigé de nombreuses notes sur la matière, mais il a appliqué ses vues théoriques sur plus de 3 hectares de vigne.

Produire plus et à moins de frais, tel est son but. Les façons à la bêche, longues et coûteuses, sont remplacées par des houages superficiels; les engrais sont mis en abondance ; la taille est faite d'une manière rationnelle et le provinage abandonné comme une pratique détestable.

La Commission a constaté des résultats sur le terrain, et elle accorde à M. Didelon une médaille d'argent grand module pour son enseignement viticole pratique.

M. Duchamp (Louis-Joseph-Henri), à Blâmont, possède aux portes de cette ville une ferme d'une centaine d'hectares, louée jusqu'en

1888. A cette date, par suite de diverses circonstances, le fermier dut résilier son bail, la laissant dans un déplorable état. M. Duchamp, en reprenant l'exploitation de ses terres, résolut tout d'abord de reconstituer une laiterie autrefois prospère, mais tombée entre les mains de son prédécesseur. Pour cela, il était nécessaire d'augmenter les ressources fourragères, et, dans ce but, il créa de nouvelles prairies, formant avec les anciennes un total de 20 hectares, et les fertilisa par l'irrigation. Les sources et cours d'eau des environs, jusqu'alors inutilisés, furent amenés et mis à profit ; la captation des eaux chargées de nitrates, provenant du drainage des terrains supérieurs, fut réalisée dans le même temps, et un homme fut chargé spécialement d'exercer une incessante surveillance sur la distribution régulière de l'eau.

Les résultats ont largement récompensé le propriétaire de son travail et de ses dépenses : au lieu de 30.000 kil. de foin, il en récolte aujourd'hui 75.000.

Une médaille d'argent grand module lui est décernée pour ses drainages et la captation d'eau pour l'irrigation de ses prés.

La commune de Villers-les-Moivron possède, entre autres, une parcelle de terre de 12 hectares 70, située en terrain trop calcaire pour être livrée à la culture arable. Louée autrefois 80 francs, cette propriété ne trouvait plus de locataire à ce prix, et c'est à ce moment que le conseil municipal décida, sur l'initiative du maire, M. Chrétiennot, la plantation en résineux. Le budget communal ne s'élevant qu'à 1,390 francs, faire le travail du même coup eût été une lourde dépense ; mais, depuis 1885, 142.000 plants, en majorité composés de pins noirs d'Autriche, ont été mis en place, moyennant une dépense totale de 1.310 francs.

L'avenir dira le résultat final de l'opération, résultat qui n'est, du reste, pas douteux. Mais dès maintenant, grâce à ce boisement, la location de la chasse seule donne une plus-value bien supérieure au chiffre de location que nous avons cité plus haut. Cette intelligente municipalité a donné du travail aux ouvriers du village, un bon exemple aux propriétaires et servi les intérêts immédiats de la commune.

Pour mise en valeur de terres incultes et plantation de pins noirs d'Autriche, la commune de Villers-les-Moivron reçoit une médaille d'argent grand module.

Tandis que Mme Beaudoin, ménagère modèle, veille à la bonne tenue de l'intérieur et s'occupe avec un plein succès de la laiterie et de la basse-cour, **M. Beaudoin** se consacre tout entier à la culture de sa ferme de Grizières, de 200 hectares, et à l'élevage des chevaux. Un étalon et huit juments de race ardennaise, d'un type uniforme, sont consacrés à la reproduction. Il recherche aussi peu le mastodonte lymphatique, sans allures, qu'il évite avec soin tout croisement avec des chevaux dits de sang.

Les poulains sont nourris pendant la belle saison dans les pâturages clos qui avoisinent la ferme ; là ils trouvent une nourriture saine et abondante autant qu'économique. Avec ce régime en liberté, condition *sine qua non* de succès dans cet élevage, ils se développent admirablement et rentrent, exempts de tares et nets dans les aplombs, passer l'hiver en boxes.

Chaque année six ou sept poulains de deux ans et demi à trois ans, rustiques et pleins de vigueur, de trait moyen, comme on les demande dans la région, sortent des écuries de Grizières pour un prix qui varie entre 600 à 700 fr. l'un.

Frappée de la bonne direction imprimée à cet élevage, ainsi que du bon choix des reproducteurs, la Commission a décerné avec le plus grand plaisir à M. Beaudoin une médaille d'argent grand module.

Très prôné il y a quelque trente ans par des savants comme Barral et Hervé-Mangon, le drainage était considéré pour l'agriculture comme une panacée universelle. Tous les cultivateurs de progrès drainaient, souvent avec profit, mais quelquefois aussi sans grand résultat, parce qu'ils opéraient sur des terres ne nécessitant pas cette amélioration.

M. Contal, à Saulxures-les-Nancy, n'est pas un draineur de la première heure ; c'est seulement en 1891 qn'il a entrepris ses travaux et continué sur une surface de 25 hectares 80. Fermier, c'est le propriétaire qui a consenti à faire la dépense d'établissement moyennant un intérêt annuel de 5 0[0, et l'un et l'autre faisaient ainsi une dépense productive.

Avec les conseils et sur les plans des ingénieurs des ponts et chaussées, un drainage très correct fut donc établi sur les terres argileuses (argile du lias) de Saulxures, les lignes généralement à 10 mètres d'écartement et les drains à une profondeur d'au moins 1 mètre. Les collecteurs, munis de regards, peuvent être visités facilement ; ainsi est assuré le bon fonctionnement de tout le système. La dépense a varié entre 500 et 600 francs à l'hectare.

Ces travaux ont déjà porté leurs fruits. Après les périodes de pluie l'eau surabondante disparaissant vite, les terres deviennent bientôt abordables pour les attelages ; l'air, qui circule plus librement entre les particules terreuses, fait le sol plus meuble, tout en favorisant la nitrification des matières organiques et toutes les réactions utiles dans lesquelles les agents atmosphériques ont leur rôle ; tant et si bien, du reste, que le blé, de 15 hectolitres à l'hectare, est passé à 27, résultat étonnant, dû peut-être à des années favorables, mais aussi au drainage.

Dans un pré bas, les eaux de colature ont été utilisées pour l'irrigation, évitant ainsi la déperdition des nitrates entraînés par les eaux de drainages.

La Commission a été heureuse de décerner à M. Contal une médaille d'argent grand module, pour ses drainages et l'augmentation du produit de ses récoltes.

En suivant la pittoresque vallée de la Moselle, aux terres fertiles et bien cultivées, plus remarquable encore par la grande industrie métallurgique qui compte des usines importantes à Pompey et à

Marbache, nous arrivons maintenant chez M. **Raulx**, à Millery. Il a créé dans sa région les premiers herbages clos de fils-ronces, où pendant la belle saison il nourrit, sans main-d'œuvre, son troupeau de vaches. Grâce à la proximité de ces centres industriels, l'exploitation du lait en nature, vendu au moins 20 centimes le litre, des produits de la basse-cour et des denrées d'alimentation sorties du potager ou cultivées en plein champ, est pour lui très lucrative. M. Raulx l'a fort bien compris, et il a su organiser son système de culture en harmonie avec sa situation économique.

Pour la bonne utilisation des produits de la basse-cour et de la laiterie, il reçoit une médaille d'argent grand module.

La même récompense est accordée à **M. Thiriet (François)**, à Menillot, pour la bonne tenue de ses vignes et de ses cultures. Propriétaire pour la plus grande partie des 12 hectares qu'il exploite, répartis en 105 parcelles sur trois communes différentes, les difficultés nées de ce morcellement exagéré ne le rebutent pas. Il pratique l'assolement triennal avec jachère occupée par des pommes de terre, des betteraves fourragères et du trèfle, et cultive la luzerne et le sainfoin périodiquement sur ses champs. Abondance de fourrage donne abondance de fumier. Si l'on ajoute à cela que M. Thiriet est un travailleur soigneux, ne négligeant aucune façon culturale ; qu'il est bien secondé par sa femme et ses deux fils ; qu'il emploie le nitrate de soude sur les betteraves et sur les céréales, le plâtre sur les légumineuses, on s'expliquera le rendement de 20 quintaux pour les blés et la vigueur de toutes ses récoltes en un pays médiocrement favorisé pour la fertilité initiale de ses terres.

Les mêmes soins et des engrais abondants sont donnés aussi à un hectare de vigne, et ainsi, par un travail bien compris, cette honorable famille vit dans l'aisance, ignorant le luxe, mais heureuse du devoir accompli, et économisant chaque année pour agrandir son domaine.

M. Croisé (Sylvestre), à Hoéville, a été élevé à l'école de la misère. Domestique dès l'âge de dix ans, il a su, par sa bonne conduite et son travail, s'élever petit à petit dans les rangs de l'échelle sociale. Cordonnier de profession, cultivateur par vocation, c'est en achat de petites parcelles de terre, souvent en friches ou en mauvais état, qu'il a consacré ses économies. Sans aucune instruction première, peu initié aux secrets de l'agronomie moderne, son imagination et son intelligence devaient le porter cependant à l'amélioration d'un domaine d'un hectare.

Le drainage par des pierrées fut établi dans ces terrains argileux sur une longueur de 750 mètres, et des vignes bien taillées selon les principes les plus rationnels, un verger productif des meilleures espèces, un pré bien irrigué, couvrent ces terrains jadis abandonnés.

En même temps, donnant en cela un exemple à suivre, M. Croisé débarrassait la rue de son fumier pour le placer, entre ses écuries et son jardin, sur une plate-forme étanche munie d'une fosse à purin où s'opère, tant de la part des maîtres du logis que de la part du bétail, la restitution la plus complète possible.

Si la grande culture a de nombreux avantages, la petite a aussi ses mérites. Moins attachée quelquefois au produit net qu'au produit brut, qui souvent pour elle se confondent, c'est la petite culture seule qui peut changer en terrains fertiles et très productifs ces coins abandonnés et laissés dans l'oubli par l'agriculteur.

La Commission, désireuse de signaler M. Croisé à l'attention publique, lui accorde une médaille d'argent grand module pour ses vignes bien tenues et l'utilisation des purins recueillis dans une fosse bien établie.

M. Rotacker (Christian) exploite, à Gerbéviller une ferme de 177 hectares, louée, sans autres charges, à raison de 20 fr. l'hectare. Dès ses débuts, en 1888, il comprit, en cultivateur avisé, que labourer toute cette surface serait s'épuiser en vains efforts et sans profit. Aux 50 hectares de prairies naturelles existantes il en ajouta 17 hectares de nouvelles, décupla la surface consacrée à la luzerne et au sainfoin, tout en semant dans la sole des jachères 10 à 15 hectares de trèfle, vesces ou minette.

M. Rotacker, avec ce système de culture, entretient un nombreux bétail. Un troupeau de trois à quatre cents bêtes à laine parcourt, pendant la belle saison, les terrains vagues, les jachères et les minettes ; les agueaux, qui naissent au mois de janvier, sont de suite engraissés avec les fourrages de la ferme, auxquels on ajoute un supplément de grains, et vendus sur Nancy, Lunéville ou Paris, à raison de 24 à 28 fr. pièce. Vingt à trente vaches fribourgeoises et hollandaises, bien nourries, sont exploitées pour l'élevage et la production du lait, et celui-ci est vendu à raison de 14 à 20 centimes pour Gerbéviller et Blainville. La laiterie donne, de ce chef, un produit annuel d'une dizaine de mille francs, considéré par M. Rotaker comme laissant un sérieux produit net.

Grâce à l'importance donnée à la culture fourragère, à l'achat des boues de ville, de nitrate de soude et de scories, le rendement du blé et de l'avoine a doublé.

Mais ce que la Commission a retenu surtout, et ce qu'elle veut signaler en décernant une médaille d'argent grand module à M. Rotacker, c'est la transformation de 17 hectares de terres vagues, argilo-siliceuses, pauvres en chaux et en acide phosphorique, en une bonne prairie. C'est en assainissant, par un système de fossés et de rigoles, et c'est grâce surtout aux scories de déphosphoration, employées à 1,000 kil. l'hectare, qu'elle a pu s'opérer. Avant l'emploi de cet engrais, rien que de mauvaises graminées; après, une belle végétation de légumineuses, cause d'enrichissement pour le sol et agent important de la valeur nutritive du foin.

A Lenoncourt, **M. Musquar (Ernest)** cultive 50 hectares de terre avec tous les soins désirables; mais il s'est appliqué spécialement à la production des plantes sarclées, sur lesquelles il a fait de nombreux essais, tant pour l'étude des variétés que pour la production des rendements les plus économiques, au moyen des engrais chimiques comme complément de l'engrais de ferme.

30.000 kil. de fumier par hectare sont enfouis au printemps par un profond labour ; puis, après la semaille, il ajoute 200 kil. de nitrate de soude, et obtient ainsi des rendements de 70,000 kil. de betteraves de Vauriac et 25,000 kil. de pommes de terre, rendements qu'il estime être le double de ceux produits, avec les mêmes soins culturaux, avant l'emploi des engrais chimiques. D'après une analyse qu'il a fait exécuter, sa terre est, du reste, suffisamment riche en acide phosphorique.

Le sulfatage, pratiqué depuis plusieurs années sur les pommes de terre, n'a donné qu'un résultat douteux.

M. Musquar a aussi drainé ses champs, qui nécessitaient ce genre d'amélioration. L'eau des collecteurs et l'eau du ruisseau qui reçoit une notable partie des purins du village, ont été utilisées pour l'irrigation d'une prairie de 2 hectares 30. De même que pour la betterave et la pomme de terre, la récolte du foin a doublé, pour ainsi dire sans frais, tout en augmentant de qualité.

Une médaille d'argent grand module est attribuée à M. Musquar, pour son drainage et ses champs d'expériences.

Si la nature du sol, les conditions climatériques du milieu, la situation par rapport aux débouchés et à la main-d'œuvre, sont des facteurs importants à considérer quand il s'agit de déterminer le système de culture à pratiqner, il importe aussi, pour la réussite, de le mettre en harmonie avec les aptitudes de l'exploitant. A ces différents points de vue, **M. Orion (Jean-Baptiste-Félix)**, propriétaire et marchand de bestiaux à Norroy-le-Sec, a réalisé une bonne et lucrative opération en transformant en herbages à pâturer 113 hectares de terres arables.

La dépense nécessitée par l'établissement de ces herbages a résidé dans l'achat des graines, soit 50 fr. par hectare, la création d'une clôture en piquets de bois et fils de fer, dont le prix est peu élevé quaud il s'agit de grandes parcelles, et l'emploi de plus de 100 wagons de scories de déphosphoration de la fonte. La scorie, on peut le dire, a été l'agent le plus puissant de la transformation opérée ; sur ces terres acides, dépourvues de calcaire, elle a agi par son acide phosphorique et par sa chaux. La petite oseille, dont la feuille violacée donne un aspect particulier aux champs qui en sont infestés, a disparu comme par enchantement, pour faire place aux légumineuses d'une valeur nutritive si élevée.

A l'époque de notre visite, cent huit bœufs s'engraissaient sur ces herbages, qui portent en année normale cent quarante têtes de bétail.

M. Orion estime à 100 fr. par tête le profit réalisé en moyenne sur l'engraissement d'un bœuf. La valeur locative du sol, dans les mêmes parages, étant de 20 à 40 fr., on voit qu'il obtient, en même temps qu'un produit bruit de 110 à 120 fr. l'hectare, un bénéfice net minimum de 50 fr., chiffre comparable à celui réalisé sur les bonnes fermes de la Beauce et de la Brie, où l'on opère à grand renfort de main-d'œuvre et d'incessante surveillance.

Une médaille d'or lui est accordée pour création

d'herbages et leur amélioration par l'emploi des scories de déphosphoration.

A Azerailles, chez **M. Gérardot** (**Léon**), instituteur de cette commune, nous entrons dans le domaine de l'apiculture. Très cultivé, paraît-il, autrefois, cet art est depuis longtemps relégué au second plan et considéré, par trop de personnes, plutôt comme source de distraction que comme source de profit.

Et cependant, dans ces derniers temps, le rôle de l'abeille, à différents points de vue, a été mis en lumière, et son exploitation a ses règles, ses nouvelles méthodes et ses apôtres.

M. Gérardot est un de ceux-là. Non seulement comme délégué par M. le Préfet de Meurthe-et-Moselle, il a fait, en 1888, de nombreuses conférences sur la matière en différents points du département, puis, plus tard comme Vice-Président de la section de Lunéville, de la Société d'apiculture de l'Est, mais il prêche aussi d'exemple. Il a installé dans son jardin des ruchers à cadres mobiles, soit en rucher fermé, soit en ruches isolées, et obtient, avec un capital de 1,000 fr. et des frais annuels de 50 fr., un produit moyen de 250 fr.

La Commission lui a accordé une médaille d'or pour ses ruchers à cadres mobiles et son enseignement pratique de l'apiculture.

Nous revenons à Millery, pour y constater, cette fois, la puissance que donne l'association de nombreux intérêts et de beaucoup de bonnes volontés. Créé le 3 avril 1887, le **Syndicat viticole de Millery** compte aujourd'hui cent vingt adhérents, propriétaires de 52 hectares de vignes ; le but principal est la protection contre les gelées printanières par les nuages artificiels.

Une cotisation de 45 centimes par are permit, la première année, l'installation de trois hangars répartis convenablement sur la surface du vignoble, l'achat d'un stock important de brai, goudron et naphtaline, et du matériel nécessaire pour l'emploi de ces matières.

Cinq personnes, chacune ayant sous sa responsabilité une section du vignoble, veillent si la gelée est à craindre et donnent le signal d'alarme quand le thermomètre, marque zéro. Des ouvriers, payés à cet effet, et les intéressés se rendent alors sur les lieux, pour allumer les feux dans la direction indiquée par les chefs de sections, ce que l'on fait seulement quand la température s'est abaissée vers un à deux degrés.

Non seulement le Syndicat de Millery a conjuré différentes fois les effets des gelées printanières, mais il a contribué à généraliser l'emploi du sulfatage contre le mildiou, et, en installant des champs d'expériences, il a vulgarisé l'emploi des engrais chimiques à la vigne.

Pour ces différents résultats obtenus, une médaille d'or est décernée au Syndicat viticole de Millery.

M. Viller, de Toul, achetait, en 1887, à Boucq, une propriété de 6 hectares 50, pour 25,000 fr. environ. La partie haute, de 1 hectare 1[2, était en terre labourable, et près de 5 hectares, en coteau à bonne exposition, en vigne délaissée par le précédent propriétaire.

Aussitôt en possession, M. Viller entreprit la restauration de ce domaine, qui était loué déjà à moitié fruits à dix-huit vignerons de Trondes, village le plus voisin de la propriété. Le bail fut continué, avec quelques conditions spéciales également avantageuses pour le propriétaire et pour les vignerons.

4,000 mètres cubes de terre, extraits du terrain supérieur, furent apportés à dos, et les vides comblés par provignage ; et, outre 80 mètres cubes de fumier appliqués annuellement, la vigne a reçu 20,000 kil. de scories de déphosphoration. Tout le travail est fait par les dix-huit locataires qui font gratuitement le transport des engrais fournis par M. Viller, mais qui sont payés pour les terrages et les provignages moitié des prix ordinaires du pays.

L'initiative de M. Viller, l'union toujours féconde du travail et du capital, si heureusement réalisée par ce système de fermage à moitié fruits, n'ont pas tardé à produire leurs effets. Une vigne bien garnie, de belle végétation et bien soignée, couvre maintenant le coteau du détroit, tranchant avantageusement sur ses voisines et ayant produit, en 1892, malgré les accidents météorologiques, 243 hectolitres de vin.

M. Viller estime que, tous ses frais comptés, il pourrait, à l'heure présente, réaliser une notable plus-value sur son prix d'acquisition.

La Commission, frappée des résultats obtenus, lui a décerné une médaille d'or pour application des engrais chimiques, la bonne tenue et la grande production de son vignoble

Disséminer ses capitaux et ses forces sur une surface trop grande est certainement un des défauts de l'agriculture du Nord-Est de la France ; mais ce n'est pas le cas chez **M. Remy (Auguste)**, qui exploite comme propriétaire et comme fermier, avec le concours de Mme Remy et de ses deux filles, 18 hectares divisés en 70 parcelles, à St-Remimont.

Peu favorisé de la fortune, les débuts de M. Remy furent pénibles ; ce n'est qu'à force de volonté et d'énergie qu'il réussit à se frayer un chemin et à élever sa famille dans des habitudes d'ordre, d'économie et de travail, qui ont amené l'aisance dans cette maison et assuré sa prospérité.

Toutes les cultures sont soigneusement faites et les rendements satisfaisants, eu égard à la fertilité initiale du sol. Le blé donne environ 15 quintaux à l'hectare, et la vacherie, exploitée au triple point de vue de l'élevage, de la production du lait en nature et du beurre, utilise bien les fourrages récoltés.

65 ares de vignes, dont partie créée par M. Remy lui-même en terrain de faible valeur, sont cultivés d'une manière irréprochable et donnent un excellent produit comme qualité et comme revenu.

L'ensemble de cette petite culture, partout bien tenue, a paru à la Commission digne d'une médaille d'or.

La ferme de Saint-Jacques, près Toul, d'une contenance de 115 hectares, était, jusqu'au 23 avril 1889, louée environ 30 fr. l'hectare à des fermiers qui s'y succédaient rapidement, sans paraître y faire fortune. C'est à cette époque que **M. Edgard de Tinseau**, son propriétaire, résolut de se mettre à l'œuvre et d'en diriger lui-même l'exploitation avec l'ardeur d'un néophyte.

Celui qui est né et qui a grandi dans la ferme, au milieu des champs, est, il est vrai, adapté pour le mieux au milieu qui l'a formé ; mais bien souvent aussi il partage ses erreurs et considère comme axiome tel ou tel préjugé, tel ou tel errement admis par ses devanciers. M. de Tinseau, au contraire, arrivait à Saint-Jacques avec l'amour de l'agriculture, sans autre parti pris que celui de beaucoup observer et de tirer de sa propriété un revenu supérieur à celui qu'il touchait de ses fermiers.

Pendant que le nouvel exploitant réduisait de 46 à 18 hectares la surface consacrée aux céréales, il portait de 26 à 84 hectares celle consacrée aux cultures fourragères, et plantait en bois 7 hectares des plus mauvais terrains, supprimait le troupeau de moutons qui ne laissait aucun profit, pour le remplacer par d'excellentes vaches de race schwitz, exploitées pour le lait auquel la ville de Toul offre un excellent débouché.

Ainsi on évitait de nombreux écueils auxquels se heurte la grande majorité des cultivateurs lorrains. Bien qu'opérant sur une terre assez pauvre (calcaire corallien recouvert quelquefois de diluvium ancien), M. de Tinseau obtient, en concentrant ses efforts sur 6 hectares de cette céréale, jusque 20 quintaux de blé à l'hectare, trois fois plus peut-être que ses prédécesseurs ; l'avoine donne 15 quintaux, les pommes de terre 250 et les betteraves fourragères 600.

C'est par l'introduction du sainfoin sur 42 hectares et la création d'herbages à pâturer qu'ont été augmentées les ressources fourragères, permettant de faire vivre vingt vaches schwitz, qui produisent annuellement pour 11 à 12,000 fr. de lait et quelques élèves bien choisis ; joli produit et supérieur certainement à celui que laissait au fermier précédent le troupeau de moutons qu'il s'obstinait à conserver.

La Commission a constaté aussi avec plaisir que le propriétaire de la ferme Saint-Jacques n'est pas l'ami d'une cavalerie nombreuse, onéreuse, mal alimentée et travaillant peu, qui semble faire le bonheur du cultivateur de Meurthe-et-Moselle. Cinq à six chevaux exécutent tout le travail en recevant une abondante nourriture.

M. de Tinseau, qui n'a pas voulu s'astreindre à suivre pas à pas les travaux journaliers de sa ferme, a su tourner cette difficulté en intéressant son régisseur, un peu à la façon d'un métayer, au succès de l'opération ; si bien qu'à l'heure présente, après avoir restauré ses anciens bâtiments, en avoir édifié de nouveaux, et complété son matériel de culture, la propriété de Saint-Jacques donne un revenu net supérieur au revenu trop souvent nominal tiré par le fermage.

M. de Tinseau paraît s'engager résolûment dans la voie du progrès. Les analyses de ses terres, exécutées à la station agronomique de Nancy, lui donneront de précieux renseignements, qu'il ne manquera pas d'utiliser pour augmenter encore sa production et diminuer ses prix de revient ; mais, dès maintenant, la Commission a voulu signaler toutes ses bonnnes cultures fourragères, faites en vue de la production du lait, en lui attribuant une médaille d'or.

Après avoir parcouru dans toutes les directions le département de Meurthe-et-Moselle, aux cultures variées, mais généralement d'un rendement moyen et quelquefois faible, nous arrivons près de Lunéville, chez M. **Bergé (Charles)**, à Chanteheux, au milieu d'une luxuriante culture intensive. Il a exploité en commun avec Madame Drappier, sa belle-mère, depuis 1886 jusqu'au 1er janvier 1890 ; puis il est resté le seul fermier de 126 hectares, loués de 70 à 100 francs l'un.

78 hectares constituent la ferme du château de Chanteheux, et le surplus a été loué dans le but de faire des réunions de parcelles, d'opérer partout sur des pièces d'une certaine importance.

En dehors des 26 hectares de prairies naturelles, les terres en culture sont constituées par des alluvions sableuses venues du grès vosgien. Ce sol est très meuble, trop meuble souvent pour la culture du blé ; il est sec et le serait beaucoup plus encore si la couche sableuse, d'épaisseur variable, ne reposait sur les marnes irisées, tout à fait imperméables. La présence de cette couche argileuse explique la nécessité du drainage sur certains points, opération exécutée par M. Charles Bergé sans le secours du propriétaire.

Le fermier de Chanteheux, comme ceux qui pratiquent la culture intensive, ne saurait s'enfermer dans les règles immuables d'un inviolable assolement, mais il se rapproche du biennal : plantes sarclées fumées et céréales.

Les plantes sarclées comportent en première ligne les pommes de terre sur 38 hectares, donnant 20 à 30,000 kilogrammes. Une partie de la récolte est absorbée par les vaches et les chevaux, et la plus grande partie vendue à la consommation ou à la féculerie. 6 hectares de betteraves fourragères superbes servent, l'hiver, à l'alimentation de la vacherie ; près de 2 hectares de topinambours passent aussi à la mangeoire des chevaux ; 2 hectares de houblon et plus d'un hectare de tabac, cultivés à grand renfort de main-d'œuvre et d'engrais, assurent une large rémunération ; les carottes et les choux occupent plus de 4 hectares, et ces derniers sont transformés en choucroute quand ils ne peuvent être vendus directement à Lunéville.

En seconde année, viennent alors les blés sur 11 hectares, d'un rendement de 25 à 27 quintaux ; l'avoine sur 14 hectares ; les pois destinés à la fabrication des conserves, le maïs, les vesces, etc.

La jachère, bien entendu, est inconnue à Chanteheux, et les récoltes dérobées y sont fort en honneur. Ainsi, après les pommes de terre précoces, on fait une culture de choux ; les navets remplacent les céréales ; aux pois succèdent d'autres pois ou des vesces ; au trèfle, consommé en vert, des pommes de terre.

Pour soutenir un tel système de culture il faut de nombreux attelages, afin d'exécuter rapidement, entre les récoltes, les façons culturales, une main-d'œuvre abondante et beaucoup d'engrais.

Quinze à dix-huit chevaux de trait assurent le premier de ces services, et plus de 21,000 francs sont payés annuellement aux ouvriers à l'année, journaliers et tâcherons. Ainsi se trouve assurée la propreté irréprochable de toutes ces plantes sarclées, où les plantes adventices semblent, du reste, ne pas trouver place, tellement est exubérante la végétation des récoltes.

M. Charles Bergé a une vacherie de cinquante bêtes à lait, qui consomment en été les fourrages verts, en hiver les racines, auxquels sont adjoints toujours une faible quantité de foin sec, des drèches de brasserie, des pulpes, des tourteaux et des sons. La vente du lait s'élève chaque année à 30,000 fr., chiffre important, mais ne laissant guère comme bénéfice, selon M. Bergé, que le fumier produit.

A cette masse d'engrais viennent s'ajouter des fumiers de cavalerie, achetés à Lunéville, et des engrais chimiques. Les céréales reçoivent du nitrate de soude, les pommes de terre des scories de déphosphoration à titre d'engrais complémentaire, et le tabac des sels potassiques destinés à augmenter son rendement et sa combustibilité.

Le capital d'exploitation du fermier de Chanteheux, qui dépasse 100,000 francs, est productif, depuis le début de l'exploitation, d'un bénéfice moyen de 15 0/0.

L'ensemble de cette belle culture justifie amplement la médaille d'or que la Commission attribue à M. Bergé. C'est la première victoire de ce jeune agriculteur, et ses succès, à son début dans la carrière, étonneront moins quand nous dirons tout à l'heure à quelle école il a puisé ses leçons et la valeur du maître dont il a été aussi le collaborateur.

La Commission a pensé que les plus hautes récompenses n'étaient pas uniquement l'apanage des grands propriétaires, agronomes ou agriculteurs. La première médaille d'or grand module est décernée à un simple travailleur, M. **Masson**, à Viterne, pour plantation de 2,400 hectares de résineux pour les communes et les particuliers, et les pépinières forestières.

M. Masson plante généralement à forfait, à tant l'hectare, selon l'écartement des plants, et, depuis 1852, la bêche à la main, toujours alerte et plein d'entrain, il continue sa laborieuse carrière. Ses économies lui ont permis d'acquérir 2 hectares 1/2 de terrains transformés maintenant en belles pépinières de pins et d'acacias.

Les travaux de M. Masson lui ont valu déjà une récompense au dernier Concours de Nancy et vingt médailles de différentes sociétés agricoles.

Du reste, nous avons vu, en notre lauréat, non seulement l'homme laborieux, actif, mais aussi un apôtre convaincu de cette saine doctrine d'économie rurale, trop méconnue en Meurthe-et-Moselle : le boisement des terrains incultes et des terres trop pauvres pour être cultivées avec profit.

Bien qu'exploitant une ferme de 160 hectares, située à Marthemont, partie dans les argiles du lias et partie dans les calcaires de l'oolithe inférieur, M. **Moine** s'est inscrit comme concurrent pour les prix de spécialités. Il possède en différentes parcelles 10 hectares de prairies permanentes de très bonne qualité, auxquels il adjoint une surface égale de prairies temporaires. Ces dernières, constituées par le ray-grass anglais, la fléole, la houque laineuse, le trèfle hybride et le trèfle blanc, sont créées intentionnellement dans des pièces contiguës aux herbages, et le tout, bien clôturé, sert à l'alimentation de trente à trente-cinq vaches. Dans ces argiles du lias, d'une culture pénible, le pâturage est nutritif et abondant, et le trèfle blanc en forme la base.

La prairie, comme on le sait maintenant, a le don d'enrichir le sol au moins en azote, au point de le transformer en véritable nitrière. Les légumineuses, en effet, en accumulent, prélevé gratuitement sur l'atmosphère, et les eaux pluviales qui s'infiltrent dans le sous-sol ne peuvent, comme pour les terres arables, entraîner cette réserve qui va toujours croissant.

Après six ou sept ans de bonne production, la prairie temporaire est défrichée et trois belles récoltes de céréales sont prélevées sans apport d'engrais. C'est la mise en mouvement d'un capital qui tendait à s'immobiliser, c'est la pratique d'un système préconisé dans ces dernières années par des agronomes distingués, entr'autres MM. Joulie et Schribaux.

Les vaches, nourries pendant la belle saison sur ces herbages, sont exploitées pour la production du lait, qui est transformé en fromages façon de Brie. La fabrication de M. Moine, bien installée, réussit à merveille, et quatorze à quinze litres de lait donnent un fromage de 2 kil. au minimum, vendu sur le pied de 140 fr. les 100 kilogrammes.

Du reste, cet intelligent système de culture, allié à l'industrie fromagère, toujours lucrative quand elle est bien dirigée, satisfait M. Moine, qui se propose de lui donner plus d'extension encore.

La Commission, qui, dans ses pérégrinations à travers le département, avait constamment déploré, surtout en terres argileuses, le peu de place laissé à la culture herbagère, a visité avec le plus grand plaisir l'exploitation de M. Moine, et lui a décerné une médaille d'or grand module pour création d'herbages et installation d'une fromagerie.

A Haroué, la Commission a été appelée à visiter un établissement qui, par ses moyens d'action et le but poursuivi, n'est comparable à aucun de ceux que nous avons jusqu'à présent décrits : c'est l'*Orphelinat agricole*. Dirigé par les sœurs de la Foi, dont il est la maison-mère, il recherche dans les campagnes les jeunes orphelines ; leur donne une instruction sommaire, tout en les initiant aux travaux des champs, pour les restituer à la campagne vers l'époque de leur majorité.

L'orphelinat loue 45 hectares pour 3,200 fr., et ses cultures sont des plus variées, dans le but, précisément, de ne rien laisser ignorer à ses élèves de la pratique agricole. 2 hectares sont affectés à la culture maraîchère, 3 hectares aux pépinières, 1 hectare 30 au tabac et au houblon. La vigne couvre un peu plus de 1 hectare, les céréales et les plantes sarclées 27 hectares, et la prairie et un verger de 300 pieds d'arbres occupent le reste.

Huit chevaux, une vacherie de dix-huit têtes, une porcherie constituent le cheptel de cette intéressante exploitation.

Les maîtresses reçoivent là une éducation professionnelle spéciale : elles sont jardinières; elles sont pépiniéristes, vigneronnes ; elles cultivent le tabac et le houblon, tiennent aussi la grande culture et en font tous les travaux, sauf celui de la charrue et uniquement parce que, dans les terres argileuses de Haroué, le travail des femmes n'est pas économique.

Elles sont secondées toujours par les enfants, et une incessante activité règne dans cette colonie agricole. Les cultures sont faites à point et les soins minutieux.

Le blé, qui donne largement 20 quintaux à l'hectare, est vendu, ainsi que le tabac, le houblon, les primeurs et les jeunes arbres de la pépinière. Le reste sert à l'alimentation de tout le personnel de l'orphelinat, maîtresses et élèves.

Au moment de notre visite, cent vingt-cinq orphelines peuplaient l'établissement, beaucoup à titre gratuit, quelques-unes payant une faible pension, d'autres enfin secourues par des comités de dames patronnesses organisés sur différents points de la Lorraine. Ainsi, chaque enfant se trouve payer une pension moyenne de 100 francs, et c'est cette culture bien comprise et bien exécutée sur 45 hectares qui subvient au reste.

De jeunes enfants vivant de leur travail, recevant en même temps une éducation qui doit en faire des femmes honnêtes, laborieuses et utiles, tel est le problème résolu par l'Orphelinat agricole de Haroué.

Non seulement ces cultures bien faites, mais aussi le but poursuivi et atteint ont paru à la Commission dignes d'être signalés, et ont valu à M. **l'abbé Harmand**, directeur, une médaille d'or grand module.

M. **Harmand (Hubert)**, à Tantonville, est, relativement, un nouveau-venu du monde rural. C'est dans l'industrie qu'il a parcouru les premières étapes de sa laborieuse carrière, et c'est seulement en 1877 qu'il a apporté à l'agriculture, dans sa propriété de Tantonville, toute l'activité dont il est capable. Sept ans plus tard, il commençait à Forcelles-Saint-Gorgon l'exploitation de Montplaisir, et en 1891, enfin, par la culture de la ferme de Beauchamps, commune d'Eulmont, il portait son domaine agricole à 216 hectares, dont 194 de terres arables.

Le cadre étroit dans lequel se meut, insouciant, le cultivateur routinier, ne pouvait suffire à l'esprit d'initiative de M. Harmand, et dès son début il commença de nombreuses améliorations, qu'il poursuit sans relâche et que nous allons esquisser rapidement.

Comme maire de Tantonville, il fut le promoteur d'un abornement général du territoire, avec remembrement du cadastre et création de chemins d'exploitation ; et, comme agriculteur, il profita de cette circonstance pour faire, par voie d'échange, de nombreuses réunions parcellaires.

Tandis que la culture des environs en est toujours à l'assolement triennal, avec jachères nues, M. Harmand implanta chez lui la culture de la betterave à sucre. La terre de Tantonville, généralement argileuse, est de bonne qualité. Il augmenta la profondeur des cultures, pratiqua le drainage là où l'opération était nécessaire, et la chaux, fabriquée à la ferme même, avec les calcaires du lias, diminuait la compacité du sol, tout en apportant un élément de fertilité faisant souvent défaut.

Des luzernes et des trèfles de belle venue, du sainfoin dans les parties calcaires, constituent maintenant de précieuses ressources fourragères pour le bétail.

Les engrais chimiques aidant, M. Harmand a vu rapidement les choses changer de face, et la culture de la betterave, dont le succès, au début, était problématique, a complètement réussi, et couvrait, à notre passage, 45 hectares.

Les betteraves étaient d'abord expédiées à une sucrerie d'un département limitrophe, mais les frais de transport, trop onéreux, absorbaient le profit. M. Harmand créa alors une distillerie agricole pour travailler 17 à 18,000 kil. par jour ; la rectification fut installée ensuite, en même temps que des appareils nécessaires pour doubler le rendement journalier. L'agriculteur de Tantonville ne considéra pas encore à ce moment le but comme atteint, et aujourd'hui c'est sous forme d'alcool tout préparé pour la consommation que sortent les betteraves de cette importante exploitation agricole.

En même temps que prospérait cette culture réputée épuisante, les terres, plus profondément labourées et mieux assainies, se débarrassaient de leurs mauvaises herbes, et le rendement des céréales atteignait 20 à 25 quintaux pour le blé et 20 quintaux pour l'avoine.

Les pulpes fournies par la distillerie, les fourrages coupés en vert ou fanés, des drèches de brasserie, des sons et des tourteaux de coton, constituent l'alimentation d'une vacherie de cent vingt-cinq têtes, fournissant annuellement pour 46,000 fr. de lait à la ville de Nancy.

Bien que n'ayant pas à compter avec les difficultés de se procurer le capital, M. Harmand fait tout avec la plus rigoureuse économie, et quelques-unes de ses constructions, commodes cependant, sont remarquables en ce sens. Le luxe, quelquefois coûteux pour un laitier, qui consiste à posséder quelques vaches de choix, ornement d'une vacherie, est inconnu chez lui ; tout est fait, et nous ne songeons pas à nous en plaindre, au point de vue du profit.

M. Harmand n'a pas compté, cependant, quand il s'est agi de dépenses productives, et aujourd'hui son domaine, bien amélioré, couvert de belles récoltes, lui assure une large rémunération du capital d'exploitation et du capital foncier.

Une médaille d'or grand module lui est décernée pour l'introduction de la betterave à sucre, la création d'une distillerie, l'établissement de drainages et de nombreuses réunions de parcelles.

Sans aucune transition, nous revenons vers Nancy, où, dans quatre fermes importantes, nous trouvons, avec quelques variantes, le même système de culture.

Vers l'est de la ville chef-lieu, à Vandœuvre comme à Tomblaine, les sols appartiennent à différentes formations géologiques. Quand ils sont constitués par les couches supérieures du lias, ils sont argilo-siliceux dans des proportions variables, mais sans avoir jamais l'extrême tenacité des marnes irisées. En certains endroits, le drainage y produit les meilleurs effets, et beaucoup de cultivateurs, en exécutant ces travaux d'amélioration, y ont trouvé profit. Plus près de la vallée de la Meurthe, on rencontre des terres plus légères, résultant ou d'alluvions anciennes ou d'alluvions modernes.

Au nord, à Pixerécourt, au pied du plateau de Malzéville, qui sert de terrain de manœuvres à l'artillerie de Nancy, la scène agricole change un peu. En dehors de quelques alluvions, le sol, produit par les argiles du lias mélangés aux éboulis de la couche oolithique, est argilo-calcaire. Reposant souvent sur un puissant dépôt de grouine, il est assaini naturellement et réclame beaucoup moins le drainage.

La valeur locative des fermes est notablement supérieure à la moyenne du département ; elle varie de 70 à 90 francs l'hectare, les contributions restant à la charge du fermier. Mais, en revanche, aux abords de la grande cité lorraine, la main d'œuvre est abondante et à des prix relativement modérés. Chaque ferme possède un personnel fixe, engagé à l'année, et servant de cadre, au moment de la grande activité des travaux, à de nombreux journaliers payés, sans les nourrir, 2 fr. à 2 fr. 50 pour les hommes et 1 fr. 70 pour les femmes,

Cette ville de Nancy, dont la population augmente chaque jour, est, du reste, un centre de consommation très important, en même temps que fournisseur d'engrais, et c'est là la considération économique qui justifie le mieux les spéculations diverses que nous allons rencontrer.

Après avoir, dans une période de crises, cherché sa voie dans différentes directions, l'agriculture de ce rayon paraît être maintenant bien fixée et entrée dans une entière prospérité.

Tandis qu'aux environs de Lille, la betterave est

proclamée sans conteste la reine des cultures industrielles, ici, c'est la pomme de terre qui tient le premier rang. Sa culture occupe environ un quart des terres arables et donne comme produit 20 à 30,000 kil., selon les variétés employées et selon les circonstances météorologiques de l'année. Tandis que la consommation directe paie 4 à 5 fr. le quintal, la féculerie n'offre qu'un prix inférieur ; aussi cette industrie ne peut-elle compter que sur les excédents.

Un huitième de la surface arable reçoit des betteraves fourragères destinées à l'alimentalion hivernale de la vacherie ; elles sont, comme les pommes de terre, l'objet d'une bonne culture, qui assure d'une façon constante des rendements de 50 à 80,000 kil.

Ces deux plantes sarclées reçoivent les fumiers et les boues de ville, et peuvent être considérées comme tenant la tête de l'assolement, quand le cultivateur nancéïen n'en enfreint pas les lois.

En seconde année viennent les blés d'automne ou de mars, selon que l'automne a été plus ou moins propice, et en troisième année les avoines et fourrages artificiels. Des luzernes, un champ de topinambours, du maïs-fourrage et des navets en culture dérobée, complètent les ressources alimentaires de la ferme.

La vacherie, exploitée pour le lait, vendu 20 et 25 centimes à Nancy, est, avec la culture des pommes de terre, la branche la plus lucrative de l'exploitation. Des drèches de brasserie, des sons et des tourteaux sont donnés à titre complémentaire aux vaches, qui entrent à lait et sortent grasses après un séjour de moins d'une année.

Favorisés déjà à différents points de vue, les cultivateurs de la banlieue de Nancy le sont encore sous le rapport des engrais. L'un d'eux a le monopole des boues de la ville, moyennant 75,000 francs qui lui sont payés annuellement pour l'indemniser des transports. L'entreprise est partagée par un certain nombre de cultivateurs, qui reçoivent chacun de l'indemnité une part proportionnelle au nombre de voitures mises chaque jour en circulation. Les gadoues vertes sont déposées en tas, stratifiées quelquefois avec des couches de fumier ou arrosées d'engrais humains, et la fermentation qui s'y établit rapidement en augmente l'assimilabilité. Ainsi se trouvent assurée la propreté des voies publiques et fertilisés ces champs avec un bon engrais dont le prix, à pied-d'œuvre, est nul, sinon négatif.

Après les considérations générales, nous allons examiner plus particulièrement nos quatre lauréats: MM. Pérot, à Vandœuvre ; Hennequin, à Pixerécourt ; Antoni et Charles Louis, à Tomblaine.

M. **Victor Pérot**, à Brichambeau, commune de Vandœuvre, est fermier de 109 hectares appartenant à plusieurs propriétaires. Les baux sont consentis pour une durée de dix-neuf ans, à un prix moyen de 84 fr. l'hectare.

De 1883 au 1er juin 1889, l'exploitation était faite en communauté d'intérêt par les deux frères Pérot, et, sans avoir à juger cette période, nous pouvons dire cependant qu'elle fut prospère et que les capitaux engagés au début ont fructifié.

A partir de 1889, M. Victor Pérot, devenu le seul exploitant de la ferme de Brichambeau, opéra donc là en praticien connaissant son terrain, les débouchés pour la vente, et bien fixé sur le système de culture à suivre. Son capital d'exploitation dépasse 60,000 fr.

Sur 88 hectares de terres arables, 20 sont plantés en pommes de terre. Les trois variétés cultivées sont la Magnum, la Canada et la Richter's Imperator, chacune occupant un tiers de la surface. Le rendement moyen est de 30,000 kil. et les prix de vente varient de 4 à 6 francs, selon que les produits sont fournis à la consommation ou passent par la féculerie ; c'est la source d'une recette annuelle de vingt mille francs. Un hectare est réservé aux choux, aux oignons et aux carottes, ce qui permet à M Pérot de fournir à l'artillerie, baraquée sur sa ferme même, tous les légumes qu'elle consomme.

En dehors de ces 21 hectares, tout est consacré au blé ou aux cultures fourragères.

Le blé couvre une vingtaine d'hectares. Succédant aux pommes de terre ou aux betteraves fourragères, il est semé quelquefois tardivement, condition d'insuccès sous ce climat déjà rude du Nord-Est de la France. Les variétés étrangères à grand rendement, d'Australie, de Hallett, Goldendrop, ont, ici comme bien ailleurs, fait complètement défaut après les hivers froids de ces dernières années, et on a dû reprendre le blé rouge d'Alsace, qui, semé en lignes, donne encore près de 20 quintaux.

12 hectares de belles avoines, souvent de la variété jaune à grappes géantes, concourent à l'alimentation des chevaux.

19 hectares de prairies naturelles arrosées, 14 hectares de luzerne et trèfle, 2 hectares de maïs, 6 hectares de betteraves fourragères et 1 hectare de topinambours, ces dernières plantes sarclées bien cûltivées, tant sous le rapport des façons culturales que sous le rapport des engrais, assurent une base solide à l'alimentation de la vacherie.

Si, à toutes ces ressources alimentaires, on ajoute des drèches de brasserie pour 5,000 fr., des tourteaux pour 1,500 fr. et du son pour 2,000 fr., on conçoit comment les trente-six vaches de l'étable de Brichambeau peuvent, tout en donnant du lait en abondance, rester dans un aussi bon état. Nous avons remarqué beaucoup cette belle vacherie, non pas uniforme comme race, mais uniforme si on ne considère dans chaque individu que ses grandes facultés laitières. M. Pérot, du reste, conserve plusieurs années les vaches jeunes qui ont les aptitudes les plus remarquables. A raison de 20 à 25 centimes le litre, le lait donne un chiffre de recettes voisin de 20,000 francs.

La cavalerie est nombreuse : vingt-cinq chevaux ou juments poulinières fournissent la traction pour les véhicules et tout le bon outillage de la ferme ; mais M. Pérot, en outre, aime le cheval et produit le demi-sang. Plus d'une fois, des concours de juments poulinières et de l'hippodrome de Nancy, il est revenu vainqueur.

Outre les 1,800 mètres cubes de fumier produits par tout ce bétail, 800 mètres cubes achetés à la gare de Nancy, 3,300 mètres cubes de boues de ville, dont nous avons précédemment indiqué le prix, 25 quintaux de nitrate de soude (destinés aux blés et aux betteraves) viennent chaque année assurer une grande production végétale.

Admirablement secondé par Madame Pérot, mère dévouée d'une famille de quatre jeunes enfants aussi bien que ménagère irréprochable, l'agriculteur de Brichambeau ignore la misère profonde de laquelle se plaignent tant de cultivateurs. Ce bétail qu'il alimente abondamment, ces terres qu'il fertilise sans paraître compter, lui rendent plus libéralement encore. Il y trouve satisfaction et profit.

La Commission lui décerne une médaille d'or grand module.

M. **Hennequin (Albert)**, à Pixerécourt, commune de Malzéville, est aussi un jeune et un ardent de l'agriculture progressive. Après avoir été le collaborateur de son père, son prédécesseur, jusqu'au 23 avril 1890, il est resté seul sur la brèche depuis cette époque. 130 hectares bien groupés et en parcelles assez importantes constituent la ferme, à laquelle s'ajoutent 25 hectares de terres incultes faisant partie du plateau de Malzéville. Le tout est loué pour vingt-six ans, moyennant un fermage annuel de 11,300 francs.

Aux trois spéculations ordinaires des environs de Nancy, une quatrième vient se joindre, justifiée précisément par l'existence de ces terrains vagues : c'est celle du mouton.

Moins fertile peut-être que la terre de Brichambeau que nous venons de voir, que celle de Tomblaine, voisine cependant, celle de Pixerécourt a l'avantage d'être assainie naturellement par un sous-sol perméable, de ne pas nécessiter le drainage.

A notre passage, la pomme de terre couvrait 16 hectares : Richter's Imperator, meilleure de Belle-Vue, Magnum, Early rose, offraient une belle végétation et avaient été l'objet de façons culturales bien exécutées. Un champ d'expériences, destiné à comparer la valeur des diverses variétés, prouve que si le jeune agriculteur de Pixerécourt possède l'esprit d'initiative, il n'applique ses vues théoriques sur une plus grande échelle qu'après les avoir sanctionnées par la méthode expérimentale. Une partie importante de la récolte est vendue pour le mieux et donne 10,000 francs de recettes.

26 hectares de blé rendent 20 à 25 quintaux. Cette culture vient après les plantes sarclées et reçoit, comme engrais complémentaire, 125 ou 150 kilogr. de nitrate de soude. Nous aurions voulu, chez ceux-là qui aiment le progrès et ont foi dans la science, voir associer à cet engrais azoté l'acide phosphorique qui fait si souvent défaut. L'essai, nous en sommes convaincus, eût été couronné de succès, tandis que celui de certains blés étrangers a pu être, là aussi, l'objet de quelques désillusions.

11 hectares d'avoine, d'un rendement de 20 à 25 quintaux, autant de betteraves fourragères à 50,000 kilogrammes l'hectare, 35 hectares de prairies naturelles et presque autant de luzerne, trèfle, minette, vesces, maïs, etc., ne donnent lieu à aucune exportation directe, tous ces produits passant par la mangeoire du bétail.

Dans cette banlieue de Nancy, nous trouvons comme ailleurs de nombreux chevaux, mais des chevaux plus forts, bien alimentés et auxquels on demande un travail incessant. Le service des boues de ville, celui du lait, des déchaumages exécutés à temps, des labours profonds faits pendant l'hiver, la semaille en lignes sur terres bien préparées, les battages de céréales, assurent à Pixerécourt une bonne répartition de travail pour les vingt-huit chevaux de l'écurie, où l'on compte, du reste, plusieurs poulinières. Un pâturage clos, réservé aux jeunes poulains, leur procure une bonne alimentation dans les meilleures conditions hygiéniques.

Quarante vaches à lait sont nourries l'été au vert, l'hiver avec les betteraves, menues pailles et regain, auxquels on ajoute annuellement 3,600 hectolitres de drèches, 8,000 kilogr. de tourteaux et 10,000 kilogr. de son. Les vaches, achetées fraîches à lait et revendues grasses, reçoivent toujours ainsi une nourriture intensive et produisent lait et beurre pour 25,000 fr. environ. M. Hennequin considère que c'est là sa meilleure source de bénéfices.

Le troupeau de moutons, qui compte environ quatre cents têtes, parcourt l'été les terrains vagues, et les agneaux provenant des brebis du pays, croisées avec de très bons béliers southdown, naissent au printemps et sont engraissés dès l'hiver suivant pour être livrés à la boucherie ; ils donnent environ 20 kilogr. de viande, ce qui représente un prix de vente de 35 à 45 francs par tête.

En dehors des 600,000kilogr. de fumier produits à la ferme, M. Hennequin emploie 2,000 mètres cubes de boues de ville et 5,000 kil. de nitrate de soude.

Sur ce sol moins bien doué, il obtient de belles

récoltes. Le capital d'exploitation, de 60,000 fr., produit un intérêt rémunérateur.

Pour ses cultures sarclées en particulier et pour son bon bétail, M. Albert Hennequin a été jugé digne d'une médaille d'or grand module.

A Tomblaine, la Commission est appelée à visiter du même coup deux exploitations importantes : celles de MM. Charles et Antoni Louis, deux vétérans de l'agriculture issus d'une ancienne famille de cultivateurs. Et ce nom de Louis, si connu en Lorraine, évoque dans l'esprit de tous l'idée de progrès agricole ; il est en même temps synonyme de loyauté et de travail.

La ferme de M. **Antoni Louis** comporte 115 hectares de terres arables, 23 hectares de prairie et environ 1 hectare 1[2 de vignes. De nombreuses améliorations ont été effectuées sur ces terres depuis plus d'un demi-siècle, tant par M. Louis père que par l'exploitant d'aujourd'hui, et les décrire minutieusement serait entreprendre l'histoire de bon nombre de conquêtes de l'agronomie moderne.

La terre de Tomblaine varie du siliceux que l'on trouve sur les bords de la Meurthe à l'argileux que l'on rencontre plus au large ; mais souvent le sous-sol est imperméable, au point de rendre la prairie marécageuse et les labours souvent inabordables. Le drainage s'imposait donc et a été exécuté sur 100 hectares, moitié de la dépense ayant été payée par le fermier et moitié par le propriétaire. La flore de la prairie s'est avantageusement modifiée, les terres sont devenues abordables, et la captation de différentes sources, amenées à la ferme, a procuré, tant pour les besoins de la cuisine que pour ceux des étables, une eau saine, à la place des eaux de la Meurthe employées auparavant.

Le morcellement était un obstacle pour la culture intensive que l'on se proposait de faire : par des échanges consentis par le propriétaire, par la location des pièces intermédiaires, par l'acquisition de 21 hectares, M. Antoni Louis parvint à réduire considérablement le nombre des parcelles. Il améliora à ses frais les chemins ruraux qui les desservaient, facilitant ainsi et le transport des engrais et l'enlèvement des récoltes.

A la demande du fermier, de belles étables furent construites, munies d'une fosse à purin de 136 mètres cubes, restituant ainsi à cette terre tout ce que l'on ne peut exporter à un prix rémunérateur.

Mais M. Antoni Louis n'ignore pas que malgré ces améliorations, malgré tous les soins qu'on lui prodigue et la bonne culture, une ferme qui n'importe pas des masses importantes d'engrais est destinée fatalement à voir diminuer ses rendements. Situés tout près de la ville, les frères Louis sont adjudicataires depuis longtemps, et aux conditions que nous avons précédemment indiquées, des gadoues, détritus de la grande cité. Et, pour sa part, M. Antoni Louis en emploie chaque année plus de 4,000,000 de kilogrammes. Non seulement cet engrais remplace le fumier et produit des effets immédiats (150,000 kil. pouvant tenir lieu de 60,000 kil. d'engrais de ferme), mais par son grand volume, par la quantité de matières organiques qu'il renferme, il diminue la compacité des terres, améliore en même temps et leurs propriétés physiques et leur fécondité. A ces titres, son emploi constitue une des plus intéressantes améliorations faites par les frères Louis, d'autant plus intéressante encore qu'elle a été réalisée sans bourse déliée.

30 hectares environ sont consacrés à la pomme de terre Richter's Imperator, qui donne largement 30,000 kil., et 15 hectares à la betterave fourragère, produisant 60,000 kil. Ces plantes sarclées reçoivent fumier et boues de ville, auxquels on ajoute, quand le besoin s'en fait sentir, du nitrate de soude et des scories de déphosphoration. Les betteraves forment la base de l'alimentation hivernale de la vacherie, et les pommes de terre sont en partie consommées et en partie vendues.

Nous avons remarqué beaucoup ces belles cultures sarclées, la vigueur des betteraves et les fanes exubérantes des Richter's Imperator. Les rendements accusés, qui auraient laissé incrédules les agriculteurs d'un autre âge, ne nous ont point surpris. Outre la belle végétation, nous avons constaté également la propreté irréprochable du sol. C'est que les sarclages sont faits à temps. Pour ces travaux, comme pour l'arrachage, une centaine d'ouvriers, cultivateurs d'occasion, bonnes volontés d'un jour, sont enrôlés, encadrés par les ouvriers attitrés de la ferme ; l'opération est faite à point et rapidement terminée.

Le blé, qui généralement succède, n'est pas toujours dans les meilleures conditions de culture, son ensemencement étant parfois tardif. Aussi le blé d'automne n'est pas considéré à Tomblaine comme nécessité inéluctable, et souvent l'on a recours aux variétés de printemps, dont le rendement moyen dépasse 20 quintaux.

L'avoine, considérée par M. Louis comme le « mal nécessaire d'une ferme, » couvre 15 hectares et est employée à la nourriture des chevaux ; elle rend environ 25 quintaux. Puis viennent les autres cultures fourragères : 23 hectares de luzerne, 1 hectare de maïs, 2 hectares de topinambours et 1 hectare de navets en culture dérobée ; 1 hectare de choux et autant de carottes sont vendus à la consommation des établissements d'instruction publique ou de bienfaisance de la ville.

L'écurie ne compte pas moins de quarante chevaux, dont vingt occupés à la culture, dix pour le service des boues, quatre pour la laiterie et cinq poulains. Ils sont bien alimentés, et dans les années de disette fourragère on n'hésite pas à pratiquer les rations dites de substitution, les pommes de terre remplaçant le foin.

Soixante-dix à soixante-quinze vaches peuplent constamment les étables ; elles entrent prêtent à donner leur troisième ou quatrième veau et sortent grasses, après une dizaine de mois, pour un prix sensiblement égal à celui de l'achat. Des fourrages verts à volonté tout l'été, 50 kil. de betteraves par tête, avec une faible quantité de paille et de regain pendant l'hiver, telle est la base de la nourriture. 300,000 kil. de drèches, 25,000 kil. de tourteaux de coton, 12,000 kil. de son et 500,000 kil. de pulpes de betteraves, passent, en outre, annuellement dans les étables de la ferme.

Généralement le lait est vendu en nature 20 à 25 centimes le litre ; mais on fabrique également 2,000 kil. de beurre, livrés au domicile des acheteurs avec le lait.

Un outillage perfectionné de charrues, extirpateurs, semoir, rouleaux, batteuse à vapeur, assure, avec la main-d'œuvre abondante et les nombreux chevaux, la bonne exécution de tous les travaux.

Le capital d'exploitation de M. Antoni Louis est de près de 100,000 francs. Le loyer, qui augmente d'une façon régulière à chaque renouvellement de bail, est de 11,200 francs pour 120 hectares ; 30,000 francs sont annuellement payés aux ouvriers à gages et aux journaliers, et près de 20,000 francs sont consacrés à l'achat de matières alimentaires. Si on ajoute à ces plus importantes sorties de caisse les frais généraux divers, on constate un total peu inférieur à celui du capital engagé. Mais en revanche, les ventes du blé figurent pour 9,000 francs à la colonne des recettes ; les pommes de terre, choux, carottes, pour 43,000 francs ; le lait et le beurre pour 60,000 francs, et l'enlèvement des boues pour 8,800 francs.

Nous ne voulons pas préciser les chiffres, mais l'important capital d'exploitation de M. Antoni Louis est largement productif d'intérêts.

Un objet d'art lui est décerné pour ses cultures sarclées.

M. **Charles Louis**, l'aîné des deux frères, dont les débuts agricoles remontent à 1855, exploite 5 hectares de plus. Telle la culture de l'un des deux frères, telle la culture de l'autre. Souvent les parcelles sont l'une dans l'autre enchevêtrées ; les mêmes améliorations ont été réalisées dans ces deux exploitations importantes et les mêmes spéculations y ont toujours été pratiquées. Décrire en détail la ferme de M. Charles Louis serait une continuelle redite, car MM. Louis, toujours profondément unis, ont éprouvé dans leur agriculture les mêmes revers et les mêmes succès. Le personnel flottant dont nous avons parlé il y a quelques instants passe de l'un chez l'autre, rendant ainsi toutes les conditions économiques absolument identiques. Nous n'insisterons donc pas davantage sur ce point.

Mais ce que nous devons dire, c'est que les lauriers récoltés ici même par M. Charles Louis, en 1884, n'ont pas diminué son ardeur au combat. Il est resté laborieux et modeste, ce qui le rend sympathique à tous. Des hommes de haute valeur s'arrêtent quelquefois en chemin, croyant qu'ils sont arrivés au dernier sommet ; il n'a pas eu cette faiblesse. Comme un jeune encore, il est actif et suit le progrès qui ne s'arrête jamais.

C'est à l'unanimité que nous lui avons accordé le rappel de prime d'honneur.

M. **Lejeune (Joseph)**, à Einville, a débuté avec une culture totale de 5 hectares seulement, et il l'a augmentée au fur et à mesure que ses économies le lui ont permis et qu'il a pu utiliser les bras de ses enfants. Il a donné ainsi une preuve de sagesse et de bonne administration que l'on constate trop rarement dans le Nord-Est de la France.

Aujourd'hui, avec le concours de Madame Lejeune, de ses trois fils, élevés dans des habitudes de travail et d'économie, et d'une fille de dix-huit ans, il fait valoir 8 hectares comme propriétaire et 11 hectares comme fermier. Le prix de location de ces derniers est de 550 francs et la durée du bail de neuf années.

Cette laborieuse famille suffit largement pour la main-d'œuvre de cette petite culture, d'autant plus qu'elle possède un bon outillage, et, en particulier, une faucheuse-moissonneuse ; aussi le père et l'un des fils s'occupent de la tonnellerie et exercent en même temps la profession de bouilleurs.

Les bâtiments d'exploitation, sans luxe, sont commodes et bien entretenus, et trois fosses à purin reçoivent, pour être répandus sur les jachères, les eaux du fumier et les liquides sortis des stalles.

Situé dans les marnes irisées, le sol argilo-calcaire est tenace, et quatre chevaux sont nécessaires à l'exploitation des 14 hectares de terres arables. L'assolement triennal y est pratiqué avec les deux tiers de la jachère en pommes de terre, qui donnent lieu à une vente annuelle de près de 500 francs, en betteraves, en vesces et en trêfles, servant à l'entretien dn bétail. Cette sole reçoit les fumiers produits et les fumiers achetés, plus du nitrate de soude sur les betteraves et sur les blés.

Cette dernière culture, d'un bel aspect lors de notre passage, avait une étendue de 4 hectares, produisant 15 quintaux l'un.

L'avoine vient à la fin de la rotation, sans engrais complémentaires, et donne encore des résultats satisfaisants ; 4 hectares de luzerne hors sole, autant de prairies naturelles, assurent enfin une quantité suffisante de matières alimentaires tant aux chevaux qu'aux vaches de l'étable. Celles-ci, au nombre de cinq, fournissent 100 hectolitres de lait vendus 1.500

francs, et, concurremment à cette exploitation, on pratique l'élevage et à l'occasion l'engraissement d'un bœuf.

Nous avons remarqué partout la belle végétation des récoltes, supérieures sensiblement à la moyenne du voisinage, le bon état de toutes les cultures, et le soin et la ponctualité avec lesquels sont exécutés les travaux du ménage. Des bénéfices certains en résultent, supérieurs à ceux de nombre de fermes plus importantes ; le bien-être, l'ordre et le travail règnent dans la maison.

Pour cet ensemble bien tenu, pour signaler à ceux qui songent à déserter la campagne les résultats que l'on y peut obtenir, pour indiquer un exemple aux autres qui font moins bien, la Commission a décerné à M. Joseph Lejeune le prix cultural de la quatrième catégorie.

Nous revenons encore vers Nancy, à la ferme de la Trinité, commune de Saint-Max, exploitée par M. **Masson.**

M. Ernest Masson est un transfuge du barreau de Nancy, où il exerça pendant quelques années comme avocat. L'amour de la campagne et surtout des raisons de santé le décidèrent, en 1865, à quitter la ville pour venir planter sa tente à la ferme de la Trinité, commune de Saint-Max. Édifier une superbe habitation, où les goûts artistiques des maîtres du logis se révèlent à première vue, et d'où l'on découvre la ville et la vallée de la Meurthe, tel fut d'abord le premier soin de M. Masson, tel était du reste son seul objectif. Des terrains furent achetés à titre de dépendances, et enfin, après quelques années, vers

1871, la campagne avait fait recouvrer à M. Masson sa santé un moment ébranlée, puis aussi, insidieusement, lui avait inculqué l'amour de l'agriculture.

Après avoir cultivé les premières parcelles pour le seul plaisir des yeux, de nouvelles acquisitions furent faites en vue du groupement des premières, et, soit par voie d'échange, soit par voie de location le domaine de la Trinité comporte à l'heure présente 37 hectares en propriété, 9 hectares en fermage, et le morcellement a presque complètement disparu.

Au fur et à mesure de l'extension de la culture, on construisait les bâtiments indispensables. Des granges, des hangars, des étables commodes, des écuries bien faites, une fosse à purin recueillant également et les eaux du fumier et les urines des animaux. En même temps était ouvert un chemin particulier de 3 kilomètres, donnant accès sur la route de Nancy.

Le sol de la Trinité est argilo-siliceux, mélangé de calcaire ; une partie humide, reposant sur sous-sol imperméable, a été drainée, soit par des pierrées établies à profondeur suffisante, soit par des tuyaux. Les 7 hectares ainsi assainis ont acquis de ce chef une plus-value de cent pour cent.

Les eaux de colature ont été utilisées, les unes pour créer des fontaines servant à l'alimentation d'une ferme du voisinage, les autres pour l'irrigation d'une partie des 6 hectares de la prairie créée. Les nitrates enlevés aux terres arables, copieusement fumées, servent à la fertilisation du pré et assurent une abondante récolte de foin.

La surveillance du personnel nécessaire à tous les instants et l'exécution des travaux sont laissées à un chef de culture, M. Pierson, qui remplit sa mission avec intelligence et dévouement.

L'assolement, suivi d'une façon irrégulière, est triennale, avec 5 hectares de betteraves fourragères et 1 hectare 50 de pommes de terre en première année. Ces plantes reçoivent, outre 60.000 kil. de fumier, 200 kil. de nitrate de soude par hectare ; aussi, bien sarclées et bien cultivées comme nous les avons vues, leur rendement est-il de 70.000 kil. pour les premières et 25.000 pour les secondes.

M. Masson emploie avec succès les blés étrangers. Le Prince-Albert et le Square Head, semés purs ou en mélange, produisent plus de 30 quintaux, tout en résistant aux intempéries de l'hiver. Le blé à épi carré s'est partout, en effet, montré aussi exigeant pour les fumures qu'accommodant quand il s'agissait des froids de la mauvaise saison. Les blés de la Trinité sont, et de beaucoup, les plus beaux que nous ayons rencontrés dans notre long voyage en Meurthe-et-Moselle, et M. Masson ne nous a pas surpris en nous déclarant qu'il considérait cette culture comme rémunératrice.

En troisième année, viennent : l'avoine sur 5 hectares, du trèfle sur 1 hectare 20, des vesces sur 1 hectare 50 et 1 hectare de maïs-fourrage. La luzerne est cultivée hors de sole sur 11 hectares.

Jusqu'en 1876, M. Masson a fait l'élevage ; mais cette industrie lui faisant peu de bénéfices il résolut, lui aussi, à proximité de Nancy, d'exploiter son bétail bovin pour la vente du lait en nature, du beurre et des fromages à la crème. Aujourd'hui, les étables de la Trinité comportent trente-huit excellentes vaches à lait soumises au régime de la stabulation permanente. Des fourrages verts pendant l'été, une alimentation à base de betteraves pendant l'hiver, avec un complément annuel de drèches, tourteaux et son, donnant lieu à une dépense de près de 10.000 francs, assurent la prospérité de ce bétail et une lactation abondante. Les vaches sont revendues grasses sans bénéfice, mais elles donnent, année moyenne, un chiffre de recettes brutes de 35.000 francs, laissant le plus sûr produit net réalisé dans la ferme.

Uu bon matériel tant d'intérieur que d'extérieur facilite l'exécution économique des travaux. Huit chevaux sont employés exclusivement à la culture et deux au transport du lait à la ville.

Une porcherie composée d'un verrat et de deux ou trois truies donne également lieu à quelques recettes, fournit une bonne partie de l'alimentation du personnel et utilise les déchets de la laiterie, qui ne pourraient guère trouver d'autre emploi.

Une tête de bétail par hectare, c'était la formule ancienne de la culture intensive. M. Masson l'a dépassée; aussi la quantité de fumier est-elle considérable, et ce fumier est l'objet de soins particuliers. Situé à proximité d'une fosse, il est arrosé de purin par les temps secs, et toujours, pour l'enrichir de l'élément qui lui manque le plus, il est saupoudré de phosphate fossile, qui devient lui-même plus assimilable. A ce fumier abondant et riche on ajoute encore des engrais azotés, et on s'explique ainsi la haute production de ces terres.

Au début de l'exploitation, le blé donnait 15 quintaux, il en donne plus de 30 aujourd'hui ; l'avoine a plus que doublé, ainsi, du reste, que toutes les autres cultures.

Si, maintenant, nous envisageons au point de vue économique l'œuvre de M. Masson, nous sommes obligés de reconnaître avec lui que parfois les dépenses en bâtiments ont été exagérées ; qu'une part de ces dépenses peut être imputée à l'agréable et une autre part à l'utile. Mais, malgré cela, le propriétaire obtient aujourd'hui, des 250,000 francs engagés là, un intérêt supérieur à celui que donnent les bonnes valeurs mobilières du jour.

Si l'agriculture souffre de la concurrence étrangère, des hauts prix de la main-d'œuvre et du faible prix de vente des produits, elle souffre également d'un mal plus redoutable encore : c'est de l'abandon de ses enfants. L'intelligence et le capital s'éloignent de plus en plus des champs. Redoutant les labeurs, les intempéries, la bataille qui devient de jour en jour plus difficile, les plus favorisés de la fortune se retirent à la ville, se contentant de pressurer au maximum le malheureux fermier, qui tremble à chaque échéance ; les autres demandent un refuge aux fonctions publiques encombrées.

M. Masson a donné l'exemple contraire et nous l'en félicitons. Si beaucoup de propriétaires le suivaient dans cette voie, la crise agricole serait bientôt un vain mot et cette terre de France serait plus fertile encore.

Ces diverses considérations ont décidé la Commission à décerner à M. Masson le prix cultural de la première catégorie (propriétaires exploitants).

C'est à Lunéville, à la ferme des Mossus, exploitée par **M. Bergé (Joseph)**, que se terminent nos pérégrinations en Meurthe-et-Moselle.

« Les débuts de mon exploitation, dit M. Joseph Bergé dans un mémoire qu'il a bien voulu nous remettre, ont été des plus difficiles :

» En 1867, je ne possédais absolument rien ; j'étais simple ouvrier, travaillant à la journée ou à la tâche chez mon père, qui n'avait pour toute fortune que quelques champs qu'il cultivait lui-même avec un cheval, et dont le produit suffisait à son entretien. Mon père habitait la moitié de la maison où je demeure actuellement ; je louai l'autre moitié et 5 hectares de terre. N'ayant absolument rien, j'empruntai 2.500 francs ; avec cette somme j'achetai les instruments indispensables à la culture de ces terrains, de plus une vache et deux chevaux, dont l'un en commun avec un de mes frères déjà établi et qui en possédait un autre. Au bout de deux années, c'est à dire en 1869, ayant fait quelques économies, je rachetai à mon frère le cheval que nous avions en commun et je commençai à cultiver seul. Je plantai 20 ares de houblonnières et j'achetai les perches nécessaires. »

Mais survient l'année terrible, la houblonnière est dévastée et compromis déjà le petit pécule si péniblement acquis. En 1873, M. Bergé a pu enfin se libérer de ses dettes et il avait à son actif son matériel de culture, deux vaches, deux chevaux et les fonds de roulement nécessaires à son exploitation.

Bien secondé par Mme Bergé, doué d'une grande énergie, laborieux et économe, M. Bergé songeait bien à étendre le cercle de ses opérations ; mais ce robuste bon sens, ce sens pratique qui fait quelquefois défaut à de plus éclairés et à de moins modestes, lui disait qu'avant de plus agrandir son domaine il fallait augmenter ses ressources. Il marchait ainsi plus lentement, mais à pas assurés.

Les économies furent consacrées en locations nouvelles et en acquisitions de terres. En 1874, M. Bergé cultivait 14 hectares, 47 en 1880, 106 en 1886 et 119 en 1893.

Il est propriétaire de 46 hectares et fermier de 73, appartenant à vingt-deux propriétaires différents et loués au prix moyen de 111 fr. 55 l'un.

Le sol de la ferme est très généralement siliceux ; il est constitué par des dépôts descendus du grés vosgien. Mais ce sol, d'épaisseur variable, occupe pour ainsi dire le fond d'une cuvette dont les collines voisines forment les bords. Ces collines, faiblement ondulées, ainsi que le sous-sol des Mossus, appartiennent aux marnes irisées argileuses et imperméables ; c'est ce qui explique l'humidité parfois excessive de ce sol par lui-même perméable.

Après des essais sur une faible surface, M. Bergé a drainé 30 hectares, soit dans ses propriétés, soit dans ses terres à ferme (dans ce dernier cas supportant à peu près la totalité de la dépense), et les résultats obtenus ont été superbes. Nous avons vu une pièce, autrefois marécageuse et inabordable jusqu'au milieu de l'été, qui portait des betteraves d'une végétation absolument extraordinaire ; et le drain collecteur, le 15 juillet 1893, après quatre mois de grande sécheresse, évacuait encore journellement un cube d'eau considérable.

Par ses acquisitions comme par ses locations, M.

Bergé cherchait sans cesse à réduire le morcellement et les enclaves, et ce but a été mieux atteint encore quand M. Charles Bergé, son fils aîné, est venu exploiter à Chanteheux la ferme voisine. En bons voisins, on pratiqua largement des échanges avantageux pour tous.

La culture est très intensive. Il nous a été donné de visiter les régions de la France réputées les plus fertiles et les mieux cultivées, et jamais nous n'avons rencontré pareille sur une surface aussi importante. Il suffira, pour en donner une idée, de dire que sur 103 hectares de terres arables, les plantes sarclées en comptent plus de 77.

Voici comment se répartissent les différentes cultures :

Blé : 11 hectares produisant 26 quintaux ;
Seigle : 1 hectare 40 pour liens ;
Avoine : 10 hectares à 24 quintaux ;
Pois pour conserves : 7 hectares ;
Pommes de terre : 42 hectares à 30,000 kil. ;
Betteraves fourragères : 4 hectares à 90,000 kil. ;
Choux : 9 hectares ;
Carottes : 2 hectares ;
Houblon : 8 hectares ;
Tabac : 2 hectares ;
Luzerne et trèfle : 3 hectares ;
Prairie naturelle : 16 hectares.

M. Joseph Bergé n'a pas d'assolement et se soucie peu de ses lois, considérées jadis comme le *credo* de l'agriculture ; il ne connaît pas plus la jachère, mais en revanche pratique largement les cultures dérobées.

Les plantes sarclées reçoivent les engrais. Les pommes de terre couvrent la plus grande surface et elles sont vendues autant que possible à la consommation ; les variétés cultivées sont, par ordre de précocité : Marjolaine et Michelettes, qui sont remplacées aussitôt arrachage par une culture de choux ; puis Early rose, Institut de Beauvais, Canada, Magnum bonum et Richter's Imperator. En grande culture, cette dernière a donné en 1892 40,000 kil. par hectare. Les ventes atteignent en moyenne annuelle près de 40,000 francs.

Les choux sont cultivés en vue des fournitures militaires, et les excédents sont transformés en choucroute dans une petite usine très bien outillée, appartenant à M. Bergé lui-même ; ils procurent une recette de 20,000 fr.

Les pois sont livrés à une fabrique de conserves ; le même terrain en produit deux récoltes, à moins que la première ne soit remplacée par des vesces ou du maïs.

Le houblon et le tabac, ces deux plantes exigeantes, tant sous le rapport des soins culturaux que sous le rapport des engrais, sont considérées par le fermier des Mossus comme d'un très bon produit et sont exportées pour plus de 25,000 francs.

Les betteraves fourragères, les foins et les pailles sont en partie vendus, M. Bergé n'ayant pour tout bétail de rente que deux vaches nécessaires pour l'alimentation de la maison.

Pour exécuter à temps les façons culturales entre ces récoltes qui se succèdent à peu d'intervalle, dix-sept chevaux et six laboureurs sont nécessaires ; trente journaliers, payés à l'heure, sont employés durant la belle saison aux sarclages et à tous les soins indispensables pour assurer à toutes ces plantes la plus rigoureuse propreté. Les chiendents, la vipérine, la moutarde, que nous avons vus ailleurs si prospères, sont plantes de grande rareté aux Mossus. La Commission a été unanime à admirer toutes ces magnifiques récoltes, et son rapporteur a la satisfaction très vive de n'avoir aucune critique à sous-entendre.

M. Joseph Bergé est l'homme du métier, rompu à toutes ses exigences et à toutes ses pratiques. Il exerce une surveillance incessante sur toutes les branches de son exploitation, condition essentielle quand on procède avec un personnel aussi nombreux.

Il est l'homme d'action en agriculture, ne discourant pas, n'écrivant pas, mais agissant avec ce sens droit dont nous parlions il y a quelques instans.

Pour soutenir cette culture ultra-intensive, il fallait des quantités considérables d'engrais. En produire par l'intermédiaire du bétail, c'était vouer à la culture fourragère les trois quarts de ces terres louées à haut prix et capables d'une production bien plus rémunératrice, tandis que toute cette cavalerie de Lunéville offrait, en même temps que des engrais à bas prix, un débouché important pour toutes les denrées de consommation.

Ainsi l'a compris M. Bergé, qui se rend chaque année adjudicataire des fumiers de l'un des régiments voisins, et il estime que cet engrais lui revient à 4 francs la tonne. Il est placé en couche de un mètre d'épaisseur et arrosé avec l'engrais humain provenant également des casernes.

2,500 tonnes de fumier viennent chaque année fertiliser les terres des Mossus et assurer la production considérable que nous avons pu constater nous-même. A cette masse d'engrais viennent s'ajouter encore 5,000 kil. de nitrate de soude, 10,000 kil. de scories, 3,000 kil, de kaïnit et 2,000 kil. de phosphate.

Le capital d'exploitation de M. Bergé est actuellement de 120,000 francs et il est productif d'un intérêt qui a dépassé plus d'une fois 20 0/0.

Il n'y a pas de bonne agriculture, a dit un maître, sans bonne situation économique. J'avoue que, pour ma part, ce prétendu axiome m'a toujours laissé un peu sceptique. La situation économique, dans nos temps modernes, est comparable à ces cyclones qui dévastent tout sur leur passage et dont le marin expérimenté trouve le côté maniable. L'agriculteur habile, lui aussi, doit éviter la zone dangereuse et trouver le côté maniable, ici par tel moyen, là par tel autre. Et c'est là, à notre sens, l'un des grands mérites du cultivateur des Mossus.

Après le début modeste que nous avons indiqué ; après avoir élevé six enfants, dont l'un a remporté dans ce Concours même une médaille d'or, et dont deux autres le secondent encore ; après une vie toute de travail et d'honneur qui lui a valu l'estime de tous, la fortune a souri à M. Bergé, et il doit être heureux aujourd'hui quand, se retournant en arrière, il contemple ce passé parfois bien difficile.

La Commission, à l'unanimité, a voulu encore ajouter aux succès de cet homme de bien en lui décernant la prime d'honneur.

E. Fagot, *rapporteur*.

DISTRIBUTION DES RÉCOMPENSES.

La distribution des récompenses du Concours régional, faite sans apparat et avancée de vingt-quatre heures à cause des obsèques de M. Carnot, a lieu le samedi, à deux heures de l'après-midi, dans le grand Salon de l'Hôtel-de-Ville, orné d'un magnifique trophée de drapeaux tricolores voilés de crêpe.

M. Stéhelin, préfet de Meurthe-et-Moselle, préside, assisté de M. Maringer, maire de Nancy, conseiller général, et de M. Génie, secrétaire général de la préfecture.

Sur l'estrade prennent place MM. Le Monnier, Guérin, Royé et Giron, adjoints au maire de Nancy; Vassilière, inspecteur général de l'agriculture, commissaire général du Concours régional agricole; Ornez, inspecteur général des Concours hippiques, et les commissaires du Concours agricole ; Bichat, président du Conseil général, et Comon, conseiller général ; Royer, lieutenant-colonel de gendarmerie ; Boppe, directeur de l'Ecole forestière ; de Meixmoron de Dombasle, président, et P. Genay, vice-président de la Société centrale d'agriculture ; Viriot, agriculteur à Agincourt, conseiller d'arrondissement ; Bourgeois, professeur départemental d'agriculture, et Knecht, agent de la Société centrale d'agriculture.

M. le Préfet ouvre la séance en exprimant les excuses et les regrets de M. le Ministre de l'Agriculture, à qui revenait l'honneur de présider la cérémonie, puis il prononce le discours suivant :

« Messieurs,

» La France est encore en deuil !

» Elle rendra demain les suprêmes honneurs à l'honnête homme qui a été son premier magistrat.

» Le coup qui a frappé M. Carnot nous a tous atteints au cœur.

» De toutes parts, la Lorraine française a témoigné que la perte de ce grand citoyen était pour elle une douleur familiale.

» Nancy, qui l'a reçu et s'en souvient, croit avoir perdu un de ses enfants.

» Un exécrable forfait nous enlève celui que sa courtoisie bienveillante, la dignité si simple et si haute de sa vie, sa probité politique, l'humeur souriante et douce, les grands services rendus entouraient comme d'une garde infranchissable, faite d'affection et de respect.

» Nous pleurons ensemble le Français qui nous a servis jusque dans la mort, en rassemblant sur sa dépouille l'hommage ému et unanime des gouvernements et des peuples du monde, dont il avait, au profit de la France, conquis la confiance et l'estime.

» Et c'est au milieu de ces tristesses inattendues et poignantes que vous êtes venus nous apporter de toute la région de l'Est la manifestation éclatante de vos efforts.

» Ils ont été dignes du cadre riant où vos remarquables expositions se développent dans toute leur valeur et dans une incomparable harmonie.

» Deux ministres devaient donner à vos succès la consécration de leur présence et de leur parole.

» La municipalité de Nancy avait préparé pour

vous les largesses traditionnelles de sa cordiale hospitalité, et nous avions tous suivi son exemple, quand la fatale nouvelle a sonné comme un glas funèbre. Les réjouissances ont été supprimées dans une pensée pieuse, à laquelle tous les groupes agricoles de ce pays se sont profondément associés.

» Et aujourd'hui, au lieu de la solennité que nous avions préparée pour le couronnement de vos deux Concours, nous sommes simplement réunis en famille, pour dire quels ont été entre vous les plus vaillants parmi les vaillants.

» Mais ne croyez pas tout perdre à la réserve voulue de cette cérémonie modeste.

» Nul, ici ni au dehors, n'est resté indifférent aux progrès dont vous avez donné la preuve réconfortante.

» Grâce à vous, nous pouvons dire, en ce pays de Jeanne « la Bonne Lorraine » : — Il grandit toujours, le paysan de France, celui qui soutient et améliore la première de nos industries nationales, celui qui demande à notre vieux sol gaulois tout ce que l'amour, le travail et la science peuvent attendre de lui ; celui dont la sagesse et le patriotisme ont si souvent défendu la France et si souvent sauvegardé la République. »

Ce discours est chaleureusement applaudi par le nombreux auditoire qui se presse dans la salle.

Après ces acclamations, M. le Préfet se lève de nouveau et déclare qu'avant de donner la parole à M. Vassillière, commissaire général du Concours, pour la distribution des récompenses, il est heureux du devoir qui lui incombe, en vertu des pouvoirs que lui a conférés M. le Ministre de l'Agriculture par son arrêté du 30 juin 1894, de proclamer chevaliers du Mérite agricole pour le département de Meurthe-et-Moselle :

M. Viriot (Charles-Michel), agriculteur, maire d'Agincourt. Travaux de drainage. Publications agricoles. Nombreuses récompenses dans les Concours régionaux et départementaux.

M. Jubert (Jules), agriculteur à Montigny-sur-Chiers. Application et vulgarisation des méthodes de culture scientifiques ; trente ans de pratique agricole.

M. Knecht (Eugène), agent de la Société centrale d'agriculture de Nancy. Ancien professeur de ferme-école. A participé aux travaux de la Station agronomique de l'Est ; vingt-six ans de services agricoles.

M. Neige (Emile-Joseph), instituteur à Moncel-sur-Seille. Organisation d'un syndicat viticole. Création d'une pépinière et d'un jardin-école. Nombreuses récompenses pour son enseignement agricole ; vingt et un ans de services.

M. Utinel (Pierre-Antoine, dit Eugène), jardinier-maraîcher à Lunéville. Lauréat de la Prime d'honneur de l'horticulture (catégorie des jardiniers, maraîchers et arboriculteurs) en 1894 ; trente-cinq ans de pratique horticole.

M. Barret (Charles-François), vétérinaire à Toul. Membre du Comice agricole ; vingt-quatre ans de services.

M. Breton (Nicolas-Marie-Casimir), fabricant d'instruments agricoles à Einvaux. Perfectionnements et innovations dans la construction des instruments aratoires. Nombreuses récompenses dans les Concours régionaux et dans les Comices ; quarante ans de pratique.

M. Duthu (Sébastien-Alfred), éleveur à Nancy. Amélioration de la race porcine dans la région de l'Est par l'introduction de sujets reproducteurs de choix. Lauréat des Concours agricoles. Nombreux prix d'honneur.

M. Barbier (François-Marin), propriétaire-cultivateur à Crévic. Lauréat des Concours régionaux et hippiques pour ses produits de la race chevaline ; vingt-quatre ans de pratique agricole.

M. Jacquemin (Georges), chimiste-biologiste à Nancy. Travaux et expériences sur les levures sélectionnées pour la fermentation des vins. Nombreuses récompenses.

Ces nominations sont successivement accueillies par des applaudissements unanimes.

M. Fagot, rapporteur de la Commission pour la Prime d'honneur, donne lecture de la partie de son remarquable travail concernant la ferme exploitée par le lauréat principal du Concours, M. Bergé, des Mossus, près Lunéville.

M. Vassillière reçoit alors la parole : il prévient l'assemblée que, vu les circonstances et son départ obligé pour Paris, il n'appellera que les principaux prix du Concours, notamment ceux auxquels sont joints les objets d'art exposés dans le grand Salon.

En conséquence, il proclame les noms de ces lauréats et invite les autres à se présenter pour recevoir leurs récompenses au Bureau du Commissariat général, sur le champ du Concours.

Société des Agriculteurs de France.

La Société des Agriculteurs de France avait pris la résolution de distribuer en 1894, comme les années précédentes, à l'occasion des Concours régionaux, un certain nombre de récompenses : elle avait ouvert, en conséquence, en 1893, un Concours d'enseignement agricole entre les instituteurs de quelques départements ; en 1894, elle avait offert trois prix principaux, objet d'art, médailles d'or, diplômes et diplôme d'honneur pour mérites spéciaux, enfin elle a chargé une délégation de donner quelques récompenses aux exposants.

Les membres de la Société habitant la région du Nord-Est se sont réunis, le 29 juin, sous la présidence de M. Welche, spécialement délégué, pour discuter les mérites des candidats aux trois prix spéciaux ; une délégation s'est chargée d'attribuer les médailles aux exposants ; enfin, le dimanche 1er juillet, on se réunissait de nouveau pour procéder à la distribution des prix.

Voici un extrait du compte rendu de ces deux séances, dont M. V. Burtin a été le secrétaire ; j'y fais entrer le rapport de M. Welche, président de la Commission sur l'attribution des prix spéciaux.

Réunion du 29 juin.

PRÉSIDENCE DE M. WELCHE.

Siègent au Bureau : MM. Welche, délégué de la Société des Agriculteurs de France ; de Meixmoron de Dombasle, président de la Société centrale d'agriculture de Meurthe-et-Moselle ; V. Burtin, agriculteur à Nancy, secrétaire.

Sont présents : MM. Leblanc, directeur de la ferme-école du Beaufroy, près Mirecourt (Vosges) ; de Felcourt, président du Comice agricole de Vitry (Marne) ; Mérendet, ancien président du Comice d'Epernay ; de Scitivaux de Greische, propriétaire à Remicourt, près Villers-les-Nancy ; du Roselle, agronome à Malzéville ; Aubry, président du Comice de Toul, à Bellevue-Toul ; de Bouvier, propriétaire à Bayon ; Chaux, propriétaire-cultivateur à Bezaumont ; Toussaint, maire de Woinville (Meuse); Lecomte, à Paris ; Renauld, conseiller général à Neuilly ; Munier, Joseph, de la Société d'horticulture d'Epinal ; J. Lejeune, propriétaire à Nancy ; Vernes, à Senones ; le baron de Ravinel, à Rambervillers ; Vimont, vice-président du Comice agricole et viticole d'Épernay (Marne) ; Bergé, aux Mossus-Lunéville ; Deffaut, à Châlons-sur-Marne ; Falque, à Vittel ; Masson, propriétaire à la Trinité (Saint-Max) ; Dumont, mécanicien à Charmes, et Knecht, agent de la Société centrale d'agriculture, à Nancy.

En ouvrant la séance, M. le Président présente les excuses de MM. le baron de Lacoste, à Pont-à-Mousson, et Simon, de Chaumont, empêchés d'assister à la réunion ; puis il donne lecture de son rapport, ainsi conçu :

« Messieurs,

» La Société des Agriculteurs de France a bien voulu me charger d'organiser la réunion de ses membres habitant la circonscription régionale du Nord-Est et de présider les Commissions qui devaient statuer sur l'attribution des récompenses décernées par elle et en son nom : je viens lui rendre compte de ma mission.

» Trois prix principaux avaient été attribués à la région : 1° un objet d'art et un diplôme d'honneur pour la meilleure famille agricole du département ; 2° une médaille d'or et un diplôme pour services éminents rendus à l'agriculture par des travaux spéciaux ou une industrie ; 3° une médaille d'or et un diplôme pour services rendus par des associations ou sociétés coopératives.

» La tâche m'a été facilitée par l'excellent concours de la Société centrale d'agriculture de Nancy et l'amicale et utile collaboration de son dévoué président, M. de Meixmoron de Dombasle, très bien secondé par M. Knecht, agent général de cette Société. — Grâce à eux, les Commissions ont, dans deux séances laborieuses, préparé les éléments nécessaires pour distribuer ces prix aussi équitablement qu'il est possible de le faire.

» Le premier prix nous mettait dans l'obligation de rechercher, je ne dirai pas la meilleure famille agricole, car il eût été téméraire de se risquer à décerner ce premier rang dans un département où les dynasties agricoles se succèdent et existent en grand nombre dans chaque canton, mais au moins celle chez laquelle on rencontrait depuis le plus grand nombre d'années le labeur, l'intelligence, la persévérance, l'honnêteté qui constituent le cultivateur éminent.

» Un grand nombre de demandes furent, après la publicité étendue donnée à l'objet du Concours, adressées à la Commission. — Après un premier classement, ce nombre fut réduit à quarante candidatures fournies par l'élite agricole du pays. Pour se réduire à ce nombre, la Commission avait dû multiplier ses exigences, augmenter successivement la rigueur d'admission, et elle était arrivée à n'admettre au Concours que les familles exploitant, depuis trois générations au moins, une superficie *minima* de quatre-vingts hectares et manifestant l'intention de diriger un ou plusieurs de leurs enfants vers la carrière agricole. Et, dans ces conditions, le jugement restait singulièrement difficile ; les concurrents se suivaient de si près, quelques-uns avaient telle ou telle spécialité tellement dominante et remarquable, qu'il faillait, pour être juste, établir rigoureusement, par des cotes minutieuses, l'ensemble des mérites, et les juges étaient parfois tentés de se récuser.

» Après une dernière séance, la Commission se prononça pour M. Auguste François, propriétaire et cultivateur à Rouves, canton de Nomeny, arrondissement de Nancy. La famille François cultivait déjà à Rouves en 1720 ; après avoir été à Port-sur-Seille tenancière d'une ferme appartenant au comte de Ludre de 1791 à 1803, un François (Nicolas) cultivait la grosse ferme des Francs, écart de Nomeny ; puis François (Alexis), fils de Nicolas, réunit deux fermes dépassant 150 hectares; il est devenu propriétaire de l'une d'elles et est resté fermier de la seconde. — C'est dans ces conditions que son fils, Auguste François, cultive encore les mêmes terres, puissamment aidé par sa femme, Madeleine Champigneulles, dont le nom appartient à une autre des dynasties agricoles de Lorraine. Auguste François a deux fils ; il aurait pu, car une grande aisance a récompensé ses travaux, les diriger vers ce qu'on appelle les carrières libérales ou les fonctions publiques, si fiévreusement recherchées aujourd'hui; il a préféré faire de l'un d'eux un cultivateur qui doit lui succéder. Ces conditions, appuyées par une grande intelligence de sa profession, des améliorations nombreuses, drainages, bâtiments, fosses à fumier, élevage d'un bétail de choix, échanges de parcelles, créations de chemins ruraux, clôtures, séchoirs à tabac, etc., etc., ont mérité à M. Auguste François la récompense qui lui a été accordée. (Applaudissements.)

» Mais il y avait à ses côtés des familles si méritantes, si recommandables que, pour n'être pas injuste et pour donner une satisfaction à l'opinion publique, la Société des Agriculteurs, sur la demande de la Commission, a bien voulu accorder deux autres prix, deux grandes médailles d'argent avec diplômes, qui ont été attribuées à deux veuves continuant avec leurs enfants l'œuvre de leurs défunts maris : 1° Mme Goudot, fermière de la ferme de Vaudrecourt, près d'Arracourt, et 2° Mme Gigleux, fermière de la ferme de Boyer, écart de Manoncourt-en-Woëvre, arrondissement de Toul. (Applaudissements.)

» La Commission s'est ensuite occupée de la récompense à décerner pour services éminents rendus à l'agriculture. Ici, son hésitation n'a pas été longue. L'agriculture lorraine, en particulier dans le département de Meurthe et-Moselle, rencontre une difficulté de plus dans l'extrême morcellement de la propriété foncière. Les fermes d'un seul tenant sont rares;

elles ont été créées à grands frais ou proviennent d'anciens défrichements ; mais toutes les moyennes et petites fermes comptent un trop grand nombre de parcelles éparses au milieu du territoire des communes, serves les unes des autres, difficilement accessibles, si bien que le cultivateur n'est pas maître de ses cultures et doit suivre celles du plus grand nombre. Ces inconvénients ont frappé l'esprit judicieux de M. Gorce, habile géomètre attaché au service des contributions directes et qui, il y a quelque trente ans, fut chargé du renouvellement du cadastre dans la ville de Nancy.

» M. Gorce entreprit de convaincre les cultivateurs de quelques communes de l'arrondissement de Nancy de l'utilité d'une opération qui consisterait à aborner les territoires des communes, d'abord canton par canton, puis lieu-dit par lieu-dit, enfin par *planches* de culture appelées en Lorraine *baînes*, — puis parcelle par parcelle. — Cette opération minutieuse nécessitait l'application des titres, ou, à défaut, la possession trentenaire établie par les déclarations des fermes ou la jouissance suffisante, l'abornement des parcelles, *puis des baînes*, puis des cantons, et ces diverses opérations, qu'il serait trop minutieux de décrire, amenèrent ce résultat que, après attribution à chaque propriétaire de ce qui devait lui revenir, il restait au bout de chaque baîne, par suite de défrichements, de suppressions de haies, de pierriers, de réductions de trop larges chemins, une superficie de terrain suffisante, pour créer, à l'extrémité de chaque *baîne*, un chemin rural de défruitement et de culture aboutissant à des chemins ruraux et vicinaux et rendant à chaque propriétaire la libre disposition de son héritage et l'indépendance de ses cultures. — Ainsi on vit la prairie artificielle, la plante sarclée se dessiner au milieu des *finages*, quel que soit le saisonnement, et les chemins nouveaux donnèrent un emploi utile aux pierres soulevées par les cultures et que l'on ne savait plus où entreposer. Mais, pour arriver à ce merveilleux résultat, que de peines ! que d'objurgations ! que de sollicitations ! car il faut, pour obtenir un résultat pareil, le consentement unanime des propriétaires : la mauvaise volonté d'un seul, ou son refus de participer à la dépense, arrête le travail, le rend impossible. M. Gorce s'est voué à sa tâche, et y a associé son gendre, qui est aussi employé aux contributions directes, et il a déjà terminé son travail dans vingt-cinq communes du département, à des conditions étonnantes de bon marché.

» La médaille d'or destinée à récompenser le plus grand service rendu à l'agriculture du département revenait donc à M. Gorce ; elle lui a été décernée à l'unanimité. L'exemple donné par M. Gorce mériterait d'être suivi dans toutes les régions où la propriété est très morcelée et où les chemins de défruitement manquent : mais il serait nécessaire de modifier ou plutôt d'étendre à ce cas la législation des Syndicats de dessèchement, curages, irrigations, etc., et de permettre à la majorité en superficie et en nombre de contraindre la minorité récalcitrante. Les avantages procurés à la culture et la facilité donnée par les abornements aux échanges de parcelles et à leur réunion seraient très considérables, et, dans un temps très rapide, fort appréciés. (Applaudissements.)

» Le troisième prix donné par la Société des Agriculteurs était réservé aux services rendus par les associations agricoles.

» Dans le département de Meurthe-et-Moselle, il s'est créé peu de sociétés coopératives, et les essais tentés n'ont pas donné grands résultats. Les Syndicats agricoles, au contraire, ont prospéré et leur développement témoigne de la fécondité du principe d'association. Chacun des Comices agricoles des quatre arrondissements de Meurthe-et-Moselle a créé à ses côtés, on peut dire dans son sein, un Syndicat agricole qui comprend tous les membres du Comice. Les cotisations des membres du Syndicat sont fournies, pour un chiffre global, par le Comice lui-même, qui est une émanation de la Société centrale d'agriculture : dans les quatre arrondissements, les Syndicats agricoles sont florissants; mais celui qui tient la tête, qui a le plus d'envergure et d'initiative, c'est incontestablement le Syndicat agricole de Lunéville. Il a pour président notre distingué confrère, M. Paul Genav ; mais, de l'aveu même de celui-ci, la tenue du Syndicat, ses développements, ses succès sont dus aux soins quotidiens, infatigables de M. Vigneron, secrétaire du Comice, administrateur, inspirateur du Syndicat qui s'est entièrement dévoué à l'œuvre et qui en est l'âme. Le Syndicat agricole de Lunéville, sous l'impulsion de M. Vigneron, a édifié, il y a quelques années, un grand magasin avec bureaux, salle de réunion, hangars, etc. ; la dépense de cette construction a été couverte par la souscription volontaire d'actions aujourd'hui presqu'entièrement remboursées, si bien que le Syndicat est propriétaire absolu de son immeuble. La possibilité d'emmagasinage lui permet d'acheter ferme aux bas cours et de répartir à meilleur compte, entre ses syndiqués, les denrées ou objets dont ceux-ci ont besoin ; de plus, l'immeuble a servi de base à la fondation d'une caisse ou banque agricole : une société financière, garantie par une hypothèque prise sur le magasin, a ouvert au Syndicat de Lunéville un crédit suffisant pour commencer ses prêts aux syndiqués, et la sécurité de l'avance permet à cette Société de se contenter d'un taux assez bas d'intérêt. La caisse fonctionne depuis deux ans environ ; elle n'a pu produire encore des résultats à signaler ; mais ses débuts ont été très encouragés et les prêts qu'elle consent et qui doivent avoir une cause agricole ont déjà rendu de notables services. C'est à M. Vigneron que ce succès est dû pour la plus grande part ; aussi la Commission lui a, à l'unanimité, attribué la médaille d'or réservée aux services rendus par l'association. (Applaudissements.)

» La Commission, en prenant ces résolutions qui ont été bien accueillies par le monde agricole, a cru remplir exactement les intentions de la Société des Agriculteurs de France.

» Elle aurait voulu jeter les bases d'un travail établissant exactement la situation agricole du département ; mais c'est là une œuvre de longue haleine, qui demande une bonne direction, un long et minutieux travail : le projet reste à l'étude et nous avons l'espoir qu'il pourra être réalisé dans un certain délai. (Applaudissements). »

M. de Bouvier présente la réclamation de M. Lamy, cultivateur aux Francs, qui déclare avoir répondu au questionnaire dans les délais exigés ; or, ce document n'est pas parvenu au secrétariat de la Société centrale. Malgré les mérites de la famille de M. Lamy, l'Assemblée décide que cette demande tardive est forclose, et elle approuve les propositions de sa Commission.

Passant ensuite au Concours d'instituteurs organisé en 1893, en Meurthe-et-Moselle, par la Société des Agriculteurs de France, M. le Président rappelle les mérites de chacun des lauréats. Sur soixante-quatre récompenses accordées, *seize* ont été attribuées à des instituteurs de notre département et une médaille d'or a été méritée par une institutrice, Mlle Drouard, connue par ses travaux sur l'enseignement primaire agricole.

A la suite de cette lecture, M. de Bouvier appelle l'attention de l'Assemblée sur l'exposition collective de la Société centrale d'agriculture de Meurthe-et-Moselle, qui renferme notamment les cahiers de quelques élèves qui suivent un cours spécial d'agriculture. Il en est, dit l'honorable orateur, qui sont couronnés dans nos Facultés agricoles et qui n'ont pas, suivant lui, la même valeur. M. de Bouvier demande à l'Assemblée de faire attribuer à ces travaux une médaille spéciale, en dehors de celles qui sont accordées par le Conseil à l'exposition collective. M. Welche, président, et M. de Felcourt font observer que l'Assemblée ne peut disposer d'une médaille; mais ils se chargent de signaler au Conseil de la Société des Agriculteurs l'Ecole professionnelle de l'Est et de lui demander d'encourager ses efforts pour l'organisation d'un enseignement agricole.

M. Knecht, professeur d'agriculture à l'Ecole professionnelle, qui assiste à la réunion, remercie M. Welche, M. de Bouvier et l'Assemblée de la sollicitude qu'ils veulent bien porter à l'enseignement agricole de la région.

Réunion du 1er juillet.

PRÉSIDENCE DE M. WELCHE.

Le dimanche 1er juillet 1894, à 9 h. 1/2 du matin, dans la salle de l'Agriculture, la réunion de la Socité des Agriculteurs de France a procédé à la distribution de ses prix aux lauréats des Concours spéciaux de 1894 du Concours des instituteurs du département en 1893 et aux apiculteurs, puis celle des médailles aux exposants du Concours régional.

MM. Ch. de Meixmoron de Dombasle, président de la Société centrale d'agriculture de Meurthe-et-Moselle ; Aubry, président du Comice de Toul ; du Chatelle, président de la Société d'apiculture de l'Est ; A. de Scitivaux de Greische ; Pierson de Brabois, siègent au Bureau.

En ouvrant la séance, M. le Président expose que l'horrible attentat dont Lyon vient d'être le théâtre, jette un voile de deuil sur toutes les réunions qui peuvent se tenir en ce moment ; tous les honnêtes gens se réunissent dans un même sentiment de douloureuse sympathie pour la victime et d'indignation contre les doctrines qui peuvent produire ou exciter de pareils crimes et qu'il n'est que temps de réprimer avec énergie et persévérance.

Il rappelle alors les titres des divers lauréats et

les invite à venir recevoir les récompenses qu'ils ont obtenues.

(Voir la liste des récompenses publiée à la fin du volume.)

RAPPORTS

des membres de la Société centrale d'agriculture sur l'ensemble et les diverses parties du Concours régional.

Ensemble du Concours.

Le Concours régional qui s'est tenu à Nancy du 23 juin au 1er juillet a été certainement l'un des plus beaux que la ville eût vus depuis leur création. A-t-il été bien utile ? A-t-il surtout procuré quelque profit à l'agriculture de Meurthe-et-Moselle ? Telles sont les questions qui viennent volontiers à l'esprit. Y répondre d'une façon absolue avec preuves à l'appui serait chose assez difficile et je ne m'y aventurerai pas, de peur de me perdre comme dans un labyrinthe.

Si l'on tient compte pourtant du peu d'exposants du département qui ont pris part à ce Concours, en dehors de l'exposition collective de la Société centrale d'agriculture et des Comices, on peut répondre hardiment que le Concours de 1894 n'a pas apporté de soulagements à nos campagnes éprouvées, parce qu'elles n'ont pas pu prendre part à la lutte dans les conditions de misère où la sécheresse de l'année 1893 les avait jetées. Ainsi, pour ne parler que des animaux, n'est-il pas bien extraordinaire que le nombre des exposants soit limité à 18 dans un département où la production animale est énorme, tandis qu'il s'élevait à 41 en 1885? Faut-il voir aussi dans cette abstention une conséquence des grandes modifications qu'on a fait subir au programme? C'est possible : les Concours sont ouverts aujourd'hui aux animaux de toute provenance et il n'est pas difficile de comprendre que les éleveurs ordinaires de nos pays n'osent pas entrer en lutte avec ceux de toutes régions qui font métier de préparer longuement des animaux de Concours. Quoi qu'il en soit, le fait est remarquable et frappant pour tous : notre département ne fournit que 86 sujets de l'espèce bovine sur 516 inscrits au catalogue, pas même le sixième ; que 5 moutons sur 80 qui sont exposés, ou un sur seize ; que 26 porcs enfin sur 56, et, sur ces 26 sujets, deux éleveurs de Nancy en ont à eux seuls 19.

On comprend, en présence de tels faits, que des personnes bien intentionnées, des agriculteurs même, demandent la suppression des Concours régionaux, onéreux pour l'Etat et ne rapportant rien.

A ne regarder que les faits matériels, on serait tenté d'appuyer cette manière de voir ; on pourrait dire, par exemple : les concurrents viennent de tous côtés et ils sont tous des spécialistes ; ils ont fait leurs preuves sur bien des Concours ; qu'ils soient des industriels, des commerçants, ou, s'il s'agit d'animaux, des éleveurs, d'un bout de la France ils amènent leurs plus beaux produits sur le même point ; les récompenses que l'Etat accorde sont pour eux, elles ne nous encouragent pas. On pourrait dire aussi : tous les Concours se ressemblent, voyez-en un, c'est comme si vous les aviez tous vus ; que peuvent-ils apprendre aujourd'hui ? leurs machines, ou bien sont connues ou bien nous ne pouvons pas les utiliser ; leurs animaux, mais nous les connaissons pour la plupart ou, si nous ne les connaissons pas, ils ne conviennent pas à notre climat ni à notre sol. Puis aussi, parlons des récompenses : si encore elles étaient bien données. Des membres des jurys ne paraissent pas avoir une compétence suffisante ; d'autres sont exposants eux-mêmes et l'on ne paraît pas impartial. Enfin les sommes d'argent dont dispose le Ministre de l'agriculture, dirait-on encore, pourraient être mieux employées en soulagements aux cultivateurs, en dégrèvements, en instruction agricole, etc., etc.

Sans doute, la chose est évidente, la porte reste toujours ouverte aux critiques ; mais, si l'on veut bien y prendre garde, chercher au fond des choses, on verra qu'à chaque Concours, il y a des instruments avantageusement modifiés ou tout à fait nouveaux ; que bien des acquisitions se font à la suite d'essais et de comparaisons, acquisitions auxquelles on n'aurait même pas songé si l'on n'avait pas eu sous les yeux un grand nombre d'instruments de divers modèles et plus ou moins perfectionnés.

Pour les animaux, n'est-ce pas la même chose ? Quand on a parcouru avec attention ces longues files de bêtes bovines de races différentes, qu'on a examiné avec attention et en détail chaque bel animal ; qu'on a pu juger de sa forme, de sa valeur comme producteur de lait, comme bête de travail et surtout comme bête de boucherie, il n'est pas possible qu'on ne soit pas impressionné, chacun suivant son instinct, ses désirs, ses besoins et qu'on n'achète pas l'animal le mieux approprié au régime qu'on donne ou au produit qu'on tire. Si l'on n'est pas acheteur, il est encore impossible de ne pas se faire l'œil aux beautés des formes, aux particularités et aux valeurs des races, ce qui sert toujours quand on est éleveur. Qui donc regretterait d'avoir vu des Fémelins de choix; des Montbéliards qui paraissent réunir toutes les qualités ; des Vosgiens même, dont les dimensions et la charpente grêles, mais nerveuses, sont une qualité essentielle pour leur pays ; des Comtois et des Bressans qui, pour avoir des formes moins gracieuses, fournissent un bon travail et du bon lait; des mélanges un peu bizarres, mais où se trouvent des Normands aux grandes et belles formes, des Manceaux faits pour la boucherie, des Charolais non moins précieux pour le nourrisseur, des Tarentais petits et trapus, mais forts et rustiques, des Bazadais, doués d'un pelage non moins admirable que leurs formes et leurs aptitudes ; des Durhams, taillés comme par le ciseau d'un maître sculpteur pour fournir le maximum de graisse et de viande ; des Hollandais, perdant leur graisse et même leur chair au profit du lait ; des Fribourgeois, des Bernois et autres, armés d'une forte charpente qui porte un vaste magasin d'air, de vivres et par suite de lait et de viande : des Schwitz, dont les fesses, la poitrine, les mamelles et les membres assurent une grande production sous une taille modérée, un pelage et des formes toutes spéciales; des Jersiais enfin qui, mêlées à quelques autres, font admirer les caprices et les beautés de la nature prodigue de ses dons.

Qui pourrait être indifférent aussi devant ces beaux moutons de race mérinos avec leur laine douce, longue et fine? devant ces Dishley aux grandes dimensions dont le dos engraissé pourrait servir de table, devant ces Southdown enfin qui, pour être petits et grêles de membres, n'acquièrent pas moins, bien jeunes encore, un poids considérable de graisse et de chair ?

Qui n'est passé ébahi et plein d'admiration devant ces porcs de race anglaise pure où, jusqu'au nez, tout est rentré dans un tonneau de graisse ? Quel homme de la campagne qui n'a pas désiré posséder à sa porcherie au lieu de ses sujets étroits et voûtés, ces beaux croisements yorkshires, craonais ou lorrains, au corps long et large, à la précocité remarquable ?

Il n'y a pas jusqu'aux animaux de basse-cour qui n'aient attiré une foule de visiteurs, fait exprimer bien des vœux et assurer bien des acquisitions ; tant de volailles étaient belles par leur port et par leurs dimensions ; tant de lapins, de canards, d'oies, etc., étaient supérieurs aux élevages habituels.

Est-ce à dire que tous ces animaux exposés, quelle que soit leur espèce, quelle que soit leur race, soient irréprochables ? Qu'ils soient tous purs de race ou placés exactement dans leur catégorie ? Non, malheureusement. Des exposants nombreux ont des animaux d'une même espèce dans plusieurs catégories ; souvent même ceux-ci sont de races disparates et de nature si différente qu'ils ne se comprennent pas dans une même étable : la race laitière aurait vécu côte à côte avec la race de boucherie et celle de travail. Ces exposants sont connus comme coureurs de Concours ; ils ne se contentent pas d'avoir des animaux de diverses races, ils les croisent souvent avec des mâles de choix, quelle que soit leur origine (on comprend facilement qu'ils n'aient pas, du moins en dehors des Durham purs, des mâles différents pour les animaux de travail ou de rente, ce serait trop embarrassant). De ces croisements naissent des produits plus ou moins réussis et qui ressemblent tantôt plus à l'ascendant, tantôt plus à la mère ; or, que se passe-t-il au moment des déclarations de participation à un Concours régional ? Le voici : l'examen attentif des animaux exposés, mis en regard des noms des exposants, le démontre facilement, de plus j'en ai été moi-même témoin plusieurs fois : On étudie son programme ; on cherche quelles sont les catégories et les sections où les animaux qu'on désire présenter peuvent entrer pour avoir plus de chance de gagner une récompense. On les distribue ainsi dans tous les coins du Concours, pourvu que le pelage, les dimensions, quelques formes ne soient pas trop opposés à ces caractères des animaux au milieu desquels on les place. Or, il n'arrive que trop souvent ce fait déplorable et décourageant pour les personnes loyales, que des exposants voient leurs animaux de race pure, par cela même qu'ils sont purs et qu'ils ont avec les qualités, les défectuosités de leur race, supplantés par ceux dont les animaux ont reçu l'influence bienfaisante d'un sang étranger.

Sans doute les membres des jurys ont la latitude de mettre hors concours tous les sujets qui portent des signes de croisements (cela s'est même fait, à ma connaissance, cette année pour un animal par trop éloigné du type de son groupe), mais combien de ces jurys, choisis un peu à la légère, sont à même de se prononcer exactement en pareils cas ? Il y en a fort peu qui aient assez de compétence. D'autre part, cet éclectisme lui-même a un danger pour les visiteurs, qui, ne voyant aucune indication des mises hors concours, s'exclament tout haut et ne s'expliquent pas comment un animal le plus beau de formes n'a pas le premier prix.

Il y a longtemps que j'ai demandé, comme délégué dans de nombreux Concours, que, d'une part, les animaux exposés soient d'abord examinés avec attention au point de vue de la race et que, s'ils sont mal classés, ou bien on les mette dans la place qui leur convient, ou bien on les mette sans pitié hors concours. Mais on comprend que, dans ce cas, une plaque ou un écriteau, mis au-dessus de l'animal, porte ces mots : Hors Concours.

Que les choses soient faites ainsi, et alors l'exposition des animaux sera la plus belle source d'enseignement à laquelle tout visiteur pourra puiser à son aise et sans cause d'erreur ; elle sera aussi le plus sûr marché où les éleveurs pourront acheter des reproducteurs de choix ; elle pourra enfin offrir avec avantage aux spectateurs des races de tous pays.

Je ne pense pas non plus que l'exhibition des produits mérite le reproche de ne pas intéresser ou de n'être d'aucune utilité; d'abord, le nombre des visiteurs qui se pressent autour des tables qui les portent en sont la première preuve.

Les objets achetés pendant tout un Concours dans cette classe sont toujours fort nombreux, les adresses prises ou les achats projetés ne le sont pas moins. Je ne parlerai pas d'une multitude de choses nouvelles qui font le charme des amateurs à la bourse toujours ouverte, mais de ces beurres, de ces fromages, de ces liqueurs, de ces fruits, etc., qui satisfont à la fois les yeux, le palais et l'odorat des meilleurs gourmets.

Les autres produits, ceux qui viennent directement de la terre, ordonnés, classés par qualité, par espèces, par familles et par variétés, forment aussi une partie fort importante du Concours : l'Ecole Mathieu de Dombasle, de Tomblaine, par exemple ; l'Orphelinat agricole de Haroué, pour ne citer que les principaux, avec leurs nombreuses collections de tubercules, de pois, de haricots, de semences diverses, de graines fourragères, de grains, avec leurs graminées, leurs légumineuses, des épis variés et surtout les instructions qui les accompagnent, ne sont-ils pas aussi capables d'attirer ceux qui veulent s'instruire aussi bien que les curieux ? Je puis en dire autant des grandes collections exposées par les premières maisons de commerce de produits agricoles : Vilmorin, de Paris ; Génin, de Nancy ; Denaiffe, de Carignan, qui rivalisaient entre elles par le nombre et les dispositions des variétés exposées.

Enfin, les produits d'agriculteurs, de vignerons,

de forestiers, etc., réunis sous les auspices et par les soins de la Société centrale d'agriculture dans une même exposition collective, pour être plus variés dans leur nature et représenter spécialement comme ceux de MM. Masson, à Saint-Max ; Visine, à Dombasle ; Mer, à Nancy, etc., l'œuvre des membres des Comices du département, n'ont-ils pas mis à jour des progrès à réaliser ? N'ont-ils pas servi d'exemple et d'encouragement aux travailleurs du pays qui ont vu ce qui se fait près d'eux et ce qu'ils doivent chercher à faire eux-mêmes ?

Les instituteurs et les personnes qui comprennent tout le parti qu'on peut tirer d'une instruction primaire agricole pour l'avenir de nos campagnes, ont aussi pu juger par les nombreux spécimens de cartes et de cahiers des maîtres de l'enfance, combien d'entre eux seraient à la hauteur de leur tâche si cette instruction devenait obligatoire.

Voilà, pour l'Exposition régionale agricole proprement dite, un abrégé succinct de ce qu'elle renferme ; je ne vois pas que les sacrifices faits pour elle soient inutiles, je ne vois pas que l'instruction qui en découle soit nulle ; je pense, au contraire, que cette vaste leçon de choses où chacun trouve à apprendre ou à recueillir ce qui lui plaît, où les jeunes générations rencontrent ce que leurs pères ont vu, mais avec des perfectionnements nouveaux, des transformations utiles, s'il s'agit d'instruments, des importations ou des croisements meilleurs, s'il s'agit des animaux, des variétés nouvelles ou améliorées, s'il s'agit des plantes, je pense, dis-je, que ce vaste ensemble offert aux yeux et à l'intelligence est la plus belle invention de notre siècle pour la dispersion des connaissances agricoles et l'encouragement aux progrès utiles.

Et les expositions qui s'établissent à côté et à l'occasion d'un Concours régional font-elles aussi des sacrifices inutiles? Qui oserait le soutenir?

Quand on voit ce Concours hippique qui réunit dans un même enclos cent dix sujets que chacun peut examiner à son aise, dans leurs formes, dans leurs qualités comme dans leurs défauts, où chacun peut rechercher des types et des modèles, le bon et le mauvais effet des croisements de hasard si communs chez nous, on peut bien affirmer aussi qu'une telle exhibition est utile pour tout esprit sérieux, pour tout producteur et pour tout éleveur qui veut étendre ou affermir ses connaissances.

Je dirai de même de l'exposition spéciale des Sociétés apicoles. L'abeille est un insecte, modèle des travailleurs, qui a toujours vécu à côté de l'homme des champs laborieux comme elle, sous sa protection et, j'oserais dire même, sous sa direction, tant il prend soin de lui fournir soit une habitation et un abri convenables, soit une nourriture supplémentaire dans certains cas de nécessité. L'abeille est aussi une source de produits précieux qui récompensent celui qui la soigne, de sorte qu'il y a pour ainsi dire entre elle et ce dernier un échange réciproque de bons procédés. C'est pour cela que l'exposition d'apiculture, à la fois intéressante et instructive, se fait admirer par tant de visiteurs et n'est pas moins profitable dans son genre que les autres.

Parlerai-je moins avantageusement de cette exposition si brillante de la Société d'horticulture? Elle réunit à la fois dans un grand espace: les produits les plus divers de nos jardins. Là aussi, et surtout, se trouvent associés l'utile et l'agréable : à côté des produits maraîchers de toute nature et de toute beauté, des fruits les plus variés, groseilles, cerises, prunes, pommes, poires, raisins, mûrs ou non, à côté des arbres admirablement dirigés et taillés, se trouvent une multitude de parterres de fleurs, des massifs aux mille couleurs, des bouquets parfumés, des fleurs coupées, des plantes annuelles et des plantes vivaces, des produits français et des végétations exotiques, des plantes qui supportent notre température et d'autres qui ne vivent qu'en serre chaude.

Les amateurs qui peuvent habiter partout où il y a un coin de terre à embellir, une fenêtre à décorer, un jardin à faire produire peuvent certainement puiser à leur aise dans les ressources d'une telle multitude de plantes ; mais n'en est-il pas de même des habitants des campagnes qui demeurent loin des villes ?

Ces derniers n'ont pas les jouissances bruyantes et coûteuses des villes ; ou bien ils vivent à côté de quelques parents ou de quelques amis dans la même commune, ou bien souvent ils restent seuls dans des fermes isolées. A eux donc appartient le soin de rendre leur demeure agréable, leur existence aussi douce que possible ; c'est presque toujours le rôle des ménagères, c'est à elles qu'incombent la direction et l'embellissement des potagers ; aussi parfois ces dépendances indispensables des fermes pourraient lutter avec avantage contre les jardins de nos cités : on y trouve les légumes des variétés les meilleures, des fruits savoureux, des poires fondantes de toutes saisons, remplaçant les espèces communes et les fruits à cuire ; on y trouve des parterres et des allées de fleurs, qui enchantent, parfument et réjouissent toute la famille. Or, ces grandes exhibitions des Sociétés horticoles, les fermières ne manquent jamais de les visiter, et elles en rapportent, avec le goût des beautés et des richesses de la nature cultivée, des plantes et des fleurs du meilleur choix.

Le Concours de Nancy avec ses annexes a donc été, je l'espère, des plus utiles, malgré les tristesses du moment qui ont retenu tant de voyageurs prêts à venir. Les Concours régionaux en général sont aussi toujours utiles, parce qu'ils montrent, à qui le veut, des ressources immenses pour toute amélioration.

Ils sont peut-être plus utiles encore par les relations qu'ils amènent : il n'y a pas de question agricole qui ne soit traitée dans ces rencontres de personnes s'occupant d'agriculture à un titre quelconque et quelle que soit la région où elles habitent. Les uns discutent chevaux, d'autres, bestiaux; d'autres, mécanique agricole ; d'autres encore, culture, engrais et améliorations culturales ; d'autres, enfin, questions économiques et législation rurale. Tout le monde cause, discute agriculture et communique ses idées, ses impressions: c'est le complément de la leçon de choses que forment les concours, c'est peut-être sa partie la plus profitable.

Donc, à ces divers titres, on ne saurait nier l'importance et l'intérêt des Concours, d'où je conclus que leur suppression serait une faute. Est-ce à dire que leur organisation soit irréprochable, que leur fonctionnement soit à l'abri de toute critique? Non, certainement. Il suffit, pour s'en convaincre, d'assister aux réunions des délégués, instituées par l'administration pour connaître les doléances et les désirs des exposants de même que ceux des associations que représentent ces délégués. On y entend des plaintes contre des membres des jurys, exposant eux-mêmes, ou n'étant pas à la hauteur de leur rôle; contre le classement des animaux, l'importance des races portées au programme, les essais d'instruments agricoles, etc. Ces critiques et ces vœux demandent des améliorations aux Concours, améliorations que le ministère de l'agriculture accorde parfois aux intéressés, mais ils ne proposent pas leur suppression.

Je vais, du reste, donner successivement les rapports des membres de la Société d'agriculture qui ont accepté d'étudier plus spécialement chacun une partie du Concours pour en signaler la valeur et les beautés de même que les défectuosités, s'il y a lieu.

Concours régional hippique.

Ce Concours est ouvert à treize départements : Ain, Aube, Côte-d'Or, Doubs, Jura, Haute-Marne, Meurthe-et-Moselle, Meuse, Haut-Rhin (Belfort), Haute-Saône, Saône-et-Loire, Vosges, Yonne ; peu s'y trouvent représentés.

Il divise les chevaux en six catégories ou mieux en deux grandes classes, divisées chacune en trois catégories : la première classe comprend les chevaux dits demi-sang, la seconde, celle des chevaux de trait ; chaque classe, enfin, comprend une catégorie pour les étalons de 4 ans et au-dessus, une autre pour les poulinières de 4 ans et au-dessus, enfin la troisième pour les pouliches de 3 ans.

Il est bon de donner quelques explications au sujet de cette division, qui paraît singulière. S'il est des chevaux qu'on appelle vulgairement chevaux de trait, ceux qu'on leur oppose s'appellent chevaux de selle. Le Concours ainsi compris aurait un tout autre aspect que celui de 1894 ; il ferait tout à fait abstraction des races croisantes et des races croisées ; il serait, d'autre part, obligé de se diviser à l'infini, puisqu'il faudrait place pour les carrossiers, pour les chevaux à deux fins ou de trait léger, etc. Il aurait un autre inconvénient au point de vue de la zootechnie ou de la science de l'élevage : il serait difficile de tracer les limites des croisements produisant les types de chaque classe.

L'appellation choisie a donc un autre sens : d'un côté on range les animaux provenant des diverses races françaises pures ou croisées entre elles, ce qu'on appelle des races de trait ; de l'autre, les produits de croisements avec le cheval arabe et le cheval anglais. Du moins il devrait en être ainsi d'après les règles et les données de la zootechnie ; mais, dans l'impossibilité où l'on se met de produire uniquement avec des pur-sang, on donne par extension le nom de demi-sang à tous les produits de nos chevaux de haras, normands ou autres déjà croisés avec le sang. Il ne serait pas difficile de prouver combien cette extension du nom et plus encore du fait est déplorable. On trouverait de suite l'explication de ces insuccès si fréquents des croisements des juments de ce pays avec les étalons de l'Etat ou leurs descendants. On comprendrait la lenteur des améliorations cherchées, l'insuffisance persistante de la plupart de nos juments et les efforts sans cesse renouvelés par les éleveurs pour obtenir des étalons purs de races de trait.

Mais revenons à notre Concours, où nous trouvons bien vite, en examinant l'ensemble des sujets exposés, la fâcheuse influence de cette prétendue amélioration, rarement réussie et plus rarement stable, que produisent les demi-sang de l'Etat.

La classe des demi-sang est de beaucoup la plus nombreuse. Elle comprend une vingtaine d'étalons : trois d'un éleveur de la Haute-Marne, un de l'arrondissement de Belfort, quatorze de la Haute-Saône pour six propriétaires, trois de Meurthe-et-Moselle à trois cultivateurs, enfin un de la Meuse.

De ce nombre, trois seulement sont nés chez leur propriétaire, deux de Meurthe-et-Moselle, un de la Meuse ; les autres, moins deux venus de Bretagne, sont tous nés en Normandie.

On trouve beaucoup de différence dans la valeur des sujets ; le prix élevé des chevaux normands de premier choix n'en permet pas l'acquisition aux bourses ordinaires, et celles-ci sont obligées d'être moins exigeantes.

Néanmoins, le jury a donné neuf prix et deux mentions honorables au lieu de six prix.

Il fallait s'y attendre : les produits lorrains n'ont obtenu aucune récompense.

Il n'en a pas été de même pour les poulinières :

c'est M. Collet, de Flin, qui a obtenu le premier prix; M. Durand, de Maixe, qui a eu le deuxième; M. Barbier, de Crévic, le quatrième, tous trois de l'arrondissement de Lunéville; M. Humbert, de Ville-en-Vermois, arrondissement de Nancy, le cinquième.

Les départements qui ont concouru dans cette catégorie sont : la Haute-Marne, avec trois sujets à deux propriétaires ; la Haute-Saône, avec huit appartenant à cinq éleveurs ; Meurthe-et-Moselle, avec vingt-neuf poulinières, dont trois à M. Guérin, de Briey, pour l'arrondissement, huit à quatre éleveurs de l'arrondissement de Lunéville, seize à sept de l'arrondissement de Nancy, enfin deux à l'arrondissement de Toul; la Meuse, avec quatre animaux pour quatre propriétaires ; les Vosges, enfin, avec une poulinière à M. Thomas, de Gigney.

Il y avait beaucoup à choisir dans ces animaux, assez disparates dans l'ensemble; néanmoins le jury, tenant compte à la fois des allures et des formes, donne 21 prix et une mention honorable au lieu de 16 portés au programme, et le département de Meurthe-et-Moselle en reçoit 12 à lui seul.

La Haute-Marne, avec deux pouliches à deux propriétaires, la Haute-Saône avec trois pour deux, Meurthe-et-Moselle avec seize pour onze éleveurs dont neuf venant de l'arrondissement de Lunéville, six de celui de Nancy et un de Toul, la Meuse avec un seul sujet, les Vosges enfin avec trois, forment un contingent de 25 animaux.

Les pouliches, belles pour la plupart, reçoivent neuf prix au lieu de six, et une mention honorable, sept sont attribués aux concurrents du département.

La seconde classe ne comprend que douze étalons, cinq poulinières et cinq pouliches.

Les étalons appartiennent à sept départements, un pour chacun, excepté pour l'arrondissement de Semur (Côte-d'Or), où un producteur a deux étalons nivernais, et pour Meurthe-et-Moselle, qui présente cinq sujets, dont trois manquent de caractère de race, et deux sont un percheron et un belge. Les autres sont des percherons pour la plupart.

A cette première catégorie sont attribués cinq prix et une mention honorable ; un, le quatrième, est donné à M. Collet, de Flin, M. Marchal, de Sainte-Geneviève (Dommartemont), a une mention honorable.

Cinq poulinières seulement, pour trois départements, se disputent les 12 prix du programme : elles sont trouvées assez défectueuses pour ne mériter que deux prix inférieurs de cent francs ; et l'un est attribué à M. Guérin, de Briey.

Les mêmes départements, la Côte-d'Or, la Meuse et Meurthe-et Moselle, présentent cinq pouliches pour quatre prix : la Côte-d'Or en reçoit deux, M. Durand, de Maixe, arrondissement de Lunéville, en reçoit un troisième.

H. TISSERANT,

Médecin-Vétérinaire.

Concours de l'espèce bovine.

L'espèce bovine, très bien représentée au Concours régional, comprenait un beau choix d'animaux reproducteurs des races et variétés fémeline, vosgienne, montbéliarde, comtoise et bressane, normande, durham et ses croisements, hollandaise, fribourgeoise, bernoise, schwitz, jersiaise, tarentaise, bazadaise, classées en onze catégories.

RACE FÉMELINE.

Cette race, justement appréciée en raison de sa finesse, de la régularité de ses formes, de son aptitude à l'engraissement, comprenait 64 sujets. 8 mâles sur 21 ont été primés. Les deux premiers prix de chaque section ont été décernés à M. Maillard, d'Apremont (Haute-Saône) ; les seconds à M. Ballot, de Chenevez, qui avait également un lot de génisses et de vaches laitières de réelle valeur.

RACE VOSGIENNE.

Représentant la forme tourache de la race suisse, cette petite race de montagnes à corps trapu, forte, sobre, robuste, nerveuse, était représentée par 28 individus, dont 10 mâles. A signaler, ceux de MM. Michel, de Raon-l'Etape; Colin, de Moyenmoutier; Chardin, de Corbenay (Haute-Saône).

RACE DE MONTBÉLIARD.

Cette race, de taille moyenne, d'une belle conformation, se rapprochant comme laitière de la bernoise et de la simmenthal, justement appréciée à ce titre d'abord et ensuite pour son aptitude à l'engraissement, était représentée par 64 sujets dont 25 mâles formant une section d'un réel mérite par l'homogénéité des individus qui la composaient.

Les plus beaux spécimens appartenaient à MM. Marc frères, de Chevigny (Côte-d'Or) ; Guignard, de Scye (Haute-Saône) ; Ballot, de Chenevrey (Haute-Saône) ; Jacquet, de Malans, et Jeannot, de Recologne-les-Ray.

RACES COMTOISE ET BRESSANE.

Descendantes de la jurassique, ces races de montagnes à tête forte, à col grêle, grossières dans leur ensemble, que rachètent largement leurs qualités, comprenait 10 mâles et 28 femelles. A signaler ceux qui appartenaient à MM. Demolici, de Montagney (Haute-Saône) ; Ballot, de Chenevrey ; Ballot, de Chancey ; Beauquis, de Villeguindry.

RACES FRANÇAISES PURES AUTRES QUE CELLES DÉJA DÉSIGNÉES.

Cette catégorie réunissait 27 mâles et 56 femelles appartenant aux races normande (cotentine et augeronne), charolaise, bazadaise, tarentaise, lorraine, bretonne, bourguignonne, mancelle, aubrac.

M. Marc Moucla, de Preignac (Gironde), et Drappier, d'Ormes-et-Ville (Meurthe-et-Moselle), ont obtenu les premiers prix des première et deuxième sections de mâles, l'un avec un bazadais, l'autre avec un normand cotentin.

Dans les femelles, ce sont des normandes et une charolaise qui ont remporté les premiers prix.

RACE DURHAM.

Cette race perfectionnée était representée par 13 sujets mâles et 22 femelles formant une catégorie remarquable. D'une précocité sans égale, elle doit à sa conformation l'aptitude qu'elle possède à l'engraissement. C'est l'individu-type pour la production de la viande et de la graisse; les spécimens amenés au Concours n'en pouvaient donner un meilleur aperçu.

MM. Petiot, de Touches; Lamy, des Francs; Huot, de Saint-Léger; Auclerc, de Bruères, se sont partagé les principaux prix ressortissant à cette catégorie.

CROISEMENTS DURHAM.

Cette catégorie comprenait quinze animaux, presque tous de choix. C'est du reste comme croisement que la race précédente est précieuse. Nous avons admiré les métis durham-lorrains primés appartenant à M. de Scitivaux, de Villers-les-Nancy; Bussienne, de Vandœuvre; Lamy, des Francs, et les durham-fémelines de M. Auguste Ballot, de Chancey.

RACE HOLLANDAISE.

Essentiellemet laitière, cette race était représentée par 24 animaux dont 7 mâles. Il est regrettable que le nombre d'animaux exposés n'ait pas permis de décerner tous les prix créés pour cette catégorie.

MM. Bussienne, de Vandœuvre; Terver, de Villers-les-Nancy; Ballot, de Chenevrey; Mme d'Assonvillez, sout ceux dont les sujets exhibés ont obtenu les principaux prix.

RACES FRIBOURGEOISE, BERNOISE ET ANALOGUES.

Ces variétés de la race jurassique à squelette volumineux, mais à membres courts et fortement musclés, étaient numériquement bien représentées ; elles formaient un lot de 70 sujets, dont 19 mâles. Les prix ont été décernés à MM. Marc frères, de Chevigny-Saint-Sauveur; Mangin, à Varney (Meuse) ; Rotaker, de Gerbéviller (Meurthe-et-Moselle) ; Mme Johanna François, de Nancy; MM. Antoine Fournier, de Longvic (Côte-d'Or) ; Visine, de Dombasle (Meurthe-et-Moselle).

RACES SCHWITZ ET ANALOGUES.

Ces races des Alpes, rustiques, à pelage brun foncé, de conformation régulière et de taille moyenne, comprenaient 19 mâles et 50 femelles. MM. Claude Martin, de Saint-Appollinaire (Côte-d'Or) ; Auguste Poirson, de Toul ; Poussier, de Saulxures-sur-Moselotte (Vosges) ; Ali Matile, de Montfavet (Vaucluse) ; Mme d'Assonvillez de Rougemont, de Vaucouleurs ; MM. Jeannot, de Troussey (Meuse); Mangin, à Varney (Meuse) ; Graber, de Couthenans (Haute-Saône) ; Touret, de Void (Meuse), possédaient les plus beaux types de cette catégorie.

RACES ÉTRANGÈRES DIVERSES NON COMPRISES DANS LES CATÉGORIES CI-DESSUS.

Cette catégorie renfermait un taureau jersiais qui a été primé ; c'était du reste le seul présenté, il appartenait à M. Marc Moucla ; deux génisses de la race d'Angus appartenant à M. Graber ; une suffolk, à M. Caubet, et deux jersyaises, dont une remarquable, à M. de Scitivaux.

Le premier prix des bandes de vaches laitières a été attribué à celle de M. Victor Pérot, de Brichambeau, avec quatre montbéliardes de toute beauté ;

le deuxième, à M. Lamy, des Francs, avec ses hollandaises; le troisième, à M. Auguste Poirson, pour ses schwitz, et le quatrième, à M. Ali Matile, pour ses tarentaises.

En résumé, et en cela je suis heureux de le constater, parmi les lauréats de cette exhibition bovine, nombre de Lorrains ont prouvé par les animaux qu'ils ont présentés et les prix qu'ils ont obtenus, que notre contrée aussi bien que toute autre est à même, lorsqu'on veut s'y livrer par une méthode zootechnique bien comprise ,de produire des sujets n'ayant rien à envier à ceux de régions mieux partagées sous différents rapports.

Maurice BERBAIN,
Médecin-vétérinaire.

Espèce ovine.

L'exposition des animaux de l'espèce ovine est très limitée quant au nombre des sujets, elle est heureusement fort remarquable quant à leur valeur.

Les mérinos par exemple, ont une laine très fine, longue et frisée, et, en même temps, ils possèdent des dimensions et des formes acquises, leur permettant de rivaliser avec les meilleures bêtes de boucherie. C'est un progrès admirable, mais un progrès depuis longtemps acquis par les exposants de 1894 : MM. Bertrand, de la Côte-d'Or; Chevalier, de la Marne, et Loiré-Marin, des Ardennes, sont de grands éleveurs bien connus, que nous retrouvons annuellement dans tous les grands Concours de la région.

Ils avaient amené une douzaine de béliers et six lots de brebis et se sont partagé la plupart des prix; d'autres, au nombre de cinq n'ont pu être décernés faute de sujets.

Le deuxième groupe de races françaises dites races diverses, contient quinze moutons seulement, dont six béliers et trois lots de brebis, tous sont primés : les charmois, dérivés des mérinos, ont les premiers prix; viennent après, avec des prix supplémentaires des comtois, des bourbonnais, des lorrains et meusiens, tous beaux sujets assez remarquables pour la boucherie, mais sans grands caractères de race.

La catégorie des Dishley est la plus réduite. On comprend en effet que les animaux de cette race ne réussissent pas bien dans ce pays, tantôt riche, tantôt pauvre en vivres, tantôt sec, tantôt humide, tantôt froid à l'excès, tantôt fort élevé en température, pays dans lequel les parcours sont fréquemment considérables et les pâtures assez pauvres.

De trois béliers présentés, l'un est du Rhône, un autre de la Haute-Saône, le troisième appartient à M. Charles Louis, de Tomblaine, près Nancy. Ce dernier seul a un lot de brebis. Or, il n'y a qu'un animal jugé digne d'un prix, celui venu du Rhône : il est en effet très pur de race ; il a des dimensions et un dos extraordinaires.

La race Southdown, qui, plus rustique et très productive en viande, convient mieux à la région du Concours, est beaucoup plus abondamment représentée. Néanmoins ces beaux sujets, que chacun se plaît à admirer, appartiennent tous à des étrangers qui suivent les Concours, excepté pour un bélier et un lot de brebis qui sortent de la bergerie de Mme d'Assonvillez de Rougemont, à Vaucouleurs (Meuse).

Les autres animaux : dix béliers moins un et six lots de brebis viennent de l'Oise et de la Nièvre ; ils sortent de bergeries modèles qui élèvent plus pour la vente et la reproduction que pour la boucherie.

L'Oise bat la Nièvre pour les mâles ; elle est battue par cette dernière pour les brebis. En réalité, tous ces animaux de Southdown sont fort bien faits, ils ont fines jambes, corps épais, forte culotte, et s'égalent pour ainsi dire. Le jury leur donne des prix supplémentaires.

Espèce porcine.

L'espèce porcine forme un ensemble de plus de cinquante sujets qui ne renferment que des animaux d'une grande valeur.

Si les expositions régionales sont, comme je l'ai dit plus haut, une source d'enseignement, celle des porcs a ce mérite au premier chef. Les exposants sont venus de diverses parts : en dehors des frères Duthu et de M. Parisot, de Nancy, qui ont, l'un 12 sujets, l'autre 7 et le dernier 6, le Rhône, la Haute-Saône, la Saône, la Loire et la Meuse ont fourni des concurrents. Or, tous ces exposants ont pris la même race comme amélioratrice, le yorkshire qui possède avec des dimensions assez grandes une prédisposition remarquable à l'engraissement. Avec cet appoint, les bressans, les comtois et surtout les craonnais prennent avec leur longueur, la largeur et la rectitude du dos qui en font le mérite. Aussi les animaux du pays purs, ou quelque peu croisés brillent par leur absence ; ils n'auraient pu rivaliser avec ceux des exposants, MM. Duthu et Parisot, de Nancy ; Caubet, du Rhône; Boulet, de la Meuse ; Beauquis et Ballot, de la Haute-Saône ; Pétiot, de Saône-et-Loire, qui tous font l'élevage en grand par spéculation et propagent au loin leurs sujets améliorés. Tout indique qu'ils sont dans la bonne voie et que nos cultivateurs doivent les suivre et les imiter.

Les frères Duthu obtiennent quinze prix sur les trente-cinq donnés : de plus, l'un a le prix d'ensemble et l'autre un objet d'art ; M. Parisot n'est pas moins bien partagé sur le nombre des animaux qu'il expose, car il recueille cinq récompenses.

Ces éleveurs reçoivent une autre satisfaction : une foule considérable admire leurs magnifiques bêtes dont plusieurs nourrissent une grande et jeune famille. Enfin, M. Sébastien Duthu est récompensé du soin qu'il met depuis longtemps déjà dans l'élevage et l'amélioration du porc par sa nomination au titre de chevalier du Mérite agricole.

Animaux de basse-cour.

M. Caubet, de Villeurbanne (Rhône), le même qui a sur le Concours des bêtes bovines, des moutons et des porcs et reçoit de ce chef un certain nombre de prix, possède des animaux de basse-cour dans toutes les sections de la première catégorie, celle des aviculteurs de profession et des éleveurs amateurs. Il devait avoir pour concurrent un autre éleveur non moins connu, inscrit dans plusieurs sections, M. Voitellier, à Mantes (Seine-et-Oise). Seul il réunit trente-quatre lots sur cent quatre-vingts que contient cette catégorie ; il gagne douze prix.

Il trouve cette année des concurrents nombreux et de mérite parmi les éleveurs-amateurs. Nancy et ses environs en fournissent près de vingt, dont les principaux sont : Mmes Pierson de Brabois, à Villers-les-Nancy ; de Saint-Vincent de Parois (asile de Maréville-Laxou) ; Pelte, à Bosservile (Art-sur-Meurthe) ; Taillefer, à Morière (Vaucluse) ; MM. le baron Hulot (Sainte-Cécile, Nancy) ; René Hinzelin, à Champigneulles ; E. Marc, à Port-sur-Seille, qui ont de nombreux et fort beaux lots dans plusieurs sections : les amateurs de pigeons-voyageurs comme MM. Arnoldy, Hamant, Gérard, de Nancy, et par dessus tout MM. de Marcillac et Fasy-Verdier, au château de Royal-Lieu, près Compiègne (Oise). Ces derniers présentent le plus grand nombre de lots d'animaux de races françaises et étrangères ; ils reçoivent vingt et une récompenses, puis un rappel de prix d'ensemble ; M. Caubet est moins heureux : il reçoit néanmoins les premiers prix des races lorraine et bressanne, et celui des oies, le prix d'ensemble. Les exposants de Nancy ou de Meurthe-et-Moselle acquièrent aussi beaucoup de médailles.

Du reste, l'Exposition est très considérable pour le nombre et la valeur des sujets ; la foule ne cesse d'admirer tous ces lots où la taille, la beauté des formes, le brillant des couleurs, la pureté de race, etc., luttent à l'envie dans plus de cent cinquante lots. Le jury lui-même est débordé en présence de son programme ; il multiplie les médailles, les prix supplémentaires et les mentions honorables : il les porte à plus de quatre-vingts au lieu de trente-trois.

Là aussi les visiteurs peuvent s'instruire à leur aise, se familiariser aux caractères de races et faire leur choix.

Le Rapporteur : H. TISSERANT,
Médecin-Vétérinaire.

Exposition des produits agricoles.

Les produits agricoles occupaient plusieurs tentes placées dans la vaste enceinte de la Pépinière. L'abondance des objets présentés était telle, qu'à la dernière heure, l'administration dut faire établir des pavillons latéraux pour permettre aux exposants d'installer leurs nombreux spécimens.

Nous sommes loin de l'époque où le public agricole n'attachait qu'une médiocre importance à ces sortes d'exhibitions, car alors sa curiosité n'était pour ainsi dire pas mise en éveil à la vue de telle ou telle variété de semences ou d'autres récoltes obtenues en culture.

Les choses se passent autrement aujourd'hui, et l'on a pu remarquer, depuis quelques années, dans les divers Concours de la région, la part importante faite, avec raison, aux produits agricoles. C'est, en effet, une façon sérieuse d'indiquer aux visiteurs quels sont les meilleurs produits de la ferme, et il est incontestable que bon nombre de cultivateurs tirent profit de ces indications pour le plus grand bien de leur exploitation personnelle et, par suite, de la consommation générale.

Les produits agricoles exposés au Concours régional de Nancy se trouvaient renfermés, comme nous l'avons dit, dans plusieurs pavillons dont nous allons examiner successivement les diverses parties.

A gauche, à proximité du commissariat général, se trouve un pavillon latéral renfermant l'exposition de l'Ecole d'agriculture Mathieu de Dombasle, placée sous la savante direction de M. H. THIRY. Là, on peut remarquer de très belles collections de céréales, de plantes fourragères, de pommes de terre, le tout obtenu en grande culture et présenté au public dans un ordre parfait, comme classement, et surtout au point de vue de l'indication des rendements.

Plus loin, on peut admirer la collection complète de plantes alimentaires et fourragères, de plantes nuisibles, d'insectes utiles et nuisibles, exposée par les Frères du pensionnat de Longuyon. C'est une leçon de choses fort instructive.

M. GÉNIN-LOUIS, négociant à Nancy, montre aux visiteurs la collection très décorative de toutes les céréales, de graines potagères et fourragères, avec d'excellentes indications sur le mode d'emploi et les résultats acquis.

Tous les agriculteurs connaissent les produits de la maison VILMORIN-ANDRIEUX ET Cie, à Paris. Les soins particuliers apportés à ses fournitures ont montré de tout temps qu'elle était à la hauteur de sa bonne renommée. Mais aussi que de précautions prises dans la direction de ses cultures, tant au point de vue scientifique qu'à ce lui de la pratique. Rien n'est livré au hasard et, quand une variété de plante nouvelle est présentée par M. H. de Vilmorin, la sanction du public agricole ne se fait pas attendre

M. Denaiffe, à Carignan, dont les semences. vendues sur titre, sont très appréciées, possède une réputation bien méritée.

Ces deux remarquables expositions occupent les deux faces d'un immense pavillon. Dans chacune d'elles on admire non seulement les produits de toute nature obtenus en grande culture, mais, par une brillante disposition, les visiteurs peuvent voir une série de semis, comprenant notamment toutes les plantes fourragères cultivées dans notre pays.

M. Bloch, à Tomblaine, si connu dans l'industrie pour l'emploi des dérivés de la fécule et par de savantes recherches sur cette matière, nous montre sous mille formes les produits obtenus et offerts à tous les consommateurs de pâtes alimentaires.

Les vins et les eaux-de-vie tiennent aussi une place importante dans la catégorie des produits agricoles. En maint endroit on peut déguster, soit des vins récoltés en Meurthe-et-Moselle ou sur divers points de la France. Aussi remarque-t-on les expositions de MM. Aubert de la Castille, à Lafarlède (Var); Jalagney, à Nîmes (Gard); Raulx, à Loupmont (Meuse); Schoumacker et Wursthorn, à Nancy; L. Rollet et J. Stef, à Thiaucourt; Poirson, à Saint-Evre-les-Toul; Duhamel, à Pagny-sur-Moselle.

Les beurres de la région sont représentés par d'assez nombreux spécimens : MM. de Marcillac, à

Haramont (Aisne), et RENARD-MAROT, à Chalvraines (Haute-Marne), exposent des spécimens qui excitent l'admiration des visiteurs et du Jury. MM. LEBLANC frères, de l'Ecole d'agriculture du Beaufroy (Vosges), et POUSSIER, directeur de l'Ecole de Saulxures-sur-Moselotte (Vosges), présentent ainsi que d'autres exposants des beurres très estimés.

Les Concours spéciaux pour les fromages à pâte molle et à pâte ferme offrent aussi un vif intérêt. Nous remarquons notamment les expositions de MM. J. BOULEY, à Sorcy ; SOMMERER, à Nancy; Mlle LAMY, à la ferme des Francs, près Nomeny ; MM. POUSSIER, à Saulxures-sur-Moselotte (Vosges) ; E. MER, à Longemer, près Gérardmer (Vosges) ; VOYARD, à Jouvelle (Haute-Saône) ; MESSONNET, à Jallerange (Doubs).

Les levures sélectionnées pour l'amélioration ou la fabrication des vins, présentées par M. JACQUEMIN, savant chimiste-biologiste, attirent particulièrement l'attention.

Il nous reste à examiner l'exposition collective organisée par les soins de la Société centrale d'agriculture de Meurthe-et-Moselle.

Il n'est que juste de dire que, très complète, très instructive, elle a reçu de nombreux visiteurs.

Elle se compose de produits agricoles et forestiers ainsi que de divers objets d'enseignement agricole.

Voici d'abord l'exposition de M. E. MASSON, à la Trinité. Ici rien ne fait défaut : échantillons de céréales, tige et grain ; plantes-racines, légumes, fruits, le tout étiqueté avec grand soin, permettant aux cultivateurs et aux amateurs de se renseigner exactement sur ce qu'il est possible d'obtenir en grande culture par suite d'une exploitation bien conduite.

Mme la comtesse de Bizemont, au Tremblois, et M. l'abbé Collot, à Saulxures, exposent aussi divers produits de la ferme.

M. Didelon, instituteur à Vandœuvre, présente au public des tableaux d'enseignement très complets et un herbier agricole remarquable.

M. Poirson, professeur d'agriculture à l'Ecole Dombasle, expose une série d'études agronomiques appuyées de cartes.

MM. Bram, à Pont-à-Mousson ; Courieux, à Toul; Maire, à Dieulouard ; de Bouvier, à Bayon; Quintard, à Villacourt ; Grandheury, à Pulligny; Stef, à Thiaucourt ; Didelot, à Mont-le Vignoble ; Hennequin, à Pixerécourt ; des Robert, à Nancy, et le Syndicat viticole de Millery forment un ensemble d'exposants présentant à tous les visiteurs les divers spécimens de vins et eaux-de-vie récoltés dans la région.

Chacun d'eux mériterait une mention spéciale. Bornons-nous à dire que le Jury a décerné de nombreuses récompenses et que si tous les mérites de cette catégorie n'ont pu être appréciés assez complètement, il n'en ressort pas moins que nous sommes dans une région viticole qui sait faire honneur à sa vieille et excellente réputation.

M. Brunet-Louis, à Tomblaine, expose hors concours les produits très remarqués de sa laiterie.

Citons notamment la belle exposition de laiterie de M. Maurice Grillot, à Corneux (Haute-Saône) qui a introduit dans son exploitation agricole les appareils stérilisateurs les plus parfaits et les plus complets. Son lait, toujours identique de composition, est recueilli dans des récipients stérilisés à l'abri de l'air. Le consommateur trouve dans l'emploi de ce produit garantie et sécurité, et cependant il conserve toutes les apparences du lait cru ; il en garde le goût sapide et frais, de plus aucun germe n'y subsiste.

M. René Pierson de Brabois nous fait voir les produits de sa laiterie. Le mode de conservation paraît excellent et, comme M. Brunet-Louis, il présente au public les flacons de bonne marque, si utiles et si appréciés dans la vie courante.

M. Harmand, agriculteur à Tantonville, offre une magnifique exhibition comprenant les échantillons les plus variés de sa distillerie de Montplaisir, ainsi que les produits qui en dérivent.

La culture de l'asperge d'Argenteuil améliorée, en plein champ, si bien mise en lumière et créée de toutes pièces, dans notre région, par notre excellent collègue, M. Emile Chamagne, à Dombasle-sur-Meurthe, avait sa place marquée au Concours régional ; de même on a admiré l'exposition brillante de M. L. Thouillot, à Dombasle-sur-Meurthe, renfermant les différentes phases de cette plantation jusqu'à la récolte.

M. Fould, maître de forges à Pompey, expose une série très remarquable de coprolithes et autres matières premières servant à caractériser l'industrie des phosphates. De nombreux échantillons de scories fines s'ajoutent à cet ensemble et montrent au public les progrès accomplis depuis quelques années dans cette excellente méthode de fertilisation du sol.

Nous trouvons ici une exposition spéciale faite

par l'ECOLE PROFESSIONNELLE DE L'EST au point de vue de l'enseignement agricole. Ce sont des cahiers d'élèves ayant pour objet l'étude de l'agriculture, de l'arboriculture et de la zootechnie.

M. DU ROSELLE, à Malzéville, nous montre quelques échantillons du blé-type, accompagnés du mélilot de Sibérie et de ses applications comme plante textile.

M. J. VISINE, à Dombasle, réunit une collection bien remarquable de toutes les variétés de pommes de terre cultivées par lui en plein champ. Que l'on ne s'attende pas à une description complète de toutes ces sortes ; il suffit de savoir que ce jeune agriculteur est bien méritant, car il lui a été très difficile d'offrir aux visiteurs du Concours un ensemble aussi parfait. Que de peine et de soins il s'est donnés ! Sa récompense principale est surtout dans la contribution qu'il peut apporter à l'étude de cette question qui intéresse si vivement tous les agriculteurs : la culture raisonnée de la pomme de terre suivant les divers sols exploités.

A ce moment nous arrivons à la seconde partie de l'exposition collective et nous voyons les appareils de pisciculture présentés par M. ALBERT HINZELIN, à Nancy, notamment pour l'élevage de la truite.

Il serait très intéressant de donner ici une description des divers procédés usités dans cet art, soit de fécondation naturelle ou artificielle, mais le temps presse et nous nous bornons à admirer et à encourager tous ceux qui apportent un concours utile à cette branche importante, à cette source de profits.

M. BAZIN, cultivateur à Méréville, expose quelques

spécimens du seigle d'été qui lui réussit si bien. C'est un des premiers qui aient essayé la culture de cette variété productive dans le pays lorrain.

M. Moine, cultivateur à Marthemont, a eu aussi un des premiers l'idée en Meurthe-et-Moselle, et nous l'en félicitons, de se livrer à la fabrication du fromage façon Brie. Son exposition est remarquée, elle indique une connaissance approfondie de cette fabrication chez ce sympathique exposant.

M. de Taillasson, ancien inspecteur des forêts à Maisonville, près Pont-à-Mousson, dont la compétence en ce qui touche les questions forestières est connue de tous, présente aussi une exposition complète se rapportant à l'art forestier, aux modes divers de destruction des insectes nuisibles et à tout ce qui peut augmenter cette partie de la production de notre pays. Dans cet ordre d'idées, M. Pillot, garde général des forêts à Lagrasse (Aude), expose un appareil spécial pour combattre les insectes, et en particulier le bombyx.

M. Ch. Louis, cultivateur à Tomblaine, montre quelques spécimens des produits de sa ferme, tels que : vesces en vert, seigle, blé, toisons, etc. Toute cette exhibition témoigne des soins et des qualités qui président à la direction de cette exploitation qui ne compte plus ses succès.

M. Beaugé, agronome à Lay-St-Christophe, s'occupe d'études de minéralogie depuis quelques années ; il a déjà doté bien des écoles du département de collections de ce genre, de façon à permettre aux instituteurs de faire connaître à leurs élèves le nom des diverses formations que l'on rencontre dans le sol à cultiver ou dans les couches profondes,

Le savant géologue a tenu à coopérer à l'exposition collective en fournissant de nombreux spécimens de ses patientes recherches.

Viennent ensuite les expositions de MM. Bergé, cultivateurs aux Mossus-Lunéville et à Chanteheux, Thouvenin, à Venay, et Hennequin, cultivateur à Pixerécourt. Ici nous trouvons divers produits obtenus en grande culture très soignée : tabac, seigle, blé, houblon, puis un lot de laine ; cet ensemble fait honneur à ces habiles exploitants.

Il y a lieu de noter aussi les arbres exposés par M. Gérardin, à Thiaucourt ; les plantes fourragères de M. Lambert, à Pagny-sur-Moselle, et les houblons du Dr Naquard, à Toul.

Plus loin, M. Schneider-Aubrion, à Nancy, présente une exposition très complète de matériaux de construction capables d'être employés en France.

Elle renferme plusieurs milliers de spécimens de la production minérale de notre pays. Chaque échantillon est annoté avec soin, en indiquant la provenance, le nom du fournisseur, le poids du mètre cube, le prix, et cela dans le but de faciliter à bon compte aux entrepreneurs le choix d'excellents matériaux.

De cette façon, dans le cas de constructions rurales ou autres, l'excellente œuvre de M. Schneider peut rendre de signalés services.

M. E. Mer, à Longemer, près Gérardmer, développe, à l'aide de nombreux produits placés sur table, puis de cartes murales, les résultats complets de ses essais sur la culture herbagère des Hautes-Vosges. De plus, le savant professeur y ajoute les travaux multiples de sylviculture entrepris par ses soins à la station de recherches de l'Ecole forestière.

Les tableaux renfermant les résultats obtenus dans les champs d'expériences de Bainville-sur-Madon, par M. Navel, instituteur, sont examinés et remarqués par tous ceux qui s'intéressent aux questions agronomiques.

Le Comptoir des sels de Nancy et la saline de Varangéville ont chacun une exposition de sel gemme destiné à l'alimentation du bétail.

De nombreuses cartes murales complètent l'exposition collective de chaque côté du pavillon de la Société centrale. Bon nombre d'entre elles se rapportent à l'enseignement agricole qui a donné lieu à un Concours spécial dont il sera fait un rapport particulier. Toutefois, nous appelons, en terminant, l'attention sur deux de ces travaux.

L'un est la carte agronomique de M. Jacquot, instituteur à Lunéville. Sous forme de tableau graphique, l'auteur a pu réaliser un véritable chef-d'œuvre qui a fait l'admiration de tous les visiteurs. Si nous avions la bonne fortune de posséder un travail de ce genre pour chaque commune du département, il serait facile de procéder, d'une façon certaine, à l'établissement d'une carte agronomique de Meurthe-et-Moselle.

Ce serait là un progrès sérieux qui serait bien profitable à notre culture si éprouvée.

Le second travail concerne la météorologie : il émane de M. Bagard, instituteur à Thiébauménil, et renferme, dans plusieurs tableaux, les observations météorologiques d'un certain nombre d'années. C'est une œuvre de longue haleine qui fait grand honneur à son auteur.

Enfin, nous donnerons ici une mention spéciale

aux tableaux d'enseignement de l'árboriculture dus à la plume de M. Picoré, à Nancy. Il serait superflu de faire l'éloge de notre distingué collègue, dont le mérite n'a d'égal que la modestie. Les services que cet enseignement a rendus dans la région sont importants, et tous les visiteurs ont pu à loisir admirer les diverses parties traitées par l'auteur, et remporter dans leurs communes de précieuses indications.

En résumé, l'exposition des produits agricoles au Concours régional de Nancy est en progrès marqué sur la précédente, c'est à dire sur celle de 1885. Nous ajouterons en terminant cette faible esquisse que c'est un encouragement pour l'avenir, car, en persévérant dans cette voie, en soignant de mieux en mieux ce genre d'exhibition, on ne pourra que concourir de plus en plus à la prospérité agricole, et par suite à celle de notre pays.

Le Rapporteur : Knecht.

Exposition d'instruments agricoles.

La partie du Concours qui renfermait les machines et instruments agricoles était particulièrement intéressante, en ce qu'elle avait attiré à Nancy des constructeurs qui n'y viennent pas d'habitude, et qui habitent fort loin de notre région.

Non seulement les grands entrepositaires bien connus de Paris, MM. Pilter, Mot, le Crédit agricole, avaient amené des instruments de toute nature, les représentants des maisons étrangères Adriance, Harrison, Hornsby, Faul, Duncan étalaient leurs belles faucheuses, moissonneuses et lieuses, employées un peu partout ; mais encore des spécialistes, pour ainsi dire, comme MM. Bajac, Candelier, Puzenat, Hurtu, exposaient une collection d'instruments de culture très répandus dans le Nord, mais qui ont de la peine à s'introduire dans la région de l'Est.

Ne faut-il pas en dire autant des grandes batteuses à vapeur, si bien représentées par Brouhot, la Société française de Vierzon, Hornsby, de Grentham, Millot, de Gray ? Malgré les services incontestables que rendent ces machines à battre dans les grandes exploitations et dans les contrées où on peut travailler en plein air, pendant une grande partie de l'hiver, nous ne croyons pas qu'il en soit resté une seule dans le pays, et ce n'est pas sans raison que le nombre n'en augmente pas chez nous. En dehors de quelques entrepreneurs de battage, qui cherchent à se multiplier pendant deux mois de l'année, pour donner satisfaction à un plus grand nombre de clients avant la venue de la mauvaise saison, la batteuse à vapeur n'a que rarement trouvé place dans les meilleures fermes de ces contrées. On ne saurait leur en faire un reproche.

Aussi longtemps que la saison le permet, leur nombreuse cavalerie, trop nombreuse peut-être, trouve à s'employer aux travaux de l'extérieur ; mais, aussitôt que l'on est bloqué par la neige et les glaces, il faut trouver à l'intérieur une occupation au personnel et aux chevaux. Que feraient-ils, s'ils n'avaient pas la machine à battre ?

Les chevaux ne se prêtent pas, comme les ruminants, à une stabulation prolongée, sans préjudice pour leur santé. Il leur faut de l'exercice, tout au moins une promenade quotidienne, pour les entretenir en bon état. C'est la machine à battre qui devient la grande ressource, comme elle l'est pour les hommes. C'est elle qui donne de l'occupation même en pleine obscurité ; permettant de commencer dès 4 heures du matin, et d'aller jusqu'au soir, alors que le soleil, levé à 7 heures et couché à 4 heures, donne, comme à regret, quelques heures d'une clarté grise, qui a de la peine à pénétrer dans la grange.

A côté des constructeurs venus un peu de partout, ceux de la région de Nancy ne faisaient pas trop mauvaise figure.

La maison de Meixmoron de Dombasle présentait à elle seule près de deux cents instruments divers. Sa collection complète aurait pu arriver facilement à trois cents, si elle avait amené un seul spécimen de tous les instruments de son catalogue.

Puis venaient MM. Breton frères, Louis de Souhesmes, Bernet-Charroy, Jannel, Champenois-Rambeaux, et, dans un genre un peu différent, Kuhn et Fleichel, de Jarville, Hoffmann et Cie, avec leur belle série de bascules, donnant, avec la même précision, depuis le poids d'un sac de blé jusqu'à celui d'un wagon en charge.

Les foudres et vaisseaux vinaires de grandes dimensions, qui sont une spécialité de Nancy, étaient dignement représentés par M. Fruhinsholtz et par M. Koch.

Enfin, sur les confins du domaine agricole, mais s'y rapportant par plus d'un côté, la maison Diébold et Michel, nouvellement installée à Nancy, exposait une de ces belles machines à vapeur qu'elle répand dans toute la région, sans négliger les plus humbles installations mécaniques.

Les pompes, si utiles en agriculture et cependant si parcimonieusement employées, fonctionnaient sous toutes les formes.

Celles du système Montrichard, si pratiques et si simples, sans clapets, sans garnitures, applicables au vin, au lait, à l'eau, à l'air, aux épuisements, aux vidanges, aux irrigations, étaient représentées par différents modèles, marchant à la main et au moteur.

On examinait aussi avec curiosité les collections de MM. Noël, Malcotte, Broquet, Beaume, Gaillot, Japy, de toutes formes et de tous débits.

Les alambics, chers aux bouilleurs de cru, et qu'une loi menaçante fera peut-être passer à l'état de curiosité pour musée, offraient les formes les plus engageantes ; ils étaient exposés par MM. Besnard, Cabasse, Deroy et Egrot.

Les trieurs de grains, indispensables pour sélectionner et améliorer les semences, et que l'on rencontre cependant si rarement chez les cultivateurs, étalaient les noms bien connus de Marot, Clerc, Fauchard, Cabasson.

Les semoirs se divisaient en deux catégories. Les semoirs *à graines*, en lignes ou à la volée, de Magnier, Lapparent, Sack, Hornsby, Schmitt, Howard, Ben-Reid et leurs imitations ; et les semoirs *à engrais* de Hurtu, Faul, Rigault, Magnier, Puzenat et Dumaine, qui ont résolu la question d'un épandage régulier de façons diverses, au moins pour les matières pulvérulentes, et dont on a pu suivre le travail dans les allées de la Pépinière.

Une des nouveautés, et on peut même dire des curiosités du Concours, était l'exhibition *des moteurs à pétrole* de divers modèles, qui attiraient l'attention des visiteurs par leur marche rapide, silencieuse et régulière.

Ces petits moteurs méritent tout l'intérêt que leur portent les cultivateurs: ce sont les moteurs agricoles par excellence, ceux que, dans un avenir prochain, on rencontrera dans toutes les fermes.

Sans feu, sans pression, sans vapeur, sans charbon, sans niveau à conserver, ils peuvent marcher des heures entières sans danger et sans surveillance. Plus besoin de chauffeur, ni de mécanicien.

Le fermier, après la mise en route, peut vaquer à ses occupations sans plus s'en inquiéter. Un coup d'œil de temps à autre suffit. C'est l'idéal de la simplicité et de l'indépendance.

Dans quelques années, ces utiles auxiliaires, sur lesquels s'exerce en ce moment la sagacité des constructeurs, seront si bien perfectionnés, qu'ils deviendront indispensables.

Ils se divisent pour le moment en deux catégories:

Ceux qui emploient les huiles légères dites essence de pétrole, et ceux à huile lourde, ou pétrole ordinaire.

Les moteurs qui utilisent les pétroles légers, pesant 600 à 650 grammes le litre, sont de véritables moteurs à gaz. On les nomme aussi machines à gazoline. Un petit volume d'air, chargé de vapeur d'essence, se mélange à de l'air frais, s'allume par une étincelle électrique, et fait explosion à l'extrémité du cylindre, en chassant le piston, que le volant ramène à son point de départ.

Ces dispositions en font forcément des machines à grande vitesse, et par suite de petit volume.

La mise en train demande quelques minutes, et n'exige aucune préparation préalable.

Les moteurs à huile lourde ont besoin d'être chauffés d'avance. Le plus souvent une petite lampe, de capacité déterminée, doit brûler jusqu'au bout pour faire rougir l'allumeur, qui s'entretiendra ensuite de lui-même.

Tous ces moteurs sont à volonté fixes ou locomobiles et d'une construction compacte, qui rend leur déplacement et leur montage des plus faciles.

La consommation varie de 0 k. 400 à 0 k. 600 par force de cheval et par heure. Des expériences récentes ont démontré que leur rendement pratique est très satisfaisant.

Pendant le Concours, on pouvait voir marcher les moteurs Brouhot, Niel, Hornsby, Crossley.

Ces machines viennent bien à point remplacer la main d'œuvre agricole, chaque jour plus rare. Le temps est proche où, à côté de chaque grande étable, on placera une pièce vaste, propre, bien éclairée, servant à faire la cuisine aux bêtes. Autour du petit moteur qui en occupera un côté, seront groupés coupe-racines, hache-paille, concasseurs de grains et de tourteaux, broyeur de pommes de terre, mélangeurs; sans compter que, dans la laiterie voisine, il pourra facilement actionner écrémeuse, baratte, malaxeur, pompes, etc.

Quelques femmes suffiront à diriger tout ce travail intérieur, tandis qu'au dehors les chevaux et les hommes feront les expéditions ou iront recueillir les produits des petites fermes du voisinage et y transporter les aliments tout préparés par la ferme centrale. Il y aura de l'occupation pour tous et cette division rationnelle du travail permettra d'utiliser, dans les conditions les plus profitables, tant de fatigues et de soins aujourd'hui perdus et de produits gaspillés sans profit pour personne.

Le Rapporteur, A. CHABELLARD,
Ingénieur civil.

Exposition d'apiculture.

Par son exposition apicole au Concours régional de Nancy, la Société d'apiculture de l'Est reprétait dignement une des sections les plus importantes de l'agriculture.

Quarante-cinq exposants avaient répondu à l'appel de la Société ; leurs apports furent classés en trois catégories : 1° Produits ; 2° ruches vides ; 3° outillage apicole. Une quatrième catégorie fut créée pour les publications et l'enseignement apicole.

Un vaste carré entre l'Exposition d'horticulture et le Concours agricole était mis à la disposition de la Société par la ville de Nancy ; les produits et une certaine partie du petit matériel étaient réunis sous trois vastes tentes ; les ruches vides de toutes sortes et de tous les modèles, étaient dispersées par groupes sur les pelouses, et donnaient à cette partie de l'exposition l'aspect d'un village minuscule. Ce n'était pas le côté le moins intéressant de cette exposition, car les abeilles vivantes, logées en ruchettes d'observation, offraient aux amateurs et visiteurs le plaisir de les voir travailler sans danger de piqûres.

Le Jury était composé des présidents ou secrétaires des Sociétés françaises et alsaciennes d'apiculture : MM. de Layens, président de la Fédération ; Sevalle, directeur de l'*Apiculteur* ; l'abbé Corrigeux, président de la Société d'Alsace-Lorraine ; l'abbé Maujean, secrétaire général de la Société d'apiculture de la Meuse ; Champion, président de la Société de Saône-et-Loire ; Melchior, ancien président de la Section d'apiculture de Forbach ; Jolain, apiculteur à Rosières-aux-Salines ; Leriche, directeur de l'*Auxiliaire de l'apiculteur*, à Amiens.

Parmi les exposants de la première catégorie, M. l'abbé Mirguet, curé de Marbache (Meurthe-et-Moselle), secrétaire général de notre Société, tient le premier rang.

Son exposition est des plus intéressantes ; les produits mellifères de son rucher et de sa fabrication étaient là : miel, hydromel, cire, bougies, vinaigre de miel, savon au miel, pastilles au miel, chartreuse au miel, eau-de-vie de miel, dépuratif du sang en boule de soufre au miel, etc., etc.

Le Jury accorde à cet exposant le 1er prix d'honneur, la coupe en porcelaine de Sèvres offerte par le regretté président Carnot. Il a estimé avec raison que le mérite d'un producteur tient plus à la valeur des produits, à leur variété, à leur nouveauté, qu'aux grands étalages d'articles apicoles, qui figurent bien souvent aux expositions à titre de réclame commerciale.

Dans cette catégorie, les produits de l'arrondissement de Nancy étaient représentés par les expositions de MM. Picoré, administrateur de la Société ; Lemaire, trésorier ; Vagner, de Malzéville ; Mlle de Saint-Vincent de Parroy, à Laxou. Ces miels, en général, ont une couleur brun clair ; ils ont été reconnus excellents. Ils valurent à Mlle de Saint-Vincent une médaille de bronze grand module ; à M. Vagner celle du Ministère de l'agriculture, et à M. Lemaire la médaille de vermeil offerte par M. le Maire de Nancy.

MM. Chaude, de Croismare ; Humillière, d'Anoux ; Gérardin, instituteur à Réchicourt ; Boulanger, de Saint-Pierremont : Guissard, de Fillières ; Chotin-Varoquy, de Villers-la-Montagne, et Royer, instituteur à Vilette, présentaient les produits mellifères des autres parties du département. A remarquer les madeleines au miel de M. Boulanger, et les sections de M. Royer, instituteur.

Une médaille d'argent grand module, offerte par la Société des Agriculteurs de France, est décernée à M. Guissard ; celle de maillechort, offerte par l'abbé Martin, à M. Boulanger ; MM. Humillière et Chaude obtiennent une médaille de bronze du Ministère.

Les miels de Sainfoin, de l'arrondissement de Briey, d'une couleur blanche, ont une finesse qui leur permet de rivaliser avec les bons miels du Gâtinais.

Le département des Vosges nous avait envoyé ses miels de montagnes : les produits de MM. le docteur de Mirbeck, président de la Section de Saint-Dié, et Gremillet, de St-Dié, étaient remarquablement beaux ; à citer particulièrement les miels verdâtres de sapin et des sections admirablement construites. Cette belle exposition fut récompensée par une médaille d'argent grand module de la Société centrale d'apiculture de Paris, à M. de Mirbeck, et une médaille d'argent de M. de Layens à M. Gremillet.

Ceux de M. Vancaster, de Raon-l'Etape, lui valurent une médaille de bronze.

M. Labourasse, de Vouthon-Haut (Meuse), présentait du miel en section de toute beauté pour lequel il a reçu une médaille d'argent du ministère.

Nous avions en outre des apports de produits provenant des diverses régions de la France ; citons ceux de MM. Boudoux, de Nesle (Somme), qui obtient, pour ses miels en rayon, une médaille de bronze du ministère ; Victor Mathieu, de Saint-Mard-en-Othe (Aube), une médaille d'argent du ministère pour ses miels fins ; Louis Dornier, aux Allemands (Doubs), une médaille d'argent offerte par M. le sénateur Volland, pour ses hydromels et eau-de-vie de miel.

M. Derosne, président de la Société Comtoise, à Ollans (Doubs), présentait hydromel, liqueurs diverses au miel, une nouveauté, le mello-grog, qui lui valurent un diplôme d'honneur.

MM. Lefèvre-Denise, fabricant de pain d'épice à Nancy, Salomon et René Madeline, négociants à Paris, exposaient des miels français de toutes les provinces. des pains d'épice au miel de Bretagne; les Grimblettes de Lunéville, présentées par M. Lefèvre-Denise, furent très appréciées et lui valurent un diplôme de mérite.

Dix-huit exposants concouraient dans la deuxième et la troisième catégorie. M. Chardin, de Villers-sous-Prény, présentait une collection de ruches cubiques, système de M. l'abbé Voirnot, de toutes les dimensions, simples, semi-doubles et doubles de sa fabrication ; comme apiculteur, plusieurs colonies d'abeilles vivantes en ruches ordinaires et en ruche d'observation ; comme commerçant, tous les accessoires et tout le matériel apicole du rucher moderne; la cire gaufrée qu'il fabrique lui-même a été très appréciée du Jury. Cette admirable exposition a été récompensée de la médaille de vermeil grand module offerte par Mgr Turinaz.

M. Dulphy, de Dombasle (Meuse), comme fabricant, a apporté bien des améliorations à la construction des ruches. Celles qu'il présentait étaient des plus soignées : la médaille de vermeil du ministère lui fut décernée.

Le matériel apicole que présentait M. Gelhaye, de Nancy, lui valut la médaille d'argent offerte par M. l'abbé Voirnot.

Les ruches en paille de M. Julien Guillaume, fabricant à Sandaucourt (Vosges), furent récompensées d'une médaille d'argent de la Société centrale de Paris ; ce constructeur présentait la ruche en paille carrée pour y loger des cadres.

La ruche d'Alsace-Lorraine, garnie de paille pressée, fabriquée par M. Schnell, de Bouxviller (Basse-Alsace), et les extracteurs de M. Spite, de Bar-le-Duc, valurent à ces deux exposants une médaille de maillechort. La même récompense est attribuée à M. Renaud, conseiller général à Recourt (Meuse), pour la présentation d'une ruche de son invention, dite la Meusienne.

Le matériel destiné à la fabrication de l'hydromel et de l'eau-de-vie de miel formait un lot des plus intéressants ; on y remarque la cuve Poiret, présentée par M. Bouchy, de Nancy ; les levures de M. Duvivier, à Paris, celles de M. Jacquemin, de Nancy, ainsi que l'alambic des familles, fabriqué par Besnard, de Paris, présentés par M. Cabasse, ingénieur à Pont-à-Mousson. Cet alambic, à jet continu, dont le fonctionnement a déjà fait ses preuves, est appelé à rendre de grands services aux apiculteurs.

Dans la quatrième catégorie, publications et enseignement, on remarque les ouvrages de M. l'abbé Voirnot ; le plan du rucher de M. Gérardot, instituteur à Azerailles ;

L'*Auxiliaire de l'apiculture*, de M. J.-B. Leriche, publiciste à Amiens ; un manuscrit sur les abeilles, par M. Cunche, instituteur à Briey, conférencier de la Société ; une collection d'insectes nuisibles à l'apiculture et un écrit scientifique sur les abeilles par M. Gérardin, instituteur à Réchicourt.

Pour faire connaître les produits de l'apiculture, créer de nouvaux consommateurs et de nouveaux débouchés, la Société avait organisé une tombola permanente au moyen des cartes d'entrée : 8 085 tickets ont été placés, 1.236 pots ou flacons représentant 480 kilog. de miel se trouvèrent vendus.

A l'occasion de cette exposition, la Société avait organisé un Congrès apicole auquel elle avait convoqué les sommités de l'apiculture française et où furent traitées les questions suivantes :

Législation des abeilles, par M. l'abbé Meaujean ; Syndicat central, par M. René Madeline, rédacteur en chef de l'*Auxiliaire* ; grandes et petites ruches en 1894, par M. le chanoine Martin, président honoraire de la Société de l'Est ; distillation de l'hydromel, par M. Froissard, conférencier apicole ; eau-de-vie de miel, par M. Minoret, président de la Société « le *Rucher des Allobroges* » ; l'apiculture en Anjou, par M. l'abbé Combes, président de la Société de l'Anjou.

Avant de se séparer, les membres du Congrès, au nom de leur Société respective, ont signé une requête qui sera présentée au Sénat et à la Chambre des députés par les soins du bureau de la Fédération, tendant à classer parmi les bouilleurs de cru l'apiculteur et à faire ajouter l'hydromel aux divers fruits que le bouilleur de cru a le droit de distiller.

Le Rapporteur : J. PICORÉ.

Concours départemental d'enseignement agricole.

La Commission chargée, par la Société centrale d'agriculture, de l'organisation d'un Concours d'enseignement agricole, était composée du Bureau de la Société et de MM. le Recteur ; l'Inspecteur d'Académie ; Bourgeois, professeur départemental d'agriculture ; Petit, professeur à la Faculté des Sciences, à Nancy ; Poirson, professeur à l'Ecole pratique d'agriculture Mathieu de Dombasle, à Tomblaine ; Henry, professeur à l'Ecole forestière, à Nancy; Picoré, professeur d'arboriculture, à Nancy; Bailly, propriétaire à Armaucourt ; Raulx, cultivateur à Millery ; Ch. Viriot, cultivateur à Agincourt ; J. Lejeune, à Nancy.

Elle décida que tous les instituteurs du département seraient appelés à concourir, qu'ils y seraient invités, par les soins de la Société d'agriculture et par l'Inspection académique. Puis elle demanda aux concurrents un plan et un rapport dans les conditions suivantes :

1° Le plan cadastral d'ensemble donnant, par des teintes, la nature géologique et minéralogique des terres de la commune.

2° Un rapport embrassant :

I. La constitution minéralogique et physique des sols et sous-sols ;

II. Les engrais ou amendements employés et à employer dans les différents sols et suivant les cultures ;

III. Les cultures faites dans la commune et les assolements en usage ;

IV. Les améliorations réalisées ou à réaliser, telles que : irrigations, drainages, création de prairies, reboisements, etc., etc.;

V. Enfin, les spéculations faites par les cultivateurs : débouchés, ce qu'ils vendent, produits végétaux, produits animaux, etc.

Grâce au bienveillant appui donné par M. le Recteur et par M. l'Inspecteur d'Académie, soixante-huit instituteurs ont répondu à cet appel.

La Commission, s'étant donné comme président M. Lejeune et comme secrétaire M. Bourgeois, a procédé à l'examen des cartes et de tous ces mémoires ; elle les a distribués ensuite par groupes à plusieurs membres qui dévaient les examiner en détail et procéder à un classement préliminaire.

Dans la réunion suivante, chacun des examinateurs a fait valoir les mérites de ceux qu'ils avaient le mieux classés, et de cette opération est résultée une première élimination des concurrents par trop inférieurs.

Je fus chargé alors de comparer ensemble les divers travaux importants et d'apporter mes impressions à la séance suivante.

C'est à la suite de ce rapport verbal et après une discussion longue et importante que la Commission a définitivement classé les lauréats de ce Concours.

Je n'entrerai dans aucun détail sur les mérites récompensés ; je dirai seulement que beaucoup des travaux présentés sont absolument remarquables et mériteraient les honneurs de l'impression. Les meilleurs, à eux seuls, formeraient la matière d'au moins dix volumes et malheureusement l'état des finances de la Société ne permet pas une publication de cette importance. Je ne donnerai même pas ici une simple analyse des mémoires, car, comme ils sont généralement assez condensés, ce serait encore beaucoup trop long. Du moins, j'espère qu'ils resteront dans les archives de la Société et qu'ils constitueront la première base d'une monographie agricole du département, monographie que nous avons le désir de faire par la suite.

Pour aujourd'hui, je me borne donc à donner l'appréciation générale du jury dans le classement qu'il a établi sur la valeur relative des mémoires.

Quelques instituteurs ont fourni des travaux absolument insuffisants : ou les plans manquaient, ou ils étaient trop simplifiés, mal dessinés, ne représentant du territoire que les contours et les grandes lignes. Chez d'autres, les rapports laissaient aussi beaucoup à désirer : ou les réponses, mal comprises, étaient jetées sans ordre sur le papier, ou bien elles étaient noyées dans de longs détails en dehors du sujet, ou bien enfin elles n'avaient de valeur qu'en un point restreint mieux connu de l'auteur.

Les autres concurrents avaient donné de bonnes cartes et de bons rapports ; l'instituteur de Lunéville, par exemple, était très complet : sa carte, dessinée avec art, très nette et très claire, ne laissait rien à désirer ; de plus, ce travailleur, réglant la place dont il disposait, traçant ses lignes et son texte avec une patience et une adresse fort méritantes, avait su réunir exactement toutes ses réponses dans l'espace restreint du cadre enveloppant cette carte. Beaucoup d'autres, dont l'énumération serait trop longue, avaient aussi fait des plans remarquables de leur commune et les avaient accompagnés de longs rapports bien étudiés, bien compris et bien condensés. Tout le monde a pu admirer à l'exposition de la Société les jolis plans étalés sur la paroi de cette exposition qu'ils décoraient si bien ; tout le monde a pu jeter un coup d'œil sur les rapports qui couvraient la table.

Tous ces derniers ont obtenu des récompenses.

D'autres instituteurs, en nombre assez restreint, il est vrai, avaient exposé directement au Concours régional et par conséquent leurs travaux n'ont pas été soumis à la Commission. Nous le regrettons, car il en est quelques-uns d'entre eux qui auraient certainement été classés parmi les premiers.

Le Secrétaire de la Commission,

A. Bourgeois.

Réunion des délégués au Concours régional.

La réunion des délégués du Concours agricole régional de Nancy a eu lieu le 29 juin au soir.

Rien de bien intéressant n'y a été discuté.

Comme toujours, nous avons entendu les plaintes de différents éleveurs. Celles-ci se résument en doléances qui, en étant toujours à peu près les mêmes chaque année, finissent par laisser froids même les plus incrédules.

Animaux mal classés, incompétence ou faiblesse du jury, qui jamais, ou presque jamais, ne remédie énergiquement aux mauvais classements.

Cependant ce serait une chose bien facile à faire ; elle est réclamée depuis longtemps.

Qu'une Commission spéciale examine donc le classement de toutes les bêtes amenées au Concours et mette sans pitié *hors Concours* tout animal mal classé.

Très souvent, dans les catégories dites de croisements, il arrive que des bêtes de race pure ou à peu près pure, remportent les premiers prix parce qu'elles se rapprochent le mieux du type initial. Ayant des qualités supérieures, ces animaux supplantent leurs camarades, qui, eux, représentent cependant les vrais croisements.

N'ayant pas de vœux spéciaux à présenter comme délégué, je me suis borné à demander qu'à l'avenir les Concours régionaux de notre région aient lieu plus tôt.

Vous le savez tous : plus que jamais, on suit, ne serait-ce qu'à titre de curiosité (c'est le cas du plus grand nombre), les Concours régionaux. Il est donc très désagréable pour les cultivateurs de se déranger plusieurs fois en pleine fenaison.

L'assemblée a adopté ma proposition ; de plus, M. le Président m'a promis qu'à l'avenir nous verrions avancer dans l'Est la date de nos Concours.

Le Délégué, rapporteur,
E. Collet.

Concours de la Société d'horticulture.

A l'occasion du Concours régional, la Société d'horticulture de Nancy tenait son exposition principale de l'année dans la ravissante promenade de la Pépinière, non loin de l'enceinte réservée à l'agriculture, sur un vaste carré que la Ville a mis à sa disposition.

La tente principale abrite les lots importants de plantes à feuillages ou à fleurs, les plantes de serre et les plantes exotiques.

Le matériel horticole, les fleurs coupées, les bouquets, corbeilles, garnitures de tables, couronnes, etc., sont installés sous des tentes annexes et des abris de toutes sortes.

Sur les pelouses, sont distribuées, en de nombreux massifs, toutes les plantes et fleurs de pleine terre, et sur des plates-bandes s'étalent les produits de la culture maraîchère. Un peu plus loin, l'arboriculture est largement représentée.

Telle est, après un aperçu général, l'exposition d'horticulture. Complètement abritée par des arbres séculaires, elle offre un aspect des plus attrayants. Son organisation, son installation et la distribution de ses parties, faites sous la direction immédiate du président, M. Léon Simon, sont des mieux réussies.

Faisons une promenade à travers toutes les jolies plantes et toutes les belles fleurs exposées, et citons les plus intéressantes.

M. Crousse a certainement l'apport principal de l'exposition ; il a des plantes décoratives à feuillage : palmiers, broméliacées, araliacées, cycadées, etc. ; un lot d'orchidées remarquables ; des plantes à fleurs : begonias tubéreux, collection de roses extra de sa création, etc.

Viennent ensuite les lots de MM. V. Lemoine et fils, où l'on voit les transformations qu'ils font subir à certaines espèces : begonias, glaïeuls de Nancy, clématites, etc.

Puis les belles cultures de M. Vergeot, représentées par de beaux spécimens de dracœnas.

Enfin, les groupes divers de plantes ornementales de MM. Blaise, Louis Blaison, Bel, qui complètent les apports de ce genre de culture.

Parmi les massifs entre lesquels sont distribuées les plantes et fleurs de pleine terre, on peut citer les fuchsias, bouvardias, begonias, géraniums, etc., de MM. Bel, Blaison, déjà cités, et de M. Baltazard.

Les plus beaux lots de roses collectionnées en fleurs coupées, présentées chacune dans un flacon d'eau, viennent de la maison Jouppert et Notting, de Luxembourg ; Laurent jeune, de Rosières-aux-Salines ; Jules Elie, de Villers-les-Nancy.

M. Gerbeaux, qui spécialise surtout la culture des plantes vivaces, en a un massif très intéressant.

Les arbres et les arbustes d'ornement figurent à cette exposition en branches coupées. Les collections de MM. JOIN, chef des cultures de M. Léon Simon, à Plantières, près de Metz, et de M. A. MULLER, de Nancy, forment un concours des plus remarquables, avec un apport de conifères en beaux spécimens de ce dernier.

Les arbres fruitiers ont aussi leur place marquée à la Pépinière. MM. PICORÉ et MULLER sont seuls exposants dans ce genre de culture.

La présentation de M. Picoré est complète ; on y trouve un jardin fruitier meublé d'espaliers, de contre-espaliers et de formes libres en grands exemplaires. Sur un mur artificiel, sont palissés deux grands pêchers en forme de palmette simple. Une installation d'abris y montre l'emploi du verre, qui doit remplacer avantageusement les planches ou paillassons dont l'inconvénient est d'étioler les parties abritées.

Toutes les formes principales figurent dans ce jardin d'un moment : pyramides à ailes et ordinaires, vases de toutes dimensions, à branches droites et à branches obliques, à base conique; palmettes simples et doubles, à branches horizontales et à branches verticales ; candélabres à quatre branches; cordons obliques et cordons horizontaux, appliqués suivant l'espèce d'arbre cultivé.

On remarque plus particulièrement la construction des montures de vases, dont la fabrication est des plus économiques et des plus solides.

On voit aussi un lot de vignes en pots, provenant de la multiplication par marcotte en vert ; ces vignes, des mieux réussies, sont destinées à la création de treilles.

Le lot de M. Muller comprend surtout des arbres

à hautes tiges convenablement dressés pour la création des vergers.

MM. Javille et Ce présentent différentes variétés de vignes en pots cultivées plus particulièrement pour leurs produits, et des pêchers portant des fruits approchant de leur maturité.

Les expositions des produits maraîchers de M. Goury, de Saint-Nicolas-du-Port; Thouvenin, du Pont-d'Essey ; Coclet, de Nancy, sont des plus intéressantes.

M. Goury présente des meules de champignons qui sont particulièrement très admirées.

Le matériel horticole ne manque pas. On remarque les appareils de chauffage de MM. Lebœuf et Guyon, constructeurs à Paris ; Mathieu, à Paris ; Didon, à Nancy.

M. Seyer, serrurier à Nancy, présente divers systèmes de châssis simples et doubles.

Les appareils d'arrosage et de pulvérisation d'eau figurent dans l'exposition de M. Faure, fabricant bien connu à Nancy. Je signale particulièrement parmi ces objets un vaporisateur portatif, appareil nouveau marchant à l'aide d'une lampe à alcool, que je crois appelé à de nombreuses applications en horticulture.

Ce sont MM. Walter, quincailliers à Nancy, rue de la Faïencerie, qui exposent le plus beau lot de tous les instruments utilisés dans la pratique du jardinage : bêches, binettes, râteaux, tondeuses de gazon, cueille-fruits, arrosoirs, seringues, etc.

L'alambic Besnard figure aussi dans cette exposition : cet alambic, d'invention encore récente, est appelé à rendre de bien grands services au petit propriétaire, en lui donnant le moyen de tirer du premier jet d'excellentes eaux-de-vie parfaitement rectifiées.

C'est M. Bonnaud, coutelier à Nancy, qui présente la coutellerie horticole : sécateurs, serpettes, greffoirs de tous genres et de toutes dimensions.

M. Redon, architecte paysagiste à Reims et à Paris, expose des plans de parc et des aquarelles, représentant en perspective les propriétés exécutées.

MM. Berger-Levrault, enfin, exposent de leur côté une série d'ouvrages appelés à fournir d'utiles renseignements ; ils ont pour titres : *Traité de Sylviculture*, par M. E. Boppe ; *Chimie et Physiologie appliquées à l'agriculture et à la sylviculture*, par M. L. Grandeau ; *Recherches chimiques sur la végétation*, par MM. Fliche et L. Grandeau ; *Traité des maladies des arbres*, par Robert Hartig, traduit de la deuxième édition allemande par MM. S. Gerschel et E. Henry ; *Flore forestière*, par Mathieu ; *Cours de technologie forestière*, par H. Nanquette, nouvelle édition publiée par M. L. Boppe, etc., etc.

Cette exposition, fort remarquable et par le nombre des exposants et par la beauté des lots, a été très suivie et très admirée dans toutes ses parties. Le nombre des récompenses que la Société a dû donner pour reconnaître tous les mérites a été considérable ; mais la liste en serait trop longue pour trouver place ici.

Le Rapporteur,

J. Picoré.

LISTE DES RÉCOMPENSES

Décernées aux Lauréats du département de Meurthe-et-Moselle et de la Société centrale.

CONCOURS RÉGIONAL AGRICOLE

Prix culturaux.

1re CATÉGORIE.

Propriétaires exploitant leurs domaines directement ou par régisseurs et maîtres-valets (domaines au-dessus de 30 hectares).

Un objet d'art de 500 fr. et une somme de 2,000 fr.,
A M. Masson (Ernest), à la Trinité, commune de Saint-Max.

2e CATÉGORIE.

Fermiers à prix d'argent ou à redevances fixes en nature, remplaçant le prix de ferme ; cultivateurs-propriétaires tenant à ferme une partie de leurs terres en culture ; métayers isolés se présentant avec l'assentiment de leurs propriétaires (domaines au-dessus de 30 hectares).

Un objet d'art de 500 fr. et une somme de 2,000 fr.,
A M. Bergé (Joseph), aux Mossus, commune de Lunéville.

4e CATÉGORIE.

Métayers isolés, petits cultivateurs, propriétaires ou fermiers de domaines au-dessus de 10 hectares et n'excédant pas 30 hectares.

Un objet d'art de 500 fr. et une somme de 1,000 fr.,
A M. Lejeune (Joseph), à Einville.

Rappel de prime d'honneur.

A M. Louis (Charles), à Tomblaine.

Prime d'honneur.

Un objet d'art de la valeur de 3,500 fr.,
A M. Bergé (Joseph), lauréat du prix cultural de la 2e catégorie.

Prix de spécialités.

Un objet d'art,
A M. Antoni (Louis), pour ses cultures.

Médailles d'or grand module.

A M. Harmand, à Tantonville, pour cultures de betteraves à sucre, travaux de drainage et réunion de nombreuses parcelles.

A M. l'abbé Harmand, directeur de l'orphelinat agricole d'Haroué, à Haroué, pour l'enseignement pratique agricole et horticole donné aux orphelines de l'établissement.

A M. Hennequin (Albert), à Pixerécourt, pour ses cultures de plantes sarclées et le bon ensemble de son bétail.

A M. Masson, à Viterne, pour ses plantations de résineux et ses pépinières forestières.

A M. Moine, à Marthemont, pour création de prairies et installation d'une fromagerie.

A M. Pérot (Victor), à Brichambeau, pour son bétail et ses cultures sarclées.

Médailles d'or.

A M. Bergé (Charles), à Chanteheux, pour ses cultures de plantes sarclées.

A M. Gérardot, à Azerailles, pour son rucher.

A M. Orion, à Norroy-le-Sec, pour création de pâturages.

A M. Remy (Auguste), à Saint-Remimont, pour l'ensemble de ses cultures.

Au Syndicat viticole de Millery, pour bonne organisation de préservation des vignes contre la gelée par les nuages artificiels.

A M. de Tinseau, à Toul, pour ses bonnes cultures fourragères.

A M. Viller, à Toul, pour la bonne tenue de son vignoble, à Boucq.

Médailles d'argent grand module.

A M. Beaudoin (Christophe), à Grisières, commune de Ville-sur-Yron, pour son élevage de chevaux.

A M. Contal, à Saulxures-les-Nancy, pour ses travaux de drainage.

A la commune de Villers-les-Moivrons, pour mise en valeur de terres incultes.

A M. Croisé, à Hoéville, pour la bonne tenue de ses vignes et bonne utilisation des purins.

A M. Didelon, à Vandœuvre, pour son enseignement pratique de la viticulture.

A M. Duchamp (Louis), à Blâmont, pour ses travaux de drainage et captation d'eau courantes.

A M. Musquar, à Lenoncourt, pour ses travaux de drainage.

A M. Raulx, à Millery, pour bonne utilisation des produits de sa laiterie et de sa basse-cour.

A M. Rotaker (Christian), à Gerbéviller, pour mise en valeur de terres incultes.

A M. Thiriet (François), à Ménillot, pour la bonne tenue de ses cultures.

Médailles d'argent.

A Mme Beaudoin, à Grisières, commune de Ville-sur-Yron, pour bonne tenue de sa basse-cour.

A M. Contignon (Charles), à Blainville-sur-l'Eau, pour création de prairies.
A M. Duguy (Jean), à Euvezin, pour la bonne tenue de ses vignes.
A M. Gérard (Georges), à Beuveille, pour ses cultures de céréales.
A M. Hennequin, à Sivry, pour sa culture de blé sélectionné.
A M. Liénéré, à Liverdun, pour création d'un verger.
A M. Périquet (Jules), à Longlaville-Herserange, pour la bonne tenue de sa vacherie et de sa laiterie.
A M. Picint (Charles), à Val-et-Châtillon, pour amélioration de prairies.
A M. Poirson (Auguste), à Toul, pour création d'herbages.
A M. Royer, à Toul, pour la bonne tenue de ses vignes et ses travaux de drainage.
A M. Visine, à Dombasle, pour création d'un verger.

Prix d'irrigation.

1re CATÉGORIE.

Rappel de 1er prix, à M. Boquel, à Bertrichamps.
1er prix, médaille d'or et 1,000 fr., à M. Blaise, à Merviller.
3e prix, médaille d'argent et 400 fr., M. Godfrin, à Lantéfontaine.

2e CATÉGORIE.

Rappel de 1er prix, à M. Collin, à Bertrichamps.
3e prix, médaille de bronze et 300 fr., à M. Antoine Brice, à Morey.
4e prix, médaille de bronze et 200 fr., à M. Charles Rouyer, à Einvaux.

Prix à la petite culture.

Prime d'honneur, consistant en un objet d'art et une somme de 800 fr., à M. Ophin Thouvenin, à Veney.
Médaille d'or et 600 fr., à M. Emile Chrétiennot, à Villers-les-Moivrons.
Médaille d'argent et 300 fr., à M. Louis Laroppe, à Bruley.
Médaille de bronze et 200 fr., à Mlle Claire Baur, à Nancy.

Prix à l'arboriculture.

Rappel de prime d'honneur, à M. Antoni Muller, à Nancy.
Prime d'honneur, un objet d'art, à MM. Lemoine et fils, à Nancy.
Médaille de bronze et 600 fr., à M. Aimé Laurent, à Rosières-aux-Salines.
Médaille de bronze et 400 fr., à M. Charles Gérardin, à Thiaucourt.

Prix à l'horticulture.

Prime d'honneur, un objet d'art et 800 fr., à M. Eugène Utinel, à Lunéville.
Médaille d'argent et 400 fr., à M. Nicolas Petitjean, à Lunéville.
Médaille de bronze et 300 fr., à M. Julien Utinel, à Lunéville.
Médaille de bronze et 200 fr., à M. Nicolas Cordier, à Lunéville.
Médaille de bronze et 200 fr., à M. Auguste Lejaille, à Maidières.
Médaille de bronze et 100 fr., à M. Pierre Paillard, à Lunéville.

Prix aux serviteurs à gages.

Médaille d'or et 200 fr., à M. Charles Dufeys, à Chaouilley.
Médaille d'argent grand module et 150 fr., à M. Eugène Bras, à Frolois.
Médaille d'argent grand module et 150 fr., à M. Auguste Ottelin, à Nomeny.
Médaille d'argent et 100 fr., à M. Joseph Choirfer, à Moivrons.
Médaille d'argent et 100 fr., à M. Auguste Didier, à Vitrey.
Médaille d'argent et 100 fr., à Mlle Robinet, à Magnières.
Médaille d'argent et 100 fr., à Mme Anne Thomas, à Leyr.
Médaille de bronze et 80 fr., à M. Charles Croiset, à Bellevue, près de Lunéville.
Médaille de bronze et 80 fr., à M. Etienne Faucher, à Mailly.
Médaille de bronze et 80 fr., à M. Jean Georges, à Mercy-le-Bas.
Médaille de bronze et 80 fr., à M. Eugène Robert, à Conflans.
Médaille de bronze et 70 fr., à M. Henry Bohn, à Toul.
Médaille de bronze et 70 fr., à M. François Reny, à Murville.
Médaille de bronze et 70 fr., à M. Charles Royer, à Vandeléville.
Médaille de bronze et 70 fr., à Mme Catherine Thiéry, à Labry.

Prix aux journaliers ruraux.

Médaille d'or et 200 fr., à M. Augustin Marchand, à Velaine-sous-Amance.
Médaille d'argent grand module et 150 fr., à M. Charles Rustin, à Vitrey.
Médaille d'argent grand module et 150 fr., à M. Joseph Simonaire, à Lebeuville.
Médaille d'argent et 100 fr., à M. Joseph Gatxo, à Leyr.

Médaille d'argent et 100 fr., à M. Joseph Jeandemange, à Xures.
Médaille d'argent et 100 fr., à M. Louis Lhuillier, à Armaucourt.
Médaille d'argent et 100 fr., à M. Nicolas Quepratte, à Lunéville.
Médaille de bronze et 80 fr., à M. Joseph Caleuche, à Laneuvelotte.
Médaille de bronze et 80 fr., à M. Georges Eschenlohr, à Nancy.
Médaille de bronze et 80 fr., à M. Joseph Périn, à Vaxainville.
Médaille de bronze et 80 fr., à M. Jean-Baptiste Vinot, à Armaucourt.
Médaille de bronze et 70 fr., à M. Auguste Cargemel, à Borville.
Médaille de bronze et 70 fr., à M. Louis Mathieu, à Bezange-la-Grande.
Médaille de bronze et 70 fr., à Mme François Pernet, à Bezange-la-Grande.
Médaille de bronze et 70 fr., à Mme Antoinette Thomas, à Athienville.

Récompenses aux agents des exploitations primées.

1° Agents de l'exploitation qui a obtenu le prix cultural de la 1re catégorie.

Médaille d'argent et 250 fr., à M. Charles Pierson, chef de culture.
Médaille d'argent et 100 fr., à Mme Pierson, laitière.
Médaille d'argent et 50 fr., à M. Charles Persolet, garde particulier.
Médaille de bronze et 50 fr., à Mme Julie Thomas, laitière.
Médaille de bronze et 25 fr., à M. Fiacre Chaffaut, ouvrier rural.
Médaille de bronze et 25 fr., à M. Gerges Bleu, aide rural.

2° Agents de l'exploitation qui a obtenu le prix cultural de la 2e catégorie.

Médaille d'argent et 200 fr., à M. Firmin Bicorne, chef de culture.
Médaille d'argent et 100 fr., à M. Joseph Fritz, houblonnier.
Médaille de bronze et 80 fr., à M. Auguste Louis, jardinier.
Médaille de bronze et 60 fr., à M. Jean-Baptiste Provôt, manœuvre.
Médailles de bronze et 60 fr., à M. Joseph Gombert, manœuvre.

3° Agents de l'exploitation qui a obtenu le prix cultural de la 4e catégorie.

Médaille d'argent et 40 fr., à M. Auguste Lejeune.
Médaille d'argent et 40 fr., M. Albert Lejeune.
Médaille de bronze et 40 fr., à M. Emile Lejeune.
Médaille de bronze et 40 fr., à Mlle Joséphine Lejeune.

ANIMAUX REPRODUCTEURS.

PREMIÈRE CLASSE. — **ESPÈCE BOVINE.**

2e catégorie. — Race Vosgienne.

MALES.

1re SECTION. — *Animaux de 1 à 2 ans.*

3e prix, 200 fr., n° 67, M. Michel (Georges), à Raon-l'Etape (Vosges).

2e SECTION. — *Animaux de 2 à 3 ans.*

3e prix, 200 fr., n° 73, M. Michel (Georges), précité.

FEMELLES.

1re SECTION. — *Génisses de 1 à 2 ans.*

2e sous-section. — Animaux présentés par des petits cultivateurs, propriétaires, métayers ou fermiers exploitant moins de 30 hectares.

2e prix, 125 fr., ne 78, M. Michel (Georges), précité.

3e SECTION. — *Vaches de plus de 3 ans, pleines ou à lait.*

1re sous-section. — Animaux présentés par des agriculteurs exploitant 30 hectares et au-dessus.

2e prix, 250 fr., n° 86, M. Rotaker (Christian), à Gerbéviller.

2e sous-section. — Animaux présentés par de petits cultivateurs, propriétaires, métayers ou fermiers exploitant moins de 30 hectares.

3e prix, 200 fr., n° 88, M. Michel (Georges), précité.

4e catégorie. — Races Comtoise et Bressane.

3e SECTION. — *Vaches de plus de 3 ans, pleines ou à lait.*

Animaux présentés par des agriculteurs exploitant 30 hectares et au-dessus.

3e prix, 100 fr., n° 183, M. Rotaker (Christian), précité.

5e catégorie. — Races françaises pures autres que celles déjà désignées.

MALES.

1re SECTION. — *Animaux de 1 à 2 ans.*

Prix supplémentaire : 150 fr., n° 206, M. Marc (E.), à Port sur-Seille.

2e SECTION. — *Animaux de 2 à 4 ans.*

1er prix, 350 fr., n° 216, M. Drappier (Hubert), à Ormes-et-Ville.

FEMELLES.

1re SECTION. — *Génisses de 1 à 2 ans.*

1re sous-section. — Animaux présentés par des agriculteurs exploitant 30 hectares et au-dessus.

2e prix, 100 fr., n° 229, M. Marc (E.), précité.

3e SECTION. — *Vaches de plus de 3 ans, pleines ou à lait.*

1re sous-section. — Animaux présentés par des agriculteurs exploitant 30 hectares et au-dessus.

2e prix, 200 fr., n° 262, M. Marc (E.), précité.
Prix supplémentaire : 90 fr., n° 266, M. Rotaker (Christian), précité.

6e catégorie. — Race Durham.

MALES.

1re SECTION. — *Animaux de 6 mois à 1 an.*

3e prix, 150 fr., n° 279, M. Lamy (Ferdinand), aux Francs, Nomeny.

2e SECTION. — *Animaux de 1 à 2 ans.*

3e prix, 250 fr., n° 290, M. Lamy (Ferdinand), précité.

7e catégorie. — Croisements Durham.

FEMELLES.

1re SECTION. — *Génisses de 1 à 2 ans.*

1er prix, 200 fr., n° 319, M. de Scitivaux de Greische, à Villers-les-Nancy.
2e prix, 150 fr., n° 316, M. Lamy (Ferdinand), précité.

2e SECTION. — *Génisses de 2 à 3 ans pleines, ou à lait.*

1er prix, 250 fr. nº 320, M. Lamy (Ferdinand), précité.

3e SECTION. — *Vaches de plus de 3 ans, pleines ou à lait.*

1er prix, 300 fr., nº 325, M. Lamy (Ferdinand), précité.
Prix supplémentaire : 100 fr., nº 324, M. Bussienne, près Nancy.

8e catégorie. — **Race Hollandaise.**

MALES.

1re SECTION. — *Animaux de 1 à 2 ans.*

2e prix, 300 fr., nº 333, M. Terver, à Villers, près Nancy.

FEMELLES.

1re SECTION. — *Génisses de 1 à 2 ans.*

1re sous-section. — Animaux présentés par des agriculteurs exploitant 30 hectares et au-dessus.

Mention honorable, nº 337, M. Lamy (Ferdinand), à Nomeny.

3e SECTION. — *Vaches de plus de 3 ans, pleines ou à lait.*

Animaux présentés par des agriculteurs exploitant 30 hectares et au-dessus.

2e prix, 250 fr., nº 343, Mme d'Assonvillez de Rougemont, à Vaucouleurs (Meuse).
3e prix, 200 fr., nº 347, M. Lamy (Ferdinand), précité.
Rappel de 3e prix, nº 349, Mme d'Assonvillez de Rougemont, précitée.

9e catégorie. — **Races Fribourgeoise, Bernoise et analogues.**

MALES.

2e SECTION. — *Animaux de 2 à 4 ans.*

1er prix, 500 fr., nº 364, M. Rotaker (Christian), à Gerbéviller.

FEMELLES

1re SECTION. — *Génisses de 1 à 2 ans.*

2e sous-section. — Animaux présentés par des petits cultivateurs, propriétaires, métayers ou fermiers exploitant moins de 30 hectures.

1er prix, 150 fr., nº 381, Mme Johanna François, à Nancy.

2e sous-section. — Animaux présentés par de petits cultivateurs, propriétaires, métayers ou fermiers exploitant moins de 30 hectares.

2e prix, 150 fr., no 392, Mme Johanna François, précitée.

3e SECTION. — *Vaches de plus de 3 ans, pleines ou à lait.*

1re sous-section. — Produits présentés par des agriculteurs exploitant 30 hectares et au-dessus.

4e prix, 100 fr., no 410, M. Bussienne précité.
Mention honorable, no 406, M. Pardieu (Louis), à Maxéville.

2e sous-section. — Animaux présentés par des petits cultivateurs, propriétaires, métayers ou fermiers exploitant moins de 30 hectares.

1er prix, 350 fr., no 417, M. Visine, à Dombasle.
2e prix, 250 fr., no 419, M. Mersey (Georges), à Mirecourt.

10e catégorie. — Races Schwitz et analogues.

MALES.

1re SECTION. — *Animaux de 1 à 2 ans.*

2e prix, 250 fr., no 426, M. Poirson (Auguste), à Toul.

2e SECTION. — *Animaux de 2 à 4 ans.*

2e prix, 200 fr., no 438, Mme d'Assonvillez de Rougemont, précitée.
Mention honorable, no 433, M. Poirson, précité.

FEMELLES.

1re SECTION. — *Génisses de 1 à 2 ans.*

2e sous-section. — Animaux présentés par des petits cultivateurs, exploitant moins de 30 hectares.

2e prix, 125 fr., no 450, M. Poirson (Auguste), précité.

2e SECTION. — *Génisses de 2 à 3 ans, pleines ou à lait.*

2e sous-section. — Animaux présentés par des petits cultivateurs, propriétaires, métayers ou fermiers exploitant moins de 30 hectares.

2e prix, 150 fr., no 463, M. Poirson, précité.

2e sous-section. — Animaux présentés par des petits cultivateurs, propriétaires, métayers ou fermiers exploitant moins de 30 hectares.

1er prix, 350 fr., no 481, M. Poirson (Auguste), précité.
4e prix, 100 fr. no 477, M. Visine, précité.

11e catégorie. — Races étrangères non comprises dans les catégories ci-dessus.

FEMELLES.

2e SECTION. — *Génisses de 2 à 3 ans.*

1er prix, 200 fr., no 491, M. de Scitivaux de Greische, à Villers.

Prix d'ensemble.

Bandes de vaches laitières, pleines ou à lait.

1er prix, 500 fr., nos 505 à 508, M. Pérot (Victor), à Vandœuvre.
2e prix, 400 fr., nos 497 à 500, M. Lamy, précité.
3e prix, 300 fr., nos 509 à 512, M. Poirson (Auguste), précité.

DEUXIÈME CLASSE. — **ESPÈCE OVINE.**

2e catégorie. — Races françaises diverses, pures.

MALES.

Prix supplémentaire : 80 fr., no 534, M. Lamy (Ferdinand), précité.

TROISIÈME CLASSE. — **ESPÈCE PORCINE.**

1re catégorie. — Races indigènes pures ou croisées entre elles.

1re SECTION. — MALES.

1re sous-section. — Animaux présentés par des agriculteurs exploitant 30 hectares et au-dessus.

1er prix, 150 fr., no 564, M. Duthu (Sébastien), à Nancy.

2e sous-section. — Animaux présentés par des petits cultivateurs, propriétaires, métayers ou fermiers exploitant moins de 30 hectares.

1er prix, 150 fr., no 570, M. Duthu (Louis), à Nancy.

2e SECTION. — FEMELLES.

1re sous-section. — Animaux présentés par des agriculteurs exploitant 30 hectares et au-dessus.

1er prix, 150 fr., no 574, M. Duthu (Sébastien), précité.
3e prix, no 573, M. Duthu (Sébastien), précité.

2e sous-section. — Animaux présentés par des petits cultivateurs, propriétaires, métayers ou fermiers exploitant moins de 30 hectares.

1er prix, 150 fr., no 578, M. Parisot (Edmond), à Nancy.
3e prix, 100 fr., no 579, M. Duthu (Louis), précité.

2e catégorie. — Races étrangères pures ou croisées entre elles.

1re SECTION. — MALES.

1re sous-section. — Animaux présentés par des agriculteurs exploitant 30 hectares et au-dessus.

2e prix, 125 fr., n° 584, M. Duthu (Sébastien), précité.

2e sous-section. — Animaux présentés par des petits cultivateurs, propriétaires, métayers ou fermiers exploitant moins de 30 hectares.

1er prix, 150 fr., n° 588, M. Parisot (Edmond), précité.
3e prix, 100 fr., n° 587, M. Duthu (Louis), précité.

2e SECTION. — FEMELLES.

1re sous-section. — Animaux présentés par des agriculteurs exploitant 30 hectares et au-dessus.

1er prix, 150 fr., n° 594, M. Duthu (Sébastien), précité.
2e prix, n° 591, M. Duthu (Sébastien), précité.
3e prix, n° 590, M. Duthu (Sébastien), précité.

2e sous-section. — Animaux présentés par des petits cultivateurs, propriétaires, métayers ou fermiers exploitant moins de 30 hectares.

1er prix, 150 fr., n° 597, M. Parisot (Edmond), précité.
3e prix, 100 fr., n° 599, M. Duthu (Louis), précité.
Prix supplémentaire : n° 600, M. Parisot (Edmond), précité.

3e catégorie. — Croisements divers entre races étrangères et races françaises.

1re SECTION. — MALES.

1re sous-section. — Animaux présentés par des agriculteurs exploitant 30 hectares et au-dessus.

2e prix, 125 fr., n° 604, M. Duthu (Sébastien), précité.

2e sous-section. — Animaux présentés par des petits cultivateurs, propriétaires, métayers ou fermiers exploitant moins de 30 hectares.

3e prix, 100 fr., n° 607, M. Parisot (Edmond), précité.

2e SECTION. — FEMELLES.

1re sous-section. — Animaux présentés par des agriculteurs exploitant 30 hectares et au-dessus.

2e prix, 125 fr., n° 611, M. Duthu (Sébastien), précité.
3e prix, n° 610, M. Duthu (Sébastien), précité.

2e sous-section. — Animaux présentés par des petits cultivateurs, propriétaires, métayers ou fermiers exploitant moins de 30 hectares.

3e prix, 100 fr., n° 614, M. Duthu (L.), précité.

Prix d'ensemble de la race porcine, M. Duthu (Sébastien), précité pour les n°s 564, 572, 573, 574.

Objet d'art, M. Duthu (L.), précité pour le n° 570.

QUATRIÈME CLASSE. — **ANIMAUX DE BASSE-COUR.**

1re catégorie. — Aviculteurs de profession et éleveurs-amateurs.

1re SECTION. — *Coqs et poules.* — 1re SOUS-SECTION. — *Race lorraine.*

3e prix, médaille de bronze, n° 623, M. Gérard (Alexandre), à Nancy.

4e SOUS-SECTION. — *Races étrangères diverses.*

2e prix, médaille de bronze, n° 659, M. le baron Hulot, à Sainte-Cécile, Nancy.
3e prix, médaille de bronze, n° 676, Mme Pierson de Brabois, à Villers-les-Nancy.
Médaille de bronze, n° 658, M. le baron Hulot, précité.
Prix supplémentaire, n° 651, M. Hinzelin, à Champigneulles.
Prix supplémentaire, n° 656, M. le baron Hulot, précité.
Prix supplémentaire, n° 682, Mme de Saint-Vincent de Parois, à Laxou.
Mention honorable, n° 655, M. le baron Hulot, précité.
Mention honorable, n° 675, M. Muller, à Nancy.

6e SECTION. — *Pigeons.*

1er prix, médaille d'argent, n° 748, M. Gérard (Edmond), à Nancy.
3e prix, médaille de bronze, n° 754, M. Hamant (Aimé), à Nancy.
Prix supplémentaire, n° 733, M. Arnoldy, à Nancy.
Prix supplémentaire, n° 773 *bis*, M. Muller, précité.
Mention honorable, n° 730, M. Arnoldy, précité.

Mention honorable, n° 743, M. Cournault, à Nancy.
Mention honorable, n° 773, M. Muller, précité.
Mention honorable, n° 774, M. Neveux, à Nancy.

7e Section. — *Lapins.*

1er prix, médaille d'argent, n° 799, Mme de Saint-Vincent de Parois, précitée.
2e prix, médaille de bronze, n° 788, M. Gérard (Alexandre), précité.
Prix supplémentaire, n° 796, Mme Pierson de Brabois, précitée.
Mention honorable, n° 790, M. le baron Hulot, précité.
Mention honorable, n° 791, M. le baron Hulot, précité.
Mention honorable, n° 798, Mme Pierson de Brabois, précitée.

2e catégorie.

Agriculteurs exploitant 30 hectares et au-dessus. — Coqs et poules, dindons, oies, canards, pintades, pigeons et lapins.

Médaille de bronze, n° 809, Mlle Lamy, à Nomeny.
Médaille de bronze, n° 810, M. Marc (E.), précité.
Médaille de bronze, n° 812, M. Marc (E.), précité.

3e catégorie.

Petits cultivateurs, propriétaires, métayers ou fermiers exploitant moins de 30 hectares. — Coqs et poules, dindons, oies, canards, pintades, pigeons et lapins.
Médaille de bronze, n° 873, M. Jeannot (Julien), à Malleloy.

Prix d'ensemble.

POUR LES ANIMAUX DE LA TROISIÈME CATÉGORIE.

Mention honorable à la Société Colombophile les Voltigeurs de l'Est, pour son exposition hors concours.
Mention honorable à la Société Colombophile les Eclaireurs de l'Est, pour son exposition hors concours.

Machines et instruments agricoles.

TROISIÈME DIVISION.

2e catégorie. — Charrues sous-soleuses et fouilleuses.

Médaille d'or, M. de Meixmoron (Ch.), de Dombasle, à Nancy, pour le n° 1,095.

4e catégorie. — Machines pour écorcer l'osier.

Médaille d'argent, à M. Ch. de Meixmoron de Dombasle, précité, pour le n° 1,172.

QUATRIÈME DIVISION.

Produits agricoles et matières utiles à l'agriculture.

EXPOSANTS PRODUCTEURS. — CONCOURS SPÉCIAUX.

1re catégorie. — Fromage à pâte molle.

Fromages de Géromé, Void, Langres, Troyes, Saint-Florentin, Ervy, façon Brie, etc.

1re sous-section. — Produits présentés par des agriculteurs exploitant 30 hectares et au-dessus.

Médaille d'or, n° 153, M. Sommerer, à Nancy.
Médaille d'argent grand module, n° 110, Mlle Lamy, à Nomeny.

2e sous-section. — Produits présentés par des petits cultivateurs, propriétaires, métayers ou fermiers, exploitant moins de 30 hectares.

Médaille de bronze, n° 401; M. E. Mer, à Longemer (Vosges).

3e catégorie. — Beurres de la région.

2e sous-section. — Produits présentés par des petits cultivateurs, propriétaires, métayers ou fermiers exploitant moins de 30 hectares.

Médaille d'argent, n° 404, M. Mer (Emile), précité.

5e catégorie. — Vins du département de Meurthe-et-Moselle. (Récoltes de 1892 et 1893.)

Médaille d'or, n° 148, M. Rollet, à Thiaucourt.
Médaille d'or, n° 198, M. Faucheur (Charles), à Pagny-sur-Moselle.
Médaille d'argent grand module, n° 376, M. Courieux, à Toul.
Médaille d'argent, n° 437, M. Davrainville (Sébastien), à Millery.
Médaille de bronze, n° 431, M. Canin (Léon), à Millery.
Médaille de bronze, n° 194, Mme veuve Duhamel, à Pagny-sur-Moselle.

6e catégorie. — Eaux-de-vie de fruits, kirschs, eau-de-vie de vin et de marcs, etc. (Récoltes de 1892 et 1893.)

Médaille d'argent, n° 332, M. Didelot (Emmanuel), à Mont-le-Vignoble.
Médaille d'argent, n° 441, M. Davrainville (Sébastien), à Millery.
Médaille d'argent, n° 203, M. Génot (Prosper), à Maizières-les-Toul.
Médaille de bronze, n° 311, M. Wursthorn, à Nancy.

7e catégorie. — Produits de l'horticulture et de l'arboriculture

Médaille d'argent, grand module, nos 416 et 417, M. Thouillot (Léon), à Dombasle.
Médaille d'argent, n° 188, M. Cordier (Nicolas), à Lunéville.
Médaille d'argent, n° 384, M. Gérardin, à Thiaucourt.
Médaille de bronze, n° 58, M. Génin Louis, à Nancy.

8e catégorie. — Expositions scolaires.

2e section. — Travaux et objets d'enseignement agricole présentés par les professeurs, les instituteurs et les élèves des écoles primaires.

Médaille d'or, nos 502 à 514, M. Idoux (Eugène), directeur du pensionnat, à Longuyon.
Médaille d'argent, n° 533, M. Picoré, à Nancy.
Médaille d'argent, nos 486 et 487, M. Didelon, à Vandœuvre.
Médaille d'argent, nos 515 à 518, M. Lebel (Albert), instituteur à Mont-le-Vignoble.
Médaille d'argent, n° 501, M. Hernborn (Robert), directeur à l'Ecole professionnelle de l'Est, à Nancy.
Médaille d'argent, nos 534 et 535, M. Poirson (Charles), professeur à l'école d'agriculture de Mathieu de Dombasle, à Tomblaine,
Médaille de bronze, n° 527, M. Navel, à Bainville-sur-Madon.
Médaille de bronze, n° 528, M. Neige, instituteur à Moncel-sur Seille.
Médaille de bronze, nos 461 à 467, M. Buzon (Dominique), instituteur à Cirey-sur-Vezouse.

9e catégorie. — Expositions collectives faites par les Sociétés, Comices et Syndicats agricoles et horticoles.

Médaille d'or à la Société centrale d'agriculture du département de Meurthe-et-Moselle.
Médaille d'argent au Syndicat viticole de Millery.

10e catégorie. — Produits divers non compris dans les catégories précédentes.

1re section. — Produits présentés par des agriculteurs exploitant 30 hectares et au-dessus.

Médaille d'or, nos 156 à 163, M. Thiry (Hippolyte), directeur de l'Ecole pratique d'agriculture de Tomblaine.
Médaille d'or, nos 324 à 365, M. Masson (Ernest), à Saint-Max.
Médaille d'or, nos 316 à 320, M. Hennequin (Albert), à Malzéville.

Médaille d'argent, nos 321 à 323, M. Hinzelin (Albert), à Nancy.
Médaille d'argent, nos 366 à 372, M. de Taillasson (René), à Maisonville.
Médaille d'argent, n° 11, M. Bergé (Joseph), aux Mossus, près de Lunéville.

2e section. — Produits présentés par des petits cultivateurs, propriétaires, métayers ou fermiers exploitant moins de 30 hectares.

Médaille d'or, n° 306, M. Wursthorn (Pierre), rue Jeanne-d'Arc, 12, à Nancy.
Médaille d'argent, n° 427, M. Visine (Jules), à Dombasle-sur-Meurthe.
Médaille d'argent, nos 280 à 284, M. de Pruines (Albert), à Semouse (Vosges).
Médaille de bronze, n° 273, M. Poirson (Auguste), faubourg Saint-Epvre, à Toul.
Médaille de bronze, n° 179, M. Chrétiennot (Emile), à Villers-les-Moivrons.

Exposants marchands.

Médaille d'or, M. Génin-Louis, à Nancy.
Médaille d'argent, MM. Wuillaume et Lévy, à Nancy.

Récompenses accordées aux contre-maîtres, conducteurs de machines et ouvriers.

Médaille d'argent et 40 fr., à M. Momand (Charles), de la maison de Meixmoron de Dombasle, à Nancy.
Médaille d'argent et 40 fr., à M. Ducrot (Pierre), chez M. de Meixmoron de Dombasle, à Nancy.
Médaille de bronze et 15 fr., à M. Coupez (Elie), chez M. Noël, à Liverdun.

Récompenses accordées aux agents ayant donné des soins aux animaux.

GRANDE CULTURE.

Médaille d'argent et 30 fr., M. Demanche (Didier), porcher, chez M. Sébastien Duthu.
Médaille de bronze et 15 fr., M. Keller, vacher chez M. Lamy.
Une somme de 10 fr., M. Proudhon, vacher chez M. de Scitivaux de Greische.
Une somme de 10 fr., M. Mezot, vacher chez Mme d'Assonvillez de Rougemont.
Uue somme de 10 fr., M. Malbach, vacher chez M. Marc.
Une somme de 10 fr., M. Clément (Joseph), vacher chez M. Rotaker.
Une somme de 10 fr., M. Laharote, garçon de basse-cour, chez M. le baron Hulot.

Récompenses accordées aux agents ayant donné des soins aux animaux primés.

PETITE CULTURE.

Médaille d'argent et 30 fr., M. Parisot (Louis), porcher chez M. Louis Duthu.

Médaille d'argent et 25 fr., M. Perri, vacher chez M. Poirson.

Médaille de bronze et 20 fr., M. Garnier, porcher chez M. Edmond Parisot.

Médaille de bronze et 15 fr., M. Michel (Victor), chez M. Michel (Georges).

Une somme de 10 fr., M. Ducret (Joseph), chez Mme Johanna François.

Une somme de 10 fr., M. Visine (Célestin), chez M. Visine.

Concours régional hippique de Nancy.

2e catégorie.

Poulinières de demi-sang, de 4 ans et au-dessus, suitées de leur produit de l'année et saillies en 1894.

1er prix, une médaille d'or et 400 fr., à M. Collet (Emile), à Flin, pour le n° 40.

2e prix, une médaille d'or et 350 fr., à M. Durand (Victor), à Maixe, pour le n° 41.

4e prix, une médaille d'argent et 300 fr., à M. Barbier (Marin), à Crévic, pour le n° 37.

5e prix, une médaille de bronze et 300 fr., à M. Humbert (François), à Ville-en-Vermois, pour le n° 50.

8e prix, une médaille de bronze et 200 fr. à M. Winger, à Hériménil, pour le n° 44.

10e prix, une médaille de bronze et 150 fr., à M. Collet (Emile), à Flin, pour le n° 39.

11e prix, une médaille de bronze et 150 fr., à M. Beau (Auguste), à Pulnoy, pour le n° 45.

13e prix, une médaille de bronze et 100 fr., à M. Humbert (François), à Ville-en-Vermois, pour le n° 48.

14e prix, une médaille de bronze et 100 fr., à M. Guérin (Auguste), à Briey, pour le n° 34.

16e prix, une médaille de bronze et 100 fr., à M. Rouyer, à Laneuveville-devant-Bayon, pour le n° 58.

18e prix, une médaille de bronze et 100 fr., à M. Rouyer, à Art-sur-Meurthe, pour le n° 59.

20e prix, une médaille de bronze et 100 fr., à M. Collet (Emile), à Flin, pour le n° 38.

3e catégorie.

Pouliches de demi-sang, de 3 ans, saillies en 1894.

2e prix, une médaille d'argent et 250 fr., à M. Durand (Victor), à Maixe, pour le n° 79.

3e prix, une médaille de bronze et 200 fr., à M. Pérot (Albert), à Jarville, pour le n° 85.

4e prix, une médaille de bronze et 150 fr., au même, pour le n° 90.

5e prix, une médaille de bronze et 100 fr., à M. Clément, à Toul, pour le n° 88.

6e prix, une médaille de bronze et 100 fr., à M. Durand (Victor), pour le n° 78.

7e prix, une médaille de bronze et 100 fr., à M, Pérot (Albert), à Jarville, pour le n° 84.

8e prix, une médaille de bronze et 100 fr., à M. Rouyer, à Laneuveville-devant-Bayon, pour le n° 86.

Mention honorable, à M. Collet (Emile), à Flin, pour le n° 75.

4e catégorie.

Etalons de trait de 4 ans et au-dessus.

4e prix, une médaille de bronze et 250 fr., à M. Collet (Emile), à Flin, pour le n° 97.

Mention honorable, à M. Marchal (Jean-Baptiste), à Sainte-Geneviève, près Nancy.

5e catégorie.

Poulinières de trait, de 4 ans et au-dessus, suitées de leur produit de l'année et saillies en 1894 ou prêtes à mettre bas.

2e prix, une médaille de bronze et 100 fr., à M. Guérin (Auguste), à Briey, pour le n° 106.

6e catégorie.

Pouliches de trait de 3 ans, saillies en 1894.

1er prix, une médaille d'or et 250 fr., à M. Durand (Victor), à Maixe, pour le n° 112.

Société des Agriculteurs de France.

EXPOSITION COLLECTIVE DE LA SOCIÉTÉ CENTRALE D'AGRICULTURE.

Grandes médailles d'argent.

M. Grillot (Maurice), à Corneux (Haute-Saône), pour sa laiterie.

M. Pierson (René), de Brabois, château de Brabois, à Villers-les-Nancy, pour sa laiterie.

M. Jacquot, instituteur à Lunéville, pour sa carte agronomique.

M. Schneider-Aubrion, agent-voyer à Nancy, pour sa collection de minéraux.

Médailles de bronze.

M. Bazin, à Méréville, pour ses blés et seigles.
M. Baugé, à Lay-Saint-Christophe, pour sa minéralogie.
M. Aymond, à Sanzey, pour ses plans et travaux agronomiques.
M. Bagard, à Thiébauménil, pour sa météorologie.
M. Stef, à Thiaucourt, pour ses vins.

Diplômes.

M. Lambert, à Pagny-sur-Moselle, pour ses plantes fourragères.
M. Louis (Charles), à Tomblaine, pour ses céréales et fourrages.
M. Pillot, à Lagrasse (Aude), pour son entomologie.

Concours spéciaux.

A la plus ancienne famille de cultivateurs du département.

Un objet d'art : M. A. François, à Rouves.
Médaille d'argent : M. Goudot, à la ferme de Vaudrecourt, près Arracourt ; Mme veuve Gigleux, cultivatrice à Manoncourt-en-Woëvre.

Pour services rendus à l'agriculture.

Médaille d'or : M. Gorce, géomètre à Nancy.

Pour services rendus à l'agriculture par l'association.

Médaille d'or : M. Vigneron, secrétaire du Comice agricole de Lunéville, administrateur du Syndicat agricole de Lunéville.

Aux instituteurs de sept départements (64 récompenses).

Médaille d'or : Mlle Drouard, institutrice à Arraye-et-Han.
Médaille de vermeil et 50 fr., MM. Bertrand, à Dieulouard; Buzon, à Cirey; Souron, à Regniéville.
Grande médaille d'argent et 40 fr., MM. Blaise, à Vézelise; Gruyer, à Thiaucourt; Klein, à Laneuveville-aux-Bois.
Médaille d'argent : MM. Aymond, à Sanzey; Adelphe, à Pagney; André, à Tantonville; Henrion, à Boncourt; Jacques, à Heillecourt; Lebel, à Mont-le-Vignoble; Philippe à Bouvron.
Médaille de bronze : M. Weiss, à Montenoy.
Mention honorable : M. Dieudonné, à Mercy-le-Bas.

Apiculture.

Médailles d'argent : MM. Cunche, instituteur à Briey; Guissard, instituteur à Fillières; Chaudre, instituteur à Croismare.

Société centrale d'agriculture.

CONCOURS D'ENSEIGNEMENT AGRICOLE

Liste des prix accordés aux instituteurs ayant présenté les travaux demandés par la Société.

Cinq médailles d'argent et dix médailles de bronze ont été accordées par M. le Ministre de l'Agriculture au nom du Gouvernement de la République.

1. M. Jacquot, à Lunéville, médaille d'argent du Ministre de l'agriculture accordée spécialement pour sa carte agronomique.
2. M. Richaume, à Badonviller, médaille d'argent du Ministre de l'agriculture et 100 francs.
3. M. André, à Tantonville, médaille d'argent du Ministre de l'agriculture et 80 francs.
4. M. Buzon, à Cirey, médaille d'argent du Ministre de l'agriculture et 60 francs.
5. M. Lebel, à Mont-le-Vignoble, médaille d'argent du Ministre de l'agriculture et 50 francs.
6. M. Gruyer, à Villey-Saint-Etienne, médaille d'argent de la Société d'agriculture et 45 francs.
7. M. Didelon, à Vandœuvre, médaille d'argent de la Société d'agriculture et 40 francs.
8. M. Muel, à Murville, médaille d'argent de la Société d'agriculture et 35 francs.
9. M. Raulx, à Pont-à-Mousson, médaille d'argent de la Société d'agriculture et 30 francs.
10. M. Courtot, à Saint-Max, médaille d'argent de la Société d'agriculture et 25 francs.
11. M. Adelphe, à Ecrouves, médaille d'argent de la Société d'agriculture et 25 francs.
12. M. Thiéry, à Vaudémont, médaille d'argent de la Société d'agriculture et 25 francs.
13. M. Souron, à Regniéville, médaille d'argent de la Société d'agriculture et 25 francs.
14. M. Jacquin, à Mars-la-Tour, médaille d'argent de la Société d'agriculture et 25 francs.
15. M. Simonin, à Rosières-aux-Salines, médaille d'argent de la Société d'agriculture et 25 francs.
16. M. Marlet, à Agincourt, médaille d'argent de la Société d'agriculture et 25 francs.
17. M. Mougenot, à Dombasle, médaille de bronze du Ministre de l'agriculture et 20 francs.
18. M. Pillot, à Saint-Nicolas, médaille de bronze du Ministre de l'agriculture et 20 francs.

19. M. Chanal, à Bénaménil, médaille de bronze du Ministre de l'agriculture et 20 francs.
20. M. Friot, à Laneuvelotte, médaille de bronze du Ministre de l'agriculture et 20 francs.
21. MM. Maillard, à Art-sur-Meurthe, médaille de bronze du Ministre de l'agriculture et 20 francs.
22. M. Mouzeim, à Jarny, médaille de bronze du Ministre de l'agriculture et 20 francs.
23. M. Simonin, à Leyr, médaille de bronze du Ministre de l'agriculture et 20 francs.
24. M. Neige, à Moncel-sur-Seille, médaille de bronze du Ministre de l'agriculture et 20 francs.
25 M. Claudon, à Frémonville, médaille de bronze du Ministre de l'agriculture et 20 francs.
26. M. Blaise, à Vézelise, médaille de bronze du Ministre de l'agriculture et 20 francs.
27. M. Bertrand, à Dieulouard, médaille de bronze de la Société centrale et 20 francs.
28. M. Jacques, à Heillecourt, médaille de bronze de la Société centrale et 20 francs.
29. M. Convard, à Amance, médaille de bronze de la Société centrale et 20 francs.
30 M. Vimbois, à Xermaménil, médaille de bronze de la Société centrale et 20 francs.
31. M. Henry, à Bicqueley, médaille de bronze de la Société centrale et 20 francs.
32. M. Weiss, à Montenoy, médaille de bronze de la Société centrale et 20 francs.
33. M. Dubas, à Selaincourt, médaille de bronze de la Société centrale et 20 francs.
34. M. Cayotte, à Francheville, médaille de bronze de la Société centrale et 20 francs.
35. M. Cazin, à Barisey-au-Plain, médaille de bronze de la Société centrale et 20 francs.
36. M. A. Brégeat, à Champenoux, médaille de bronze de la Société centraie et 20 francs.
37. M. Ury, à Hériménil, médaille de bronze de la Société centrale et 20 francs.

TABLE DES MATIÈRES

CONCOURS RÉGIONAL AGRICOLE

Nancy. — Imprimerie Himzelin, rue Saint-Dizier, 71.

www.ingramcontent.com/pod-product-compliance
Ingram Content Group UK Ltd.
Pitfield, Milton Keynes, MK11 3LW, UK
UKHW022319190726
13856UKWH00001B/102

9 782011 921451